中国石油大学（北京）2019年度研究生教育质量与创新工程项目资助

高等院校特色规划教材

项目管理
——面向石油工业的实践

郑玉华　罗东坤　主编

石油工业出版社

内 容 提 要

本书从项目生命周期的视角，以石油工业项目为依托，对项目的产生、项目组织的形成、项目核心计划体系的构建、项目控制的流程和方法、项目采购的组织与合同管理、项目风险管理、项目审计、项目验收与后评价等内容进行了介绍。本书编写的特点是把经典的项目管理知识与工业项目实践相结合，同时通过多个石油工业项目的应用案例，加深读者对项目管理相关知识的理解，并通过思考与练习提高应用技能。

本书既可作为高等院校管理类、工程类相关专业研究生、MBA和本科生的教学用书，也可以作为石油工业相关管理和工程技术人员的培训资料或参考读物。

图书在版编目（CIP）数据

项目管理：面向石油工业的实践 / 郑玉华，罗东坤
主编. —北京：石油工业出版社，2020. 12
高等院校特色规划教材
ISBN 978-7-5183-4433-8

Ⅰ.①项… Ⅱ.①郑… ②罗… Ⅲ.①石油工程—项
目管理—高等学校—教材 Ⅳ.①TE

中国版本图书馆CIP数据核字（2020）第258790号

项目管理——面向石油工业的实践

郑玉华　罗东坤　主编

出版发行：石油工业出版社

（北京市朝阳区安定门外安华里2区1号楼　100011）

网　　　址：www.petropub.com

编　辑　部：(010) 64523697　图书营销中心：(010) 64523633

经　　　销：全国新华书店

排　　　版：北京麦莫瑞文化传播有限公司

印　　　刷：北京晨旭印刷厂

2020年12月第1版　2020年12月第1次印刷
787毫米×1092毫米　开本：1/16　印张：18.75
字数：456千字

定　价：39.90元

项目在现今社会文化、商业、基础设施建设活动中承担着重要职能，在项目实践基础上产生和发展成熟的项目管理，是集科学管理方法、实践管理经验、系统管理思想为一体的综合性知识体系。项目管理目前已经成为社会发展、经济建设和企业运营中必不可少的管理思想和方法。形成项目管理思维，掌握和运用项目管理知识和技能，已经逐渐成为相关从业者必备的素质。

本书主编罗东坤教授自20世纪80年代开始从事项目管理理论与实践的科学研究和教学。1990年出版了教材《项目管理》，该教材是国内最早出版的项目管理专业教材之一，获得中国石油天然气总公司优秀教材奖。之后连续出版了《中国油气勘探项目管理》《地面工程项目管理》《海外油气投资经济评价方法》等教材和专著，这些教材和专著多次应用于我国石油工业项目经理培训。此外，在石油工业项目管理相关领域，连续承担了十余项国家级科学研究项目，构建了包含常规油气、煤层气、页岩气、海外油气资源和项目的经济评价方法体系，在该领域的研究成果获得了16项省部级科技成果奖励。

本书是在编者多年的石油工业项目管理科学研究和教学成果的基础上形成的。在本书编写过程中，编者一直注重将获奖科研成果应用于课堂教学，并通过对教学内容的反复讨论、修改和研究，结合课堂教学效果的反馈，对书稿进行完善和修正，使其既符合石油工业的项目决策和管理需求，又能够满足授课对象的培养要求。

本书阐述了如何对石油工业项目进行全生命周期的管理，能够帮助读者掌握项目管理的知识体系及项目管理理论和方法在石油工业的应用。

本书主要具有以下特色：

（1）以项目生命周期为主线。学习项目管理的核心问题包括：究竟按照什么样的流程来管理项目？有什么样的方法和工具可以使用？本书以项目的概念和项目管理知识体系为起点，按照项目的产生、项目组织的形成、项目计划与控制、项目综合管理、项目收尾的流程，详细介绍了项目生命周期的重要工作内容、方法、原理以及管理实践。

（2）针对石油工业项目管理特点编写，具有较强的实用性。本书的案例涵盖石油工业国内项目、海外项目、陆上项目、海洋项目、勘探项目、开发项目、项目、单项工程、甲方、乙方等对象的特点和内容，以求全面和深入地对石油行业的项目管理知识与实践的结合进行讲解。

（3）强调实践与应用。在项目管理领域已经有很多优秀的图书和教材，如其中最知名的PMBOK，无论是在项目管理知识体系的完整性，还是在项目管理思想的先进性上都堪称经典。与这些优秀的图书相比，本书编写的重点主要来自作者参与的项目科研成果和在项目管理相关教学中的体会和思考。本书编写的目的是协助读者更好地把书本知识与工业项目实践结合，也有助于读者对项目管理相关知识的深入理解。

本书根据项目运作阶段的特点及决策要求论述管理方法与理论，目的是便于读者形成系统的项目管理概念，也便于项目管理人员有针对性地学习和应用。因而，该教材既可作为研究生、本科生的教材，也可作为石油工业项目管理人员的培训教材。

本书是由中国石油大学（北京）多位作者合作的成果，具体编写分工如下：罗东坤完成了书稿重要章节的初稿撰写，杨久香编写了第三章的相关内容，郑玉华在初稿的基础上补充撰写了部分章节，重新编辑了其中的案例，并对全书进行了校验和统稿；此外，刘泽宇、梁慧敏、张国光、魏昭为本书案例的编写提供了素材。

项目管理是应对复杂多变外部环境的有效管理方式，我们力求能够从理论、方法、流程和工具相统一的系统性管理理念来介绍项目管理，希望能够对大家理解项目管理知识、应用项目管理技能有所帮助。不足之处，请专家和读者指教。

编者

2020 年 10 月

第一章　项目和项目管理

项目管理是研究如何对项目进行全过程管理的综合性软科学。因此，要全面了解或掌握项目管理，首先应该全面了解该学科的研究对象——项目。

第一节　项目和项目生命周期

一、项目的概念和特点

（一）项目的概念

美国项目管理协会（Project Management Institute，PMI）在项目管理知识体系指南（PMBOK）中对项目的定义为"项目是为创造独特的产品、服务或成果而进行的临时性工作"，通俗地讲，项目就是一项一次性任务，项目将产生独特的成果。这项一次性任务是由一个临时性组织，在一定的时间里，在一定的预算内，通过一定的科学运筹和组织予以完成的，它的完成必须达到规定的质量水平。企业的经营是循环和连续的活动，称为operations，而项目则具有明确的起点和终点，称为projects，如研发某种设备是一个项目，设备定性后批量生产就不是项目了。项目在内容、形式和环境上不是某一存在物的简单重复，而是多少与先前的工作有些差别，尽管参与项目的团队可能不变，项目管理的流程和方法相似，但项目存在的时间和空间是唯一的，因此项目的可交付成果和服务也是独特的。

项目是巩固国防、发展经济、提高人民物质文化生活水平以及繁荣科技和教育事业不可缺少的重要内容。从核武器试验到卫星上天，从大型现代化工厂的崛起到居民小区的建造都是一个个项目。甚至垒一个花坛、写一篇文章、准备一顿午餐也可看作一个项目。对具体项目而言，在时间上可跨越数年或数十年，如大型油气田的开发，也可在短时间内完成，如炼油设备的大修、油田上的钻井工程等；在空间上，项目可横贯万里疆域，如西气东输天然气管道建设，也可产生于斗室之中，如软件开发；在投资上，项目的支出可达百亿元、千亿元，如海上油气田的开发项目，也可花费几千元、几万元，如一般的物资采购项目；从技术上看，有些项目需要大量尖端和复杂的技术，如发射卫星，也有些项目在技术上无特殊要求，如修筑一段城市公路；从组织上来看，有些项目牵涉若干企业和部门，需要多工种、多专业、多学科协同攻关，如研制核潜艇，有些项目则可由某一科室或车间独立完成，如一般的技改技措项目。虽然这些项目的持续时间、作业空间、投资额、组织形式千差万别，但他们都具备着作为项目的共性和特点，以使他们区别于企业的运营活动。

（二）项目的特点

为了更全面地理解项目的概念，我们进一步讨论项目的基本特征。对于一般的项目，通常应具备如下基本特征：

（1）项目具有明确的目标。项目常被称为是"目标导向性的活动"。项目的目标通常可以分为两类：一类是成果型目标，如项目要建成何种产能规模，达到什么技术水平，满足哪些质量标准，建成后的性能及生产年限等；另一类是约束型目标，如石油工业项目的环保要求、成本预算、进度安排、人员调配等。因而，项目通常具有多目标的属性，石油工业项目的目标之间有的是可以协调的，如项目的技术水平与质量标准，有的则是相互矛盾的，如项目的成本与进度。在管理实际的石油工业项目中，正确区分目标和目的对于做好项目评估、项目决策以及落实任务和责任都至关重要。例如，对于一个油气田勘探项目而言，其目的是探明油气储量，而目标却是完成一定的地质任务。前者是决策层的责任，后者是项目经理的责任。对于新区的油气田勘探尤其如此。

（2）项目具有特定的起点和终点。如石油工业项目通常是国家能源战略计划或石油企业经营战略的组成部分，具有很强的时效性。错过了投资时机或完成期限，不仅会影响到上一级战略的落实，还会影响到投资效益。因而，项目的起点和终点都是特定的。此外，这一特点还有一层含义，就是石油工业项目只存在于特定的时间域内，它不同于企业循环往复的职能，如人事、财务、计划等。后者与企业同在，没有特定的时间限制。项目的这一特点，在客观上要求部分工作必须执行项目管理，而不是运营管理。

（3）项目具有系统性的典型特征。项目通常由若干相对独立的子项目或工作包组成，这些子项目或工作包包含若干具有逻辑顺序关系的工作单元。这样，由各工作单元构成了子项目或工作包等子系统，而相互制约和依存的子系统共同构成了完整的项目系统。这一特点表明，要对项目进行有效的管理，必须采用系统管理的思想和方法。

（4）项目的过程和绩效具有不确定性。达到项目目标的途径并不完全清楚。项目多少具有某种新的、前人未如此做过的事情，所以，其目标虽然明确，但项目完成的成果状态却不一定能完全确定，因而，达到这种不完全确定状态的过程本身也经常是不完全确定的。例如，石油工业中的勘探项目，其目的是提交某一区域的资源前景或地质储量规模，采用何种勘探方式和方法可以事先明确，但由于受到地理环境、气候条件、资源条件、资金等不确定因素的影响，勘探活动的具体工作量和具体工艺不能事先完全确定。这一特点表明，项目的建设不是一帆风顺的。管理项目如同浪中行舟，稍有不慎就会达不到预期目标。也正是由于这一点，才使得项目管理技术如此重要。

（5）项目要有完善的资金和时间安排计划。在项目开始大规模建设之前，项目的投资总额、各建设时期的资金需求、各工作环节的完成时间及重要事件的里程碑等就已通过计划而严格确定下来。在确定的时间和预算内，通过不完全确定的过程，提交出状态未完全确定的产品或成果，就是项目管理科学要解决的中心课题。

（6）项目是为整合资源而创建的系统。任何项目的建设都可分作两大部分：一是从事项目建设的各种管理人员、技术人员、后勤服务人员和施工队伍；二是机械设备、物资、资金和时间等资源。这两大部分只有通过有效的组织管理和有机组合才能创造出较高的效益。由于项目只在一定时间内存在，所以，参加项目建设的人员是一种临时性的组合，人员和材料设备等之间的组合也是临时性的。项目建设的这种临时性特点，对管理技巧和管理方式提出了特殊要求，对管理人员尤其是项目经理的素质也提出了特殊的要求。这里，临时性是一个相对的概念，它是相对于运营管理而言的，临时并不意味着短暂。在认识队伍临时性时要与增强项目队伍凝聚力统筹考虑，从政策上和组织上解决项目队伍尤其是项目管理人员的后顾之忧。

（7）绝大多数的项目是一个开放系统。项目的建设要跨越若干职能和组织的界限。项目组需要和企业职能部门领导进行沟通，解决项目人员和物资的调配；需要与政府相关机构打交道，获得采矿权、施工许可等权利；需要与银行进行业务往来，为项目融资或管理项目经费；需要与环境保护机构进行协调，最大限度减少项目施工对周边大气环境、水文环境和居民生活的不利影响；还需要同项目作业者、供货单位及其他项目的干系人进行往来，以保障项目的正常运行。这一特点要求项目管理人员，为了保证项目成功建成，既要协调好项目管理组织和企业内部各职能部门之间的关系，又要协调好项目管理组织与企业外部相关部门的关系，以最大限度地取得他们的支持和协作。如何让这些人员支持项目工作，是项目经理及其所领导的项目管理组织的重要任务。

二、项目的类型

对项目进行合理的分类是实行项目管理的重要环节，也是有效管理项目的基础。只有针对各类项目的特殊要求采取相应的管理措施，才能取得事半功倍的成绩。

（一）项目分类的原则

现代项目是多种多样的，分类的方法也各不相同。那么，项目分类的原则是什么呢？根据项目管理的客观要求，划分项目类型的主要原则有如下几点：

（1）项目分类要符合项目的定义，即把那些不属于本学科解决的问题排除在外。有些企业在推行项目管理中提出，要全面推行项目管理，把企业的一切工作纳入项目管理轨道。尽管这些企业的愿望是好的，但这种提法却不尽合理。在现阶段，项目管理的实行虽然能推动企业管理水平的提高，但却不是解决所有管理问题的灵丹妙药，它最能奏效的领域还是创新型活动领域。诸如日常生产之类的问题，另有相应的管理理论和方法。因此，在划分项目类型时首先应保证满足定义要求，这是讨论项目划分问题的前提。

（2）项目分类要适应项目管理工作的特点，突出各类项目对管理要求的特殊性。航天飞机的研制和输油管线的铺设虽都可称为项目，但不论从技术的复杂程度还是从管理的工作重点来看，两者都不能相提并论。显然，若将两者划归同一类项目，不仅不利于项目本身的管理，还会阻碍学科的进一步发展和完善。

（3）项目分类要参照建设周期的长短和投资规模的大小。对于那些延续数年或数十年、投资几十、几百甚至上千亿元的特大型项目，在不割裂其内在联系的前提下，可划分为若干个相对独立的子项目，以适应宏观和微观管理的共同需要。例如，对于以沉积盆地为对象的油气田勘探项目，就可按照勘探阶段划分为若干子项目，在工业勘探阶段还可按构造带进行更详细的划分。再如，大型石油化工项目的建设，既可按建设阶段进行划分，也可以按照装置进行划分。

（4）项目的分类要具有较为广泛的适应性和实用性。将项目划分为各种类型，目的是根据不同项目的特点开发相应的管理方法，探讨解决问题的途径，总结相应的管理经验。因而，项目的分类只有具备较为广泛的适应性和实用性，才具有实际意义。当然，适应性并不排除各部门、各企业根据自己的行业特点进行更为详细的分类，而这种更详细的分类也许更有利于管理项目。

项目管理 ——面向石油工业的实践

（二）格氏的项目划分方案

目前，世界上对项目类型划分的研究尚不深入，美国学者格雷厄姆的研究具有一定的借鉴意义。他关于项目类型的划分主要基于三大要素，即项目的最终产品、达到项目目标的过程和项目建设队伍的组织文化（图1-1）。

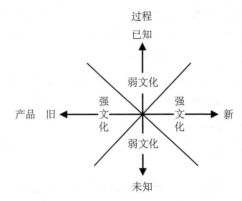

图1-1　产品—过程—文化项目分类

第一个要素是项目的最终产品（或成果）。有些项目最终创造出的产品是全新的、前人从未如此做过的东西，如原子弹、登月火箭的研制等；而有些项目，其最终产品只是对已有的存在物作了某种变动或改进，甚或是存在物的翻版，如各种民用建筑项目。很明显，这两类项目所需要知识的复杂程度和管理工作的难易程度都有天壤之别。一般来说，多数项目的最终产品介于全新和与已有存在物完全相同两个极端之间。

第二个要素是达到项目目标的中间过程。对于最终产品是全新的项目，建设过程自然不能事先完全确定，需要在某些理论的指导下一边探索一边实施。有些项目最终产品虽然清楚，但由于缺乏资料和施工经验等原因，达到项目目标的中间过程也可能不清楚，或者客观要求建造这种已知的产品需要一种新的过程。对于另外一些项目，其建成后的状态完全清楚，达到最终目标的建设过程也完全清楚。这样，从建设过程来看，也存在已知和未知两种极端情况。

第三个要素是项目建设队伍本身组织文化的强弱。组织文化是近年来研究的一个新课题，它是指社会组织在自身的发展过程中逐渐形成的群体精神、价值观念和行为规范的总和。笼统地讲，就是指一个社会组织的整体素质。一些企业，有着组建临时性队伍的传统，工作人员习惯于在临时性集体中发挥作用，能够适应项目建设临时、快速和多变的要求。由这类企业建设起的项目组织就有着较强的组织文化。相反，有些企业很少遇到项目工作，或者临时调集起来的项目建设人员缺乏参加项目工作的经验，由此类企业组建起的项目组织就需要更多的协调，工作人员之间需要较长时间才能适应，相互间共同遵守的规范和准则需要逐步建立。自然，这类项目组织的组织文化就较弱。同其他两个要素一样，组织文化也存在强和弱两种极端情况。

综上所述，项目的最终产品、达到项目目标的中间过程和项目建设队伍的组织文化三个要素各存在两种极端情况：产品的新和旧、过程的已知和未知、组织文化的强和弱，任何项目都在两个极端之间的某个位置。于是，将三个要素叠加在一起，就可作成更直观的产品—

4

过程—文化项目分类图（图1-1）。

对于一个具体项目，通过对上述三个要素的分析就可确定其类型。通常，项目的类型不同，实行项目管理的侧重点也不同。产品越新越要加强计划，中间过程越不清楚越要加强控制，组织文化越弱越要加强人员管理。在各种类型的项目中，最简单的莫过于产品已知、中间过程已知、项目队伍组织文化强的项目。最复杂、最难管理的项目是产品未知、中间过程未知、组织文化弱的项目。不过，在实际工作中，这两种情况都极为鲜见。

（三）国内对项目类型的划分

国内对项目类型的划分主要局限于基本建设项目，而国防项目、科研项目及小型的工程项目均未包括在其中。国内划分项目类型的方法主要有如下几种：

按项目规模划分，将建设项目分为大型、中型和小型三类，有限额以上和限额以下之别。这种划分项目类型的依据是项目的总建设规模或总投资规模。

按项目性质划分，项目分为新建、改建、扩建项目，还有恢复、迁建和更新改造项目。

按资金来源和管理权限划分，项目分为部属项目、部下放直供项目，包干补助项目、自筹资金项目、中外合资项目、外资项目等。

除此之外，还有各级政府的重点项目与一般项目之分。

很显然，上述项目类型的划分只是停留在问题的表面，未能反映出项目建设对管理工作的客观要求。这些划分方法是与我国原有的基本建设管理体制相适应的，与现代意义上项目管理的要求还有一定差距。

（四）石油工业项目类型

石油工业项目类型划分是部门内部为了满足管理项目的需要而进行的更详细的划分。按照建设项目的特点和性质，可将石油工业的建设项目划分为勘探项目、开发项目、石油化工项目及其他项目四大类，每一类项目又可根据具体情况进行细分。

1. 油气勘探项目

油气勘探项目是以地质单元为对象，以完成特定的地质任务为目标，以探明油气储量为目的，包括物化探、钻井、测井、试油、录井和地质综合研究为主要内容的工程项目。按照石油工业的勘探流程，油气勘探项目可以划分为以下几大类，每类项目中又包含若干子类。

（1）区域普查（勘探）项目：对一个沉积盆地或地区进行地面地质调查、物化探、并钻少量参数井，提出油气资源的预测，指出有利的圈闭区带。

（2）地震勘探项目：利用地震手段对区域构造或局部构造进行勘探，目的是确定地下构造形态和地层状况，最终确定出有利的含油气地区或可能的含油气构造。地震勘探项目，可作为任何勘探阶段相对独立的组成部分。例如，在普查阶段，穿越塔里木盆地的地震工作是一地震勘探项目。

（3）构造（圈闭）预探项目：对凹陷、二级构造带或有利区带的圈闭进行钻探，利用钻井工程全面了解勘探区域的地层剖面、岩相特征、生油条件、生储盖组合及地层物性参数等资料；通过对地球物理资料的综合分析，基本明确区域地层、生油条件，完成划分大地构造单元及油藏类型等任务。目的是评价圈闭，发现油气田。

（4）油气藏评价项目：对二级构造带或有利区带范围内的油气藏，通过地震、钻井和油藏工程方法进行综合评价，落实含油面积，搞清油层情况，确定油藏类型，提出探明储量。

（5）其他项目：其他项目指直接为油气勘探服务的桥梁、道路、临时生活设施等的项目。除此之外，综合研究、专题研究也可单独立项管理，或作为上述项目的相对独立的子项目。

2. 油气田开发项目

油气田开发项目是指具有独立设计文件，在建成后能够独立发挥效益和具有生产设计产品能力的工程。具体可以分为以下项目类型：

（1）油气田产能建设项目，指通过钻井工程和地面配套工程的建设使油气藏得以开发，从而形成一定油气生产能力的项目。此类项目根据开发程度的不同可进一步分为新区配套产能建设项目和老区调整产能建设项目。鉴于钻井工程和地面工程涉及的专业不同，且又能相对独立实施，故在项目建设中可将之作为两大子项目。

（2）老油田改造项目，指根据油气田开发状况所进行的补充完善井、更新井，以及油、气、水站（库）改造工程项目。

（3）油田生产辅助配套项目，指管厂、砂厂、酸站等建设项目。

（4）油气综合利用项目，指原油稳定、天然气处理、稠油处理、油田化学等工程项目。

（5）重要科技项目，包括开发试验项目、新技术开发项目等。

3. 石油化工项目

石油化工项目是指为了对石油和天然气进行加工，从而提供各种石油化工产品而进行的建设项目，以及为保证已有设备正常运转或提高技术水平而投资的项目。具体可以分为以下项目类型：

（1）基本建设项目，指炼油、化肥、乙烯、合成橡胶、合成纤维等装置或系统的建设，以及相应的配套工程的建设。

（2）技术改造项目，指石油化工企业为了提高产品质量、提高加工深度、提高加工能力、或调整产品结构等对原有的设备、工艺等进行改造的项目。

（3）技术措施项目，指根据生产状况、技术要求、政策法规以及经营需要，针对某一方面的问题所采取的技术措施。当技术措施所需资金超过一定限额时，要单独立项管理。

（4）大修项目，指石化企业对生产装置进行定期或不定期大修的项目。此类项目除花费一定的资金外，通常在工期方面有迫切要求，因而，不但需要单独立项，而且需要充分作好前期工作，实行项目管理。

4. 其他项目

由于石油工业的特点，油气生产基地所处的自然环境和社会环境以及原有管理体制的影响等原因，石油企业除正常的生产之外，每年还要投入大量的资金用于辅助设施和生活设施的建设，这些建设工程都可单独立项，实行项目管理。

辅助设施和生活设施的建设项目主要包括：自备电厂、汽修厂、机修厂、独立的长输管道、供水排水、供电、通信、道路、桥梁、住宅小区及商业网点的建设。相对于油气田勘探开发而言，这些项目的投资数额较小，但是，若不采用项目管理，也会造成投资失控和降低效益。

以上关于石油工业的项目类型，主要是为了满足立项、资金切块以及控制的实际需要而划分的。在实用中还需进行更深入的分析，或者根据石油工业不同项目的管理特点进行更科学的归纳和划分，以满足全面管理项目的需要。

三、项目生命周期及各阶段的管理要求

项目是从产生项目设想到项目成功建成这一特定时间段内的存在物，项目具有寿命是其最显著的特征之一。在确定管理一个项目所用方法的必要性和价值时，项目生命周期是需要考虑的一个重要因素。

（一）项目生命周期的概念

项目建设实践告诉人们，为了实现预定的项目目标，达到建设项目的目的，必须通过一个特定的过程。这一特定的过程，称为项目的生命周期。

项目生命周期是项目管理的重要基础理论。项目管理能够发挥效用的重要原因之一，是在项目的生命周期中不断地进行资源的配置和协调，不断地做出科学决策，从而使项目建设的全过程处于最佳的运行状态，产生最佳的投资效果。在形形色色的项目中，尽管技术要求千差万别，投资规模迥然不同，但项目的建设过程却有着共同的规律可循。研究项目的生命周期，就是为了认识项目建设过程的共同规律，从而及时预测和确定项目在不同建设时期的资源需求状况、所需的管理技术、可能遇到的问题和相应的对策，以及项目管理工作的重心等。研究项目生命周期，还可为项目管理队伍的建设、组织文化的形成和建立、项目经理行为尺度的确定以及选择适当的领导风格提供依据。

PMI 目前定义了三种类型的项目生命周期：预测型生命周期、迭代和增量型生命周期及适应型生命周期。

1. 预测型生命周期

预测型生命周期，也称为完全计划驱动生命周期，在项目生命周期的尽早时间，确定项目范围及交付此范围所需的时间和成本。预测型生命周期一般适用于对项目的可交付成果具有较充分认识，具有丰富经验的行业实践基础，项目的不确定性相对较低和项目成果适于整批交付的情况。这是一种比较经典的项目生命周期模型，一般典型的形式如图 1-2 所示，项目生命可以划分为前期准备、项目的开始（或启动）、项目的组织与准备（或计划）、项目的执行（与控制）和项目的结束（或收尾）这五个典型的阶段。

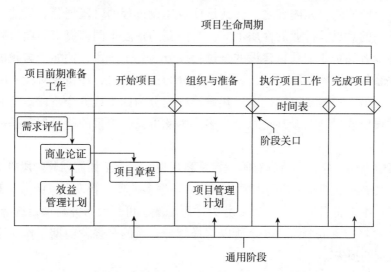

图 1-2　典型的预测型项目生命周期（来源：PMBOK）

2. 迭代和增量型生命周期

迭代型生命周期是通过一系列循环往复的项目工作来完成项目的可交付成果，项目初期可以确定项目的可交付成果和重要的项目范围，但随着项目团队对产品理解的不断深入，项目的作业时间及成本可能会发生定期的调整，而项目可交付成果的质量和功能可能随着项目工作的循环而不断提高和完善，比如在软件项目中对每一个功能反复求精，提升软件质量的过程。而增量型项目生命周期与迭代型生命周期的区别是，每一次提交的项目成果仅是局部的或子可交付成果，整个项目生命中渐进地增加产品功能，如软件在发布不同版本时，软件功能数量渐增的过程。迭代和增量型生命周期适用于项目具有持续变化的目标和范围、项目组织需要降低项目每一阶段的复杂性、项目交付成果的部分交付有利于一个或多个干系人，且不会影响最终整批可交付成果的项目类型。大型复杂项目通常采用迭代方式来实施，使团队可以在迭代过程中综合考虑反馈意见和经验教训，从而降低项目风险。

3. 适应型生命周期

适应型生命周期，也称为变更驱动或敏捷型的项目生命周期，其目的在于应对大量的变更，获取干系人的持续参与。适应型生命周期也含迭代型和增量型的概念，但不同之处在于，适应型生命周期迭代很快（通常 2~4 周迭代 1 次），而且所需时间和资源是固定的。这种生命周期适用于需要应对快速变化的环境，需求和范围事先难以确定，能够以有利于干系人的方式定义较小的增量改进的项目过程。适应型生命周期起源于软件行业，是一种以人为核心、迭代、循序渐进的开发方法。简单地说，敏捷开发并不追求前期完美的设计、完美编码，而是力求在很短的周期内开发出产品的核心功能，尽早发布出可用的版本。然后在后续的生产周期内，按照新需求不断迭代升级，完善产品。

迭代型、增量型和适应型生命周期，可以看作是若干预测型生命周期的集合，每一个迭代和升级的过程，都可以看成经历了一个预测型的生命周期，因此预测型的生命周期是通用的。

（二）石油工业项目生命周期

项目生命周期的研究内容之一，就是项目建设过程的阶段划分。目前，项目的阶段划分尚没有统一的意见。行业的性质不同，看问题的角度不同，提出的项目阶段划分方案也不同。有些学者和企业把项目建设的全过程仅分为三个阶段，例如，与我国海洋石油工业有过合作关系的美国阿莫科公司，就把项目分为三个阶段，即概念阶段、决策阶段和设计建造阶段。而另外一些专家则把项目建设过程划分为四个或五个阶段。还有一些学者，则认为项目建设阶段可达七个甚至八个之多。由此可见，项目的阶段划分是一个重要但又复杂的问题。

如同其他工作一样，项目具有阶段性是客观现实，至于如何划分阶段则既要适应项目建设的特点，又要满足管理工作的需要。因此，根据多数项目管理专家的意见和我国管理项目的实际情况，本书将石油工业项目划分为构思酝酿、可行性研究与项目选择、计划与组织、项目实施、验收结束五个阶段。之所以这样划分，目的是强调前期工作，避免盲目上马项目，造成投资的损失。

1. 第一阶段：构思酝酿阶段

构思酝酿阶段就是对拟建项目提出初步设想的阶段，该阶段的工作主要在企业高层管理人员或政府相关部门的官员等投资决策者之间进行。在该阶段，项目还只是一种若隐若现的朦胧概念、投资规模、建设规模、技术要求、建成后的效用等重要问题都不清楚。在该阶段提出的项目设想可能根本无法付诸实施，或者虽可付诸实施但在经济上却得不偿失。当然，该阶段的项目设想也可能会成为某个宏伟项目的思想基础。

通常，产生项目设想的起因主要有以下几个方面：

（1）科学研究成果。科学研究的成果，尤其是结合生产需要所搞的科学研究成果和具有重大社会经济效益的科学研究成果，经常是酝酿项目的前奏。比如，地质专家经深入细致的分析研究之后，认为某个沉积盆地具有良好的含油远景，那么，这一研究成果通常会使决策者考虑在该沉积盆地进行勘探项目。再如，某科研单位研制出一种降黏剂，可广泛用于稠油开采和油气集输，这可能会促使某一化工项目的产生。

（2）技术进步。据统计，近年来世界范围内的工程技术正在以三年或更短时间翻一番的速度发展，迅速的技术进步正在改变着当今世界的面貌，正在使人们的梦想变成现实，也为投资提供了大量的机会。例如，定向钻井技术会使因地面条件复杂而搁置的含油区块得以开发，三维地震的应用会使一些隐蔽的油气藏得以探明，这两种技术的应用会成为某些老油区勘探开发项目立项的前提。

（3）理论上的重大突破。理论来源于实践，是实践经验的总结和升华，而理论又是实践的指导。理论上的重大突破及新理论的产生，对设想新的项目会产生巨大的动力。如1975年冀中地区的油气勘探，打开了古潜山油田的大门，从而丰富了石油地质的理论体系，开拓了在深部碳酸盐岩找油的领域。此后，渤海湾盆地以发现古潜山油田为目的的勘探项目，大都与这一理论有关。

（4）资源的发现。采掘工业、加工工业的项目建设都离不开自然资源，一种新的资源的发现往往会带来新的投资机会。如油气资源的发现会导致油气开发项目提上议事日程，丰富的共生矿床的发现会使企业领导考虑同时经营多个项目。

（5）外部环境的变化。不论是国家、地区、企业还是其他经济组织，都在一定的外部环境中生存。只有适应外部环境的变化，才能实现自身的近期目标和满足长远发展的需要。当外部环境发生变化时，考虑项目是常见的反应之一。例如，国际政治气候紧张，国家或地区的安全受到威胁，会使大量的军事项目提出来。再如，市场的激烈竞争会迫使企业考虑进行技术改造，增加新的设备或进行专题研究与开发。

（6）存在物之间的类比。客观事物总是千差万别，但只要两个事物的内外条件相似，就可根据存在物的已知结果推断另一事物的发展结果。正因为如此，存在物才会成为产生项目的原因之一。如世界上许多海湾都是丰富的含油气区，决策者面对这种现实很可能会决定对本地区的海湾进行石油地质调查或勘探。

（7）新事物的启示。新事物的出现常能开拓人们的思维空间，产生新的启示，从而产生投资建议。这在军事项目中不乏其例，在油气勘探中也有一定意义。如某油区在大型逆掩断层下面发现了丰富的油气聚集，这会导致另一些油区考虑本区是否有类似的构造，如果有类似构造，相应的项目也会在考虑之中了。

除此之外，某个专家的建议、某个决策者的灵机一动、某位高层领导的提示等也可成为酝酿项目的原因。

作为项目投资的决策者要具有强烈的创新意识和敏锐的观察能力。当各种新的投资建议产生时，要及时捕捉住可能会带来效益的机会，并加以正确运用，以图不断发展。在这一阶段，要创造百家争鸣的民主气氛，要培养和鼓励参与意识，要促进信息交流和相互启示。

2. 第二阶段：可行性研究阶段

在构思酝酿阶段后期，当投资建议或投资决策者产生的项目概念逐渐明朗之后，如果认为该项投资具有一定的意义，就要探索其在技术和经济上的可行性，这就转入了可行性研究阶段。在该阶段，对拟建项目要进行全面的技术经济论证，对投资进行综合的调查研究。通过这项工作的进行，要确定项目规模，选择建设地址，安排所需财力，商定大致工期，制订初步设计，建立初期项目管理组织。同时，最重要的是要确定项目的经济和社会效益。在可行性研究结束时，要对项目的初步设想予以肯定、否定或完善，为决策者决定"干与不干"提供科学依据，从而避免盲目性，降低风险性。

可行性研究是石油工业项目建设最重要的前期工作之一，是绝不能逾越的重要阶段。在构思酝酿阶段产生的项目设想，可以模棱两可，可以不切实际，可以含有许多水分，关键是经过可行性研究使之更加具体和实际。如果提出的项目设想不经可行性研究便付诸实施，就可能造成重大的经济损失，这一点，我们有过许多教训。为了保证可行性研究结果的科学、全面、正确，这项工作通常由相关专业的技术专家、财务专家、销售专家、管理专家及银行专家等承担，未来可能的项目经理及可能参与项目管理工作的少量主要人员应参加该阶段的全部或部分工作。

在可行性研究中需要注意的管理问题是，最大限度地保持客观，排除任何领导或客户的干扰，保证独立地从局外进行调查和分析，从而为决策层正确决策提供过硬的结论。为了做到这一点，可行性研究工作最好由与项目无直接利害关系的人员完成，或聘请专业咨询机构承担。

可行性研究是一项综合性的研究工作，它几乎涉及项目建设的各个方面，它有自己完整的理论体系和研究方法。关于可行性研究的内容、方法和程序等问题，还要在后续章节中予以讨论。

3. 第三阶段：计划与组织阶段

通过可行性研究，如果认为石油工业项目在技术和经济上可行，经决策者批准之后转入该阶段。在可行性研究后期项目上马已成定局，或在项目获得批准之后要任命满足项目管理需要的项目经理，建立符合项目建设特点的项目管理组织。在项目经理的领导下，由项目组织负责该阶段的全部工作。

如果说可行性研究是保证投资决策正确与否的关键，那么，本阶段就是项目建设成败的基础。在该阶段，项目经理要领导项目组织确定实现项目目标必须完成的各项必要任务及相应的技术；组织人力或委托设计部门进行基本设计、建立和试验设计原型；编制进度、成本、质量、人员需求、材料设备采购以及招标和发包等工作的计划；获取项目建设所需的各种许可证件。

经过上述周密的计划工作，项目的技术细节得到确定，项目的工期得以明确，项目的投资进一步落实，项目如何实施已基本明朗。这时，就要组织施工队伍，做好项目的实施准备。如果项目涉及的技术复杂或工作量太大，则需要通过招标组织施工队伍，项目组织要拟订合同草稿，组织招标评标，进行合同谈判和最终授予合同。至此，项目的前期工作全部结束，合同经批准生效后，即可转入项目实施阶段。

这一阶段的工作重要而急迫。做好、做细该阶段的工作，就能保证项目的顺利实施，防止窝工，避免浪费，降低成本，缩短工期。同时，从项目建设全过程来看，将该阶段的工作安排紧凑，抓紧抓好，常能以最小的代价缩短项目的建设周期，节约宝贵的建设时间。因此，现代项目管理理论特别强调计划和组织工作的重要性。当项目的计划和组织工作特别复杂时，制订一个计划和组织工作的粗线条计划常可保证该阶段的工作有条不紊地进行。

4. 第四阶段：实施阶段

实施阶段就是指根据第三阶段制订的计划，全面组织详细设计、物资采购和现场施工。对一些工程项目，该阶段又称为有形建设阶段。有些石油工业项目，该阶段主要是施工和采办工作，没有详细设计这一环节，如普通的辅助工程建设，而另一些项目，详细设计却必不可少，如海上油气田开发项目。

实施阶段主要是在甲方（国外称业主）项目组的组织协调下，由承包公司或本企业的专业化施工队伍负责实施。与前期工作相比，该阶段的工作不再是探索性的，而主要表现为按照计划严密实施。其目的不是开发新的技术，不是选择和制订方案，而是把前期工作中确定的事物尽可能有效地予以完成。前期工作主要是办公室中悄无声息的筹划，项目实施则是工地上轰轰烈烈的建设，参与项目工作的人员由前期工作的数十或数百人迅速增加到数千或数万人。协调和组织工作日益突出。此外，在该阶段，甲方和乙方（承包公司）的项目组织都要投入大量的精力，根据项目计划的要求不断地对项目进展状况进行追踪、监控和审计，并及时根据需要修改设计、调整计划、均衡资源，使实际作业情况保持在预定状态之内。同时，甲方项目组织还要管理分项工程之间、各承包公司之间及各工作环节之间的界面，以保证在各子系统协调运行的前提下，使整个系统也协调运行。

不管前期工作如何细致全面，在实施过程中必然会遇到各种意料之外的事情，或政府颁布新的法规，或关键环节工期拖延，或重要物资不能及时获取，或气候出现反常情况，如此等等，不一而足。因而，在项目实施期间，要保持预测能力，防患于未然；要具有快速反应能力，以应付各种突发事件。该阶段是工作量最大的阶段，也是资金投入的主要阶段，只有加强管理，才能在不突破预算的情况下，达到预定的项目目标。

5. 第五阶段：验收结束阶段

按照设计要求达到预定建设目标，经过试运行、验收和全面评价之后，石油工业项目即告结束。此时，项目组织要予以解散，除少数留守人员处理善后问题外，多数成员要参与新的项目建设或其他工作。施工队伍要陆续迁走，从事新的作业。在该阶段，要对施工质量、技术指标、性能要求进行全面验收，对项目建设实际发生的成本和工期情况进行认真评审，对各种图纸、文件和资料进行分类归档，对合同到期的费用进行结算，对项目管理人员的业绩做出客观评价，并根据事先的约定给予奖惩。最后，办理各种交接手续，将经过试运行证

项目管理——面向石油工业的实践

明满足既定目标要求的项目交付使用。

上面所说的是项目建设最终达到目标，且能满足投资需要时的正常情况。然而，事情并不总是这样。当项目的约束条件得不到满足，或项目的目标与项目建设的目的不再相关时，就会出现项目的非正常结束。项目建设经常不能满足的条件是预算和工期，如果成本严重超支或进度严重耽搁，就可能会使项目半途而废。例如，某商业大厦项目预计投资五百万元，但由于在作可行性研究时对物价上涨幅度估计不足，结果基础刚刚建好就已比计划超支数十万元，继续建设不但没有资金保证而且得不偿失，则项目不得不放弃。又如，某进行中的太空开发试验项目因进度耽搁要比预计工期推迟一周，遗憾的是，为试验提供服务的航天器只在很短的时间内与目标天体相遇，一个晚两分钟的试验毫无价值。这时，该太空开发项目只好结束。项目目标与投资目的不再相关而导致项目非正常结束的情况也时有发生。例如，某军事工程是针对来自邻国的威胁而兴建的，在建设过程中，由于与邻国的关系逐渐缓和，军事威胁已经消除，则该项目无继续建设的必要。项目非正常结束时也要做好善后工作，不能不了了之。剩余的材料要妥善保管或转给其他项目；中止的合同要向承包者做出解释，并给予合理的经济补偿；项目非正常结束不一定是项目管理人员的问题，所以，也要对管理人员的实绩作出评价，论功行赏，各得其所。非正常结束可能比正常结束还要困难和复杂，必须将工作做得全面细致，避免遗留问题和各种后遗症的产生。

项目结束也是一种项目，一切工作都要有全面的计划，根据计划有条不紊地实施，使项目的结束工作更具有意义，具有挑战性。

上述项目阶段的划分还是比较粗略的，有些重要但短暂的环节并未单独列出，在实际工作中可以根据具体情况进行处理。此外，项目建设各阶段之间涉及大量的决策工作，是项目决策的关键所在，见表1–1。

表1–1　项目生命周期各阶段的关系和主要任务

阶段 I 构思酝酿	阶段 II 可行性研究	阶段 III 计划与组织	阶段 IV 项目实施	阶段 V 验收结束
产生概念 明确需要	确定可行性 确认方案 准备建议 初步设计 批准立项 建立组织	编制进度计划 编制预算 编制质量计划 编制采办计划 基本设计 获得许可 招标发包	采购物资 详细设计 系统施工 全面监控 调整和变更	转移材料 转移责任 放弃资源 解散组织

在项目建设的五个阶段中，就工作量而言，以项目实施阶段最大，其他四个阶段工作量较少（图1–3），但就其重要性来讲，这四个阶段丝毫不亚于施工，这一点尤其值得项目管理人员重视。项目建设中的资金支出与项目建设的工作量有很强的相关关系，但由于物资提前采购和合同分期支付及到期后结算，使得费用支出情况与工作量并不完全对应，且因项目性质和合同类型的不同而有很大差异。不过，不论什么项目，其成本累计曲线基本上呈 S 形，如图1–3所示。

12

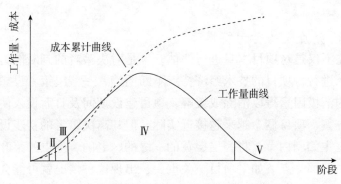

图 1-3　项目工作量及成本变化情况示意图

（三）项目各阶段的行为特性

项目建设过程中行为特性的变化也是项目生命周期理论的重要组成部分。近年来，对各类项目生命周期综合研究的结果表明，不同项目建设过程中的行为特性极为相似，同时也发现不同建设阶段的行为特征有明显的差异。要有效管理建设项目并使之获得巨大成功，就必须重视项目生命周期中的行为特性，掌握各阶段行为变化的规律。

1. 酝酿阶段的行为特性

项目酝酿阶段是一兴奋时期，关于项目效益的信息从各种渠道传递给决策者，逐步使决策者产生投资的欲望。随着这种欲望与日俱增，关于项目的设想会正式提出来。强烈事业心的驱使，不断强调的项目效益，人为勾画出的项目美好前景的诱惑，使决策圈内的温度逐渐升高。如果决策圈内升高的温度得不到适当控制，就会造成项目非上不可的组织气氛。于是，一些主要矛盾被掩盖；从反面否定项目的思路被堵塞；项目尚未建设，消极影响谁也不能充分肯定，甚至一些客观分析项目的人员受到压制和孤立。此时，各部门对项目建设会表现出极大的兴趣和热情，提出不切实际的建设目标和要求，至于如何获取必要的资源，如何达到目的，尚未在考虑之列。这是一种危险的气氛，是导致盲目投资的罪魁祸首。决策者应保持清醒的头脑，尽量避免这种气氛的产生。这种气氛也有其积极的一面，它对项目的顺利实施奠定了基础，是未来项目实施中决策者和各职能部门给予有力支持的精神准备。在这里，关键的问题是不能超越项目建设程序，不能在过热的气氛中未经详细的技术经济论证便仓促决策。

有时，项目在酝酿初期就存在很大的争议，反对者和赞成者各执一词，互不妥协。随着争议的加深，对立双方都投入较大的精力为驳倒对方收集证据。因此，项目的水分逐渐被挤掉，组织矛盾、资源矛盾、技术矛盾、项目的效用等关键问题逐步明朗，使决策者初步形成的项目概念比较接近实际。这种气氛有利于正确决策，能够避免盲目投资，是一种良好的组织气氛。有时，决策者为了使问题更加明朗和清晰，会有意识地制造和利用这种冲突气氛。但是，这种气氛也存在有效限度问题，如果冲突超过了一定程度，会对项目实施产生消极影响。因此，当冲突比较激烈时，应选聘一名善于协调、熟悉组织运行机制、能够利用冲突的人员担任项目经理。

当然，项目概念尚未明确就在多数人的反对下被扼杀的情况也不少见，这表明项目设想没有为大家认同，或在现阶段根本就不可行。严格来讲，出现这种情况就不能算作项目建设的组成部分了。

2. 可行性研究阶段的行为特性

可行性研究不仅是对项目本身进行评估，也是对决策者的判断能力进行评估。随着可行性研究的深入进行，项目的技术经济特点不断明确，一些决策者设想的效益被否定，一些决策者认定的消极因素得以消除或缓解，项目建设期间及日后投入使用中可能发生的问题找到了预防方案，项目概念越来越接近实际，但却离决策者的初步设想越来越远。这种情况类似于家庭主妇剥白菜，将一层层黄的、绿的、老的、生虫的菜叶剥掉之后，最终的可食部分仅有中间那一点。如果项目至关重要，出现这种情况就可能会使某些决策者坐不住了。他们可能会怀疑研究结论的客观性和正确性，可能会对某些关键问题给以提示，也可能对研究过程进行干预。同时，与项目建设有利害关系的地方政府、上级主管部门、供货厂家和作业公司等也可能会以各种方式对研究过程施加影响。研究人员会明显感到外来的压力，辛辛苦苦做出的研究成果可能会被轻易否认，自己日后的工作和前途也可能因此受到影响，研究工作笼罩在消极气氛中。这时，如果研究人员隶属投资单位，就可能屈从于领导者的压力，或思路被领导者左右，最终导致低质量的报告，为项目埋下灾难的种子。例如，某油田拟上一开发项目，因自然条件限制在现阶段实施需建设大量的地面工程，根据油气储量所作的评估表明，其投资根本无法收回。但是，由于企业领导已经决定投资，研究人员只得在外部压力之下，经过多次主观提高油价，最终得出项目可行的结论。科学地讲，这一评价是毫无意义的，它颠倒了决策程序，不是将可行性研究作为决策的依据，而是为已有的决策作注释。因而，要保证可行性研究的客观性，由独立的专业部门承担这项工作就显得非常重要了。

外界干预是最危险的组织行为，但在可行性研究人员中间，也会在方案选择、进度与资源配置、资金筹措、质量要求等诸方面产生矛盾和冲突，但这些矛盾一般不会太强烈，主要是由于专业差异引起的，通过通畅的信息交流和反复协商会使之得以解决。

3. 计划阶段的行为特性

决策者批准项目立项之后，要根据项目的特点建立项目管理组织，各种矛盾也由决策层转入项目管理层。

组建项目组织，揭开了项目组织与职能部门冲突的序幕。项目经理立足于项目建设，会要求职能部门派出最优秀的人员参与项目工作，会要求提供一流的支持。这可以理解，因为项目是其视野中唯一重要的事情。职能部门不仅要为本项目提供支持，还要保证其他项目和日常工作的进行，因此，拟派给项目经理的人员可能仅属中等，提供的支持也往往带有约束条件。当双方的期望值相差较大时，冲突是不可避免的。有时，项目经理会点名要人，职能领导则会感到权力受到威胁，从而采取不合作态度。同样，项目经理得不到合适的人员和期望的支持时，会降低工作热情，失去必胜信心，抱怨职能部门。如果这些矛盾得不到及时协调解决，就会使冲突尖锐化、公开化，从而不利于日后开展工作。在这一时期，项目经理最好的行为方式是，从一开始就以协商的态度争取职能部门支持，通过协商解决所有问题，并对职能部门支持项目的任何努力作出积极反应，而不要因项目重要而向职能部门施加压力，迫使其服从项目需要。出现大的矛盾上交也是常见的一种行为方式，但这种方式属于下策。借助于上级的权威解决问题，很容易使矛盾的一方感到委屈。如果项目举足轻重，受委屈的一方通常是职能部门——这会导致职能部门不主动积极地配合项目工作；如果项目无关紧要，则项目经理会受到委屈——这会使项目经理产生自卑感，影响工作信心并最终影响到项目的成功。

成立项目组织后，项目经理又面临着新的问题。项目人员都是临时从各单位抽调来的，他们分别带着原单位的行为规范和价值观念，带着不同的动机和需求参与到一个刚建立起的组织中，不可能一下子适应新的工作环境、工作特点和工作方式，必然会产生矛盾和误解。这种情况若不及时改变，可能会导致混乱，进而承担不起马上要进行的计划组织工作。因此，项目经理一上任就要注意组织文化的建设，在短时间内建立起健康的组织文化，将项目人员的行为规范和价值观念统一在新的标准下，确保项目工作协调地进行。研究表明，全面了解项目的意义和特点，认识自己在项目建设中的作用，以及广泛的参与有助于项目文化的形成。

就计划工作本身而言，在进度、质量和成本之间也存在矛盾，也需要经常地协商和平衡。

4. 项目实施中的行为特性

计划和组织工作的进行，使项目管理人员逐渐适应了项目管理工作的特点，适应了相互的观念和准则，一种无形的规范建立起来，内部矛盾和冲突逐渐平息。

项目实施阶段展开后，许多矛盾转移到基层。基层作业队伍要满足进度要求，要使作业符合质量标准，要使费用和材料不突破定额，还要获取各种必需的资源。除此之外，早期计划产生的任何错误和在实施期间遇到的各种技术问题必须予以解决。因而，基层的作业状况成为人们关注的焦点，各种相互冲突的要求同时在一线作业中寻找归宿。当各种要求超出基层的承受能力时，人们会感到自己像工具一样被管理人员操纵着，工作积极性和满足程度会明显降低。尤其是，基层工作人员看到要由他们负责解决早期项目人员造成的错误时，不满情绪会明显增加。上述行为特征在许多项目中会表现出来，如果得不到很好的解决，就可能出现消极怠工、浪费材料等对抗行为。解决这些问题主要有两种方法。其一，采用各种技术，使人力、物力和进度得到统筹安排，使工作有条不紊，快而不乱。其二，加强纵横向的信息交流。既要使决策者及时掌握作业情况，及时预测问题，避免盲目指挥，又要让作业者了解自己的作用、责任及与其他工作环节的关系，防止产生失落感。

在该阶段，项目组织和职能部门的冲突依然存在。职能部门对项目工作的支持主要取决于项目的进展状态和与项目组织的协调程度。如果工作进展顺利，职能部门可能会积极地支持项目工作；如果管理混乱，进度和成本一再失控，职能部门不但不会提供支持，反而要给以种种限制。值得注意的是，有些项目需要做大量的研究工作，需要一边探索一边施工，阶段成果不太明显，只是在项目建设后期，才以极大的速度达到目标。这时，职能部门对项目能否成功会产生怀疑，这种怀疑及随之而来的议论会形成一种对项目建设不利的气氛，项目经理会成为被指责的对象，甚至高层决策人员也会出面过问项目问题。遇到这种情况时，如果项目经理信心不足就会给项目工作带来大的损失。最好的行为方式是，消除外部因素对项目组织的影响，按照计划和既定的程序稳妥地推进工作，各种议论会随着项目的成功销声匿迹。经验证明，在这种情况下过多地进行辩解，常会适得其反，还会浪费宝贵的时间。

5. 结束阶段的行为特性

结束阶段的项目资料表明，该阶段的矛盾强度相对较低，但行为特征却与前几个阶段有显著的差异。

项目结束时项目经理不再像刚上任时那样荣耀，不再像项目实施期间那样成为人们关注的中心，高层决策者开始寻求新的发展机会，对建成的项目逐渐失去兴趣，项目经理获得的支持、承担的责任和拥有的权力都同步缩小，与先前相比明显感到受冷落。在工作中，项目经理不再是高屋建瓴，而是要亲自处理琐碎事物。随着任务的减少，各种人员纷纷离开项目组织赴任新的岗位，昔日那种轰轰烈烈的场面不复存在。相反地，项目使用者对交工的急切催促、遗留问题的缠绕等，会使项目经理疲于应付。中国有句俗语"天下没有不散的筵席"，任何事物在经过鼎盛时期之后都会逐渐萎缩，这是自然规律。项目经理只有具备充分的心理准备，才能临阵不乱，善始善终。

在项目组织内部，也有类似的特点。由于项目面临结束，人们开始担心日后的工作问题，能否找到合适的位置，回原单位工作能否发挥作用，能否参与新项目的管理工作，如此等等，成为人们思考的中心问题。这期间，命令可能多次被误解或者不执行，工具不见了或者不能使用，当遇到小小的障碍时工作就会停止，低工作效率成为很普遍的现象。人们对完成剩余工作和处理遗留问题失去激情，任务完成了，谁都不希望尽多大努力去改变结果。在该阶段，每个人都希望少受些压力，少用命令和强制措施。在该阶段，项目经理与各部门联系，妥善安排项目人员的工作，解除人们的后顾之忧，并使工作具有一定的挑战性，常会缓解上述问题。在我国许多大型企业，由于用人制度的影响，要解决因项目临时性而产生的人员组织和安置问题，需要在组织上和政策上给予保证。

关于项目建设中行为的研究还是一个新的课题，不同的项目、不同的组织形式会遇到不同的问题，会派生出不同的行为，还需不断探索和总结。

（四）项目前期工作

前期工作是近年来出现的一个项目管理概念，这一概念既不科学又不严谨，只有相对意义。按项目生命周期五阶段的划分方法，第一阶段是后四个阶段的前期工作，一、二阶段是后三个阶段的前期工作，依次类推。鉴于这一概念的应用日益广泛和因概念本身不严谨而导致人们认识混乱的状况，在此有必要对这一概念的内涵予以明确。

目前，对前期工作的理解主要有两种意见，一种意见认为前期工作包括立项之前的工作，即构思酝酿和可行性研究阶段；另一种意见认为前期工作包括承包合同经批准生效之前的所有工作。从语义上讲，以立项为界限其前称为前期似乎更为贴切，但这种意见却未把性质相近的计划与组织工作包括在其中，从而使这一重要的工作得不到应有的强调。因而，根据我国项目建设长期以来的实际状况和工作性质的差异，将前期工作定义为承包合同生效或施工之前更能满足管理项目的需要。本书在涉及前期工作时，都是指项目建设前三个阶段的工作。

项目管理是一门新兴的管理科学，是在系统论、运筹学、概率统计、经济学、行为科学、管理学等学科的基础上，结合现代项目建设的实际，逐渐形成的边缘学科，是现代管理科学的一个重要分支。这一学科的发展和完善，较好地解决了军事工程、建设项目及复杂的科研工作的管理问题，在应用中有着明显的经济效益和社会效益。所以，项目管理已成为西方发达国家在项目建设中广泛采用的管理手段。我们对这一学科进行研究，目的就是在引进成熟方法和理论的同时，建立适合我国国情的项目管理体系，为石油工业乃至国防、科研及其他经济项目的管理提供行之有效的方法。

第二节 项目管理

项目管理作为一门学科最早出现于美国，原文是 Project Management。由于我国引进该学科的时间不长以及两种语言之间存在的自然差别，科技人员在将 Project Management 译为汉语时并不完全一致，常见的译法包括项目管理、工程项目管理、计划管理和工程管理。相比之下，四种译法当中以项目管理最为贴切，因而其应用范围也最为广泛，本书也采用这一译法。

一、项目管理的定义

什么是项目管理？笼统地讲，项目管理就是如何科学管理项目的学问。但是，作为有着较为完整理论体系的新兴学科，其严格的科学定义是什么呢？在国外，有人认为"项目管理是一种一步一步地有步骤地进行管理的制度，是对大型建设项目或一次性任务进行高效率地计划、组织、指导和控制"；有人认为"项目管理是计划、控制和管理临时组织在一起的人员的过程"；有人认为"项目管理是关于在一定时间和资源的条件下，计划和控制一系列非常规活动的学科"；还有人认为"项目管理是以有秩序的方式管理时间、物资、人员和投资，以使时间、成本、技术结果诸方面满足既定目标的科学"。在国内，有人称"项目管理就是纵向上的层层承包和横向上的甲乙方合同制"；有人称"项目管理就是成本控制、进度控制和质量控制"；还有人称"项目管理就是资金切块"。除此之外，还有各种各样的定义。

从专家们给出的各种定义可以看出，尽管人们从不同角度产生了对项目管理的不同理解，但有几点是一致的。首先，采用项目管理的目的，就是要成功达到一个特定的目标；其次，这个目标的实现要受到工期、预算及其他条件的约束；最后，为了达到预定目标并同时满足约束条件，就必须采用科学的方法进行强有力的管理。

据此，并结合近年来该学科的最新发展，我们给出项目管理的定义：**项目管理就是研究在时间和资金一定的条件下，如何通过科学的计划、控制和组织达到既定目标的科学**。对具体项目而言，项目管理就是对项目的全过程、全方位的管理活动，是一动态过程。

二、项目管理的体系和层次

（一）项目管理的体系

与企业管理一样，项目管理也具有计划、组织、指挥、控制、协调和激励六大基本职能。但是，由于管理项目的特殊要求，在这六大基本职能中，尤以计划、控制和组织最为重要。项目计划、项目控制和项目组织的理论与方法构成了项目管理的基本体系。

项目计划是项目管理产生和发展的基础，是在项目建设期间进行有效管理的依据和前提。早期的项目管理文献多侧重于计划理论和计划技术的论述，近年来出版的专著也有相当的数量用多数篇幅介绍计划，似乎给人一种印象，项目管理就是计划管理。这一点，从我国学者对 Project Management 的翻译中也可以看出来。将项目管理等同于计划管理固然失之偏颇，但却反映出了计划在项目管理体系中的地位。对于具体项目而言，只有利用科学的方法做好周密的计划，才能使整个项目的建设过程得到最佳安排，从而以最小的代价获得最大的效益。

项目控制也是项目管理体系的基本内容。我国有些较早试行项目管理的企业就曾把项目管理归结为项目控制，其作用可想而知。项目控制主要是根据计划要求和管理任务监督项目的现状，预测项目的未来，控制项目的进展，保障项目建设正常进行。在管理实际项目中，由于存在若干不确定因素，即使采用了先进的控制技术，也不一定完全满足最初确定的管理目标。所以，有人提出了所谓的项目管理"第一定律"，即按规定时间、不突破预算、不调整人员而完成的项目几乎没有，任何项目都不会例外。从这种意义上来讲，项目控制不是保证计划不折不扣地落实，而是将各种变动控制在合理的区域内。

项目管理的组织理论是伴随着技术方法的应用和项目管理的变革逐渐发展起来的。不管具有多么先进的设备，不管拥有多么高超的技术，如果没有良好的运行机制和优秀管理人员的运筹与协调，就不会产生出高效率。所以，项目管理的组织理论已得到管理学者和企业家们的广泛重视。项目组织涉及的工作非常广泛，它涉及项目组织形式的确定和选择；涉及人员的配备和管理；涉及项目招标、合同谈判以及承包公司的选择；还涉及如何当好项目经理的相关问题。

在管理项目的过程中，指挥、协调和激励也不可缺少。在指挥方面，实行项目经理负责制，建立以项目经理为首的统一指挥系统。在协调方面，通过加强信息交流，协调好部门之间、工作界面之间、甲乙方之间及各作业单位之间的关系。在激励方面，通过项目文化的建设和行为方法的应用，充分调动和发挥工作人员的积极性。这三个方面与项目计划、控制和组织是统一的，它们相互联系、相互渗透，构成了完整的项目管理体系。

项目管理也离不开决策，决策贯穿于项目管理的各个方面。

（二）项目管理的层次

在讨论项目的生命周期时我们已经看到，项目建设的全过程涉及投资决策者、甲方项目组织和乙方项目组织（承包公司），这三者构成了项目管理的三个层次。投资决策者是项目管理的第一层次。这一层次对企业的经营和发展起着决定性的作用，它根据企业的经营战略确定投资方向，提供项目与外部事物和机构的协调，把项目和更广泛的社会系统连接起来。同时，第一层次对项目建成后的效用具有不容分担的责任。比如，油气田勘探项目的储量指标在相当程度上取决于决策的正确与否（若让项目组承担全部储量责任是不公平的）。甲方项目组织是项目管理的第二层次。这一层次基本上属于执行层次，它负责有效地落实高层决策，负责项目建设的管理工作，提供项目与外部世界的缓冲，消除或缓和外部世界对项目的影响，同时，对项目建设中一些重要问题的解决进行决策，并编制和优化各种实施方案，完成以最少的投入实现项目目标的任务。承包公司在中标之后也要成立项目管理组织，它属于项目管理的第三层次。这一层次负责项目内容的具体实施，与第二层次相比它具有更大的执行性。它一方面要对施工作出经常性的安排，另一方面要对施工过程中发生的各种问题给予解决。项目管理三个层次的关系如图 1-4 所示。

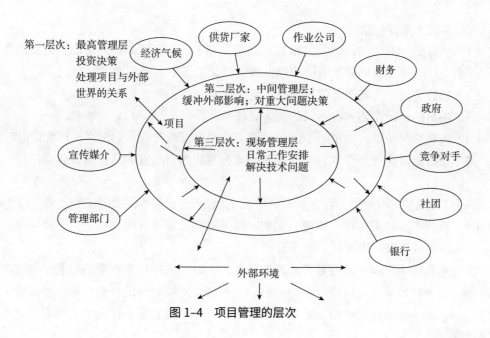

图1-4 项目管理的层次

在项目建设的全过程中，项目管理各个层次的参与是不同的。在项目的酝酿和可行性研究阶段，主要局限在第一层次，第二层次中的项目经理及其主要助手在后期部分参与。一旦作出决策，工作重点则移至第二层次，由项目组织进行统筹和组织，第一层次则退居"监督"的地位。通过招标授予合同之后，第三层次才参与进来，成为项目建设的主要角色。在项目结束时，项目管理的三个层次都不同程度地参与项目工作。项目管理这三个层次之间的关系与企业中的上下级关系有些差别。投资决策者通过授权和落实责任将管理项目的任务委托给项目组织，此后只起监督和支持作用，一般不参与管理项目的具体事务，全部管理工作由项目经理代表企业独立组织实施。甲方项目组织和乙方项目组织是靠合同来维系的，在合同执行中遇到的问题主要通过协调解决，虽然甲方项目组织有决策权，但多数情况下是根据项目计划进行控制，一般也不干预乙方项目组织的具体工作。项目开工后，项目管理这三个层次的运行机制如图1-5所示。

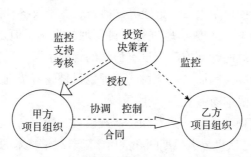

图1-5 项目管理三层次的运行机制

（三）采用项目管理的客观条件

实践证明，项目管理是科学地管理项目并使之获得成功的有效工具，但是，项目管理却不是解决所有管理问题的灵丹妙药，它的应用需要具备一定的客观条件。据专家研究，采用项目管理的客观条件包括：

（1）任务是一次性的，即其应用对象必须是一个项目。例如，制造加工之类的企业，除更新改造、产品开发及部分生活设施建设外，日常工作不宜采用项目管理。

（2）项目建设涉及若干部门和单位，组织情况复杂，需要进行协调。

（3）项目的建设需要多种不同的工艺和技术。

（4）人事情况特殊，如班子不团结、职工有不满情绪及专家们出现不正常情况等。

（5）项目远离企业所在地，需要委派一支拥有相当自由权的队伍负责建设工作，如某些油气勘探项目。

（6）工期紧迫，时间是关键，如军事项目、为油气开发配套的关键工程、各类应急项目等。

（7）投资者要求采用项目管理。例如，国外有些大企业有明文规定，在兴建项目时承包者必须采用项目管理，否则就不授予合同。

在上述条件中出现一种或数种（通常是数种）时，采用项目管理将有利于加速项目的建设进程。对于技术单一、规模很小的项目，可不必建立临时性的机构，也不涉及多个部门和承包公司，但一些项目管理的技术和思想却可以贯穿于其管理工作之中。有人称之为非正规的项目管理。

三、项目管理的产生和发展

（一）项目管理产生的背景

不知是人类文明导致了项目建设，还是项目建设促进了人类文明，自从燧人氏点燃了文明之火、结束了茹毛饮血的时代以来，人类便与项目结下了不解之缘。人类早期的项目可以追溯到数千年之前，在古埃及有金字塔，在古罗马有尼姆水道，在中国有都江堰和万里长城，这些古人的杰作至今仍向我们展示着人类的智慧。应该说，有项目的建设就会有相应的项目管理问题。例如，我国北宋真宗年间，皇宫焚于大火。皇帝命大臣丁谓主持修复，工程复杂，规模浩大，时间紧迫。如何以最小的代价、最快的速度完成这一项目成了丁谓的一大难题。他经过分析研究之后，提出了一个周密的实施方案：把皇宫前的大街挖成深沟，利用挖沟所得的土烧砖供建设之用，将沟与京城附近的汴水连接，皇宫建设所需各种材料就能从水路直接运抵皇宫附近，项目结束后，把废弃的砖石、泥土及各种杂物填入沟中，从而又修复了原来的大街。这也许是古人成功地进行项目管理的先例。但是，也应该看到，直到20世纪初期，还没有行之有效的计划方法，没有科学的管理手段，没有明确的操作规程，没有系统的消耗定额和技术标准。因而，对项目的管理也只是凭着个别人的经验和直觉，只是依靠个别人的才能和天赋，根本谈不上科学性。

现代意义上的项目管理主要是从开发和建造规模大、费用高、工期紧的复杂系统的需要中产生和发展起来的。第二次世界大战期间和战后，随着科学技术的进步和适应战争与军备竞赛的需要，如曼哈顿项目、弹道导弹项目、北极星潜艇导弹项目等一些技术复杂的国防武器系统相继投入开发。在这些大型系统的开发中，对传统的管理方式提出了一系列严峻的挑战。

第一，系统的规模越来越大和复杂程度越来越高，不论一个人的才能有多大，如果不借助于相应的管理技术，根本无法对其实行有效的管理。

第二，这些大型系统的开发运用了大量的尖端技术和最新的科研成果，对系统开发人员技能的专业化程度要求很高。这样，就缺乏由经验得来的标准，不能再依靠经验来指导在严峻的时间和费用限制下有目的地实施开发工作。

第三，传统的直线—职能制组织形式已不足以说明其有能力保证在开发复杂系统方面获得成功。在开发复杂系统方面，要求具有高度的创造性和开拓性。但在直线—职能制组织中，难以保持一个由有创造力的专家组成一个强有力的工作实体。经验证明，在这种工作被机构框住且工作规范也被详细规定的机构中，他们不能融洽地配合。

第四，复杂系统的开发充满了不确定性，这种不确定性由于军事系统的开发准备时间长而更为严重。开发人员对系统各子项目的效率和有效性能否对整个项目也产生同样结果缺乏保证，对系统满足军事目的以及符合未来期间的国家防务政策缺乏保证。与以前的土建项目相比，人们再也无法清楚地掌握建设过程。

第五，国际政治经济的变化及科学技术的飞速发展。使项目的外部环境处于快速变化的状态。管理人员要对环境变化做出迅速反应，就要建立新的能适应快速决策要求的运行机制。除此之外，这些大型武器系统的开发所需的巨额资金和急迫的工期要求也是前所未有的。

在这种情况下，人们迫切需要一种新的管理方式，需要相应的管理技术。于是，项目管理便应运而生了。

（二）项目管理的发展过程

项目管理从概念的提出到形成比较完整的学科，一方面依赖于理论上的不断突破，另一方面也依赖于技术方法的开发和运用。根据资料考证，我们可将项目管理的发展形成过程大致分为三个阶段。

1. 初始阶段

该阶段约始于 20 世纪 30 年代，以应用条线图（这种图件由亨利·劳伦斯·甘特于 1900 年左右发明，故又称甘特图）进行项目的规划和控制为特征。这种图件直观而有效，便于管理人员监督和控制项目的建设状况，至今仍是管理项目尤其是管理建筑项目的常用方法。但是，这种图件对于规模宏大、内容复杂的项目却不能满足人们的需要，特别是这种图件不能展示项目各工作环节间的相互作用和逻辑关系。这一不足为卡洛尔·阿丹密基（Karol Adamiecki）1931 年研制的协调图所克服，但这项研究没有得到人们足够的重视和承认，而是在规模较大的工程项目和军事项目中广泛采用了里程碑系统。该系统的应用虽未从根本上解决复杂项目的计划和控制问题，但却为从甘特图到网络概念的产生充当了重要的媒介。

应该指出，在该阶段的早期，人们虽然对如何管理项目进行着研究和实践，但项目管理的概念并没有明确提出。项目管理概念的提出是在第二次世界大战后期，与曼哈顿项目的实施有关。

2. 发展阶段

进入 20 世纪 50 年代，美国军界和各大企业的管理人员纷纷为管理各类项目寻求更好的计划和控制技术。在各种方法中，对项目管理人员尤其是项目经理帮助最大的莫过于网络技术的出现。网络技术克服了条线图的种种缺陷，能够反映出项目建设中各工序间的逻辑顺序关系，能够描述各工作环节和工作单位之间的界面以及项目的进展状态和事先进行科学安排，因而，给管理人员实行有效的管理带来了极大方便。

最早出现的网络技术是关键路线法（CPM），它始创于 1956 年，并于 1957 年应用于杜邦公司的一个价值千万美元的化工项目，结果大大缩短了建设周期，节约了10%左右的投资，取得了显著的经济效益。该方法由凯利（Kelly）和沃克（Walker）于1959年公诸于世。

稍后，1958年，另一重要的网络技术——计划评审技术（PERT），在美国海军研制北极星式导弹的应急项目中被独立开发出来。该技术的应用使海军导弹研制部门顺利地解决了组织协调二百多家主要承包商的复杂问题，节约了投资，缩短了约两年工期，赢得了宝贵时间。此后，美国三军和航天局在各自管辖的范围内全面推广了这一技术。美国国防部甚至发文规定，所有承包公司若要赢得政府的一项合同，就必须提交一份详细的PERT网络。所以，这一技术很快就在世界范围内得到了重视，成为管理项目的一种先进手段。这一技术是由布兹（Booze）、艾伦（Allen）和哈米尔顿（Hamilton）开发出来的，他们曾在北极星导弹研制的早期帮助管理过这一重大项目。

计划评审技术考虑了项目各工序或环节在完成时间上的不确定性，但管理人员在实际工作中却必须明确地考虑其他不确定因素，如网络中是否每一道工序都要完成、网络中是否应有回路等。于是，在60年代中期（Pritsker，1966）开发出了一种新的网络技术——图示评审技术（GERT）。在70年代中期该技术经改进之后用于监控排队系统。然而，在许多大型项目的建设中，管理人员不仅要注意时间和资源的分配问题，还要考虑投资的风险性。因此，在1972年Moeller开发出了风险评审技术（VERT），这种网络利用其逻辑节点可以确定是否所有工序都通过整个网络。它还可以按照非顺序的方式帮助项目经理实现时间、成本和项目实施各因素的优化。

网络技术的出现，为有效地管理项目提供了坚实的科学手段，为实行项目的科学管理创造了条件。60年代，美国的特大型项目阿波罗载人登月计划就是采用网络技术进行计划和管理的。该项目耗资三百亿美元，涉及两万多个企业，参加人员逾四十万，研制零件达七百万个，其规模和复杂程度可想而知，但由于采用了这一新的管理技术，使得整个项目的运筹与组织工作进行得有条不紊。

网络技术的出现，给从事项目建设的管理人员提供了新的思路，从某种程度上满足了项目规模日益扩大和复杂程度不断增加对管理工作提出的迫切要求，为项目管理成为一门独立的学科奠定了基础。也正是在50年代中后期，伴随着网络技术的出现和应用，项目管理作为一门新的学科才跻身于管理科学的殿堂。所以，从整个项目管理体系的发展过程来看，这一阶段起了非常重要的作用。

3. 走向成熟

在20世纪60年代，项目管理主要在美国的航天、国防和部分建筑企业中应用。大多数公司在管理项目时只是采用了一些非正规的项目管理方法，他们依靠职能经理管理项目，不任命项目经理或仅给项目经理最低限度的权力。项目管理作为一门新兴的管理科学，尚未被人们完全认识和接受。进入70年代以后，各类项目的建设规模日益扩大，复杂程度不断增加，加之外部环境的动荡，使得各大企业再也无法利用现有的机制管理项目了。于是，项目管理才堂而皇之地进入了各大企业。这标志着项目管理的发展进入了一个新的时期。

应用范围的迅速扩大和应用程度的逐渐深入对学科本身的发展和完善产生了巨大的动力，许多科学家和企业的管理人员陆续展开了对项目管理的研究和尝试。70年代初，在美国建筑项目的管理中率先出现了一种称为CM（Construction Management）的管理方式，并在

70 年代中期获得了国际上的广泛承认和应用。这种方式是一种由业主、设计者和建设经理组成小组来完成建设项目的管理方式。其特点是，业主委派建设经理并授予其领导权，其本人要有丰富的管理经验并能熟练地掌握和运用各种管理技术，该小组要能够改善设计和施工以降低成本，在设计完成前进行工程阶段的发包以及材料、设备的早期准备，通过设计与施工并行使工期得以缩短。这种组织方式逐渐演变成为项目组。

计算机技术的发展和普及对项目管理的发展起了强大的推动作用，它能够迅速、及时、准确地处理大量的信息，使得管理人员能把资金、时间、设备、材料及人工等多方面的因素综合在一起，通过计算机完成计划、预测、报表等功能，使得把网络技术等项目管理方法用于大型复杂项目的管理成为现实。在此之前，项目经理要得到一张反映整个项目状况的网络图，需将所有数字标在图中，经过一定程序的计算才能得到管理所需的各种数据。由于在项目建设中存在许多不确定因素，计划制订后经常要根据实际需要进行调整，每次调整都要重复一次计算过程，若采用手工计算将是相当大的工作量。尤其是对一些复杂的大型项目，若不运用计算机技术进行管理，这些技术方法的应用几乎是不可能的。项目管理成为一门各行各业进行项目建设时都可采用的技术，与计算机的应用是分不开的。

第二次世界大战期间发展起来的价值工程理论在项目建设中的运用，丰富和完善了项目管理的内容。通过运用价值工程，能够在保证项目质量和不损害项目功能的前提下研究各种替代方案，从而去掉不必要的费用，降低项目造价，使投资者减少投资，使承包者增加利润。

行为科学在项目建设领域的研究，也是项目管理发展的重要方面。通过研究项目建设人员的行为、动机和需要，找出一系列影响人们行为的因素，加以正确引导、激励和控制，正确解决人的需要、人群关系、环境心理等问题，使人们的行为向着有利于提高效率、加速项目建设的方向转化。

总之，自 70 年代初以来，项目管理进入了一个形成完整理论和方法体系的成熟阶段。在这一阶段，项目管理在理论和方法上得到了更加全面和深入的探讨，逐步把最初的计划与控制技术和系统论、组织理论、经济学、管理学、行为科学、心理学、价值工程、计算机技术及项目建设的实际结合起来，并吸收了控制论、信息论及其他学科的研究成果，发展成为一门比较完整的独立学科。尤其是在 80 年代，在项目管理的发源地美国，出版了大量阐述项目管理技术的专著、研究论文和工具书。80 年代末，美国几乎所有的高等院校开始开设项目管理课程及相应的实验课，还招收项目管理研究生。全面看来，尽管还有许多方面需要进一步总结、充实和完善，但项目管理作为一门新兴的边缘学科已日臻成熟。

当前，国际上对项目管理的研究方兴未艾，研究中心仍在美国。从发表的文献来看，研究内容主要集中在技术方法的开发和理论体系的完善，也有一定数量的应用报告和体会文章。作为项目管理讨论园地的著名杂志有 Journal of Management in Engineering、International Journal of Project Management、Journal of Construction Engineering and Management 等。

（三）我国项目管理的研究与应用

在我国，由著名数学家华罗庚教授倡导，于 20 世纪 60 年代初开始对网络计划技术进行研究，并在一些部门进行了试点应用。1965 年、1966 年分别出版了译著《计划评审方法基础》和译文集《计划管理的新方法》。华罗庚教授将网络技术概括为统筹法，并于 1965 年出版《统筹方法平话及补充》一书。同时，我国著名的科学家钱学森也从系统工程的角度积极倡导科学管理，并把计划协调技术应用于国防建设的重要项目中，取得了令人满意的结果。把网络技术作为项目管理的重要手段，并结合组织理论、计划和控制理论及项目建设的实际来研究，已经成为我国项目管理领域的重要共识。

1982年，在我国利用世界银行贷款建设的鲁布格水电站饮水导流工程中，通过公开招标选择的日本建筑企业运用项目管理方法对这一工程的施工进行了有效的管理，取得了很好的效果。这给当时我国的整个投资建设领域带来了很大的冲击，人们确实看到了项目管理技术的作用。1991年建设部进一步提出把试点工作转变为全行业推进的综合改革，全面推广项目管理和项目经理负责制。比如在二滩水电站、三峡水利枢纽建设和其他大型工程建设中，都采用了项目管理这一有效手段，并取得了良好的效果。90年代初在西北工业大学等单位的倡导下成立了我国第一个跨学科的项目管理专业学术组织——中国优选法统筹法与经济数学研究会项目管理研究委员会（Project Management Research Committee, China，简称PMRC），PMRC的成立是中国项目管理学科体系的开始走向成熟的标志。1999年，由国家外国专家局会同南开大学等单位共同引进和介绍美国项目管理协会的项目管理知识体系，同时引进PMP考试和认证制度，这对我国现代项目管理的发展和与国际对接起到了积极的促进作用。近年来，我国实施积极的财政政策，扩大国内需求，拉动经济增长，每年的社会投资都达数万亿元。申奥成功、加入世贸组织、西部大开发战略、一带一路投资、扶贫攻坚等，都带来许多新的项目投资机会。实施项目管理，可以在保证项目工期、降低成本、提高质量、预防和控制风险等诸多方面起到至关重要的作用，而实施项目管理已经成为全社会的必然选择。

当前，对项目管理的研究和应用，已经不仅仅局限于工程建设领域，各行各业均在探索具有行业特色的项目管理理论和实践，软件项目管理、研发项目管理、服务项目管理等更细化应用领域已经逐渐形成。同时，企业也在将越来越多的经营活动转为"项目化"的形式进行，项目化的特点是强调创新引领、客户导向和多任务模式，以项目管理的思想来运营企业，突出项目管理在目标管理和资源整合方面的优势。

同时，随着项目的大型化、复杂化和动态化，以及企业项目化管理的发展，项目管理软件的应用和发展更加迅速，在技术方面，美、英等国都对项目管理计算机软件的开发投入了大量人力物力，且已取得了诸多成果。目前，已有多种项目管理软件系统问世，并在国际市场上行销，其中，有些软件已被我国企业引进。这些软件的应用，对于提高工作效率、实现办公自动化，以及项目管理的普及起了重要作用。如何根据行业或企业的特点，应用项目管理方法和流程，并开发项目管理软件，实现网络化的项目管理模式，正在成为项目管理领域的研究重点。

四、项目管理的知识体系

美国项目管理协会（PMI）提出了项目管理知识领域的概念，并对项目管理所需的知识、技能和工具进行概括性描述，形成了项目管理领域经久不衰的经典著作——项目管理知识体系指南（Project Management Body Of Knowledge，PMBOK）。在PMBOK第五版以前，项目管理知识被定义为九大知识领域，具体包括项目整合管理、项目范围管理、项目进度管理、项目成本管理、项目质量管理、项目沟通管理、项目人力资源管理、项目风险管理和项目采购管理。从 PMBOK 第五版开始，项目管理知识体系的内容产生了调整，增加了项目相关方管理，并将项目人力资源管理升级为项目资源管理，从而形成了项目管理的十大知识领域。同时，为了更好地规范项目目标的实现过程，将项目十大领域的知识内容与项目周期中典型的活动相结合，形成了项目管理过程的五大过程组：启动过程组、规划过程组、执行过程组、监控过程组合收尾过程组，其中又具体分为 49 个管理过程。项目管理的 10 大知识领域和 5 个过程组相结合，共同形成了项目管理的二维知识体系（表 1-2）。

表 1-2　项目管理二维知识体系

知识领域	启动过程组（2）	规划过程组（25）	执行过程组（9）	监控过程组（12）	收尾过程组（1）
整体管理（7）	制定项目章程	制订项目管理计划	指导与管理项目工作、管理项目知识	监控项目工作、实施整体变更控制	结束项目或阶段
范围管理（6）		规划项目范围管理、收集需求、定义范围、创建工作分解结构		确认范围、控制范围	
时间管理（7）		规划进度管理、定义活动、排列活动顺序、估算活动资源、估计活动持续时间、制订项目进度计划		控制进度	
成本管理（4）		规划成本管理、估算成本、制定预算		控制成本	
质量管理（3）		规划质量管理	管理质量	控制质量	
资源管理（6）		规划资源管理、估算活动资源	获取资源、建设团队、管理团队	控制资源	
沟通管理（3）		规划沟通	管理沟通	监督沟通	
相关方管理（4）	识别相关方	规划相关方参与	管理相关方参与	控制相关方参与	
风险管理（6）		规划风险管理、识别风险、实施定性风险分析、实施定量风险分析、规划风险应对		监督风险	
采购管理（3）		规划采购管理	实施采购	控制采购	

　　启动过程组定义一个新项目或现有项目的一个新阶段，授权开始该项目或阶段的一组过程。具体包括在现有资源条件下选择最佳项目、确认项目的收益、准备项目许可所需的文件、任命项目经理等。

　　规划过程组是明确项目范围，优化目标，为实现目标制订行动方案的一组过程。具体包括确定项目各任务的要求、确认各项任务的质量和数据、确定各项任务具体所需的资源、制订活动的时间计划、评估各种风险等活动。

　　执行过程组是完成项目管理计划中确定的工作，以满足项目要求的一组过程。包括为获取项目团队成员谈判；指导和管理工作同项目组成员共同工作，帮助他们成长；管理项目的相关参与方，并进行有效的沟通；实施项目的采购并保障项目的资源均衡。

　　监控过程组是跟踪、审查和调整项目进展与绩效，识别必要的计划变更并启动相应变更的一组过程。具体包括跟踪项目进程比较实际产出和计划产出，分析偏差和影响，从而做出相应的调整。

收尾过程组是正式完成或结束项目、阶段或合同所执行的过程。具体包括对项目各项工作收尾,检查所有的工作任务都已经完成;对项目相关业务收尾,确认合同完成情况;对项目的财务情况进行收尾:确定项目的最终支出;管理项目综合收尾工作:完成文书工作。

五、石油工业的项目管理

早在 1979 年,我国石油工业的许多有识之士就开始了对项目管理的探索。1982 年以后,石油部曾多次召开会议,研究和推行项目管理的措施和方案。特别是海洋石油勘探开发对外合作的展开,为我国学习和借鉴国外的先进管理经验创造了有利条件,西方石油公司实行项目管理的做法也随之陆续被引进到国内来。近几年,在经过试行取得一定的经验之后,项目管理已在整个石油工业全面推行。实际情况表明,实行项目管理的项目大都取得了比较好的经济效益和社会效益。

(一)实行项目管理的重要意义

如前所述,项目管理既是一种全新的管理方式,又是有着完整体系的管理科学。项目管理在领导方式上强调个人责任,实行项目经理负责制;在管理机构上注意适应项目建设不同阶段的需要,采用充满活力的临时性动态组织形式;在投资决策上,有避免决策失误的科学程序;在施工组织上突出经济手段,通过招标将任务全部或部分承包给专业公司;在协调甲乙双方的关系上依靠法律手段,用合同确定当事双方的权利和义务;在管理目标上,坚持效益最优原则下的目标管理,即保证工期、保证质量、不突破预算;在整体运筹上,重视前期工作,尤其强调项目评估和项目计划工作的重要性;在管理手段上,有比较完整的适应各阶段任务需要的技术方法和保证体系。因此,项目管理比我们传统的管理方式有很大的优越性。采用项目管理可有效地避免建设工作中的失误,消除传统方式产生的种种弊端。根据西方各国尤其是石油公司采用项目管理的经验和我国石油工业的实际,在现阶段实行项目管理可产生以下重大的社会经济效益:

(1)促进建设资金的合理运用。实行项目管理,就要将项目建设的责任逐级落实到单位和个人,将责、权、利有机地结合在一起。这在客观上迫使项目建设单位做好扎实的项目论证和经济评价工作,减少或缓和争项目、争投资的问题,保证将有限的资金用在急需发展的领域。对投资决策而言,实行项目管理则要求严格按照科学程序决策和立项,要求在众多的发展机会中根据投资效益优化资金流向,让有限的资金发挥最大的效益,提高建设资金的使用效果。

(2)提高项目建设的经济效益。项目管理之所以为社会广泛接受,主要原因之一就是在项目建设中创造出比较明显的经济效益。这里的经济效益不是指项目建成之后产生的效益,而是在建设过程当中创造的效益。它具体可表现为材料、设备、人力和工时的节约而产生的成本降低,以及提高质量、缩短工期而导致项目档次提高和提前投入运营产生的效益。发达国家经验表明,全面采用项目管理比传统方法可节约投资 10% 左右,缩短工期近 20%。在我国,由于管理水平较低,采用项目管理产生经济效益的潜力更大。这对于缓解石油企业勘探开发资金不足和全行业亏损的严峻局面,具有重要意义。

(3)促进石油企业内部经营机制的改善。采用项目管理要确定建设单位的中心地位,由建设单位全面负责项目建设,通过招标选择施工队伍,以甲乙方合同形式规定双方的职责。从项目评估、项目设计、项目施工、物资供应直至竣工验收等各个环节,建立以各种经济合同约束协调各方面关系的经济纽带。同时，各单位要实行独立核算，经济利益和经济效益挂钩。这要求在石油企业内部实行分级分权管理，划小核算单位，引入竞争机制并逐步形成统一的石油工业内部市场，从而迫使各专业公司改善经营管理，理顺各种关系，完成由生产型向生产经营型的转化。

（4）促进基础工作的全面开展。实行项目管理，就要实行工程承包，科学地计算投资规模，合理地安排施工进度，保证项目的建设质量，这一切都离不开基础工作。因而，实行项目管理在客观上要求把基础工作做好做细，要求科学地制订劳动定额、费用定额、设备定额、物资定额、技术规范、质量等级、取费标准及各项规章制度。只有这样，才能确保承包基数科学合理，有效地控制成本，控制进度，控制质量。

（5）推动人事制度的改革。项目管理的组织机构是无级别、无隶属关系、跨越各职能部门的临时性组织。它因项目产生而建立，随项目结束而解散，且随着项目建设的不同阶段进行相应的调整，从而保证项目管理组织充满生机，适应项目建设快节奏多变化的要求。因此，实行项目管理有利于改革现有的干部管理体制，有利于冲破体制的樊篱选拔人才，使有真才实学的人脱颖而出，并可有效地防止机构臃肿和官僚主义。此外，项目管理组织为那些具有管理才能的中低层干部提供了一个施展抱负的舞台，使他们在管理项目的同时全面了解企业的运行机制和处理各种实际问题，进而使自己得以提高。因而，实行项目管理又是一条廉价而有效的培养企业干部的途径。

（6）有利于健全法制。实行项目管理，就要给各二级单位准法人的地位，让各二级单位实行相对独立经营，这就要求必须以经济立法的手段保障各二级单位行使自己的权利和履行承担的义务。同时，项目管理所采用的承包和合同形式，也在客观上要求加强法律职能，以便有效地调节甲乙双方的关系和及时处理合同纠纷。所以，实行项目管理有助于强化干部职工的法律意识，改变行政干预、以权代法的落后管理方式，使企业逐步走上法制的轨道。

总之，项目管理是石油企业深化改革和提高效益的重要途径，全面应用项目管理于石油企业各方面的建设已引起了人们的高度重视。只要我们把现代项目管理的理论和技术与石油工业的实际结合起来，加以研究、应用和创新，就会使石油企业对建设项目的管理走上科学化的轨道。

（二）实行项目管理应注意的问题

项目管理首先是一门科学，它揭示了管理项目的普遍规律，适用于解决所有项目的管理问题。它没有国界。但是，项目管理又是在完全商品经济的条件下产生和发展起来的，它的某些方面不一定完全适应我们国家的特点，需要我们在引进和实施过程中不断地改进、完善和提高。

目前，在实行项目管理中，至少有以下问题应引起我们的重视或需要改进和完善：

1. 甲乙双方的关系

在发达工业国家，投资者（甲方）称为业主，作业者（乙方）称为承包商。双方的关系是雇佣和被雇佣的关系，双方参与项目建设的根本目的都是为了最大限度地获取自己的利润，除此之外没有其他目的。从本质上来讲，甲乙双方的关系是一种利益相悖的对立关系。在我国各石油企业，项目建设的甲乙双方都是企业的主人，都有着把项目成功建成为国家创造更多财富并使自己获得合理利益的目的。从大的方面来讲，甲乙双方的基本利益是一致的。这种基本利益的一致性，决定着甲乙双方的关系是一种相互协作、相互支持的互助合作关系。实行甲乙方合同制，只是一种使责、权、利有机结合从而充分调动各单位积极性的管理方式，它并没有从根本上改变社会主义企业的属性。所以在项目建设中，不论是甲方还是乙方，既要相互监督和相互制约，保证项目建设单位的中心地位，又要相互支持、相互体谅，建立社会主义的新型甲乙方关系。

2. 招标与合同

大型项目的建设，国际上多采用招标的方式组织施工队伍，通过竞争和谈判将各项作业承包给专业化的承包公司，并最终签署一个制约双方的项目合同。发达工业国家有充分发育的市场，有完全的自由平等的竞争机制，有在全球范围内挑选作业队伍的条件，因而，除少数特殊项目外，采用这种形式都能找到比较理想的作业队伍，项目的成功也就有了保障。在我国石油工业内部，市场是封闭的，不发育的。各大石油企业本来是一种大而全、小而全的生产型企业，除了以生产油气为主的采油厂外，还有从油气勘探，油气开发到地面工程的各种作业单位，这些单位同属一个企业，具有统一的指挥调度中心和共同的经济利益。这样，项目实行公开招标就具有非常重要的意义。第一，扩大各二级单位的自主权，使之具有相对的独立意志，为开展竞争创造条件。同时，加强基础工作，使各种作业都有标准和定额，进而使内部合同更具有科学性。第二，将各石油企业的作业队伍分离出来，分别成立若干个专业化作业公司，各作业公司在平等的基础上开展竞争，逐步形成统一的石油工业内部市场。第三，通过一定时间的锻炼培养，在提高技术和管理水平，并积累了丰富经验的基础上，参与国际竞争，同时有条件地开放内部市场，让我国的石油工业建设大军参与到国际经济的大循环中。

3. 行政的作用

在现阶段，项目建设还需要适当的行政支持。譬如，某项目在开始时经甲乙双方协商确定的工期为两年，结果两年过后作业单位只完成建筑任务的三分之二，合同没有兑现的原因是供应部门没有及时交付所需物资。而供应部门没有采购到物资的原因是生产这些物资的国营企业没有完成任务，没完成任务的原因是供电不足，供电不足是因为燃料紧张，燃料紧张又是因为价格偏低企业无生产积极性……如此等等，究竟谁负责任？实事求是地讲，这种责任落到哪家的头上都不尽合理。如果这一系列的连锁关系都是合同关系，处理因之引起的合同纠纷也不是举手之劳，很可能会在某个环节不了了之。这样，如果项目仅属一般也许不会产生大的影响，但倘若项目投资巨大，举足轻重，就不能顺其自然了。通过一定的行政手段保证项目建设的顺利进行也许是唯一可行的途径。再如，一些石油企业经常遇到的车辆被农民强行堵塞，电力被非法分流，物资被哄抢等，仅靠经济手段是不能解决问题的，许多农民法制观念淡薄，靠法律手段还需一个过程，唯一奏效的手段可能也是国家采取行政措施。这里，行政支持不同于行政干预，且随着改革的深化这种支持的作用会越来越小。

4. 组织问题

在西方发达工业国家，管理项目的组织机构都是临时性的，项目开始时调集或招聘相应的管理人员，项目结束时解聘或安排新的工作岗位。管理项目是一种高度紧张的辛苦工作，组织的临时性又增加了管理人员面临的工作风险，因而，项目管理人员的物质待遇是比较高的，提升的机会相对也较多。实践证明，临时性的项目组织符合管理项目的客观规律，能够满足项目管理的需要。这种临时性组织的不足是造成了人员管理上的困难，但这种困难一般不会产生大的问题。

在我国，临时性的项目组织无疑也是一种管理项目的好形式，但在目前采用这种临时性组织却面临着很大的困难，以至于许多项目招聘不到合格的管理人员。产生这种问题不外乎如下原因：首先，人们缺乏在临时性组织中工作的观念。长期以来，企业的干部和职工一直处于一种高度稳定的工作环境中，个人几乎不承担任何工作风险，使人们逐渐形成了一定的惰性，安于被动接受，缺乏冒险创新，一时还不能适应临时性项目组织的需要。第二，参与临时性项目组织有巨大的后顾之忧。其忧之一，项目结束后的工作问题。各企业的用人制度犹如一种高度稳定的网格结构，每个人占据某一网格位置，参加项目管理工作之后，空出来的位置会迅速被他人占据，项目结束后是否有合适的位置难以预料。其忧之二，提级问题。国营企业的工作人员都有所谓的人事关系，工资和职务、职称的变动都离不开关系所在单位，参与项目组织后不再为关系所在单位提供服务，项目组织又没有这方面的权力，必然会对提级产生影响。其忧之三，福利受到影响。石油企业职工的住房，子女入托、子女上学以及副食供应都与工作关系所在单位结合在一起，参加项目工作后就有可能会被打入另册。第三，项目管理人员的待遇难以落实。前已述及，管理项目需要付出更多的劳动，但因消费政策的限制使项目管理人员无法获得与其劳动相符的报酬，影响了他们的积极性。此外，没有形成劳务市场、人才的单位所有等也会影响项目组织得到合格人员。

优秀的人员是有效实行项目管理的保证，实行项目管理就必须根据本企业的现状解决上述组织问题。使之从政策上和组织上得到充分的保证。

5. 思想政治工作

项目建设离不开思想政治工作。在项目建设中加强思想政治工作，是我国所特有的。实践已经证明，加强思想政治工作对于保证社会主义方向和各项工作的顺利开展都有十分重要的意义。在战争年代，就是依靠坚强的思想政治工作，动员与组织群众，发扬艰苦奋斗的精神，克服重重困难，取得了革命战争的胜利。在建设时期，在一穷二白的条件下，靠政治工作的威力，保证了大规模经济建设的进行。在现阶段，实行项目管理同样也离不开思想政治工作。当然，思想政治工作也需要根据新时期的任务和特点予以发展和完善。在西方，各大企业也十分重视人的工作，重视调动人的积极性，像行为科学、管理心理学等就是旨在研究人的心理特点、生理特点及社会环境的影响，从而激励职工的行为动机，调动人的积极性。

思考与练习

一、判断题

1. 人类开展的各种有组织的活动都是项目。（　　　）

2. 项目在寿命期内会面临各种风险，所以并不是所有项目都是成功的。（　　　）

3. 项目管理的目标就是按时完成任务。（　　　）

4. 项目在开始时，风险和不确定性最高。（　　　）

5. 项目变更所需要的花费将随着生命周期的推进而增加。（　　　）

6. 在项目的启动和收尾两个阶段中，人力资源的投入一般都比较少。（　　　）

7. 项目的启动就是开始执行项目。（　　　）

8. 项目计划是项目经理制订出来的。（　　　）

9. 由于项目曾被译为计划，所以计划是项目管理的核心。（　　　）

10. 项目控制的主要依据有计划、设计、合同以及标准与规范。（　　　）

11. 项目管理的全过程都贯穿着系统工程的思想。（　　　）

12. 项目管理最重要的职能是组织职能。（　　　）

13. 利益相关者满意是项目管理的目标。（　　　）

二、选择题（答案可能不唯一）

1. 以下关于项目管理和一般运营（流程）管理的说法正确的是（　　　）。

A. 项目管理和运营管理没有区别

B. 项目管理具有更高的绩效、成本以及进度的确定性

C. 项目管理在组织外执行而运营管理在组织内执行

D. 以上都不对

2. 下面哪一项最符合对项目干系人的描述？（　　　）

A. 项目发起人　　　　　　　　　B. 项目的客户

C. 项目经理　　　　　　　　　　D. 项目会影响其工作领域的人

3. 随着项目寿命周期的进展，资源的投入（　　　）。

A. 逐渐变大　　　　　　　　　　B. 逐渐变小

C. 先变大再变小　　　　　　　　D. 先变小再变大

4. 下列表述正确的是（　　　）。

A. 与其他项目阶段相比，项目结束阶段与启动阶段的费用投入较少

B. 与其他项目阶段相比，项目启动阶段的费用投入较多

C. 项目从开始到结束，其风险是不变的

D. 项目开始时，风险最低，随着任务的逐渐完成，风险逐渐升高

5. 下列哪些内容是项目的属性？（　　　）

A. 独特　　　　B. 多目标　　　　C. 无限　　　　D. 冲突

6. 项目的实例是（　　　）。

A. 管理一个公司　　　　　　　　B. 开发一种新的计算机

C. 提供技术支持　　　　　　　　D. 召开一次会议

三、思考题

1. 简述项目管理的概念，浅谈对石油工业项目管理的理解。

2. 简述项目管理产生的背景和发展简史。

3. 论述石油企业实行项目管理的必要性。

4. 简述石油工业项目生命周期各阶段的主要工作。

5. 石油工业项目一般有哪些利益相关者？他们的存在一般会对项目产生哪些影响？

参考文献

[1] 格雷厄姆 R J. 项目管理与组织行为 [M]. 东营：石油大学出版社，1988.

[2] 美国项目管理协会. 项目管理知识体系指南（PMBOK）. 6 版. 北京：电子工业出版社，2016.

[3] 哈罗德·科兹纳. 项目管理：计划、进度和控制的系统方法 [M]. 12 版. 北京：电子工业出版社，2018.

[4] 叶安. 项目管理科学化问题初探 [J]. 管理现代化，1990（3）：27–28.

[5] Cooke-Davies T J, Arzymanow A. The maturity of project management in different industries：An investigation into variations between project management models[J]. International Journal of Project Management, 2003, 21（6）：471–478.

[6] Besner C，Hobbs B. Contextualized project management practice：A cluster analysis of practices and best practices[J]. Project Management Journal, 2013（1）：17–34.

[7] Garel G. A history of project management models：From premodels to the standard models[J]. International Journal of Project Management，2013（5）：663–669.

[8] Morris P W G, Geraldi J. Managing the institutional context for projects[J]. Project Management Journal，2011（6）：20–32.

[9] 尹贻林，朱俊文. 项目管理知识体系的发展研究 [J]. 中国软科学，2003（8）：103–105，95.

[10] 仇元福，潘旭伟，顾新建. 项目管理中的知识集成方法和系统 [J]. 科学学与科学技术管理，2002（8）：36–39.

[11] 王梦颖，宁延. 项目管理知识体系（PMBOK）的发展与再思考 [J]. 建筑经济，2018，39（7）：28–33.

[12] 王伟，王琳. 现代项目管理在石油企业中的运用及前景 [J]. 当代石油石化，2003，11（7）：38–40.

[13] 吴之明. 项目管理与知识经济 [J]，中国投资. 2000（4）：30–33.

[14] 胡淑娟，夏树新. 国外在项目管理方面的先进作法 [J]. 石油石化节能，2000，16（2）：44–46.

[15] 曾玉成. 企业项目管理知识体系刍议 [J]. 四川大学学报（哲学社会科学版），2013（5）：112–118.

[16] 彭晓春. 工程项目管理集成化的探索与实践 [J]. 当代石油石化，2002，10（7）：38–42.

[17] 杨伟，戚安邦，杨玉武. 科学主义与人本主义：两大项目管理知识体系的方法论分歧 [J]. 科技进步与对策，2008（11）：167–171.

[18] 中油管道局苏丹管道工程项目管理部. 苏丹石油管道工程管理文集 [J]. 北京：石油工业出版社，2000.

[19] 卡伦 B 布朗，南希·莉·海尔. 项目管理：基于团队的方法 [M]. 北京：机械工业出版社，2012.

[20] 罗东坤. 中国油气勘探项目管理 [M]. 东营：石油大学出版社，1995.

[21] 吴之明，卢有杰. 项目管理引论 [M]. 北京：清华大学出版社，2000.

[22] 罗东坤. 项目管理 [M]. 东营：石油大学出版社，1991.

[23] 杰弗里 K 宾图. 项目管理 [M]. 4 版. 北京：机械工业出版社，2018.

[24] 克利福德·格雷，埃里克·拉森. 项目管理 [M]. 5 版. 北京：人民邮电出版社，2013.

[25] 王英军. 工程项目管理 [M]. 北京：中国石化出版社，1996.

[26] 成虎. 工程管理概论 [M]. 北京：中国建筑工业出版社，2017.

[27] 王立国，狄雅婵. 现代项目管理三大知识体系比较分析 [J]. 学术交流，2011，40（1）：101–104.

第二章　项目的产生与可行性研究

从 PMI 的通用项目生命周期来看，高效的项目管理包括把事情做正确，但是在正式开始项目管理工作之前，首先需要保证方向是正确的，也即项目的投资决策是正确的。如何在众多的投资机会中选择最适宜企业的项目和项目组合，是项目产生之前企业的重要决策，与企业的战略密切相关。

第一节　项目选择的流程

企业组织面临着众多的项目投资机会，但企业有限的资源只能支持部分项目，因此许多企业都将项目的投资决策过程视为项目的筛选，也即一个漏斗筛选过程（图 2-1）。

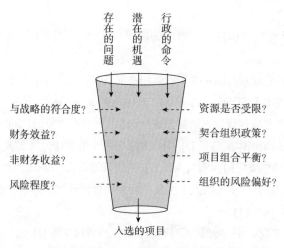

图 2-1　项目筛选漏斗

漏斗的广口端是所有的潜在项目的入口，这些潜在的投资项目可能来源于组织内部和外部，主要的来源有三类：问题驱动的项目、机会驱动的项目和命令驱动的项目。问题驱动的项目如顾客订单减少，则需要开展市场调研项目；如果是产品的问题，则加快新产品的推进，或对现有产品改进；如果是配送问题，则考虑建立新的配送中心或整合目前的配送系统等。机会驱动的项目包括新技术和新产品、新原料的开发、新的盈利模式及相关的营销项目。命令驱动项目包括法律、规章制度和政策变化带来的项目，企业需要在政策的范围内适应性发展需要的项目，如节能减排项目、环境保护项目等。

漏斗模型体现了基于多准则的项目筛选过程，这些准则可能包括：企业的目标，即项目需要与企业战略保持一致性，每一个项目都应该是企业战略目标的分解；企业项目组合的协同性，即项目加入投资组合后应该与现有项目产生正向的协同效应，如新加入的项目和其他项目有地域上的相关性，或技术上的相似性，且不能与其他项目产生激烈的资源冲突，不会影响其他项目的资源保障；企业预期的财务收益率，即项目未来的获利能力和投资收益应该满足企业的要求；企业的资源支持能力，即组织的资金、人才、设备、物资等资源是否能够支持该项目，以及项目是否会给企业带来巨大的资源冲突；项目的非财务收益，即项目是否能带来新的投资机会、提升商誉和知名度或者降低损失或提高安全性等；项目风险程度，即项目是否符合企业的风险管理要求；企业组织的政策和风险偏好，即项目是否与企业的组织文化具有一致性。虽然不同企业筛选过程可能有所不同，但大多数都经历过这些评价环节，从而进入项目投资的环节，成为正式立项的项目，进入项目生命周期阶段。

对油气行业来说，项目投资具有投资额巨大、周期长、投资风险大的特点，因此项目的选择需要进行规范和科学的筛选和评价，我们根据项目选择不同阶段的特点，提出了项目选择的四阶段流程（图 2-2）。

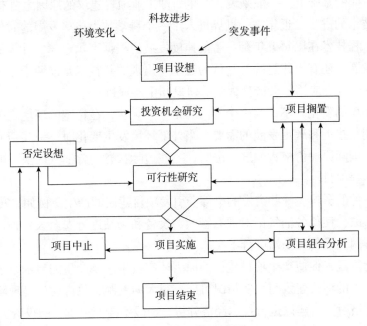

图 2-2　项目选择流程

提出项目概念、形成项目建议是项目选择中第一阶段的任务。尽管这时的项目概念还仅仅是一种设想，但它毕竟是形成各类项目的基础，是孕育各种不同工程项目的第一步。要使项目的最终成果更具有科学性和合理性，仍需进行多学科综合分析和研究。其中投资机会研究是在众多的项目概念中淘汰明显不具有竞争力的项目。项目是否符合企业的战略目标？项目的风险是否在企业可以接受的范围？项目是否会对企业目前已有的项目组合带来不利的影响？很多这样的问题在投资机会研究阶段就要考虑到。在这个阶段很可能会应用"一票否决制"，只要某个指标不能达到筛选标准项目就会被淘汰，大多数项目都会因为具有某方面的不足而被暂时搁置，或是由于具有无法弥补的缺陷而被彻底淘汰。经过了投资机会研究，仅有少数项目可以进入项目选择的第三阶段，也即项目的可行性研究阶段，这一阶段将对项目的技术可行性和经济可行性进行充分的论证，保证项目的投资价值。最后一个阶段是项目组合分析阶段，即使项目通过了商业论证，具有投资的效益，但是如果不符合企业投资组合的构建策略，也有可能被淘汰或否定。在能源行业，即使是已经构建的项目投资组合，也需要进行定期的评估和分析，其中的项目也可能被出售或暂时停止开发。

第二节　项目建议的产生

项目建议是概念阶段结束时形成的关于项目的设想，它是在经过充分酝酿明确需要的基础上形成的。

一、项目建议产生的原因

通常的石油工业项目产生是出于企业生产运营中的某种需要，所以项目的建议必须建立在实际需求与可能的基础上。一般来说，产生石油工业项目建议的原因主要有以下几方面：

（1）科学技术的进步。近年来，世界进入了一个科学技术飞速发展的时代。有人作过粗略统计，发现工程技术在以每五年翻一番的速度发展，根据摩尔定律，计算机技术以每一年翻一番的速度发展，还有人作过统计，认为近十年出现的新技术是前两千年人类创造文明的总和。新技术的开发和应用，会产生大量的研发和生产项目。

（2）外部环境的变化。不论是一个部门还是一个企业，在特定的环境之中，只有适应外部环境才能达到、接近和满足发展的需要。当外部环境发生变化时，一些新的项目会提上议事日程，例如，国际原油价格大幅度上涨时，一些边际状态的含油气区块可能会投入开发而产生油气开发工程项目。

（3）突发事件的影响。一些突发的事件会引发项目建议的产生。例如，2003年重庆开县井喷特大安全事故，使得各油气田对现有管网、设备和场站进行安全大检查，对不合格、存在安全隐患的管网、设备和场站进行了改造。

在项目概念阶段，促使产生项目建议的原因还有新生事物产生的启示、区域经济的发展等。在该阶段产生的项目建议与现实情况可能有很大的差距，也许建议是现阶段根本无法实现的，但只要严格对项目建议进行技术经济分析，一般不会产生重大的投资失误问题。

二、项目建议产生过程

以石油工业项目为例，从管理角度来看，产生项目建议的过程就是由浅入深地明确和分析以下问题的过程：

（1）确定投资的必要性。确定石油工业项目投资的必要性主要是针对项目可能的成本费用投入及项目未来的经济和社会效益进行估计，还要对项目运行所需资金和技术的来源做出设想，进而对投资和企业经营策略的一致性进行分析认定。

（2）明确石油工业项目的概念。项目的概念包括项目的类型、目标和任务、地理位置、投资的指导思路、项目运行的思路以及初步的管理项目的策略等。

（3）确定石油工业项目设想的可行性。根据已明确的项目概念，对项目设想在工程技术上，环境上和经济上的现实性和可行性做出评估。当然，这时的评估还缺乏足够的资料，评估结论是初步的，具有很大的误差，只能作为项目的建议，不能作为决策依据。

（4）确定石油工业项目子系统，制定建立各子系统并保证整个系统功能的实施方案。结合具体的项目概念进行初步设想和初步明确建议中的项目是做什么的？能够提供什么样的成果？需要投入多少资金？项目什么时候能够结束？

（5）估计石油工业项目运行所需的人力和非人力资源。也就是项目所需的技术人员和管理人员，对工程作业可能的承包项目所需的其他资源做出初步估计。

（6）对建议中的项目进行初步设计，并形成系统的项目建议。

三、项目建议书

项目建议书是项目建议的书面表达，是项目立项文件，是进行项目筛选和可行性研究的依据。项目建议书的编写应该包括以下基本内容：

（1）项目名称及工作范围；

（2）项目提出的必要性和依据；

（3）项目的地理位置、交通、人文、地貌等状况；

（4）项目的工程简况，主要叙述为达到预期目标需要完成的各类施工作业内容和成果；

（5）项目施工作业地理地质条件，包括井场、场站、管网建设有关的地理、地质特征；

（6）项目工程量估算、投资概算和资金筹措设想；

（7）项目的建议进度安排和预计的项目完成时间；

（8）项目的经济效益和社会效益初步估计。

石油工业项目建议阶段的运行程序如图2-3所示。

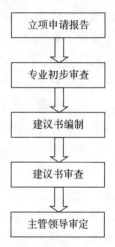

图 2-3　石油工业项目建议阶段的运行程序

第三节　项目投资机会筛选

项目投资机会筛选的主要目的是对众多的项目投资建议进行分析，以低成本和高效率的原则淘汰明显不具备竞争力的项目。因此，投资机会筛选阶段不会对项目进行细致的分析，经常会根据关键评价指标并结合因素评分模型、风险—收益模型等进行评价和优选。

一、因素评分模型

因素评分模型，或加权因素评分模型，一般不会仅仅凭借一个因素评价项目对企业的贡献，而是需要从不同的维度和视角，构建基于多种因素的评价指标和标准体系，借助专家不同的专业背景和经验来评价项目的综合价值。这种模型要求决策者事先明确用于筛选项目设想的主要因素（或评价指标）以及评价的标准，然后由决策者选择的专家组，依据指标和评价标准对每个备选项目进行评价和评分，评分由预先设计的评分尺度来确定，对照尺度把主观评价转化为数字评分。最后，将各项目的特征评分分别汇总，便得到该项目的总分，根据项目的得分情况决定项目是否通过筛选。

因素评分模型要注意什么问题？第一，评价因素的选择。通常来说，应用因素模型时因素不能太多，因为如果因素过多，就可能将重要的因素稀释了，或者集中程度将下降，从而无法反映项目的本质特征，推荐选择 4~6 个评价因素，由几轮的专家咨询和讨论决定，综合地从多个维度反映项目的特征。使用的时候要特别注意不要遗漏关键的因素，这可能会对结果造成影响。选择因素的时候，因素之间应该是独立性越强越好，如果因素之间有关联性则可能会失去意义。第二，因素的权重问题。权重的确定可以有多种方法，包括主观的方法，如专家意见法，层次分析法等，也包括客观的权重确定的方法，如信息熵等，但这类方法通常基于历史数据分析，可能会缺少对未来的判断。第三，需要对各因素的评分制定详细的、可以量化的评分准则，否则会失去评价标准的客观性。加权评分模型在使用的过程中需要借助专家的判断，建立评分细则可以有效地帮助专家统一评价标准，使结果更加准确和科学。因素评分模型将各项目特征满足标准的程度数字化，既反映了项目各主要特征的基本情况，又提供了备选项目的总体评分，这样，利用总评分便可直接进行规定成果的分析和几个备选项目的对比。如可将总评分的某个数值规定为项目初步入选的取舍，还可将总评分的某些值域确定为划分入选项目优先级别的标准。

表 2–1 所示的是 A、B、C 三个油田开发项目的加权评分模型。评价中选择了 6 个因素并设定了评价指标：油层物理性质、原油性质、油层厚度、含油面积、自然环境和投资有效度。其中油层的物理性质主要包括储集岩的孔隙度和渗透率，前者主要对单位体积油层中的石油储量起决定作用，并影响最终采收率，后者主要影响油层的生产能力（单井产能）。孔隙度越大，渗透率越高，石油资源的经济价值越高。原油的性质主要是密度和黏度，密度是反映石油经济价值的重要物理参数，密度小，表明轻馏分多，一般来说开采难度也小，最终采收率也高，经济价值高。石油的黏度是其流动性能的量度，黏度越大，最终采收率越低，开发成本越高，石油开发投资的经济效果越低。油藏的厚度和面积决定了其空间状态，厚度越大越好，面积越小越好，越容易形成规模化开采，开发成本越低，越能取得规模效益，其价值也越高。自然环境因素包括地理环境、气候条件、配套基础设施等，油田开发地理位置是平原还是山地丘陵，沙漠沼泽，均会对开发投资产生巨大影响，同时气候条件如台风、低温、沙尘、雨季等也会对施工时间和各项投资和运营成本产生影响。投资有效度是较为综合的评价指标，从项目资金投入产出的角度衡量项目的投资效益。

表 2–1 中设定评分标尺的特征最好为 +2、中上为 +1、中等为 0、中下为 –1、最差为 –2。利用加权评分模型时，每个备选项目 j（=1，2，…，n）需要根据每个特征 i（=1，2，…，m）的要求或标准来评分。然后，将特征指标的得分乘上特征重要性权重，即可得到该特征的分数，汇总之后即可得到该备选项目的总评分：

$$T_j = \sum_{i=1}^{m} w_i s_{ij} \qquad (2–1)$$

式中，T_j 为第 j 个备选项目的总评分；S_{ij} 是第 j 个备选项目在第 i 个特征指标的得分；w_i 为第 i 个特征指标的重要性权重。当项目设想或投资建议较多时，还可以根据评分的结果划分出不同的级别，以便进行详细的分析和评价。

表 2-1 的评价结果认为：项目 C 被否决或暂时搁置，而项目 B 优于项目 A。

但是需要注意，因素评分模型属于补偿性的模型，如果有个别指标评价结果非常差，但可能会被其他的因素所平均，从而使具有明显短板或风险的项目入选。

表 2-1　加权评分模型举例

特征	权重	项目 A		项目 B		项目 C	
		特征评分	加权评分	特征评分	加权评分	特征评分	加权评分
油层物性	3	+1	+3	0	0	−1	−3
原油性质	4	0	0	+2	+8	+1	+4
油层厚度	4	+1	+4	+1	+4	0	0
含油面积	3	+1	+3	0	0	−1	−3
自然环境	4	−2	−8	−1	−4	0	0
投资有效度	2	+1	+2	−1	−2	+1	+2
总分		+4		+6		0	

二、风险—收益模型

风险—收益模型侧重于仅用两个维度来评估项目：项目面临的风险程度和可能给企业带来的增量收益。其中，收益可以运用净现值等绝对指标来衡量，也可以应用内部收益率或利润率等相对值指标。风险很难用特定的指标来衡量，包括损失的估计或损失的概率或两者的乘积，也可以通过建立综合的风险评价指标，并对项目进行风险评价，得出综合风险值来衡量风险程度。通过设定企业可以接受的最低收益水平和最高风险承受能力，可以将不符合的项目迅速淘汰。这种模型的两个指标都属于复合型指标，可能没有因素模型那么直观。

风险—收益模型实际上是一种排除和比较模型。在应用的过程中，将投资者能够接受的最高风险和最低预期收益明确边界，然后将备选项目的预期风险和收益指标与边界值进行比较，将在接受范围之外的项目予以淘汰，并根据收益和风险的比率排列出可选项目的优先次序。

图 2-4 所示为一个风险—收益模型的实例。在图 2-4 中，项目 1 处于可接受的最低收益边界下方，项目 4 处于可接受的最高风险边界范围之外，故这两个项目可先不予考虑。项目 5 和项目 2 相比收益相同，但风险水平却较低，因此项目 5 比项目 2 具有更高的收益 / 风险比率，优先选择项目 5。项目 3 和项目 6 相比风险水平相同，收益水平却高得多，因之，项目 3 比项目 6 有更高的收益 / 风险比率。将收益 / 风险比率较低的项目 6 和项目 2 淘汰后，把剩余的项目连成一高收益 / 风险项目连线，即效率边界线，结果会发现项目 7 也在该路线上。于是，决策者接受项目 3、项目 5 和项目 7，这三者按照收益 / 风险比率排定的优先顺序为项目 3 优于项目 7 优于项目 5。进一步研究还会发现，项目 4 在项目 3 至项目 7 的趋势线上。这表明，对项目 3 来说，项目 4 和项目 7 具有相同的收益增量和风险增量比值。所以，项目 4 可作为特殊问题作进一步的研究和分析。

项目投资机会筛选的主要目的不是对每个项目进行详细评估，而是需要低成本和短时间筛选出符合要求的项目，因此需要相对简单和直观的项目选择的方法，并可以适当参考和应用专家的意见。因素评分模型和风险收益模型不仅可以应用于项目投资机会筛选阶段，也适用于项目的其他选择阶段。

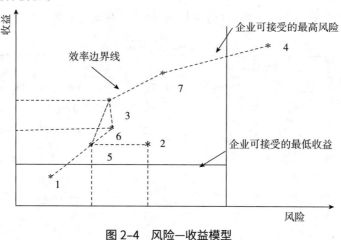

图 2-4　风险—收益模型

第四节　项目可行性研究

一、项目可行性研究概述

可行性研究（Feasibility Study）是 20 世纪 30 年代美国为开发田纳西河流域而推行的方法，这一方法在田纳西河的开发及综合利用方面起了重要作用。随着经济发展和技术进步，可行性研究在其问世以来得到了不断的完善和充实，已逐步形成一套完整的科学方法，成为保障项目建设正确决策必不可少的手段。

所谓可行性研究，就是项目在展开实质性的工作之前，对与项目有关的一切因素进行全面的调查，进而在综合分析的基础上对进行还是放弃项目给出答案。从项目的规划角度来看，可行性必须包括技术和经济上能否成功两个方面。一份全面的高质量可行性研究报告可有效地避免或减少决策失误，从而提高投资的综合效益。20 世纪 80 年代以来，我国也非常重视项目的可行性研究，原国家计委还明确将其列入基本建设程序。

如同项目一样，可行性研究本身也是一项一次性任务。它要求建立相应的调查研究组织，要求在一定时间内完成，同时也涉及若干部门和方面。因而，项目管理的一些方法和理论也可用于可行性研究的实践。然而，可行性研究毕竟与其他项目管理过程有很大差别，它具有自己独立的理论体系和技术方法。

（一）可行性研究的类型

一般而言，可行性研究可分为初步可行性研究和详细可行性研究两种类型。

1. 初步可行性研究

对拟建项目做出系统、明确、详细的技术和经济论证，既要大量人力物力，又要延续相当长的时间，因而，在进行详细的技术和经济论证以前，就要先进行初步可行性研究，对项目的构想的可行程度做出初步估计。

初步可行性研究又称预可行性研究或前可行性研究，其主要内容包括：

（1）全面收集与选定和项目有关的各种信息，进行深入细致的分析研究，进一步判定投资机会的前景，从而决定项目是否具有进行详细研究的必要。

（2）对影响项目是否可行的关键性问题作辅助研究，如进行市场调查、实验室试验、中间工厂实验等。

（3）明确项目的概貌，如产能、原材料来源、可供选择的投资建设地点、工程进度、配套设施、项目规模等。

（4）结合相关的油田开发项目，估算各种经济指标，初步评价项目的经济效益。初步可行性研究对投资估算的精度要控制在 ±20% 以内。

（5）筛选方案，淘汰那些经济效益明显不高的方案，选择少量方案进行更深入的研究。

（6）在综合分析的基础上，判定项目的可行程度，判定所作的研究能否使项目的构想对企业有足够的吸引力。

初步可行性研究在研究内容上与详细可行性研究基本一致，只是收集资料的范围和研究的深度不同。有时，将初步可行性研究与详细可行性研究合二为一，对规模较小的项目尤其如此。初步可行性研究所需时间约 4 ~ 6 个月，所需费用可占投资的 0.25% ~ 1.5%。

2. 详细可行性研究

详细可行性研究又称最终可行性研究或技术经济可行性研究，其研究结果将成为决策者判定项目是否建设的依据。研究结果应包括：项目的技术经济论证、项目的地点、路线和规模、工艺流程和技术要求、建设过程的确定、原材料的来源、潜在的承包者、项目的经济效益、并行方案的比较、组织机构的设置、还本付息的年限、建设时间和进度要求、项目实施计划等与项目有关的一切重要问题。

可行性研究涉及内容多、工作量大、花钱多，但却是项目建设必不可少的关键环节。从理论上讲，虽然建设项目在任何阶段都有放弃的可能，但在实际工作中，经过详细可行性研究后放弃的项目还是比较少的。详细可行性研究的费用占投资总额的 1.0% ~ 3.0%，小型项目可取上限，大型项目可取下限。详细可行性研究的精度要求在 ±10% 的范围内。

（二）可行性研究的前提

进行可行性研究时，有许多问题必须明确，与分析重点相关的至少有以下几项：

（1）明确项目建设的目的。任何项目都有其确定的目标，不论是决策者还是研究人员都非常明确，但目标与目的一般是不一样的，在许多情况下项目的真正目的并不明确。例如，对于新建油气产能项目而言，建成合格的地面集输系统是项目的目标，但是项目的真正目的是能够生产出具有竞争力的原油，因此过分强调地面工程技术的先进性而使得地面工程造价太高，导致原油成本过高失去竞争力和市场，这样的项目就是失败的。因此新建产能项目的真正目的是在满足质量和工期要求的前提下，降低工程成本，让开发项目最后生产并提供具有市场竞争力的原油，这也是可行性研究的重心所在。如果项目的这一真正目的不明确，那么这一研究就毫无价值。

（2）明确实现项目目标的方案。对于一个具体项目，实现项目目标可能有若干种相近的方法。搞项目建设，不但要在多套可行方案中选择最佳方案，还要制订相应的替代方案，以使遇到意外时仍能保证项目的实施。

（3）明确分析方法。对于油田项目的可行性研究，主要做好费用分析，以保证在满足地面建设功能的前提下，使项目的投入最低。

（4）明确项目的效益。项目的效益有可计算效益和不可计算效益。可计算效益是由项目种类或构成主体的效益决定的。例如，道路项目的效益由节约运费决定，水利灌溉项目由农作物增产决定。有些项目的主体效益是不可计算的，如治理环境项目、教育项目等。如何看待效益对项目的评价影响极大，这一点必须明确。

（三）可行性研究的组织与人员

一个计划中的项目往往会涉及许多相关的利益方面。首先，项目建设要有一个投资的主体，如政府、企业或其他经济实体，它是项目最重要最直接的利益者。其次，项目建设需要筹措资金，而筹措资金最重要的渠道是银行贷款。项目成败及经济效益的高低将直接影响偿还贷款的能力，所以银行及相关的金融机构也与项目有密切的利益关系。最后，项目建设还会涉及设计公司、作业公司等承包企业。虽然这些企业在初期与项目无直接利益关系，但可行性研究的程度和结果将影响到其工作计划和投标工作。因此，要做好可行性研究，需要若干专家组成一个小组协同工作，各把其关。

可行性研究小组的人员通常包括：对口专业的工程技术人员、设计人员、财务专家、工业经济专家、商业专家、金融专家等，有时未来的项目经理在可行性研究后期也可能介入。对一个企业来说，要组织这么多专家并不容易，所以，许多项目的可行性研究是委托专业化的咨询机构进行的。这样不但可以保证研究人员具备较高的水平，还可保证研究结果客观公正。

（四）可行性研究的工作程序

不管是初步可行性研究，还是详细可行性研究，通常都要遵循以下程序：

（1）确定项目的必要性；

（2）最佳方案的技术论证；

（3）经济分析与比较；

（4）项目实施方案的确定；

（5）研究结论和建议。

（五）项目可行性研究报告

项目评价报告是研究成果的书面表达，是项目评估和投资决策的依据。在整个可行性研究过程中都涉及项目的评价问题。初步可行性研究和详细可行性研究都要给出评价结论和相应的建议，只是在深度和广度上存在差别。一份完整的项目评价报告应包括以下内容：

（1）概要和结论。这一部分是研究报告全部精华的集中，是主要内容的缩影。读者首先接触的就是这一部分，并且有些人只看要点和结论。所以，该部分在文字上要力求简明扼要，层次分明，答案明确。

（2）项目背景说明。这一部分旨在介绍项目的全貌及与项目有关的各种利益关系，使人们了解项目的来龙去脉。

（3）原材料供应分析。分析项目建设及投产后原材料的来源、使用量和质量，分析可能的替代原料，列出购买原料的方法、原料的可能成本，确定保证正常生产所需的库存数量。

（4）项目建设地点。根据项目的地理地貌、原材料供应、水源和能源等状况，正确地选择项目建设地点。说明选择的原因、当地条件及项目对生态、文物古迹和自然风景等的可能影响。

（5）项目方案设计。根据企业的实际和项目的特点选择合理的设计标准，确定各种供选方案。

（6）费用估算。费用估算是按市场价格进行的，主要依据是工程量、工期、建设成本、单价、内外币构成、劳务比率、税金、施工机械、维修费、管理费及其他费用。

（7）实施计划。至少要包括下阶段的详细设计、招标计划、各年度的必要经费、建设方法。

（8）除此之外，物价上涨分析、实施体制分析以及附有投资者意见的工程计划等重要内容也要加在报告之中。其中的许多内容经补充和完善就可成为项目计划的重要组成部分。

（六）可行性研究的作用

可行性研究可以帮助人们尊重客观实际，提高投资目标的选择能力，可以指导人们在经济建设工作中避免损失和浪费。正如世界银行的专家们所称，可行性研究是"防止错误投资决策的保险单"。具体来说，可行性研究有以下作用：

（1）可行性研究是确定和批准项目的依据。投资者确定项目放弃还是进行的主要依据就是可行性研究。通过可行性研究，预测和判断项目在技术上是否可行，建成后的成本是否满足油田开发项目总体的成本效益要求。如果结论肯定就深入工作，反之，则予以放弃。

（2）可行性研究是进行详细设计的依据。在可行性研究中，对项目建设地点、主要设备类型、主要工艺流程等都从技术和经济的角度进行了比较，确定了基本框架。项目的详细设计要以此为基础，除非发现原工作有重大失误或市场上出现了价廉物美的新型产品，一般不能作大的变动。

（3）可行性研究是向当地政府或环保部门申请批准的文件。伴随技术经济的发展和现代化大型企业的崛起，人类在得到了巨大实惠、享受着现代文明的同时，也对自己赖以生存的环境造成了巨大的破坏。所以，在新建项目时必须对环境保护给予高度重视。可行性研究中，根据环境保护的标准提出相应的措施，作为向环保部门申请建设的依据。

（4）可行性研究是招标和承包的基础。随着石油企业的深化改革，各类项目尤其是大型项目一般要通过招投标承包给一家或数家专业承包公司。在招标、投标和合同谈判过程中，可行性研究是确定造价、建设内容、实施方案等重要环节的基础。

（5）可行性研究是工程建设的基础资料。在可行性研究中收集的地质、水文、气象、地形、矿物资源、水质等分析论证资料，是检验工程质量和整个工程寿命期内追查事故责任的依据。如在地下水含盐量相当高的地区，铺设地下管线时就要采取特殊的防腐防锈措施，以保证在项目寿命期内安全运行。

（6）可行性研究是研制和订购设备的资料。可行性研究已把项目所需设备的主要性能和指标确定下来，这就为研制或购买设备提供了基础。

（7）可行性研究已确定了工程的规模及建成后的生产能力，确定了日后生产的技术要求，因而，可作为企业组织管理、机构设置、生产运行设计及培训职工等工作的依据。

（七）可行性研究的方法

可行性研究发展至今已形成了一套比较完整的方法体系，这套方法构成了可行性研究的纲要。由于油田项目服务于油田开发开采项目，因此油田项目的可行性研究较其他独立项目的可行性研究在内容上简单一些，主要集中在两个方面：一是技术可行性研究，分析技术指标是否符合相关要求。二是投资效益可行性研究，即研究项目建成后的投资效益是否符合油田开发效益的要求。

二、石油勘探开发项目的技术可行性研究

（一）石油勘探项目的技术可行性研究

石油勘探项目的可行性研究，是通过收集勘探项目目标区域的地质资料，对地质资料进行分析，预测油气资源量、含油气远景地区或油气聚集带，并以此为基础，制定出油气勘探的工程技术方案并做出勘探部署，论证其可行性的过程。因此，石油勘探项目的技术可行性研究可以分为地质论证和工程论证两个方面。

1. 地质论证

地质论证是石油勘探项目技术可行性研究的核心内容，是项目可行性研究的前提和基础。地质论证是在现有的地质资料和勘探成果的基础上，对勘探的目标区域进行油气资源的评价。地质论证的主要内容包括：

（1）地质概况论证。勘探项目的地质概况论证主要从三个方面进行，一是研究区带构造背景、类型和演化史，二是分析区带基底的性质、沉积时代、岩性、岩相等沉积盖层，三是根据构造发育史、上下构造关系及主要断层发育情况划分构造单元，并绘制构造图。

（2）烃源条件论证。烃源条件论证是通过钻井资料，确定烃源岩的时代和岩性、厚度以及横向变化等，对烃源岩类型、丰度、成熟度以及生烃潜力进行总结，同时指出生烃能力大小和可能发现油气藏的相态类型。

（3）盖层条件及储盖组合的划分论证。主要是综合单井沉积相和区域沉积相的解释成果，确定主要盖层的层位、岩性、厚度、沉积成因类型、厚度及横向稳定性，将可能的目的层系划分出多个储盖组合，最终确定每个组合盖层的封盖类型和封盖能力。

（4）圈闭条件论证。主要是根据构造和沉积研究成果，概括圈闭的基本特征、控制因素和形成条件，判断圈闭的类型、圈闭的发育程度和展布特征，预测圈闭的资源量。

（5）油气富集条件论证。研究圈闭与油源区的横、纵关系、相对位置以及距离，分析圈闭的成藏条件，油气生成期与运移期，进而说明是否具备富集条件和保存条件，判断可能的油气富集程度以及存在的主要风险。

（6）油气资源潜力论证。主要包括两个方面的内容，一是现有技术经济条件下各级资源储量的状况，二是各级资源储量的可升级性。

区域勘探项目地质论证的目标是划定最有力的勘探区域，指明未来勘探的主要方向，预测油气的远景资源量；预探项目地质论证的目标是在区域勘探成果的基础上，评价有利区带的地质条件和成藏模式，通过对区带内圈闭的识别、描述、论证和优选钻探目标，预测可能的潜在资源量和储量；油气藏评价项目地质论证的目标是通过对油气藏地质特征的评价，预测最终可探明的储量规模及其把握程度，并对其开发的前景进行预测。

2. 工程论证

工程论证是石油勘探项目技术可行性研究的重要内容。完成石油勘探项目，实现项目的目标需要有具体的工程作业来实现，因此勘探项目涉及的工程技术问题需要在工程论证的环节分析落实，找出最佳的工程作业方案、工程作业设施和工程作业队伍。油气勘探项目工程

技术论证的目标是针对不同勘探对象的地面和地下地质条件，开展深入的工程技术研究，主要论证内容包括：

（1）地质调查和非地震物化探工程论证。主要包括地质调查、重力勘探、磁力勘探、电法勘探和地球化学勘探等工程的论证，论证的重点是根据地质任务确定施工的比例尺，提出设备选型和精度的要求以及各种保障措施。

（2）地震工程论证。主要包括二维地震、三维地震和多波地震等工程的论证，论证的重点是根据探区的地面和地下地质条件，论证满足决策任务要求应采用的仪器设备、野外采集方法、室内处理方法、工作流程等，提出采集、处理工作的质量、精度要求及各项保障措施。

（3）钻井工程论证。重点是根据钻井部署推荐方案，提出钻机型号、井深结构及完井方法；提出工程质量控制方案和井控方案；提出保护油气层的要求和措施。另外，对于钻前工程量较大的项目，还需对地面条件、交通状况和工程量等内容进行分析论证。

（4）录井工程论证。重点是根据该区已有的资料和根据探井对地层的预测结果，从满足地质任务的要求出发，确定录井项目和仪器选型，并按照不同井别，提出钻井取心、井壁取心和其他录井项目的质量和精度要求。

（5）测井工程论证。重点是根据该区域已有的地质和探井资料，从满足地质任务要求出发，选择、确定合理的测井系列、测井仪器以及为解决特殊地质问题而采用的特殊测井项目等，并提出测井工程的质量和精度要求。

（6）试油工程论证。重点是说明选用的测试工艺方法、措施及其可靠性。

（7）配套工程论证。配套工程是指为油气勘探服务的各种建筑工程或基础工程，如道路、桥、井场、堤坝等，勘探项目的规模不同配套工程的工程量也不同。

（二）石油开发项目的技术可行性研究

石油开发项目的技术可行性研究主要任务是通过对开发方案的比较，选择最佳的开发工艺和技术，确定相应的仪器设备和施工队伍。

1. 工艺和设备的选择

石油开发项目采用什么样的工艺和设备，利用自己的技术还是从国外引进，参与可行性研究的技术专家必须根据确定的项目规模对此做出回答，一并提出几个可供选择的方案。我国选择工艺和设备的原则是"技术上先进，经济上合理"。现代科学技术的发展日新月异，新的工艺设备不断取代落后的工艺设备，在项目建设时应该有高的起点，避免采用淘汰或将被淘汰的技术设备。当然，先进是一相对概念，一个领域中的先进技术只有在其他条件的配合下才能取得较好的经济效果。所以，在选择先进技术的同时，还要注意经济上的合理，防止盲目追求技术先进的片面性。一般认为，选择工艺和设备要注意如下问题：

（1）技术的先进性。评价工艺设备先进与否要结合行业的具体情况，从技术水平和实用性两方面来评价，以判断是国际先进水平、国内先进水平还是区域先进水平。

（2）技术的适用性。适用性是指项目所采用的技术必须适应，其特定的技术条件和经济条件，可以很快消化、投产、提高，并能取得良好的经济效果。强调技术的适用性要防止以选择适宜技术为借口，迁就劳动力就业要求，降低项目的技术先进程度。

（3）技术的可靠性。这是指工艺设备在使用中的可靠程度，即在规定时间内和规定条件下设备性能和工艺方法成功的概率。项目应采用成熟的技术，如采用新的设备和工艺，则要有实验依据。

（4）技术的经济性。项目采用的技术，应以等量消耗获得最大经济效果为目标。在研究中，要通过对多套技术方案的对比，筛选出经济效果最佳的技术。

（5）技术的危害性。即采用的工艺设备所产生的副作用，如噪音、放射性、对环境的污染、对生态及资源的破坏等。同时，要研究排除上述危害的难易程度和费用。

2. 基础结构研究

基础结构研究主要包括原料、燃料、动力、其他资源和配套设施。

对原料、燃料的研究包括确定原料、燃料的年需要量、质量和规格；选择原料、燃料的供应基地和运输方法。一些对原料、燃料依赖性较大的项目要进行专题研究。若原料或燃料需要进口，还要分析各种政治、经济因素对资源供应的影响，必要时应向国家有关部门咨询。

电力的供应主要依靠当地的电业部门。近年来我国基本建设速度过快，电力供应十分紧张，若项目的用电量较大，要事先联系落实。对一些特大型的项目，在迫不得已时要考虑自己发电的可行性。

水利资源是项目建设必不可少的条件，要研究拟建项目对水质的要求及用水的数量，研究供水和水处理的方式。如果水处理的成本过高，要考虑采用双重供水系统，处理水只用于某些特定环节。

运输条件也是重要的研究内容。项目建成后是否会给当地的交通造成压力，是否铺设专用铁路和公路，若自己建设这些设施对项目投资总额会有多大影响等都要逐一研究。

另外，有些项目对协作配套要求较高，在研究中要提出合理的解决方案。

3. 人员要求

技术按其表现形式分为两类：一类是物化技术，又称有形技术，即以各种物质形式表现的技术，如图纸、设备、厂房等。另一类技术是活技术，又称无形技术，即人的知识、经验和技能。活技术在技术可行性研究中占有很重要的地位，项目建成后能否有足够的合格人员进行管理和生产将直接影响到项目的经济效益。

现代化项目的建设对人员素质的要求越来越高，不但要求勤劳能干，还要求具有一定的文化水平和专业知识。可行性分析时需要将人员培训费用考虑进去。对人员要求的研究还涉及数量方面，要搞清楚各层次、各工种的人员需求的数量。

4. 建设地点选择

20世纪70年代我国引进了几套完全相同的化肥装置，由于建设地点不同，国内配套投资的差别竟高达40%。由此看来，达到同样的项目目标会因建设地点的不同而造成投资额的巨大差别。所以，选择建设地点是举足轻重的一环。

建设地点的选择应遵循以下原则：

（1）应满足项目建成后的生产要求；

（2）满足区域规划、城市总体规划及其功能分工的要求；

（3）满足职工生活的要求；

（4）满足环境保护的要求，维持生态平衡；

（5）节约使用土地，尽量不占或少占良田；

（6）具体地址的选择，还要考虑油气田分布、工程地质、地形、气象等自然条件，考虑原材料、燃料的供应和运输条件，考虑电力、水源等外部协作条件，还要考虑国防和安全要求。

建设地点的选择是很复杂的事情，通常要准备若干个方案，然后在综合分析、评价的基础上进行筛选，择优而定。

5. 实施计划

实施计划的研究主要涉及以下内容：设备和材料的采办、零部件的供应；项目的开工日期、工期要求；潜在承包者的评估；组织方式的选择。

这里的实施计划还是粗线条的，待项目获得批准后还要由项目组全权负责制订详细的进度计划、成本计划、质量计划以及采办计划、招标和发包计划等。

三、石油勘探开发项目的经济可行性研究

项目的经济可行性研究发展到今天已经形成了多种评价方法和体系，如折现现金流法、实物期权法、地租理论及其他方法等这些方法根据不同的理论基础从不同的侧面对项目的未来经济效果进行评价和预测。正确而全面地掌握项目经济评价的方法体系，就会使整个项目的可行性研究更加系统和完整，使工作简便易行，从而做到有的放矢，保证调查和评价工作处于最佳状态。

（一）折现现金流法

折现现金流法，是建立在美国经济学家艾尔文·费雪的"项目价值是指项目所能带来的未来现金流量的折现值"这一价值理论之上的一种评价方法，其核心是体现项目未来收益和资金时间价值的规律，即任何资产的价值等于其预期未来全部现金流的现值的总和。折现现金流法进行经济评价需要两个步骤：预测未来的现金流量和计算相关的经济评价指标。

折现现金流法是目前项目可行性评价中广泛采用的方法，也是最具有可操作性的方法。在油气行业，折现现金流法既用于油气资源的价值评估，也用于油气勘探开发项目的经济评价。用于油气资源价值评估时主要通过按一定的折现率计算净现值来估算油气资源的价值，进而为资源定价提供依据；用于油气勘探项目经济评价时则通过计算净现值、内部收益率、投资回收期等指标来判断项目是否可行，并以此为基础提供更多的决策指标和决策依据。

1. 净现值

净现值的原理是把项目未来生命期间发生的投资、收益、成本和费用按一定的折现率折算为现值后，在此基础上计算项目获得的超额收益。这一方法既可用来评判项目是否可行，又可用来确定最优方案。这一方法是从考察每一时间段的净现金流开始的，某一时间段的现金流，是指项目在生命期内该时间段发生的资金流动量，包括现金流入和现金流出两部分，现金流入与现金流出的差额称为净现金流。所谓净现值就是净现金流折现的累计值，如式（2-2）所示。

$$NPV = \sum_{j=0}^{n} CF_j \frac{1}{(1+i_0)^j} = \sum_{j=0}^{n} (CI_j - CO_j) \frac{1}{(1+i_0)^j} \tag{2-2}$$

式中，NPV 为净现值；CF_j 为第 j 年的净现金流；CI_j 为第 j 年的现金流入；CO_j 为第 j 年的现金流出；n 为项目寿命期；i_0 为基准折现率。

对于具体评价对象，若 $NPV \geq 0$，项目方案可行；若 $NPV < 0$ 项目方案不可行。进行方案比较时，NPV 高者为优，低者为劣。净现值考虑了资金的时间价值，又考虑了项目的收益目标，还考虑了整个项目寿命期的全部收支，并折算为现值，从而给出了直观的判断数据。这种方法通过对项目未来超额收益价值的评估，为项目的投资决策提供了科学的依据，但是，对项目价值评价的准确性，很大程度上依赖于对现金流入和流出要素的取值和估计。下面以石油勘探开发项目为例，说明现金流流入和流出要素所包含的内容和特点：

1）现金流入要素

现金流入主要包括销售收入、回收固定资产余值以及回收流动资金等三部分。

（1）销售收入。

项目投产后向社会提供原油、天然气及伴生物所取得的现金收入，采用净现值法评估油气勘探投资时一般按年度来预测销售收入，年销售收入 = 年油气产量 × 油气商品率 × 油气销售价格。

产量由探明油气储量规模、采油速度和产量递减规律确定。采油速度和储量规模的乘积为拟建产能规模。对于估算的不同级别储量，根据其储量转化为探明储量的时间和数量，预测其投产时间和产能规模。在探明储量投入开发后，油气产量不断发生变化，原油产量从 0 达到设计产能，经过一段时间的稳产，进入递减期，直至失去经济价值油田废弃。上产期是油气田从投入开发到稳产的过程，上产期的产量和年限呈直线关系，其年产量可按照设计产能的一半或产能与建设期的比值预测。稳产期油气产量按照设计产能估算。递减期原油的递减规律主要有指数递减、双曲递减和调和递减。在资料较少的情况下，也可采用直线递减方式粗略估计递减期产量。递减期的产量按照稳产期的产量和综合递减率逐年计算。

油气商品率可用相近或类似油田资料类比确定。

油价是评价勘探项目经济效益的重要因素。油价受世界经济发展状况、欧佩克石油产储量、替代能源价格、非欧佩克石油产储量、国际政治、石油生产成本、能源节约、美元汇率变动等多种因素的影响。海外石油合同对石油产品定价有明确的规定，经济评价中油价需遵循石油合同的规定，结合油价的影响因素进行长期预测。

（2）回收固定资产余值。

项目评价期结束时处置固定资产所得到的净现金收入（扣除固定资产拆迁处置等费用），一般发生在评价期最后一年的年末。按规定管线、井、水库、污水池、港口、码头、海堤、机场、晒场等残值为零，其他固定资产按原值的3% ~ 5%回收。考虑到我国对环保的日益重视，在废弃油田时需要投入一笔恢复费用，同时借鉴国外石油公司评价时的做法，在预测现金流入时也可以不考虑残值回收。

（3）回收流动资金。

油气储量投入开发后，为了维持正常生产所占用的周转资金成为流动资金。流动资金在油田投入开发时注入，油田废弃时要将之回收。回收的流动资金作为项目收益计入评价期最后一年的现金流入。若粗略估算流动资金可按固定资产投资的1%~5%取值，若详细评估按年经营成本的15%~20%取值，即按周转4次取值。

2）现金流出要素

现金流出主要包括建设投资、流动资金投资、经营成本、销售税金及附加、弃置成本五部分。

（1）建设投资。

石油勘探开发项目建设投资包括勘探投资和开发工程投资。

勘探工程投资包括外购储量费用、前期勘探投资和滚动勘探投资。滚动勘探投资分为探井投资、二维地震投资、三维地震投资以及其他勘探投资。

开发工程投资包括新区临时工程、钻前工程、钻井工程、录井测井作业、固井工程、钻井施工管理、试油工程等的投资，钻井工程投资是其中最重要的组成部分。钻开发井的投资可以根据本油田或相似油田历史成本资料，并考虑钻井工艺水平的提高和物价上涨因素进行估算，有条件时也可采用定额法和设计成本法估算。

（2）流动资金投资。

流动资金是指为维持油田生产而垫支于材料、燃料、工资等方面的全部周转资金。它是流动资产与流动负债的差额，其中流动资产包括应收账款、预付账款、存货和现金等，流动负债包括应付帐款等。

项目评价中，流动资金的估算通常采用两种方法，一种是扩大指标估算法，另一种是分项详细估算法。扩大指标估算法按流动资金占正常年份经营成本的比例或占销售收入的比例计算。一般按年平均经营成本的15%~20%估算，或按固定资产原值的3%~5%进行估算。国家规定，流动资金投资中自有资金部分不得少于30%，否则国家将不予批准立项，其余部分可向金融机构借款。

（3）总成本费用。

总成本费用是指油气开发建设项目在运营期内为油气生产所发生的全部支出，包括生产成本和期间费用。油田开发项目的生产成本包括材料费、燃料费、动力费、职工工资、职工福利、折旧费、驱油物注入费、井下作业费、测井试井费、轻烃回收费、热采费、油气处理费、输油输气费、修理费、运输费、油区维护费、其他直接费用、制造费用18项；期间费用包括管理费用、财务费用、营业费用以及勘探费用4项。此外，经营成本是指油气开采期间内为生产产品和提供劳务而发生的各种耗费，是现金流量分析中的主要现金流出。经营成本由操作成本、油区维护费、扣除摊销的管理费用和营业费用构成。

（4）营业税金及附加。

营业税金及附加是指项目应向国家和地方财政上缴的收益。

油气开发建设项目经济评价涉及的税费主要包括增值税、城市维护建设税、教育费附加、资源税、所得税等。城市维护建设税、教育费附加和资源税计入营业税金及附加。增值税是价外税，可以只作为计算城市维护建设税、教育费附加的依据，而不在现金流入和流出中进行考虑。税种的税基和税率的选择，应根据相关税法和项目的具体情况确定。如有减免税优惠，应说明依据及减免方式。

（5）弃置成本。

由于资源国法律规定或企业自身经营政策等原因，投资者决定放弃或报废矿区财产时，通常会通过封堵油气井、拆除生产设备、搬移拆除设施和环境恢复等技术手段，使已经终止生产的油气井生产场地周围恢复到该井未进行开采前的自然环境状况，避免对自然环境的破坏，该过程产生的支出为弃置成本。矿区废弃处置要遵循资源国环境法规要求，矿区废弃设施处置发生的支出构成环境保护费用的一部分。

国际上对油气弃置成本的处理有以下四种：①对弃置成本进行资本化并对其计提折耗；②将弃置成本在相关的储量生产时计入费用冲销收入；③在生产期计提弃置费用；④将弃置成本计为一项资产，当弃置发生时，把资产的全部价值转移为费用，并在有关储量生产期不计提折耗。

我国油气会计准则与国际会计准则关于弃置成本处理的规定一致。油气弃置成本按照环保及废弃要求测算，把预计未来弃置成本折现到生产期初，并将其资本化计入油气资产原值。资本化的弃置成本按照产量法或年限平均法计提折耗并计入生产成本。同时生产期每年将弃置成本和贷款利率的乘积确认为弃置成本的财务费用冲抵收入。

2. 内部收益率

采用净现值方法虽简便易行，但必须事先确定一个基准折现率，在实际应用中，选定一个折现率并不容易，它既要表明基本目标，又要保证采纳优秀方案，淘汰劣等方案，所以，在对项目进行经济评价时，人们还经常应用内部收益率指标评价项目，作为净现值评价标准的补充，利用该方法可求出项目实际达到的投资效果。

从计算净现值的公式（2–2）可以看出，若使净现金流 CF_j 不变，NPV 将随折现率 i 的增大而减小，当 i 连续变化时，可得到 NPV 随 i 变化的函数，称为净现值函数。当净现值为零时，所对应的折现率称为内部收益率（IRR），用 i^* 表示。它可由方程（2–3）求得

$$\sum_{j=0}^{n} CF_j \frac{1}{(1+i)^j} = 0 \qquad (2\text{–}3)$$

方程（2–3）难以用解析法求解，在实际应用中多采用内插法求 IRR 的近似值。

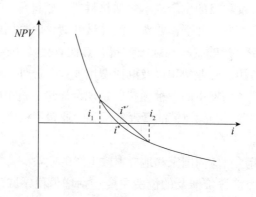

图 2–5　基准折现率与净现值函数关系

将净现值函数表示于图 2–5。从图上可以看出：$i < i^*$ 时，$NPV > 0$；当 $i > i^*$ 时，$NPV < 0$。由此，只要找到一点 $i_1 < i^*$，使 $NPV > 0$；再找到一点 $i_2 > i^*$，使 $NPV < 0$；则 i^* 必在 i_1 和 i_2 之间某一位置。连接 i_1 和 i_2 所对应曲线上的两点得一直线，当 i_1 和 i_2 之间的差很小时，就可用该直线与 i 轴的交点 $i^{*'}$ 代替 i^*。在实用中，多采用式（2–4）计算 IRR 的近似值 i^*：

$$i^* = i_1 + \frac{NPV_1}{NPV_1 + |NPV_2|}(i_2 - i_1) \qquad (2\text{–}4)$$

式中，NPV_1 为 i_1 对应的净现值；NPV_2 为 i_2 对应的净现值。利用内插法确定内部收益率存在一定误差，误差的大小与（i_2-i_1）关系很大。为控制误差，在实用中试算的两个折现率之差（i_2-i_1）一般不应超过 0.05。

内部收益率的评价标准是，当基准折现率为 i_0 时，若 $IRR \geq i_0$，则项目可以接受；反之项目就是不经济的。

3. 投资回收期

投资回收期指从项目投建之日起，用项目各年净收入将全部投资收回的期限。投资回收期有静态和动态之分，前者不考虑资金的时间价值，后者考虑资金的时间价值。相比之下，动态投资回收期更能反映项目的经济性。投资回收期评价项目是否可行时，需要与投资者愿意接受的基准回收期比较，如果投资回收期大于基准回收期，项目不可行；反之，项目可行。虽然投资回收期既可反映项目的经济效果，也可反映项目的风险状况，但由于其不反映投资收回之后的效益状况，使得该指标只能作为其他指标相近时确定项目优先顺序的参考或作为辅助指标。

我国石油投资项目经济评价中一直考虑投资回收期问题，投资回收期需要根据不同类型的油气藏进行分类。比如，对于长寿命油气藏和短寿命油气藏采用相同的投资回收期，就不能客观地反映油气藏开发项目的经济性。这样，就有可能会使一些采油速度较低而经济性又较好的油气资源得不到及时开发。

折现现金流法是建立在以下假设基础上的：

（1）投资决策是一次性完成的，这意味着投资机会一出现，必须马上就做出决策，否则以后不会再有机会投资；

（2）投资项目是完全可逆的，这意味着放弃投资项目不花费任何成本；

（3）能够精确的估计或预计项目在其生命期内各年产生的净现金流量，并能够确定相应的风险调整折现率；

（4）项目是独立的，即其价值以项目所预期产生的各期净现金流大小为基础，按给定的折现率计算，不存在其他关联效应；

（5）项目的整个生命期内，投资的内外部环境不会发生预期以外的变化；

（6）在投资项目的分析、决策以及实施过程中，企业决策者扮演的是被动的角色，即企业管理者进行投资决策时，只能采取刚性策略，而不能相机而动，及时调整对策。

当然，折现现金流法也考虑了不确定性因素对油气勘探开发项目评价的影响，并采取了相应的补救措施。净现值法对风险的考虑主要体现在两个方面：一是风险贴现折现率，基本思想是对于高风险项目采用较高的折现率来计算净现值，但问题的关键是如何根据风险的大小确定风险因素的折现率；二是肯定当量法，基本思路是先用一个系数把有风险的现金收支调整为无风险的现金收支，然后用无风险的折现率去计算净现值，这样虽然克服了风险调整折现率法夸大远期风险的缺点，但肯定当量系数与管理人员对风险的好恶程度有关。

总之，NPV 法将投资项目看作是静态的和一次性的投资，未能充分考虑项目中存在的不确定性因素所带来的价值，因而忽视了项目对其企业潜在的战略价值，其主要缺陷为：其一，NPV 法从静态的角度看问题，认为项目投资后产生的现金流是确定的，未能考虑未来市场的不确定因素对项目现金流的影响，同时认为管理者的行为也是单一的，未能考虑管理者的经营灵活性；其二，NPV 法中最重要的问题是如何确定风险调整后的折现率，油气勘探开发项目投资具有较高的不确定性，并且这种不确定性随着环境的变化而变化，项目的不确定性越大，投资风险就越大，应用 NPV 法进行投资项目评价时，通常应用风险贴水对无风险利率进行修正，以对期望现金流进行折现；其三，当投资项目的现金流变化是非线性时，投资项目的风险贴水的计算非常困难，往往采用一个高的折现率，从而降低了项目投资的评价值，使一些具有潜在投资价值的投资项目被排斥在外。

（二）实物期权法

实物期权法（Real option）是在折现现金流法的基础上发展起来的，对项目投资机会的选择权进行重新定义的一种动态经济评价方法，这种方法来源于金融期权。自从 Black 和 Scholes 提出了著名的 Black-Scholes 期权定价模型之后，金融期权市场和期权定价理论获得了很大的发展，受金融期权的启发，人们提出了与金融期权这种虚拟资产相对应的概念——实物期权，实物期权法对于矿产资源特别是石油和天然气勘探开发的经济评价具有一定适用性。

所谓实物期权，广泛地说是以期权概念定义的现实选择权，是与金融期权相对的概念。实物期权这种投资思路和评价方法，可以为决策者适时考虑经营环境或市场变化，调整投资规模、时机、组合、目标领域等提供灵活度，使投资评价目标具有了可推迟性（Delayability），同时允许决策者对忽略、低估或无法确定投资战略价值的传统决策、评价思路、方法做出必要的修正和补充，以此解决折现现金流经济评价方法忽略不可逆性（Irreversibility）的缺陷。

期权定价理论基础为 Black—Scholes 期权定价方程。以欧式看涨期权为例，设基于某种股票的买方期权，到期期限为 12 个月，执行价格 $E=100$ 元。标的股票当前市场价格 $S_0=80$ 元；假设 12 个月其价格会上升到 $S^+=130$ 元或下降到 $S^-=60$ 元，其概率分别是 q 和 $1-q$。应用两状态期权定价模型，如果到期时市场价格上升至 $S^+=130$ 元，则理性的投资人会选择执行期权，获得的收益为两者之差 $S^+-E=30$；到期后如果市场价格下降至 $S^-=60$ 元，则不执行期权，收益为 0，如图 2-6 所示。那么这个欧式看涨期权的价格应该如何估算？

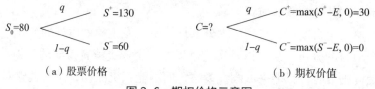

（a）股票价格 （b）期权价值

图 2-6 期权价格示意图

基本思路是利用杠杆化资产组合复制期权收益。假设无风险利率 $r=8\%$，采用如下资产组合复制该期权：以当前市场价格 S_0 购买 N 张标的股票；根据无风险利率借入 D 美元，部分使用自有资金 NS_0-D。一年后需偿还借款本息 $(1+r)D$，该资产组合一年后的价值如图 2-7 所示。

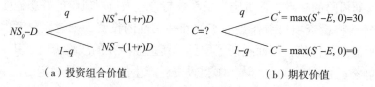

（a）投资组合价值 （b）期权价值

图 2-7 投资组合价值示意图

若资产组合在期末任意状态下都能提供与期权一样的收益，则有

$$NS^+ - (1+r)D = C^+$$
$$NS^- - (1+r)D = C^-$$

（2-5）

求解式（2-5），可得

$$N = (C^+ - C^-)/(S^+ - S^-) = (30-0)/(130-60) = 0.43$$

$$D = (NS^- - C^-)/(1+r) = (0.43 \times 60 - 0)/(1+8\%) = 23.89 （元）$$

$$C = NS_0 - D = 0.43 \times 80 - 23.89 = 10.51（元）$$

在现实中，在特定的期末，股价可能具备两种以上的数值，实际市场交易几乎是连续的。通过选择参数，可以使间断的二叉树过程的连续复利式报酬率的均值、方差在极限上与其连续型对应物相一致，股价将呈现对数正态分布，将收敛于（累积的）标准正态分布函数，此时期权的价格是

$$C = S_0 N(d_1) - Ee^{-rT} N(d_2)$$

（2-6）

其中

$$d_1 = \frac{\ln(S_0/E) + (r + 0.5\sigma^2)T}{\sigma\sqrt{T}}$$

（2-7）

$$d_2 = d_1 - \sigma\sqrt{T}$$

（2-8）

式中，C 为期权价格 / 权益金；r 为无风险利率；S_0 为基础资产当前价格；σ 为基础资产价格波动率；E 为期权执行价格；e 为自然对数；T 为距离到期日的时间；$N(d)$ 为标准正态分布随机变量小于等于 d 的概率。

实物期权的价值计算并没有规定模式，却可以根据项目的实际特点，构造适合的期权形式，从而确定期权价值。具体而言，掌握投资机会就如同持有一个金融看涨期权，投资项目相当于金融期权中的标的物，项目的投资支出相当于期权的行使价格，投资期内项目的收益现值相当于金融期权中股票价格，在不失去投资机会的前提下，投资决策可推迟时间相当于期权距到期日的时间，投资资产未来收益的不确定相当于金融期权中股票风险。

由于石油勘探开发项目是项投资高、周期长的复杂的系统工程，面临各种风险，其中最重要的是地质风险和价格风险。随着勘探投资获取地质资料的增加，对地下天然气储量的预测将更加可靠，每次勘探获得的地质认识都会产生新的油气储量预期，不同程度的改变下一步开发投资决策。同时随着价格的变动，投资者可以加大或者缩减开发力度。采用传统的折现现金流的评价方法经常会低估项目的实际经济价值，这时实物期权法就体现出了自身的优势。实物期权的种类可以分为投资扩大 / 缩小期权、投资延缓期权、投资撤销期权、投资转换期权、复合期权，因此，在实物期权思想下，项目的价值应该包含两部分内容：一部分是初始投资带来的净收益，另一部分是项目所拥有的各种期权的价值：

项目价值 = 项目净现值（NPV） + 期权价值（C）

举例说明，某项目投资和对未来现金流量的估计情况如表 2-2 所示。

表 2-2 某项目的现金流量表　　　　　　　　　　　　　　　单位：万元

年限	0	1	2	3	4	5	6
阶段投资额	165			230			
现金净流量		40	50	60	80	120	110
折现率	10%						

注：每项现金流都默认发生在年终，故第 0 年年终也表示第 1 年年初。

根据净现值法原理，项目的净现值 NPV = 期望现金流收益的现值 – 全部投资的现值：

$$NPV = \sum_{t=1}^{6} A(t) \cdot (1+r)^{-t} - I(0) - I(3) \cdot (1+r)^{-3} = -23.79 \text{（万元）}$$

NPV 小于 0，故财务评价的结果显示项目投资计划不可行。

深入研究发现，上述计算过程存在问题。首先，两阶段投资性质不同，不应简单处理。期初 165 万元的投资属于战略性投资，其未来的效益体现在两个方面。一方面，将在未来 6 年内带来年现金流入，这部分现金流价值应采用折现法求得；另一方面更为重要的是，期初投资还为企业赢得了 3 年后扩大规模的机会，即创造了到期日为 3 年的成长期权。最后，从目前看，第二阶段 230 万元的投资并未真正从企业流出，它是一种"或有"投资权利，发生与否取决于未来产品市场的变化。第 3 年年初，若如期追加这部分投资，将在 4~6 年内给企业带来一定收益；反之，若市场发生较大不利因素，此额外投资将避免。由于忽略了第二阶段追加投资本身隐含的期权价值，上面的计算导致了投资项目估价的偏差。

如果考虑期权价值，则可以将第 3 年末的 230 万元投资看成或有投资，重新规划现金流量表，如表 2-3 和表 2-4 所示。

表 2-3 某项目初始投资的现金流量表　　　　　　　　　　　　单位：万元

年限	0	1	2	3	4	5	6
阶段投资额	165						
现金净流量		40	50	60	20	10	5
折现率	10%						

表 2-4 某项目追加投资的现金流量表　　　　　　　　　　　　单位：万元

年限	0	1	2	3	4	5	6
阶段投资额				230			
现金净流量					60	110	105
折现率	10%						
无风险收益率	6%						

表 2-3 是从表 2-2 中分离出来的 165 万元的初始投资及其给企业带来的现金流，这部分可以用净现值法评估投资的价值：

$$NPV_1 = \sum_{t=1}^{6} A(t) \cdot (1+r)^{-t} - I(0) = -19.54 \text{（万元）}$$

表 2-4 则是追加投资可能产生的现金流，由于这部分是或有投资，可以根据未来的市场情况决定是否选择追加投资，因此具有期权的性质，应用 B–S 模型来进行评估：

标的资产的价值可以用后三年现金流的现值来表示：

$$S_0 = \sum_{t=4}^{6} A(t) \cdot (1+r)^{-t} = \frac{60}{(1+10\%)^4} + \frac{110}{(1+10\%)^5} + \frac{105}{(1+10\%)^6} = 168.55 \text{（万元）}$$

期权的行使价格用追加投资的现值来表示：

$$E = I(3)*(1+r)^{-3} = 172.80 \text{（万元）}$$

期权的期限为 3 年，通过分析发现基础资产的价格波动率为 30%，无风险收利率为 6%。将上述数据带入式（2–6）~ 式（2–8），可以得到追加投资中隐含的期权价值为 C=45.58 万元。

将两部分投资的价值进行合并，计算项目的综合价值：

$$NPV = NPV_1 + C = -19.54 + 45.58 = 26.04 \text{（万元）}$$

因此如果考虑项目投资中隐含的追加投资的价值，则该项目是可行的。

尽管用实物期权法进行经济评价，能够增加决策的柔性从而规避风险，但是实物期权法的实际投资领域比金融期权投资要相对复杂得多，会产生严重的滞后性，由于资源不能够立即开采出来，严重地影响了该方法的实用性。而且，运用实物期权法进行项目经济评价还受到以下三方面因素的影响：一是要确定项目或公司究竟有哪些现实选择权；二是确定对现实选择权进行定价所需要的要素也是困难的，如果期权的标的资产是不能交易的，那么就很难定价，而且计算标的资产价值方差时所选用的价格的波动率可能与期权定价模型所假设的价格变化路径不同；三是现实选择权本身的复杂性，即如何评价各种选择权之间的相互作用。

（三）地租理论

地租理论是我国研究人员在 20 世纪 90 年代中期研究油气资源评价时应用的理论，许多油气储量资产评估的公式是根据这一理论开发和推导出来的。按照这一理论，在油气资源所有权归国家所有的前提下，经营者为了获得勘探开发油气资源的权利必须付给所有者一定的费用，这部分费用被称为油田矿租。对于资源所有者而言，油气资源的价值就是矿租的价值，也就是资本化的矿租。在具体分析中，将矿租进一步划分为绝对矿租和级差矿租，从而确定不同油气资源的价值。

按照级差地租理论分析石油资源的价值构成及价格确定，认为油气储量的价格由四部分构成：其一，资源补偿价格。将油气业务放在社会系统进行考察，会发现这些业务的开展会给社会造成一定的负担，如矿业管理、替代资源的开发、资源开发给社会造成的不便等，这些都应得到补偿，既需要缴纳资源补偿费。其二，绝对矿租，为资源所有者将部分权力让渡给企业获得的补偿。其三，级差矿租，为企业经营优等资源所获得的超额收益。其四，补偿探明油气储量的勘探投入。这样，油气资源的价格由下式决定：

油气资源的价格 = 资源补偿价格 + 绝对矿租 + 级差矿租 + 勘探投入补偿

用级差地租理论解决油气资源价值评估有几个方面的问题：一是土地随着耕种资源条件不断改善与油气随着开发资源条件不断劣化的情况不一致；二是劣等土地粮食生产的成本决定价格与油气的情况也不一样；三是上述公式各要素的确定存在困难。所以，20 世纪 90 年代后期研究人员就不再采用这一理论。尽管如此，级差地租的方法论对于我们对油气气资源进行分类，从而指导资源管理和制定战略规划仍具有指导意义。

（四）其他方法

1. 勘查费用法

勘查费用法是在未获商业性发现难以根据探明储量及相应的未来收益估算资源价值时采用。有人认为，任何油气资源的价值由四部分组成：一是租地费用，即取得探矿权的费用；二是勘查开支，即在油气勘探过程中发生的全部费用；三是技术溢价，指由于勘查活动使油气远景扩大而使价格上升，或由于勘探成果令人失望而使价格降低；四是市场溢价，即评估时的市场趋向。按照影响油气资源资产价格的这四部分，再考虑资金的时间价值等因素确定出资源的价格。

2. 重置成本法

重置成本法常用来评估不动产以及企业的固定资产等类资产的价格。将其用于油气储量的价值评估，就是根据重新探明被评估储量所花的费用来估算该储量的价格。这种方法看起来不无道理，但在实际工作中却难于操作性。其一，油气勘探是一周期很长的探索过程，有经济价值的油气储量往往是几年、十几年甚至数十年探索的结果，不可能准确确定出重置这一资源的成本。其二，油气资源是亿万年地质演化形成的矿产，它赋存于特定的地质体中。由于地质演化的复杂性，几乎没有地质条件完全相同的油气藏，不可能在同样的油气地质条件下重置。其三，机器设备类固定资产随着技术进步会产生精神损耗，重置成本会逐步降低，而油气资源却会随着时间推移日渐稀缺，勘探难度也会随勘探程度的提高日益增大，两者共同作用的结果是探明储量的价值不断增加。总之，重置成本法一般不宜用于评估油气储量的价值。

3. 比较销售法

比较销售法是根据近期内可比油气储量的销售价格来确定被评估油气储量价值的方法，又称现行市价法。比较销售法得到了美国有关联邦机构的支持，方法本身也较为简便。但是，这种方法在油气储量价值评估中并不经常应用，因为它存在诸多缺陷。首先，油气资源不像其他商品那样频繁交易，在评估某一油气储量时，几乎不可能找到可比的近期销售的油气储量。即使在市场上于近期内发生了某一油气资源的交易，也会因油气性质、资源赋存条件以及地理条件和区域经济条件的差别而对需要估价的油气资源失去参考价值。其二，假如市场上存在类似的油气储量在近期的销售，其销售价格并不一定合理，由于资源资产的交易不是时常发生，用个别交易的价格来评估某一油气储量的价值是欠妥的。

综上所述，各种应用过、在应用以及在开发的方法都各有利弊。相比之下，折现现金流法是目前最具有可操作性的方法，期权法是其补充方法，级差地租理论是可以用于储量分类的理论，其他方法的现实意义都不大。

第五节　项目投资组合分析

投资组合分析也是项目选择的重要环节，对于单一项目来讲，如何评价项目的技术可行和经济可行性是项目选择的关键，而对企业来说，如何优选项目和构造项目群和项目组合是关乎企业长远发展战略的决策。

一、项目、项目群与项目组合

项目是临时性、一次性的任务，有特定生命周期的活动。

项目群（Program），在 PMBOK 中也被称为项目集，也有人将其称为大型项目。项目群是项目的集合，经常体现着企业的战略方向，是企业重点推动的领域。构成项目群的项目一般具有同质性，或管理流程和方法类似，或应用的技术和施工方案具有同质性。因此在对项目群进行管理的过程中，可以使用统一的项目评价流程和方法，执行规范、标准化的管理流程和制度。很多情况下项目集中的项目可以实现资源的共享，包括技术和施工方案、作业队伍、关键物资甚至是管理方法和项目文件都可以实现共享。

项目组合（Portfolio），由项目和项目群共同构成的集合。PMBOK 中定义，执行项目管理的对象应该是项目和项目群，对于项目组合来讲，更重要的是项目组合的选择和构建，也即决策过程，企业需要决策什么样的项目和项目群应该保留在项目组合中。项目组合存在的目的，也体现了投资组合的特征，即通过对项目和项目群的搭配，通过项目投资的分散化，将企业项目组合的整体风险控制在可以接受的水平。

二、项目组合的构建

项目组合的构建需要以项目的评估为基础，首先应该确保入选项目组合的所有项目和项目群都能够符合技术和经济的可行性要求。但是，如果可选的项目超过了企业资金和资源供应能力的约束，就需要对入选项目组合的项目进行进一步甄选，甚至项目组合已有的项目也需要重新评估其对组合的贡献和价值。理论上来说，项目组合的构建是一个多目标的规划问题，虽然项目之间的协同效应或相互影响很难定量评价，但是在优选的过程中还是应该遵循以下原则：

（一）考虑项目组合的财务价值，建立关键财务指标

经济效益是企业可持续经营的保障，对于企业的项目投资组合来讲，可以允许其中存在部分非营利性或营利性较差的战略投资项目，但项目组合的整体需要具备一定的财务价值，这就需要建立关键财务指标对项目进行排序和优选，例如 NPV 就可以作为关键财务指标承担这一职能。NPV 的经济含义是超额收益，NPV 越大企业所获超额收益越多，在预算限制不是很紧的情况下，按照 NPV 大小排列优先顺序，可以保证获得最大经济效益。在多数情况下，各类项目都受到预算的约束，这时，最有效的通过排序选择正确项目组合的方法是净现值比率，净现值比率是单位投资所提供的净现值。面对有限制的投资时，它为我们提供了一种按单位投资所带来净收益进行排序的方法。根据排序不断在组合中继续添加新方案，直到累计投资与预算相匹配。

（二）考虑投资预算和战略倾向约束

理论上来讲，当内部资金受限制时，可以从外部融资以获取更多的项目，这样会导致资金成本的上升，项目的基准折现率也会随之上升，而可以接受的项目数量则会减少，直至达到所选项目的资金需求和可获得的资金之间的平衡。当无法获得额外的资金的时候，经常采用项目排序的方法来进行项目的选择，项目被按照一定的经济指标进行降序排列，从高到低

进行项目选择，直至资金用完。

石油公司面临的海外项目多种多样，开发项目风险程度较低、资本回收速度较快，勘探项目风险程度较高、回收期较长，是提高企业资源量潜力的有效途径。海外石油服务项目有时仅能获得现金回报，不能提高公司的储量规模，但却是了解市场、积累地质工程经验的有效途径。项目选择时应该兼顾到公司的发展战略，取得风险的平衡和长期收益的优化。在项目选择的实际操作中，对于公司发展战略的考虑表现为：项目选择受每年不同类型投资（勘探投资、开发投资、对于特定目标区的投资等）预算的限制。

（三）考虑项目组合的风险

根据风险和收益对等的原则，高收益的项目往往伴随着较高的不确定性，因此项目组合的重要构建标准就是整体组合的风险要符合企业的要求。对于每一个特定投资主体，各自都有自己独特的风险收益关系曲线。投资主体不同，投资目的不同，对于投资风险的态度也不相同。根据对风险所采取态度的不同，投资主体分为风险厌恶型、风险偏好型和风险普通型三种类型。一般情况下，三种类型投资主体的"风险—收益"曲线有如图2-8所示的差异。从图2-8中可以看到，风险厌恶型的"风险—收益"曲线特别陡，而风险偏好型的曲线则较为平缓。曲线与竖轴之间包含的区域表示投资者的投资接受区域，由此看出，风险偏好型的投资者可接受的投资区域最大，而风险厌恶型的投资者可接受的投资范围则很小。企业需要根据自身的风险态度确定可接受的项目组合风险程度，并采用风险评价和模拟等技术对项目组合的风险进行定性和定量的分析，从而实现项目组合的构建和调整。

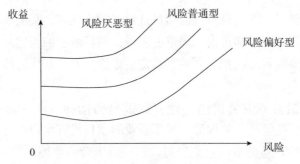

图2-8　不同投资主体的预期"风险—收益"曲线

（四）考虑项目组合的平衡

项目组合的平衡既包括项目性质之间的平衡，也包括项目之间在资源配置方面的平衡。项目性质之间的平衡包括项目收益—风险之间的平衡、项目持续时间之间的平衡、项目规模之间的平衡、项目投资回收期之间的平衡等，需要企业根据短期利益和长远利益，在时间、空间和效益之间对项目进行匹配。项目资源配置方面的平衡则需要对企业项目组合实施的进度安排和资源调度进行预评估，保证企业中关键的资源不会形成激烈的冲突，而且最好企业的资源能够在项目组合之间形成高效的共享机制，这些对后期的项目计划和控制具有重大的决定作用。

思考与练习

1. 试论可行性研究在石油项目建设和项目管理中的地位与作用。

2. 浅谈对资金时间价值的认识。

3. 简述石油勘探开发项目可行性研究的方法及其优缺点。

4. 可行性研究包括哪些内容?

5. 有两个互斥的投资方案,使用寿命均为 5 年,设标准收益率为 15%,两方案的技术经济指标见表 2–5,请做出选择。

表 2-5 投资方案

方案	年份	投资(万元)	经营费用(万元)	总收入(万元)
甲	0	3000		
	1		500	1800
	2		500	2000
	3	500	500	3000
	4		600	3000
	5		600	2800
乙	0	3500		
	1			
	2		800	1800
	3		800	2400
	4		850	2200
	5		850	2200

6. 某项目引进国外先进生产线,设备总价 500 万元,全部使用银行贷款购买,每年需要按照 8% 来等额支付本利和,在生产期采用直线折旧法,折旧年限、借款期均为 5 年,不考虑设备残值。假设企业在该项目投产后,其产品预计年销售收入 270 万元,年经营成本 50 万元,年销售税金及附加 24 万元;所得税税率 25%。销售部门指出,由于项目生产的新产品,使得原有产品 A 每年的销售额下降 30 万元;由于受市场竞争的影响,原有产品 B 的销售额也将下降 20 万元。计算:

(1)项目每年等额偿还银行的本利和为多少?

(2)项目第二年向银行支付的利息为多少?

(3)项目第二年的所得税、自有资金净现金流和全投资净现金流分别为多少?

(4)项目是否可行?

参考文献

[1] HMSO Publications Centre. Appraisal of Projects in Developing Countries：A Guide for Economists（3RD ED.）[J]. London，1993.

[2] 国家计委，建设部 . 建设项目经济评价方法与参数 [M]. 3 版 . 北京：中国计划出版社，2006.

[3] 国家开发银行后评价局 . 1996 年项目评价汇编 [M]. 北京：金城出版社，1996.

[4] 傅家骥，仝允桓 . 工业技术经济学 [M]. 3 版 . 北京：清华大学出版社，1996.

[5] 郎宏文，王悦，郝红军 . 技术经济学 [M]. 北京：科技出版社，2009.

[6] 周惠珍 . 建设项目可行性研究与项目评估文献 [M]. 北京：中国科学技术出版社，1992.

[7] 李华启，黄旭楠，马振炎，等 . 油气勘探项目可行性研究指南 [M]. 北京：石油工业出版社，2003.

[8] Behrens W，Hawranek P M. 工业可行性研究编制手册 [M]. 建设部标准定额研究所，编译 . 北京：化学工业出版社，1992.

[9] 吴宗法，等 . 技术经济学 [M]. 北京：清华大学出版社，2018.

[10] 米安 M A. 油气项目经济学与决策分析 [M]. 北京：石油工业出版社，2004.

[11] 罗东坤，吴晓东，张宝生 . 中国煤层气资源技术经济评价 [M]. 北京：煤炭工业出版社，2010.

[12] 罗东坤 . 中国油气勘探项目管理 [M]. 东营：石油大学出版社，1995.

第三章 项目组织与项目团队

项目组织是项目管理活动取得成功的基础。在日益复杂和多变的项目管理环境中，根据一定原则设计形成科学合理的项目组织体系，是确保项目目标顺利实现的前提条件。本章将阐述项目组织的基本理论、油气项目组织的设计及项目团队建设等问题。

第一节 项目组织理论

项目正式启动后，需要为项目的良好运行创造有利的组织环境，这一方面包括确立项目在其来源企业组织之中的地位，明确项目组和企业职能部门之间的关系，因为这可能直接决定了项目未来能够获得的资源支持，也直接影响着项目的运行状态；另一方面也包括组建项目团队，及确定项目经理和项目参与者之间的关系，以及所有项目参与者之间的关系，以及对项目团队的培育。

一、项目组织概述

（一）组织的含义

管理学家哈德罗·孔茨对组织的定义为"有意识形成的职务或职位结构"，一般来说可以从静态和动态两方面来理解组织的含义。

从静态方面看，组织是一种社会实体[1]，其特征是具有既定的目标、精心设计的结构、分工与合作的沟通协调系统以及权力与责任制度的安排等，该定义包含三层意思：其一，组织必须具有成员一致努力以求达成的共同目标，组织是为共同的目标而存在的，目标是组织存在的前提；其二，组织成员通过分工而专门从事某项职能工作，并通过合作共同实现组织的目标；其三，组织具有既定的秩序，即通过一定的规则形成成员之间的正式关系，从而形成层次化的权力与责任制度，以便于实现组织目标。

从动态方面看，组织就是人们为了实现一定目标而设计一种分工协作体系或网络体系的过程，是实现企业战略的基本保证，是企业管理的一项基本职能。

组织设计是组织理论的重要组成部分，主要研究目标、协同、人员、角色、职责、从属关系、信息等要素的排列组合方式的过程。组织的设计包括以下几方面内容：

（1）明确任务目标。组织的根本目的是为了形成组织功能，实现管理的总目标。因此组织设计需要因目标设事，因事设岗位、定人员，以职责定制度、授权力。项目组织结构设置

---

[1] 社会系统学派创始人巴纳德先生认为，组织是有意识地协调两个以上的人的活动或力量的一个体系。该体系包含三种要素：协作的意愿、目的和信息交流。

程序如图 3-1 所示。

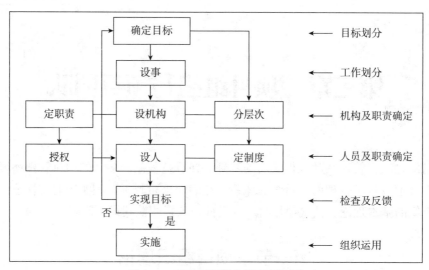

图 3-1　项目组织结构设置程序图

（2）有效的管理层次。组织从最上层负责人到最下层项目管理人员按照角色、任务、职责和权限划分为若干层次。每一成员都要知道自己的岗位、任务、职责和权限。要知道自己在项目组织中所处的位置，知道上级是谁、下级是谁、对谁负责。还要知道工作程序和沟通渠道，从何处取得情报和信息，从何处取得需要的决策和指示，从何处取得所需的支持与合作。项目组织一定要遵守层级原则，它是组织工作能够运转的基础。

（3）有效的管理幅度。管理幅度是指一个主管人员直接管理的下属人数。幅度大，管理人员接触关系增多，需要协调的人与人之间的关系就多。幅度大小与分层多少有关。层次多，幅度小，层次少，幅度大。这就要根据项目负责人和组织成员的能力和项目的大小进行权衡。美国管理学家戴尔曾调查过 41 家大组织，管理幅度的中位数是 6~7 人之间。管理幅度的大小与管理者和项目成员的能力大小、项目任务的复杂程度、授权度等因素有关。

（4）责权利对等原则。有了分工，就可以明确角色，分担责任。扮演角色和承担责任，就应当有必要的权力，并应承担相应责任。这就是责、权对等原则。这个原则要求职务实在、责任明确、权力恰当。根据这一原则，在设置角色时，做到有职有责，有责有权。有责无权和责大权小，就无法承担责任；而责小权大，甚至无责有权，又难免造成滥用权力。理论研究和实践经验都表明，权责不明确容易产生官僚主义、无政府状态，组织系统中易出现摩擦及不必要的会议、对话、妒忌等，使项目组织缺乏应有的活力。

（5）系统原则。由于企业是一个开放系统，各子系统之间、子系统内部各单位之间、不同专业及工序之间，存在着大量结合部（或称界面）。这就要求恰当地分层和设置部门，以便组织通过结合部形成一个有机整体，防止职能分工、权限划分和信息沟通上相互矛盾或重叠。在设计组织结构时要以业务工作系统化原则为指导，考虑层间关系、分层与跨度关系、部门划分、授权范围、人员配备及信息沟通等，使组织结构成为严密的有机系统。

（6）统一指挥原则。一个组织内部要保证政令畅通，避免无效冲突，减少内耗，降低组织运行的交易成本，就必须在组织建设和授权时坚持统一指挥原则。

（7）才职相称原则。才职相称原则也称权能匹配原则，是指管理人员才能和岗位任务的有机统一。坚持这一原则，是为了防止大材小用的浪费现象和避免庸才误事的问题发生。

（二）项目组织的含义

项目组织就是指为了完成某个特定的项目任务而由不同专业、不同部门甚至不同企业或组织的人员所构成的一个临时性工作机构❶，既具有相对独立性，又不能完全脱离母体公司而存在。项目组织的具体职责、结构、人员构成和人数配备等因项目性质、复杂程度、规模大小和持续时间长短而异。一般项目结束之后，项目管理组织完成自己的任务，也就不复存在。由于项目的一次性与独特性等特点，立项后，需根据项目的具体情况，建立项目管理组织，负责项目实施，对项目的范围、费用、时间、质量、采购、风险、人力资源和沟通等进行计划、组织、领导和控制的管理过程，最终确保项目目标的实现。

（三）项目组织的特征

不管企业属哪种类型，要有效地管理项目就要建立项目管理组织。项目组织有多种形式，如项目本身的独特性一样，没有哪两个项目组织会一模一样。尽管如此，我们仍然可以从中归纳出项目组织的一些共同特征。

1. 临时性

项目是具有特定生命周期性的活动，因此项目组织与其他组织相比最大的区别在于项目组织具有临时性的特点。企业会根据不同类型项目的任务特点采取多种项目组织形式，有些项目组可能会存在较长的时期，但是参与项目的成员可能会具有较强的流动性；有些项目组的存续期相对较短，项目完成之后，组织的使命结束，项目组织就会随之解散❷；还有些项目组在项目结束后并没有寿终正寝，而是项目组织整体承接下一个项目，但是从项目管理的角度来看，改变了任务和目标的项目组织就是一个崭新的项目组。

2. 柔性组织

柔性组织是指能够动态地与环境相适应，不断地进行自我调整的组织。项目组织需要具备柔性组织的特征，虽然企业中有正式的组织结构，但是为了适应项目利益相关者需求的变化，项目组织相较企业组织可以更加灵活和具有弹性，不一定要求具有正式的等级结构。项目组织的决策权倾向于下放而不是集中，这样可以使团队成员具有独立的责任和处理问题的权力，以便应付复杂多变的项目环境。此外，项目组织还可以采取虚拟组织、网络组织和无边界组织等形式，整合企业内外部人力资源、有效利用社会资源，形成更为灵活的组织形态。

3. 注重专业化分工和协作

专业化分工可使项目成员充分发挥特长，提高工作效率，并且有利于项目工作和责任的分配。但是，项目分工和专业化会产生协调问题，给项目的整体资源分配和沟通带来一定的困难，因此，项目组织内人员必须协调一致，整合组织内个体行为，以求最大效率。

4. 强调项目经理的作用

项目经理是项目的负责人，对项目目标的实现负全面责任。立项后，在项目经理领导下进一步明确项目组织目标、确定项目工作内容、设计选择项目组织结构、配置工作岗位及人

---

❶ 项目组织一般称为项目管理组织，施工项目的管理组织也称为项目经理部。

❷ 有些项目组织虽然不解散，但由原班人马或经过改组继续承接新项目，或将完成的项目投入使用，自己成为永久性的经营者。但从项目管理的角度来看，改变了任务的项目组织就是一个新组织或机构。

员、制定岗位职责标准和工作流程及信息流程、制定考核标准等，这些工作是项目成功的组织保证。

但是，在实际的项目组织中，由于受到项目在企业中的地位、以及项目组和职能部门关系的影响，项目经理的职责和权限可能会受到制约。

二、项目组织的类型

项目在企业中处于什么样的地位，这并不是由项目经理和项目成员决定的，而是由企业项目管理的政策、企业的组织文化、项目的发起过程以及项目对企业的重要性所决定。因此在开始项目之前，需要对项目的这种外在组织环境有清晰的认识，因为他与将要完成的项目任务密切关联，在此基础上，才能够对项目所需要的所有汇报关系和项目的重要支持部门进行识别，并进行有效的项目管理。通常把这种项目的组织环境定义为项目的组织类型，项目组织类型一般包括职能型、项目型、矩阵型等若干类型，每一种组织形式都有其适用的环境条件和优缺点，掌握这些内容有助于我们正确的设计和选用项目组织形式。

（一）职能型组织

1. 职能型组织的结构形式

职能型组织（图 3-2）是在传统的职能型企业组织的基础上形成的项目组织形式，严格地说，在职能型组织结构中并不存在真正意义上的项目组，项目的具体工作由各职能部门的主管根据专业特点进行分工，然后由职能主管根据项目任务组织实施并布置给本部门的职员。在这种组织形式下，项目成员仍在原来的职能部门内完成项目任务，除了职能部门的主管外，项目的参与者可能彼此之间没有沟通和协作，主要听从于职能主管的行政指令。可见，在这种组织方式下，项目是依附于或寄生于企业的职能部门之上的，项目不是独立的实体，也没有成型的规章制度和项目计划，没有人专门从事项目管理工作，因此也没有人会对项目最终提交的成果负责。

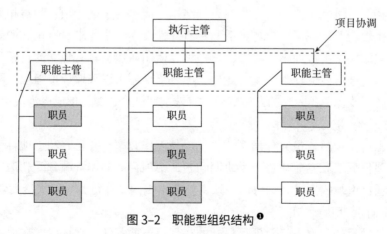

图 3-2　职能型组织结构 ❶

一般来说，职能型组织比较适用于规模较小、技术简单的项目，而不适用于项目环境变化较大的项目。因为项目的依附性，主要依靠职能部门间的合作来完成项目工作，而职能部

---

❶　结构示意图中的深颜色框图表示参与项目活动的职员。

门本身的存在以及权责的界定会成为部门间密切合作不可逾越的障碍。职能型项目组织内没有明确的项目主管或项目经理，项目中各项协调工作由职能部门主管来进行。另外，当出现项目性质较单一、涉及职能部门较少，且有某个职能部门对项目的实施影响最大或涉及面最广的情况时，项目组织可以直接划归该职能部门管理。

2. 职能型组织的特点

职能型组织的优点主要表现在以下几个方面：

（1）有利于发挥业务专长和提高项目人员的技术水平。职能型组织模式体现了具有相同或类似专业背景的职员共同工作的特点，同一部门的专业人员在一起工作，易于交流专业知识和技术，有利于积累经验和提高业务水平，促进知识深度与智力资产的开发。同时，采取这种组织方式，可以避免企业技术经验或智力资产的外流，项目产生的技术成果都会留存在职能部门，不会伴随着项目的结束而消失。

（2）人员配置具有灵活性并可以有效降低成本。由于不存在独立的项目组织，职能型组织中的人员或其他资源仍然归属职能部门领导，因此职能部门主管可以根据需要灵活分配资源，例如某职员可以被临时地调配给某一项目，当该项目结束后，部门主管可以安排他到另外一个项目中工作，这样可以有效降低资源的闲置成本。

（3）有利于整体协调和控制项目组织活动。项目在企业组织的职能结构中开发，不需要打断企业的日常经营，也不需要调整企业的组织结构。每个职能部门主管直接向企业主管负责，而企业主管可以从企业全局出发对项目进行协调与控制。

（4）有利于专业人员的晋升。职能型组织为项目职员在专业上的发展和进步提供了一个基础平台，项目成员在完成临时性项目工作任务的同时，与他们各自的职能部门保持最大的联系，参与项目的表现将直接被职能部门主管所了解并记入绩效，因此项目的业绩将会成为员工晋升的有力支持性成果。

职能型组织的问题主要体现在以下几个方面：

（1）职能孤立，整合困难。由于项目的组织实施过程主要依赖职能部门来进行管理，而每个职能部门由于职能的差异性及本部门的局部利益的短视性，容易从本部门优先的角度和尽量在部门内部解决的思维去处理项目，因此，项目的活动很难进行跨职能和跨部门的协调和合作，这会影响项目成果的整合质量以及整体目标的实现。

（2）工作效率不易保证。由于项目缺乏有效的协调、缺乏横向直接沟通渠道以及职能部门间优先权的竞争等，会直接影响项目组成员的工作效率，导致项目常常要花更长的时间来完成。

（3）缺乏对项目的重视及对客户的关注。由于没有正式的项目团队存在，整个项目的工作都由各职能部门分工完成，而对于职能部门而言，其自身的日常工作的重要性级别往往高于项目，从而使得项目及客户的利益容易被忽视。特别是由于缺乏项目经理，没有专职的项目从业人员，也就缺乏能对项目承担责任、能与客户直接进行沟通和对接的相关负责人，因此客户需求的变化和市场的动态调整可能很少有人及时关注，这也会对项目最终成果的交付带来不利影响。

（4）项目组成员责任淡化。项目往往并不被看作是临时抽调过去的项目组成员的主要工作，有些人甚至将项目任务当成是额外的负担，因此这种形式的组织不能保证项目责任的完全落实。

（二）项目型组织

1. 项目型组织的结构形式

项目型组织形式又称为项目组（图3-3），是西方企业广泛采用的一种组织形式，也是我国石油企业、建筑企业进行项目管理时采用的主要组织形式之一，适用于大中型项目、时间紧迫的项目、远离企业的项目以及内容和技术相对复杂的项目。项目组按照项目任务来划归所有资源，即每个项目组掌握完成项目任务所必需的所有资源，每个项目组拥有明确的项目负责人——项目经理。项目经理对上直接接受企业主管或大项目经理的领导，对下拥有对项目所有人财物等资源的配置权。

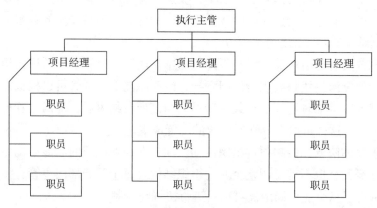

图3-3 项目型组织结构

项目组由项目经理全权负责，其他人非经授权不得决策，项目经理向高层企业领导负责，独立地开展工作，任何部门包括高层领导不得随意插手项目管理事务。在项目组中，项目经理拥有最大的权力，承担最大的责任和风险。所以，任命一个合适的项目经理对项目的成功至关重要。通常，项目经理从管理部门中有丰富项目管理经验和管理才能的人员中选聘，一经正式任命，轻易不能变动。项目组的各主要成员分别从各部门抽掉而来，多数是精于某一方面的专家，他们是项目经理的得力助手，为项目经理分担繁重的项目工作。

2. 项目型组织的特点

项目型组织的优点主要体现以下几个方面：

（1）突出项目经理个人负责制的优点。在这种组织类型中，项目经理享有最大限度的自主权，能够适应项目建设经常要求快速决策的需要，项目经理可以充分运用各种激励手段激发项目职员工作的积极性和创造性，能够保证最了解实际情况的管理人员独立处理问题，有效地避免官僚主义和瞎指挥。同时，项目组的责任制度也能保证决策者冷静地思考问题，谨慎地对待每项决策的后果及承担的责任，防止头脑发热和产生不切实际的幻想。另外，项目经理个人责任制也使得项目型组织相对受母体组织的束缚较少，项目工作者的唯一任务就是完成项目，易于在进度、成本和质量等方面进行控制。

（2）能够快速应对外界的机遇与挑战。与职能型组织的生存方式不同，项目型组织是企业中独立存在的实体，项目组成员在一定时期内隶属于项目组，全职地承担项目的工作任务，这段时间内，项目成员的考核和业绩主要依赖于项目的绩效，因此参与项目的职员会对项目提交成果高度关注和负责。这种全职的参与，有利于提高工作水平，也有利于项目经理和团队成员全方位地认识自己的工作对象和管理目标，密切关注外界的环境变化，评估其对项目范围和综合管理的影响，并及时采取应对措施，同时，如果工作中发生常规问题或出现意外，也有利于及时解决或采取补救措施。因此在这种组织中，终于使项目团队与客户形成有效地沟通和联系，项目才开始真正服务于客户的需求。

（3）有利于全面型人才的成长和工作效率的提高。项目实施涉及多种职能，同时有利于不同领域的专家相互交流学习，更需要团队成员强烈的参与意识和创造能力，这些都为团队成员的能力开发提供了良好的场所。另外，项目组具有临时性的特点，其成员在项目开始时动员而来，项目结束后复员而去，职务和岗位都不能长期固定。这种人员组成的活力，有利于保持项目组旺盛的工作能力，有利于提高工作效率。有时，环境的变迁可能会成为人生转折乃至发明创造的催化剂。

项目型组织的问题体现在以下几个方面：

（1）机构重复及资源的闲置。项目型组织按项目所需来设置机构以及获取相应的资源，每个项目都有自己的一套组织机构，同时，为了保证在项目需要时能马上得到所需的专业技术人员及设备等，项目经理往往会将这些关键资源储备起来，当这些资源闲置时，其他项目也很难利用，从而增加了各种资源的闲置或待工成本。

（2）项目组与职能部门经常发生摩擦。特别是前期工作量大或遇到意外问题时，项目组容易成为人们指责甚至干预的对象。这些指责可能来自客户，可能来自某个职能部门的领导，也可能是企业的领导者。这时，项目经理如果处理不慎重，就可能会功亏一篑。最好的办法是，在取得企业领导者信任的同时，毫不动摇地按既定计划实施，排除干扰，坚定信心，要清楚各种指责和议论会随着项目的成功而销声匿迹。

（3）不利于项目成员专业技术水平的提高。项目型组织并没有给专业技术人员提供同行交流与互相学习的机会，而往往注重于项目中所需的技术水平，在其他一些与项目无关的领域则可能会落后。

（4）对专业化人才需求量大，不适应人才匮乏或规模较小的企业。特别是项目各阶段工作重心的不同，会使各成员的工作出现忙闲不均的现象，这一方面影响了其他人工作的积极性，另一方面也造成了人才浪费。

（5）项目组织稳定性一般。因项目的临时性和动态变化等特点，会使一些具有舒适工作而项目建设又急需的优秀人才望而却步。同时，缺乏事业的连续性和保障，当项目快结束时，会出现人心思走、组织涣散的低效率局面。另外，项目团队意识较浓，但项目成员与公司的其他部门之间将会不自觉地产生某种抵触与界线，这种界线不利于项目与外界的沟通，同时也容易引起一些不良的矛盾和竞争，而且还会在项目完成后小组成员回归本职单位时，影响他们与本部门之间的融合。

（三）矩阵型组织

1. 矩阵型组织的结构形式

职能型组织中，项目组依赖企业已有的职能部门组织作业，没有正式的项目组对整个项目可交付成果的形成过程负责，因此可能会对客户的需求和项目的业绩关注不足；项目型组织重新整合了企业的资源来对项目进行全方位的支持，具有较高的工作效率和创新效果，关注客户的需求，但是项目型组织对资源的独占性可能会给企业带来资源的冲突和使用效率的下降。因此，能否将两者的特点结合在一起？特别是当企业同时进行若干个项目时，企业可能不具备充足的资源保证每个项目成立一个项目型组织，有没有适用于多项目管理的组织模式？在这种情况下，矩阵型的组织模式应运而生（图3-4），这也成为项目管理对企业组织理论的重要贡献。

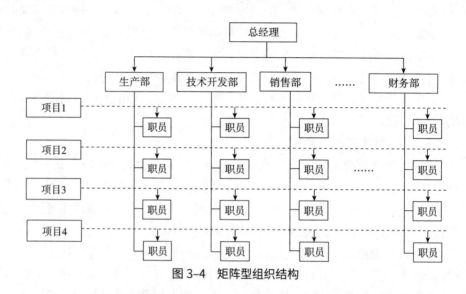

图 3-4 矩阵型组织结构

矩阵型组织兼有职能型和项目型的优点，又能在一定程度上弥补了它们的不足。如图3-4所示，企业在面临多项目管理的环境下，项目管理和职能管理需要协作进行，因此在组织模式上，突破了传统"职能鸿沟"的分割模式，在各职能部门之间通过项目建立起了横向的沟通渠道。在矩阵型组织中，项目成员可以从不同的职能部门来支持项目经理，职员具有双重身份，既隶属于职能部门，同时也在特定的时间参与项目活动，成为项目团队成员，甚至同时服务于多个项目。项目参与者需要同时向职能主管和项目经理两方汇报工作。每个项目经理要直接向最高管理层负责，职能部门负责人既要对他们的直线上司负责，也要对项目经理负责。矩阵型项目组织又可以细分为以下三种表现形式：

1）弱矩阵项目组织

弱矩阵项目组织（图3-5）类似于职能型项目组织，由项目协调员在职能部门之间协调，但与职能型组织不同的是，为了更好地实施项目，在弱矩阵项目组织内建立了相对明确的项目团队。项目团队由各职能部门的职员所组成（图3-5阴影中的职员参与项目），职能经理负责项目有关部分的管理，包括人员、工作和进度等。这种组织形式并未明确对项目目标负责的项目经理，即使有项目负责人，他的角色只不过是一个项目协调者或项目监督者，而不是真正意义上的项目管理者。项目协调人负责项目活动与职能部门之间的协调，制定项目时间表和检查表，搜集和整理项目工作的各种信息资料。对项目管理而言，由于具有专门的组织对客户负责，弱矩阵型组织形式优于职能型项目组织，但是由于项目独立性较弱，当项目涉及各职能部门且产生矛盾时，因为没有对项目各种资源的控制权，项目组织效果有限，各职能部门参与项目的职员很可能会过多地从本部门的利益出发来处理问题。

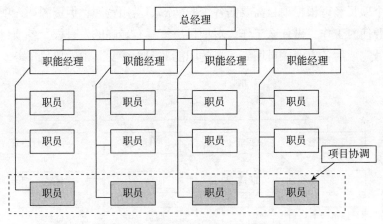

图 3-5　弱矩阵型项目组织结构

2）平衡矩阵项目组织

平衡矩阵项目组织（图 3-6）是比弱矩阵项目组织更能突出项目地位的组织形式，是为了加强对项目的管理而对弱矩阵组织形式的改进。平衡矩阵组织与弱矩阵组织形式的区别是从职能部门参与本项目的人员中选出一位任命为项目经理，并对其进行一定程度的授权，项目经理需要对项目总体与项目目标承担部分负责。在平衡式组织形式中，项目经理可以调动和指挥职能部门中的相关资源来实现项目，项目经理负责设定需要完成的工作，而职能经理则关心完成的方式。更具体地讲，项目经理制订项目的总体计划、整合不同领域、制定时间表、监督工作进程；职能经理则根据项目经理设定的标准及时间表负责人事的安排并执行其所属项目部分的任务。

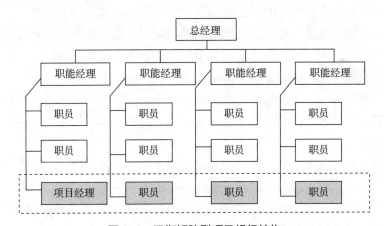

图 3-6　平衡矩阵型项目组织结构

3）强矩阵型项目组织

强矩阵型项目组织（图 3-7）类似于项目型组织，但项目并不从公司组织中分离出来作为独立的单元。设有专门的项目经理（一般由项目经理主管直接委派），项目经理直接向总经理或项目经理主管报告。在强矩阵型组织中，组织中所有资源均归职能部门所有和控制，职能经理对专业化工作拥有控制权；项目经理则控制着项目的大多数方面，包括项目的范围和职员的具体安排，每个项目经理根据项目需要向各个职能部门借用资源，但资源调入项目组后，项目经理控制着资源何时工作、做什么工作，对项目决策具有最高的发言权。各项目是一个临时性组织，项目任务完成后各专业人员回到各自的职能部门再接受其他的项目任务安排。

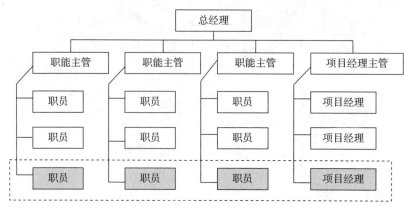

图 3-7　强矩阵型项目组织结构

2. 矩阵型组织的特点

矩阵型组织的优点主要体现在以下几个方面：

（1）有助于公司资源的充分及灵活利用。一方面，由于项目组织与职能部门是地位同等的，它可以临时从职能部门抽调所需的人才，所以项目可以分享各个部门的技术人才储备，可以充分利用人才和资源。当有多个项目时，通过项目和职能部门间的竞争可以实现稀缺资源的最大利用。另一方面，职能部门可以为项目提供人员，也可以只为项目提供服务，从而使得项目组织资源利用具有很大的灵活性。

（2）有助于拓宽项目参与职员的视野，增进相互间交流。矩阵组织在业务上与企业职能部门保持着密切联系，而本身又有一定的自主权，有助于拓宽职员的视野，增进部门间的交流，发挥在大企业的背景下协同开展工作的优势。

（3）有助于项目管理人才的培养。在矩阵组织中，部门领导和项目经理必须平衡各种相互矛盾的利益关系，从而为他们提供了管理复杂业务的机会，不失为企业在实践中培养管理人员有效而经济的途径。

（4）项目组成员能够安心于工作。矩阵组织的工作人员都有固定的职业和岗位，当项目竣工时，参与项目的职员可以重新回到职能部门或进入下一个项目组，他们不存在回原单位是否容易安排工作或重新谋求职业的问题，使他们在项目结束前不产生后顾之忧，把主要精力放在项目工作上，从而避免项目组在项目完工前出现的低效率的局面。

（5）便于企业根据优先性支持项目。当前企业面临着多项目和项目组合管理的多种挑战。单一项目的管理强调对项目进度、成本和绩效目标的满足，但是在企业的多项目和项目组合管理背景下，对项目管理的重点则应该是如何实现项目组合整体的最优，这就包括需要对项目的优先级进行排序，根据优先级集中优势资源支持关键项目，以及整合企业所有的资源对项目组合提供支援。矩阵型的组织模式克服了职能部门的界限，避免了职能部门和项目组对资源的独占，使全公司范围的资源调度和平衡成为惯例。

矩阵型组织的问题主要体现在以下几个方面：

（1）双重指挥潜伏着职权关系的混乱和冲突，易造成管理秩序混乱。双重指挥系统是矩阵组织的显著特征，由于矩阵型组织可能同时存在来源于项目和职能部门的两个或多个顶头上司，在工作中可能会受到多重管理的约束，产生矛盾性的指令。这样，在权力交叉领域容易造成指挥冲突，甚至会造成项目经理与职能部门负责人之间的矛盾。从理论上讲，项目经理和职能部门负责人之间需要权力平衡，但实际上项目经理的权力不过是动员性的，当项目经理和职能部门的负责人发生矛盾时，工作人员经常会偏向不利于项目工作的职能部门一边。

（2）容易产生重复性劳动以及对稀缺资源的争夺。多个项目在进度、费用和质量方面取得平衡，这是矩阵组织的优点，又是它的缺点。每个项目是独立进行的，容易产生重复性劳动；每个项目经理在面临资源等方面的冲突时都更关心自己项目的成功，而不是整个公司的目标，这样容易产生对稀缺资源的竞争，不利于组织全局性目标的实现。

（3）项目协调难度大。矩阵型组织强调项目经理主管项目的行政事务，职能经理主管项目的技术问题，但实践中对二者的责任及权力却不容易划分明确，进而容易造成管理秩序的混乱。

最后，需要强调指出，采用矩阵组织搞项目，必须做好控制工作。有了良好的控制和周密的计划，矩阵组织形式才能取得良好的结果。

一般来说，职能型组织比较适用于规模较小、偏重技术的项目，而不适用于项目环境变化较大的项目；项目型项目组织适用于大中型项目、时间紧迫项目、远离企业的项目以及内容和技术相对复杂的项目；而矩阵型项目组织在充分利用企业人力等资源方面有明显优越性，由于其融合了职能式和项目型两种项目组织的优点，在进行技术复杂、规模巨大的项目管理时呈现显著优势。除了以上几种常见的项目组织形式以外，在项目管理实践中还存在复合式项目组织形式。一方面，考虑到项目的性质、规模与重要性等影响因素，同一企业内不同项目可能采用不同的项目组织方式，既存在职能型项目组织，又有为完成各类项目而设立的矩阵组织或项目型组织；另一方面，许多公司先将刚启动尚未成熟的小项目放在某个职能部门的下面，然后当其逐渐成熟并具一定地位以后，将其作为一个独立的项目，最后也有可能会发展成一个独立的部门。复合式项目组织使公司在管理项目组织时具有较大的灵活性，但也存在一定的风险。同一公司的若干项目采取不同的组织方式，由于利益分配上的不一致性，容易产生资源的浪费和各种矛盾。

三、油气项目组织的设计和选择

一个油气项目从初始策划到最终投产使用，中间要经历立项、研究、勘察分析、可行性论证、设计、施工、运营等多个阶段，每个阶段都有不同的组织具体实施。当一个项目组织的目标明确后，接下来的一个重要环节就是进行项目组织设计。不论这个组织所开展的工作处于项目的哪个阶段，就项目组织设计这个环节来说，其主要任务是确定组织结构，编制完善管理制度，明确职责和权限，确立工作流程，甚至还包括形成项目文化。对于施工企业来说，在项目跟踪及投标准备阶段成立筹备组，在中标后项目实施阶段成立项目部。下面以油气施工企业为代表简要阐述油气项目组织设计包括的主要工作。

（一）成立筹备组

当石油企业在市场开发阶段获取到项目信息后便开始安排人员跟踪进展情况，包括可行性研究，国家有关部门相关政策的发布，调研潜在竞争者动态等等。当企业确定参加项目招投标后，就会抽调人员成立筹备组为招投标工作做准备，如果企业在中标方面胜算较大，那么筹备组还将开展项目前期准备工作。

筹备组的组织结构比较简单，一般由组长，副组长和若干组员组成，各成员有明确的分工。筹备组成员分工如下：

（1）筹备组组长——全面负责项目筹备的组织和协调工作，将筹备组工作目标进行初步分解，安排副组长进行分管。

（2）副组长——根据各自分管的任务，配合组长开展项目筹备的具体工作。

（3）组员——负责各项任务的具体执行，如商务标及技术标编制、目标成本测算、外部依托条件调研、设备及材料供应商调研、人力及设备资源筹备、文件资料控制等。

筹备组的组织结构可以说是小而精，组长一般就是未来的项目经理，而副组长是项目副经理，组员基本上是今后项目部的各部室负责人，也是项目部管理和技术方面的骨干力量。

（二）成立项目部

油气项目的招投标工作结束后就是等待开标结果，中标的企业将收到甲方发出的中标通知书，中标企业随即将会正式发文成立项目部，明确项目部名称、规模大小、职责及工作内容等等，挑选合适的人员担任项目经理、副经理及安全总监等并通过正式文件任命。为了加强对项目的管理，有的石油企业还会书面任命分管该板块业务的副总经理担任项目主任。

企业的负责人（通常是公司的总经理）对项目经理签发授权委托书，以明确项目经理可代表履行的职权。因此可以看出项目经理对上是直接对企业负责人负责的。这些程序履行完毕后，项目经理及领导班子就会在筹备组基础上成立项目部，按照企业的标准化要求配置管理人员及施工操作人员。一般来说，项目部组织机构可以如图3-8所示。

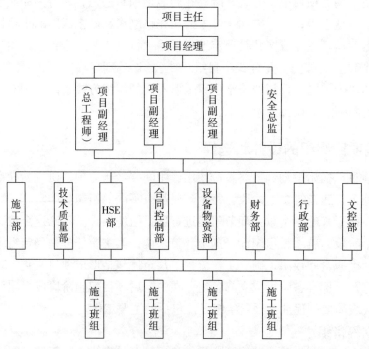

图3-8　油气施工项目项目部

项目部的规模大小，具体部室以及人数定额等等，这些在企业下发的成立文件上都有明确的规定，项目经理不能随意变更，而且很多项目的合同都会要求项目经理、总工程师、安全总监等关键职位的人选不可替换（任命项目主任属企业内部行为，并不是合同上要求的，但企业也不会随意更换）。因此企业在确定这些人员时必须要经过慎重的研究和选择，如果需要变更，项目部必须有足够的理由并向业主、监理、总承包方提交书面申请，获得批准后才能更换人选，监理及总承包方的关键职位人员也同样需要遵守此项规定。

其实，前面提到的项目部是一个企业的临时机构，其所属人员在项目部的编制也都是临时的。施工单位在组织结构方面分为公司领导、机关部室及附属中心、工程处及项目部（常设）三大部分。其中工程处及项目部（常设）属于公司的固定机构，工程处是操作人员人事关系固定所在单位，而项目部（常设）是项目管理人员人事关系固定所在单位。当一项新的工程准备开始建设的时候，公司下文成立的筹备组及项目部都是以项目部（常设）为基础的。当项目部履行完合同规定的全部工作，完成工程结算及竣工资料上交工作后，公司将关闭项目部，所有人员的人事关系都回到原属单位。

项目部成立后，按照业主、监理及总承包方下发的管理文件和程序履行合同规定的任务，同时还要遵守公司的各项管理制度和办法。此外，项目部各部室还会根据实际情况编制自己的管理类文件，最常见的就是 HSE 作业指导书、HSE 作业计划书、质量计划书、设备维护保养规定、库房管理规定、文控工作管理规定等。项目部会形成专门的安全组织机构、质量组织机构等，明确各级负责人，各自按职责权限进一步开展工作。

总之，项目组织的设计好比配置一部机器，设计的越科学合理，其运转的效率也就会越高。采用何种项目组织形式需根据项目的具体情况、项目的环境条件、系统原有的组织结构，尤其是应根据项目的目标来做出决策。在石油项目中，对于大中型项目，如西气东输、大型桥梁建设、道路建设、场站建设项目等，具有周期长、独立性大、中间环节多、过程复杂、多工种多学科联合作业以及风险程度高等特点，需要组织专门的班子进行管理，因而其项目管理的组织形式应倾向于项目组。对于规模较小的项目，如断块开发或老油田的调整涉及的地面工程，因其周期短、工作量少，则其项目管理组织形式要更接近于矩阵组织。

第二节　项目团队及团队管理

团队管理是项目管理的一种基本工作方法，其目标在于实现 1+1 ＞ 2 的协同整合效果。项目组织设计形成以后，如何对其进行管理，是涉及整个项目组织是否能圆满完成任务，实现项目目标的最重要的工作。项目管理目标是在时间、费用最低的情况下完成项目任务，如果缺乏一个有着高度凝聚力和战斗力的团队，项目目标难以实现。项目的成功离不开成功的团队，而项目的成功同时也造就成功的团队。

一、项目团队概述

（一）项目团队的含义

团队是指为了达到某一确定的目标，通过分工、合作以及不同层次的权利与责任结合在一起的一群人，他们拥有共同的目的、绩效目标以及工作方法，并且以此自我约束。团队的概念包含三方面含义：团队必须具有明确的目标；团队需要建立在合理分工与有效合作的基础上；团队要有不同层次的权利与责任。具备以上三方面条件的组织才可以称为真正意义的团队。此外，团队成员之间的工作内容交叉程度高，相互间的协作性强。团队这种组织被认为是应付快速变化环境的最好方法之一。

项目团队是为了有效完成某一项目而建立的团队，不仅仅是指被分配到某个项目中工作的一组人员，更是指一组相互联系的人员在明确分工的基础上同心协力地进行工作，以实现项目目标，满足客户需求。项目团队的具体职责、组织结构、人员构成和人数配备等因项目性质、复杂程度、规模大小和持续时间长短的不同而不同。

（二）项目团队的特点

项目团队不同于一般工作小组，自身具有显著特点。项目团队能否有效地开展项目管理活动主要体现在以下几个因素。

1. 共同目标与行为规范

明确团队的目标是高效团队建设的第一出发点。每个组织都有自己的目标，项目团队也不例外。项目团队的共同目标是项目团队存在的前提和基础，是项目凝聚力的保证。项目团队的共同目标包容项目成员的个人目标，充分体现了个人的意志与利益，并且具有足够的吸引力，能够引发团队成员的工作激情。同时，项目团队共同目标会随着环境的变化而进行相应的调整，每个项目团队成员都要充分理解、认同项目的共同目标。在实践中，项目经理在引导项目组成员实现项目共同目标的同时，要创造条件帮助员工实现个人目标，否则便会损害项目成员的士气和降低工作效率。

作为正式群体的项目团队必然有自己的行为规范，即所有团队成员都必须遵从的各种规定和纪律，如具体工作指标、出勤率、工作进度以及工作中相互配合的范围和要求等。也就是说项目经理在充分调动项目团队成员的积极性的同时，必须规范项目团队成员的行为，使他们的能力向着项目成功需要的地方发挥。

2. 合理分工与有效合作

在合理分工的基础上进行有效合作是实现项目目标的前提和基础。项目团队中每个成员都要有自己明确的角色定位，即项目团队通过明确分工，使每个成员明确自己的角色、责任、权利与义务，并进一步明晰团队成员之间的相互关系。项目团队建立初期，团队成员花费一定的时间明确项目目标和成员间的相互关系，认清各自的角色定位，可以在项目执行的过程中减少各种浪费和低效率现象。项目团队是一个高度互动的群体，项目团队成员之间的合作与支持反映了其工作中相互配合的默契程度。

3. 高度凝聚力与归属感

凝聚力是指项目成员在项目内的团结力和向心力，也是维持团队正常运作的所有成员之间的相互吸引力。团队成员之间的吸引力越强，队员的凝聚性越强，成员遵守规范的可能性越大。一个有成效的项目团队，必定是一个有着高度凝聚力的团队。一般来说，团队成员的共同利益、团队的大小、团队内部的相互交往和相互合作等是影响项目团队凝聚力的主要因素。团队凝聚力的大小会随着团队成员需求的满足而增加，项目经理需要为最大限度满足个体需要提供保障。人们喜欢与团队的其他成员在一起工作和相互交流，说明这个团队有和谐的氛围，也说明团队成员有较强的归属感，也就有利于团队成员之间的沟通与配合，有利于工作效率的提高。

4. 相互信任与有效沟通

信任是项目团队成功的一个必要因素，一个团队的能力大小受到团队内部成员相互信任程度的影响。在一个具有凝聚力的高效团队里，成员之间会相互关心，承认彼此之间存在的差异，信任他人所做的工作，这也是避免冲突的一个主要前提。

高效项目团队还需要有高效沟通的能力。有效的沟通，能营造团队的开放、坦诚的氛围，使得团队在一个友好的环境中，发挥更高的工作效率，创造一个和谐的团体，也因此促进团队的高度凝聚力。项目团队应装备有先进的信息技术系统与通信网络，以满足团队的高效沟通的需要。

5. 民主氛围与有效激励

在项目团队建设中，要有利于给项目成员提供一个参与管理和参与决策的平台，这种参与性将极大地增强组织内部的民主气氛，在参与过程中使每个成员能够充分感受到自己的价值，这是一种十分有效的激励，它会最大限度地调动项目成员的工作积极性和创造性。

6. 灵活配置与高效运作

一旦项目组织在运行过程中出现问题便可以快速重组，项目团队也可以暂时解散。当一个项目需要汇集多种技能、经验、知识和素质的人来完成，项目团队的组织，人员的配置，要从有利于提高项目工作效率出发。

（三）项目团队的构成

项目团队是在一个项目实施期间组织起来共同负责一个项目的一组成员，在项目管理期间扮演不同的角色，承担不同的职责，在合理分工的基础上相互协作，共同实现项目目标。

1. 项目团队成员的角色及职责

要发挥团队的最大功效，几个关键角色不可或缺，如队长、评论员、执行人、外联负责人、协调人、出主意者、督察等，其角色分类、作用和特征见表3-1。在进行项目角色分配时要尝试着让角色适合队员的个性，而不是勉强队员去适应角色。没有必要让每个人都只承担一种职责。同时要考虑各个关键队员角色的特点。项目团队成员的首要任务是做好自己的工作。所有项目团队成员要共同努力，使团队工作达到最佳和谐状态。为了使团队成员能成功地共同工作，要在队员之间营造一种责任感，这样他们就会尽其所能地完成所分配的工作。团队中每位成员的行为都能起到积极的或消极的双重作用。像体察人心、主动倾听、解决矛盾、积极探究信息并提出意见和建议等积极行为有助于团队任务的实现；而独断专行、孤傲等行为会损害团队的工作。

表 3-1　项目团队成员角色作用及典型特征

角色	作用	典型特征
队长	发现新团队成员，并提高团队成员的合作意识	善于发现团队成员的长处； 以目标为准绳，把控团队全局；擅长鼓舞士气、激发工作热情； 了解团队中每个成员的才能和性格特征
评论员	保持团队高效工作的"分析家"	分析方案并找出缺点，是找出团队弱点的"专家"； 提出建设性意见，指出改正错误的可行性方法
执行人	推行团队的行动并且保证行动的圆满完成	思维清晰有条理，是天生的"时间表"； 具有不怕失败、无所畏惧的坚强性格； 能够集中精力，迅速将目标转化为实绩； 预见可能发生的拖延情况，并及时提出解决措施

角色	作用	典型特征
外联负责人	负责团队的所有对外联系事务	具有可靠、权威的气质； 及时归纳和总结团队可用的外部资源； 能够迅速与人展开交流，是天生的"外交家"
协调人	能将所有成员的工作任务糅合到团队计划之中	善于判断事项的轻重缓急； 擅长保持团队成员之间的联系； 能够在极短的时间内组织和调配各种资源； 迅速找到困难的关键所在，善于灵活处理困难
出主意者	团队工作创新"拥护者"	永不放弃对创意的追求； 将问题看做成功革新的机会； 欢迎并尊重他人对自己观点的批评或建议
督察	保证团队工作高质量完成	要求团队遵循严格的标准； 发现问题立即反馈，绝不拖延； 坚持错误必须改正，且铁面无私

注：根据《现代项目管理》（白思俊主编）的内容整理形成。

2. 项目团队领导（项目经理）的角色

项目团队的领导者可能是某些领域的专家或精英，在其被提拔为项目团队领导者——项目经理之后，成为项目的推动者和全面的负责人，其主要任务和职责就是确保团队运作效率的基础上实现团队的目标。作为项目团队领导者的项目经理在项目团队中的角色具有以下特点：

（1）项目经理是联系项目团队、客户及高层管理者的"纽带"。

在整个项目进展过程中，项目经理处于核心地位。这种核心地位要求项目经理应具备良好的沟通协调能力，能够有效处理各种复杂的人际沟通和组织沟通问题。

（2）项目经理是项目运作的全面负责人。

项目经理的"第一要务"就是管好项目，使项目顺利开展。所以，对于项目经理来说最重要的就是要明确自己应该管什么。从团队管理角度来说，项目经理的具体职责见表3-2。

表3-2　项目经理的团队管理职责

序号	项目团队领导者的职责
1	负责项目团队的组建工作
2	负责整个项目团队的计划、预算和监督工作
3	负责团队成员的授权、控制和激励工作
4	负责处理在项目团队发展中出现的各种困难和矛盾
5	负责团队成员的绩效考核工作和培训工作

（3）项目团队领导（项目经理）是项目信息的传递者。

项目经理是项目信息的"中转站"，他既要把项目进展信息传递给高层管理者，又要把项目运作信息传递给团队成员，还要把项目的阶段性成果传递给客户，因此，项目领导要掌握和控制尽量多的有效信息。项目经理需要掌握的信息大致分为内部信息和外部信息两类，见表3-3。

表 3-3 项目团队信息分类

信息性质	信息内容
内部信息	团队成员的工作情况，如成员的基本信息、项目经历、价值取向等
	项目进展情况，如项目运作难点、某些棘手问题、进度调整等
	项目成本情况，如项目实际成本与预算的差异
	项目质量等情况，如项目实际情况与预期目标的差异
外部信息	团队外部环境信息
	客户对项目进展情况与项目质量是否满意的信息
	供应商对物资供应以及核算方式的态度等信息
	政府对项目是否支持的信息

项目经理必须既是促进者，又是激励者。有效的项目团队领导应该在以上三种角色之间求得平衡，领导收集信息、协调人际关系、设计团队合作方法等。

二、项目团队的组建

项目团队的组建是指获取完成项目所需的人力资源并明确其相互任务及职责职权关系的过程。这个过程首先需要确认项目经理，项目经理拥有项目团队的组建权，在项目经理组织领导下招聘甄选项目成员、明确工作任务及权责、建立沟通机制并采取多种方式对项目成员进行有效激励。建立一支高效、协同的项目团队是保证项目成功的另一关键因素。具体包括专业技术人员的选拔、培训、调入，管理人员、后勤人员的配备，团队队员的考核、激励、处分甚至辞退等。

（一）项目团队组建的工具与技术

项目团队组建的工具和技术主要包括预分派、谈判、招募以及虚拟团队等。

1. 预分派

在某些情况下，项目团队成员已预先分派到项目中工作。出现这种情况的原因可能是由于竞标过程中承诺分派特定人员进行项目工作，或由于项目取决于特定人员的专有技能，或由于项目章程中规定了某些人员的工作分派。

2. 谈判

多数项目的人员分派需要经过谈判。项目经理一方面要与直接领导及人力资源管理部门负责人谈判，以保证项目在规定期限内获得足以胜任的和关键的项目工作人员；另一方面要与组织中的职能部门经理及其他项目管理团队谈判，以争取稀缺或特殊人才得到合理分派。

3. 招募

在实施组织缺乏完成项目所需的内部人才时，就需要从外部获得所需服务，包括招聘或分包。

4. 虚拟团队

虚拟团队是指具有共同目标，并且在完成任务过程中基本上或者完全没有面对面工作的一组人员。随着互联网的日益普及，虚拟团队成为组织发展的新趋势和管理层关注的焦点。

虚拟团队可以通过信息技术实现远程沟通，能够实现"运筹帷幄之中、决胜千里之外"的效果。通过虚拟团队可以把下列人群纳入项目团队：

（1）可以组建工作地点十分分散的团队。

（2）为项目团队增加特殊的技能和专业知识的专家，即使专家不在同一地理区域。

（3）在家办公的员工。

（4）不同班组（早、中、夜）的员工。

（5）行动不便的人。

（6）实施由于差旅费用过高而被忽略的项目的团队。

（二）项目团队组建过程

项目团队组建一般要经过工作分析、选聘项目团队成员以及明确团队目标等内容。

1. 工作分析

工作分析（Job Analysis）又称职位分析、岗位分析。项目工作是指项目员工所从事工作的类别，是由完成项目任务的一个个具体活动所构成的相对独立体，如图3-9所示。项目工作分析是确定项目组织中各种工作职位及其任务和职责的一项规划与设计分析工作，以便全面了解项目各类工作职位的特征、工作的程序及方法等，为招聘选拔、培训发展、绩效考核和薪酬管理等项目人力资源管理的有效实施提供必要的依据。

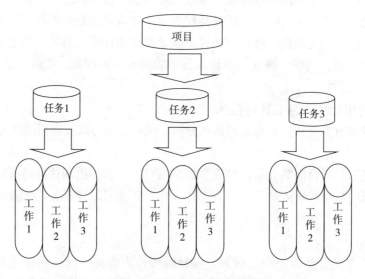

图 3-9　项目工作分析示意图

工作分析可以把一个项目按一定原则分解，项目分解成任务，任务再分解成一项项具体的工作，再把一项项工作分配给合适的团队成员。由于组织的很多项目都是基本相同的，因此，团队有必要建立自身项目的标准工作分解结构和相应的工作说明，这样在项目执行中就会有章可循。

2. 选聘项目团队成员

在工作分析的基础上选聘合适的项目团队成员是决定项目成功与否的关键环节。项目经理通过各种方式招聘甄选项目组成员，把组织规划阶段确定的角色连同责任和权利分派给各个成员，明确各成员之间的配合、汇报和从属关系。招聘项目团队成员时一般要考虑以下因素：候选人具备项目工作所需要的技能；候选人彼此之间以及和项目原有成员之间在性格及能力等方面是否相互匹配；候选人的性格和能力与客户之间是否相互匹配等。具体流程见图3-10。

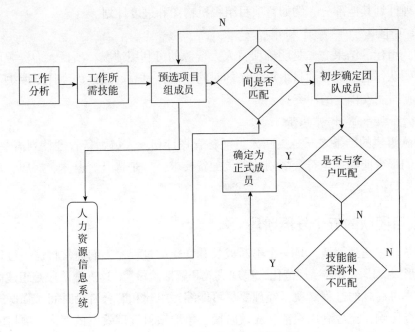

图 3-10 项目团队成员选聘流程

在组建项目团队过程中，应特别注意下列事项：项目经理应该进行有效谈判，并影响那些能为项目提供所需人力资源的人员。不能获得项目所需的人力资源，可能影响项目进度、预算、客户满意度、质量和风险，可能降低成功概率，甚至最终导致项目取消。如因制约因素、经济因素或其他项目对资源的占用等，而无法获得所需的人力资源，在不违反法律、规章、强制性规定或其他具体标准的前提下，项目经理可能不得不使用替代资源（也许能力较低）。

3. 明确项目团队目标

团队目标是团队生存发展的基础，没有目标，团队的存在也就失去了意义。目标是指导行为的纲领，明确的团队目标能为团队运行过程中的决策提供参考。明确团队目标应考虑内外部环境因素：

（1）外部环境。宏观上来讲，团队的外部环境是指团队边界以外对团队有着直接和间接影响的一切因素；微观上来讲，是与团队息息相关的外界因素，如团队的合作伙伴和竞争对手、上级的指令要求、团队之外群体的需求等。

（2）内部环境：除了对团队的外部环境进行分析和解剖，还要对团队内部环境进行分析，即分析团队的性质、特点以及自身需求，尤其是要充分认识到自身的优势和劣势。只有这样，才能为团队制定出合理的目标。同时要将团队自身的特点与客观环境有机结合，确定自我成功的标准。

(三) 项目团队组建的结果

1. 项目人员分派到位

项目团队组建的结果之一是恰当的人员已可靠地分派到制定岗位上并形成各种相关文件。这些文件包括：项目团队名录，应分发给项目团队成员的备忘录，并将团队成员的名字写入项目管理计划其他部分。例如，项目组织机构图和进度计划。

2. 明确项目人力资源可利用情况

项目团队组建的结果之二是明确项目人力资源的可利用情况。项目人力资源可利用情况记录了项目团队每名成员在项目上可工作的时间。制订可靠的最终进度计划取决于较好地了解每个成员在时间安排上的冲突。

3. 人员配备管理计划更新

项目团队组建的结果之三是更新人员配备管理计划。人员配备管理计划需要不断更新，一是因为人们很少能够完全符合规划的人员配备要求。二是晋升、退休、疾病、绩效等问题和变化的工作负荷。

三、项目团队的五个发展阶段

项目团队从组建到解散，是一个不断成长和变化的过程，人们通常将这一过程分为五个阶段：组建形成、震荡磨合、规范化、显现成效和解散阶段❶。这五个阶段是组建高效项目团队必经的、不可逾越的过程。项目经理要尽可能缩短组建和磨合阶段时间，降低解散阶段可能产生的消极影响，充分利用规范和成效阶段，争取项目管理效益最大化。项目团队产生发展的每个阶段都面临着不同的任务和挑战，项目经理和项目组成员对此应该有清醒的认识并选择好恰当的应对策略。

(一) 组建形成阶段

在项目团队组建形成阶段，项目组成员刚刚开始在一起工作，对项目任务、目标、自己的职责、其他成员的角色以及性格、行为习惯等都不是很了解，他们会热衷于了解、确定自己在项目团队内部的角色、位置以及任务等，会想办法尽快熟悉项目组的工作环境，了解项目组其他同事的性格与行为等。对项目经理来说，项目团队组建形成阶段的工作重点是进行团队的指导和构建工作。具体来说，要与项目组成员共同讨论项目团队的组成、工作方式、管理方式、方针政策等，以便取得一致意见，进一步明确团队目标，形成团队规范，保证今后工作的顺利开展；要帮助每个项目组成员认清各自的角色、主要任务和相关要求，使他们能够准确理解所承担的任务和自己的角色；要向项目组成员宣传项目目标，并为他们描绘未来的美好前景及项目成功所能带来的效益，明确项目的工作范围、质量标准、预算和进度计划的标准和限制，使每个成员对项目目标有全面深入的了解，建立起共同的愿景。

(二) 震荡磨合阶段

这是项目团队发展的第二个阶段，是团队内部激烈冲突的阶段，也是项目经理和整个团

---

❶ 著名管理学家布鲁斯·塔克曼（Bruce Tuckman）于 1965 年提出团队成长四阶段理论；1977 年，塔克曼在原有的四阶段理论框架中加入第五阶段：解散阶段。该模型对后来的组织发展理论产生了深远的影响。

队面临严峻挑战的阶段。进入实际工作环节的项目组成员可能会发现，现实与最初的期望不一致，任务繁重而且困难重重，成本或进度限制太过紧张，工作中可能与某个成员合作不愉快等。总之，随着项目工作任务的开展，各方面问题会逐渐暴露。这些都会导致冲突产生、士气低落，严重时甚至可能导致项目暂停，甚至终止。这一阶段迫切需要项目经理充分利用自己的职位权力和个人影响力引领项目团队成员尽快度过这一震荡磨合期，为项目团队创造一个理解、支持、相互包容的工作环境。项目经理要尊重并包容项目组成员的个性差异，要允许他们表达不满或所关注的问题，并努力接受和容忍成员的任何不满；要做好沟通协调工作，努力解决问题，化解各种冲突和矛盾；同时要尽可能依靠团队成员，集思广益，群策群力，共渡难关。

（三）规范化阶段

这一阶段的项目团队成员逐渐接受了新的工作环境，项目规程得以改进并逐渐趋于规范化。项目团队成员经过震荡阶段逐渐冷静下来，开始表现出相互之间的理解、关心和友爱，亲密的团队关系开始形成，同时，团队开始表现出凝聚力。另外，团队成员通过一段时间的工作，开始熟悉工作程序和标准操作方法，对新制度，也开始逐步熟悉和适应，新的行为规范得到确立并为团队成员所遵守。在这一阶段，项目经理应尽量减少指导性工作，给予团队成员更多的支持和帮助；在确立团队规范的同时，要鼓励成员的个性发挥；培育项目团队文化，注重培养成员对团队的认同感、归属感，努力营造出相互协作、互相帮助、互相关爱、努力奉献的精神氛围。

（四）成效阶段

项目团队经过前几个阶段的发展之后，进入成效阶段，这是团队最佳状态时期，也是团队成熟期，此时项目团队能量积聚于一体，运作过程如一整体。在这一阶段项目团队成员彼此高度信任，相互默契，彼此之间能够开放、坦诚及时有效的沟通，共同解决工作中遇到的困难和问题，大家在和谐愉快的氛围中为实现项目团队目标积极努力工作，创造出很高的工作效率、满意度和良好绩效。这一阶段项目经理要授予团队成员更大的权力，尽量发挥成员的潜力；帮助团队执行项目计划，集中精力了解掌握有关成本、进度、工作范围的具体完成情况，以保证项目目标得以实现；做好对团队成员的培训工作，帮助他们获得职业上的成长和发展；对团队成员的工作绩效做出客观评价，并采取适当的方式给予激励。

（五）解散阶段

解散阶段是项目团队发展的最后阶段，此时项目走向终点，团队成员不久就将加入其他团队继续工作或者从事其他任务。有些学者将第五阶段描述为"哀痛期"，反映了团队成员的一种失落感。对一个高效的团队而言，当项目结束，配合默契的团队成员们即将各奔前程时，难免让人伤感。在这一阶段团队成员动机水平下降，关于团队未来的不确定性开始回升。项目经理应确保团队有时间庆祝项目的成功，并为将来总结实践经验（如果项目不成功的话，此时要评估原因总结经验教训）。

通过对项目团队发展成长阶段的分析可以看出，项目团队每个阶段的特征也各不相同，见表3-4。

表 3-4 项目团队不同成长阶段的主要特征

组建形成阶段	震荡磨合阶段	规范化阶段	成效阶段	解散阶段
项目团队成员试图确定自己在团队内部的角色与位置	团队成员之间关系紧张；出现内部斗争，谋取权力控制；向领导者挑战	项目团队接受了工作环境；项目规程得以改进和规范化；凝聚力开始形成	相互理解；高效沟通；充分授权；密切配合；高团队绩效	项目目标基本完成；团队成员准备离开

四、如何建设一个好的团队

项目成败很大程度上取决于项目团队的建设和管理上。项目班子组建起来，一般不能马上形成项目管理能力，需要培养、改进和提高班子成员个人以及班子整体的工作能力，使项目班子成为一个特别能战斗的集体。也就是需要进行项目团队建设和管理工作。项目团队建设如同夯实建筑工程的地基部分，地基越牢固，承载力也就越强。如何建设好项目团队可以从以下几点出发：

（一）善于运用授权

一名优秀的管理者绝不是以连续工作多长时间取胜，也不是没完没了盯着员工工作直到任务完成。从油气项目的组织机构就可以看出，项目经理下设多位副经理，这些副经理就是协助项目经理从事分管工作管理的。项目经理的能力不在于事必躬亲，而在于善于利用各位管理人员的特长，指挥大家协同作战。在项目部，每位副经理均分管着一到两个部室，他们负责处理专项业务的日常工作，遇到重大问题则向项目经理请示汇报，必要时领导班子共同协商确定解决措施及处理办法。项目经理更多的时间是用于对外协调沟通，争取地方部门、业主、监理及公司最大限度的支持。

（二）善于运用绩效考核手段给予项目成员有效激励

项目绩效考核工作时有效发挥员工积极性的重要工具。在油气项目开工之际，管理人员要编制的各种规定有很多，绩效考核方案是其中重要的一项。它是在综合考虑项目施工难易程度、参加考核的人员构成、目标成本中人工费测算值、公司下达的工资总额额度等多项内容后确定的。绩效考核方案几乎涵盖项目施工的各项工作及各岗位人员，一般来说是每月月底考核一次，年底进行总体考核。项目部成立考核小组，指定部室专门负责考核工作。考核方式分综合性考核及工程量考核两种。综合性考核的方式就是在评分表上进行打分，每位员工的测评主体是他的直接上级及相关上级，最终分数的计算采用加权平均法。工程量考核主要针对施工班组，有专人负责当月工程量汇总，按一定计算方法折算成一个可以统一的衡量值，依据工程进度确定当月可分配的绩效奖金总额，再依据人员的综合考核分值及岗位系数确定每个人最终的绩效考核奖金。

绩效考核方法最大的好处在于改变了以往年底一次性发放奖金的状况，每位员工的努力能够得到阶段性的及时兑现。绩效考核也统一了衡量工作能力的标准，员工有了更明确的工作动力和目标，也知道应该在哪些方面进一步提高自己的能力和水平。

（三）营造积极向上的项目团队文化

企业文化具体到每一个油气项目就可以称之为项目文化、机组文化，它是一种精神，是一种信念，是员工能够理解并且愿意融入的一种氛围。由于油气项目有很多在野外施工，很多人都是背井离乡，在项目上一工作就是一年半载，回家与亲人团聚的时间很少，因此项目文化大多重视家园文化的塑造。项目部也是竭力创造一种类似于家庭的和谐环境，使员工能够感受到集体温暖，缓解思乡之情。进行人性化管理，为员工创造工作与生活之便，团体活动的开展，自编项目简报、文化手册等，都是企业文化的具体体现。

思考与练习

一、选择题

1. 在下列组织结构形式中，项目成员在收尾阶段感到压力最大的是（　　）型。

A. 矩阵　　　　　B. 职能　　　　　C. 项目　　　　　D. 混合

2. 对于跨专业的风险较大、技术较为复杂的大型项目应采用（　　）型组织结构来管理。

A. 矩阵　　　　　B. 职能　　　　　C. 项目　　　　　D. 混合

3. 在矩阵型组织中，项目经理面对的主要问题是（　　）。

A. 员工要向多个上司汇报　　　　　B. 涉及太多的项目相关方

C. 对技术问题不易协调　　　　　　D. 增加项目成本

4. 项目经理在哪种组织结构中的角色是兼职的？（　　）

A. 职能型　　　　B. 项目型　　　　C. 弱矩阵型　　　D. 强矩阵型

5. 具有高度风险和很大不确定性的项目最好由（　　）处理。

A. 纯项目型组织　　B. 矩阵型组织　　C. 激进的团队　　D. 职能组织化的公司

6. 在矩阵型组织中，下列（　　）不是项目经理在整合管理过程中的重要行为。

A. 整合规划　　　　　　　　　B. 完成对 WBS、进度和预算的整合

C. 提供项目成员的技术培训　　D. 解决顾客问题

7. 项目 A 通过一个矩阵型组织进行管理。项目经理向一位高级副总裁汇报工作，后者对项目提供实际的帮助。在这种情况下，以下哪个陈述最好地说明了项目经理的相对权力？（　　）

A. 项目经理很可能不会受到项目干系人的责难

B. 在这个强矩阵中，权力的平衡倾向于职能经理

C. 在这个紧密矩阵中，权力平衡倾向于项目经理

D. 在这个强矩阵中，权力平衡倾向于项目经理

8. 两个项目经理都知道他们的项目组织是弱矩阵型组织，因此，他们作为项目经理的权力是有限的。一个项目经理感觉他更多的是一个项目联络员，而另一位项目经理则认为自己是一个项目协调员。项目联络员和项目协调员有什么不同？（　　）

A. 项目联络员不能作决策　　　　　B. 项目联络员可以作更多决策

C. 项目联络员向高层管理人员汇报　D. 项目联络员有一定的职权

参考文献

[1] 美国项目管理协会 . 项目管理知识体系指南（PMBOK）[M]. 6 版 . 北京：电子工业出版社，2016.

[2] 哈罗德·科兹纳 . 项目管理：计划、进度和控制的系统方法 [M]. 12 版 . 北京：电子工业出版社，2018.

[3] 罗东坤 . 中国油气勘探项目管理 [M]. 东营：石油大学出版社，1995.

[4] 吴之明，卢有杰 . 项目管理引论 [M]. 北京：清华大学出版社，2000.

[5] 杰弗里 K 宾图 . 项目管理 [M]. 4 版 . 北京：机械工业出版社，2018.

[6] 克利福德·格雷，埃里克·拉森 . 项目管理 [M]. 5 版 . 北京：人民邮电出版社，2013.

[7] 汪应洛 . 系统工程理论、方法与应用 [M]. 北京：高等教育出版社，1998.

[8] 邱菀华，等 . 现代项目管理学 [M]. 4 版 . 北京：科学出版社，2017.

[9] 斯蒂芬 P 罗宾斯，蒂莫西 A 贾奇 . 组织行为学 [M]. 14 版 . 北京：中国人民大学出版社，2012.

[10] 张德，陈国权 . 组织行为学 [M]. 2 版 . 北京：清华大学出版社，2011.

[11] 查尔斯·汉迪 . 管理之神：组织变革的今日与未来 [M]. 北京：北京师范大学出版社，2008.

[12] 白思俊 . 现代项目管理 [M]. 北京：机械工业出版社，2015.

第四章　项目计划

计划和控制是项目管理发展成独立学科的基础，是项目管理两个最重要职能。制订项目计划和实施项目控制，就是运用一系列科学的方法和程序科学确定实现项目目标的中间过程，并通过对项目所需资源的合理安排和有效管理保证这一中间过程的顺利完成。由于项目建设的特殊要求，其计划和控制与企业的日常计划和控制有着较大区别，在详细论述计划与控制技术之前，需要对项目计划的内涵和基本内容进行认识。

第一节　项目计划的内涵

一、项目计划的概念

计划是行动的基础，是人们愿望和设想的具体化，是人们在全面分析和掌握项目资料基础上的超前思维。制订详细而全面的计划是保证项目顺利进行的前提。要使项目获得成功，就必须制订有效的计划，即"谋定而动"。

那么，如此重要的项目计划究竟是什么？项目计划包括四个层次：其一，计划是一种管理职能，它负责项目总目标及细分目标的确定，并为保证这些目标的成功制订相应的策略、方针和程序。其二，计划就是根据预测的项目环境，并确定达到项目目标的中间过程，制订项目实施的步骤、方法和途径。其三，计划就是决策，是根据项目未来的发展变化而进行的决策，它涉及可行方案的制订、方案抉择和各方面的权衡，因而，它要求计划人员有足够的能力和知识，以确保决策过程的系统性和科学性。同时，也要求计划人员把项目建设的各种资源有效地组织到完成项目目标的工作中去。其四，系统的计划是一种综合分析的结果，利用这种结果可以帮助项目组按照期望的方式建设项目。

二、项目计划的基础

项目计划的基础是项目目标。早在构思酝酿阶段，高层决策者就对项目要达到的目标有了初步设想，经过可行性研究后，这一目标得到了进一步完善和具体化。作为详细记载和描述项目目标的各种文件应及早交付给项目经理，并成为项目经理开展工作的指导原则。

项目的总目标通常包括建设该项目的原因，对需要设计和建造的设施所作的描述，以及项目管理的指导思想。这些总目标还可随附一些从属目标：

（1）项目建成后的性能要求，如可交付成果的物理化学特性、功能和质量、使用能力等；

（2）项目建设要求，如项目工期要求、预算限制、合同发包策略、许可证等；

（3）决策要求，如成本、工期、质量和可靠性之间的权衡，设计—建造成本和操作—维修费用之间的权衡，不同方案之间的权衡等。

项目经理是项目建设的全权负责人，拥有处理和决定与项目相关的所有事务的权力，但是项目经理要向企业的决策者负责，其工作目标不是建造出一个技术先进、设计合理、效益良好的项目，而是要满足企业建造该项目的要求。这样，不难理解，计划工作的基础就是已经基本确定的项目目标。

三、项目计划的内容

计划工作是一个复杂的过程，计划作为一种管理职能贯穿于项目建设的始终。计划中的有些环节，如项目目标的确定和描述早在计划工作全面展开之前就已完成，而另一些计划工作，如调整计划可能一直延续到项目结束。这里所说的项目计划内容主要是指计划组织阶段的内容。

项目计划是与项目实施有关人员的基本依据和书面指令，典型的项目计划应包括如下内容：

（1）详细载明项目经理权力和责任的任命书；

（2）项目设计的基础和依据；

（3）详细的项目组织机构设计及动复员计划；

（4）项目产品范围和工作范围的描述；

（5）利用项目网络、条线图、里程碑系统等技术编制的项目进度计划和项目工期；

（6）统筹安排资源，估算成本和费用，使成本最小化，制订相应的控制措施；

（7）质量控制计划；

（8）项目实施的组织方式及合同发包计划；

（9）项目沟通管理计划；

（10）项目风险识别、分析和管理计划；

（11）项目控制系统的标准。

项目计划要包罗项目实施过程中要做的一切。项目的规模不同、性质不同和组织施工的方式不同，反映在项目计划的内容上也有较大差别。上述计划内容主要是国外一些大企业的计划要求，基本上包括了项目计划的各个方面。我国的项目建设有着自己的特殊情况，在推行项目管理时还要不断对上述计划内容进行完善和补充。在项目计划内容中，组织机构的建设、进度、成本和质量计划最为重要，是实行项目管理的中心，但其他内容也不宜忽视。其中，组织机构的建设及其动复员计划的制订应先行一步，健全的组织是开展其他工作的先决条件。

四、项目计划的制订

项目经理是制订项目计划的总设计师，是计划人员的精神和领导核心。项目经理的素质和经验对制订计划所用的时间与计划本身的质量有着重大的影响。一些有丰富项目管理经验的项目经理，在可行性研究阶段后期，当对项目的肯定评价已经明朗时，就在组建项目组的同时准备计划阶段的工作。实践证明，科学的工作程序和一个制订项目计划的计划常可保证工作有条不紊地进行。

项目计划工作是项目团队一成立就面临的艰巨任务。这时，队伍刚刚组建，各成员来自不同的部门，从事于不同的专业，带着各自对项目的看法，保留着原单位的文化特征，因而，不可能立即习惯于一起工作，还需要一定时间的相互适应。所以，项目经理应组织项目组的全体成员参与整个项目计划的制订工作。即使有些环节已经清楚，也要允许组员们讨论协商。广泛的参与、综合在一起的思考，会帮助各成员对项目目标及为达到项目目标所采用的方式形成共同的理解，从而也有助于他们协调一致，建立新的组织文化。在这一阶段，如果项目经理包揽一切，处处显示自己的权威和魄力，不但会抑制组员们的创造力，也不利于整体协同作用的发挥，进而会对士气乃至整个项目的成功产生消极影响。

为了做到这一点，从一开始就要把项目团队各成员的注意力集中到项目工作上，确保各成员都通晓项目的目标及项目计划中要做的各项工作。为此，项目经理要开列一张项目团队内各部门的任务清单，载明计划工作的主要目标，并指明一些重要工作的时间期限，使项目组各成员形成一定的心理准备。

美国学者格雷厄姆在对这一问题进行研究之后，曾提出过许多项目经理自觉应用过的制订计划的过程。这一过程的基本内容为：

（1）开始工作。项目一经确定，就应组建初始项目组，并由项目经理向组员们解释项目目标，展示粗略的网络计划。同时，提出两个问题：其一，谁还应参加项目组？其二，如果不考虑各种资源的限制，每个人想做什么就做什么，各成员会对项目建设做出什么贡献？

（2）理想化。根据对上述两个问题的回答，项目经理组织各成员制订一个理想状态的计划——如果没有各种限制，就会付诸实施的项目计划。

（3）反复协商。如果理想计划能满足成本、进度、设施性能、质量及各种资源的限制条件，那么，这一计划就成为项目的初始计划，并付诸实施。但通常的情况是理想计划不能满足资源的限制条件，且限制条件不能放宽，这时，项目组成员就要在项目经理的引导下，通过协商剔除某些方面。这样，经过交替分析，反复协商，使计划逐渐由理想状态向实际计划过渡。

（4）最后落实。经过持续反复的协商，直到找出一种可行的解决方案。这种方案就构成满足各种资源限制、可实际执行的项目计划。与这一计划的执行有关的其他问题也同时落实。

格雷厄姆提出的计划制订过程，尤其适用于新的、内容特别复杂的项目。这类项目涉及许多从未如此做过的工作，需要进行大量的研究，创造性地开拓思维，因而需要广泛的参与、全面的交流和相互间的启示。

在经济建设中，大量的项目是常规性项目。这些项目虽也有一次性的特点，但具体工作环节却比较肯定，例如桥梁、楼房、水坝、电站、公路、铁路、港口、工厂等经济建设项目都属于这一类型。对于这类项目计划工作往往从陈述工作内容、确定实施标准和准备相关文件开始，经过如下步骤逐渐完成：

（1）根据项目的目标和利益相关者的需求分析明确项目的产品范围，然后利用工作结构分解（WBS）技术将项目的产品范围转化为工作范围，并将之绘制成正式的工作结构分解图。

（2）根据项目工作结构和内容的要求组建项目组，由项目组与企业有关职能部门协商，确定谁还应参与该项目的建设工作。

（3）将项目资源和工作任务进行统筹安排，利用线性责任图确定每个人的工作内容。

（4）建立项目进度网络，利用关键路线法（CPM）或计划评审技术进行分析，确定管理重点，并在综合考虑资源限制及其他因素之后，将项目网络转化为日程安排，即确定什么时候开展什么工作。

（5）根据项目任务的要求进行全面的资源均衡，制订出人力、设备及分包者的需求计划。在此基础上，估算出项目的总成本和分项任务的成本，为项目控制打好基础。

上面讨论的计划制订工作程序是项目经理在组织计划工作时所遵循的，由此而产生的计划甲方称为项目总计划，承包者（乙方）称为工作总计划。这一计划规定了项目团队各成员干什么、怎样干和如何配合等内容。除总计划之外，项目组的各有关部门还要根据自己的工作范围编制一些分计划。例如：

采办计划。由主管供应的负责人编制，如主要设备的采购方案及易损易耗品的保障等。

施工计划。由施工部门负责人编制，包括施工组织、进度要求、资源安排等。

质量控制计划。质量控制在内容复杂、技术性强的项目中非常重要，不但要有控制计划，还要组织工程技术人员组成质量控制小组，全面负责项目的质量控制工作。

项目沟通计划。即项目运行全过程的沟通方法、沟通渠道等方面的计划与安排。

一些重要的分计划，如进度计划、成本计划和质量计划还要在后续章节中专门论述。

五、项目计划的变更

任何事物都不会一成不变，项目计划也不例外。计划是人们大脑思维的产物，不管其制订时考虑得多么全面，不管其采用的方法多么科学，在执行过程中都不可避免地会发生变更，甚至会在一些特殊情况下终止执行。

计划的变更有计划本身的原因，如某计划漏掉了一个关键环节，而这一环节的补充将会使整个项目的工期延长，这就需要重新调整计划和安排资源。又如，在执行计划过程中，发现某一工作实际所需的资源量与预计数额相差太大，而这一工作又是关键性的，这时则要追加资源或调整非关键工作的资源安排，保证重点工作如期进行。

计划变更也有执行方面的缘故，如由于海外政治和市场的变动使项目所需的关键部件不能进口，国内在短时期内又不能提供相应产品，这时就要改变设计，调整计划，使项目避免半途而废。进度失控也是在执行计划时经常遇到的问题，并且是计划变更常见的原因。据有关文献记载，按照初始计划安排的进度按部就班完成的项目几乎没有。在执行方面引起计划变更还有一个重要原因，就是设备不能按时运达。设备都是从其他企业采购的，其制造进度不受项目组直接控制，实际的交货日期往往与合同规定日期发生偏差。如果交货不及时，必然导致进度计划甚至整个项目计划的变更。许多项目建设中不同程度地遇到了因设备误期而导致原计划不能兑现，使整个项目工期推迟的问题。

项目目标的改变也必然引起计划的变更。有一家企业计划修建一座礼堂，当一切准备就绪马上投入有形建设时，企业领导突发奇想，决定把这一项目改为礼堂与影院兼用。这样一来，项目的初始目标发生了改变，项目内容也随之要作出变动。显然，项目计划也必须变更，以适应新的建设要求。

前已述及，计划也是决策，计划的变更有时也涉及决策问题。在原订计划付诸实施后，项目组可能会发现某一设计特点是造成工期过长的原因，而经过对原设计进行修改就可大大缩短工期。修改设计通常会导致项目成本的增加，若增加的数额较大就会超出项目组的权限。面对这种局面时，项目组只能将各种方案的利弊上报企业领导，由企业领导在更广阔的视域内进行分析和权衡之后作出决策。若企业领导的决策是修改设计，那么，项目计划的变更也是在所难免。

　　计划变更的内容和形式多种多样，所有与计划有关的事宜都可能发生变更。但与项目管理最为密切的变更主要有如下三种情况：

　　（1）重新设计。当发现原计划的某些活动或工作环节不再需要，或者需要在原计划内增加新的工作内容时，就要进行重新设计。因客户要求或高层管理人员决定改变项目的最终目标时，也会出现这种情况。重新设计某一环节，一般意味着这一环节某些原始目标的改变。重新设计经常会导致主体计划的改变。

　　（2）重新安排进度。重新安排进度就是对项目的各环节或整个项目的完成期限重新落实，如果项目进度发生耽搁，而任务又不能调整，则重新安排进度一般是唯一可行的解决方式。

　　（3）重新分配资源。这是指在项目实施中对未来各活动所做的资源重新分配。资源重新分配的起因多是进度耽搁，往往涉及追加投资、调整设备和增加人员。

　　计划的调整是一复杂繁琐的工作。如上千道活动的网络计划要进行整体调整就不是一件容易事情，且往往会出现错误。所以，在当今大型项目的建设中，计划的制订和调整都借助于计算机的帮助。

　　论述至此，也许有人会问，既然计划有如此多的变更，项目计划的意义何在？这正如一辆汽车投入运行之后需要经常修理，但不能因之而否认其价值一样。项目计划在管理项目中的作用不容否认，而管理工作也要尽量减少计划的变更，如迫不得已，应使变更降低到最低程度。但是，又不能把计划作为僵硬的限制，若把计划看作不能越雷池一步的框框，就会千方百计地适应计划，这样就偏离了项目建设和项目管理的目的。

第二节　项目范围计划

　　美国项目管理学会曾经定义项目管理的四大核心知识领域为项目范围管理、项目时间管理、项目成本管理和项目质量管理。无论项目规模和特点，任何项目管理活动都应该包括这四大管理内容。其中项目范围管理强调为项目划定边界，这样才能在规定的时间和预算之内完成，才能够明确项目的质量目标。项目范围计划是其他计划生成的基础。

一、项目范围计划的概念

　　项目范围计划包括明确项目目标、项目最终可提交成果的范围以及为了完成成果所需要的工作的范围，即项目范围既包括产品的范围，也包括工作的范围。产品范围是某项产品、服务或成果所具有的特征和功能，一般是指项目最终需要提交的可交付成果所具有的特征和功能，产品范围可以作为项目质量管理和项目验收的标准。工作范围为交付具有规定特性与功能的产品、服务或成果而必须完成的工作，工作范围实际上是为了完成项目所规划的工作内容。

　　项目的生命周期包括预测型生命周期、迭代或增量型生命周期和敏捷型生命周期，不同的生命周期类型对项目的范围计划具有不同的要求。对于预测型生命周期，这类项目在立项阶段就可以对项目的工作内容进行比较准确的估计，因此项目的产品范围和工作范围在项目的早期阶段就可以开始了，所以预测型生命周期的项目特别强调变更管理。由于项目的范围是提前确认的，后期一旦发生变化都需要遵循变更的流程进行渐进的管理。而迭代或增量型和敏捷型的生命周期中，项目的范围需要经过几次迭代，或项目的范围是逐渐被识别和逐渐清晰的过程。在这类项目运行过程中，可能产品范围和工作范围较长一段时期都不会明确，每次迭代的过程中需要明确哪些需求需要在本次迭代中交付，每次迭代中都要确定本次产品的范围和工作的范围。这种反复确认的过程是循环进行的，每个循环的过程中都要开展三个过程：收集需求、定义范围和创建工作分解。因此预测型生命周期的范围规划和范围确认一般是一次性的，而迭代或增量型和敏捷型生命周期则每个阶段都要反复重复产品范围和工作范围的确认。

二、项目范围计划的流程

（一）规划项目范围

规划范围管理主要形成两项成果，一是形成项目的范围管理计划，二是形成项目的需求管理计划。

项目的范围管理计划描述或规定将如何定义、制定、监督、控制和确认项目范围，可以是正式的也可以是非正式的，可以是非常详细的也可以是高度概括的，这取决于项目的规模和要求。

项目的需求管理计划，是根据范围管理计划的要求，决定如何对项目利益相关者的需求进行管理的计划体系，由于利益相关者的需求决定了项目的产品范围和工作范围，因此需求管理计划是项目范围计划的重要内容。项目需求管理计划应该涵盖以下内容：

（1）如何规划、跟踪和报告各种利益相关方的需求活动；

（2）如何应对项目范围的变更，包括启动变更、分析变更的影响，进行变更追溯、跟踪和报告，以及变更审批权限；

（3）如何对需求进行优先级排序，包括对需求进行评价和排序的测量指标选择、优先级排序方法和评价流程，以及选择这些指标和方法的理由；

（4）如何确定哪些相关方的需求属于不能满足的需求，将其视为项目的风险源，列入需要跟踪的需求列表。

这两项成果将作为后续进行项目范围管理的指导性文件。

（二）收集需求

在需求管理计划的纲要下，这一步开始识别所有利益相关方对项目的要求，即收集需求，具体包括 6 个方面的内容：

（1）确定项目目标，即根据项目的章程确定项目的约束性目标和成果性目标，例如约束性目标包括项目的工期和预算，成果性目标包括项目的质量标准。目标明确后需要对其优先级别进行排序，以便更好地进行需求的识别和跟踪。

（2）收集指发起人、客户和其他干系人已量化且记录下来的需要与期望。

（3）理解和识别项目的约束，包括工作上的前后关系和时距要求、资源供应和运输的限制、质量的标准和要求等。在约束集的范围内评价已收集的需求哪些可以得到满足？哪些不能得到满足？以及不能满足的需求会对项目产生什么样的隐患？

（4）可选方案分析。根据项目的目标和对需求的排序确定项目的可选方案，每种可选方案都要经过评估和评选的过程，最后确定最优的项目范围方案。

（5）确定项目最终目标。此时形成的目标会作为后续项目管理的基础。章程中可能已经定义了目标，但是该目标可能没有充分识别利益相关方的需求，也可能并不明确，但是在需求识别阶段由于综合考虑了可以满足的利益相关方的需求，因此需要对项目的目标进行较准确的定义、细化或修正。

（6）还需要对不能满足的需求建立跟踪机制，形成有效的风险预案。

（三）定义范围

实际上定义范围是根据对项目需求的满足程度，形成项目范围说明书的过程。PMBOK 指出范围说明书是进一步明确或开发了一个项目，参与者之间能达成共识的项目范围，为制定未来的项目决策提供了一个纪实基础。

实际上项目范围说明书主要是明确项目产品的范围，是根据需求识别和评价的结果，定义项目可交付成果和辅助成果的范围和标准。在项目范围说明书中还应该对各种可交付成果的验收标准进行说明，此外还要阐述清楚项目的除外责任，即根据需求识别和评价的结果，对不能满足的需求及其原因进行解释。

（四）创建工作分解结构

项目工作分解结构（Work Breakdown Structure，WBS）实际上是在产品范围已经明确的基础上，进一步明确项目的工作范围。工作分解需要以层级的方式展开，如图 4-1 所示。一般来说，其中整个项目作为最高层级，然后项目最终需要提交的可交付成果一般作为第二层级，可交付的子成果作为第三层级，然后逐渐细分。从工作分解结构的层级关系可以看出，位于工作分解结构上层的一般是产品范围，而位于下层的一般是工作范围，所以工作结构分解也可以被视为是从产品范围到工作范围的分解和过渡，体现了项目对利益相关方需求的满足情况以及如何来实现这些需求的相关工作。

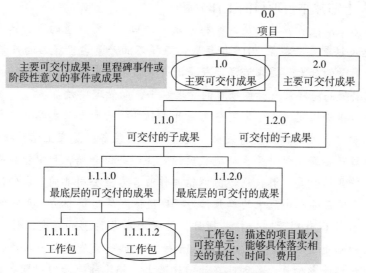

图 4-1 项目工作分解结构示意图

在整个工作分解结构中，有两部分内容非常重要，第一部分就是主要可交付成果，通常也作为项目的里程碑事件或里程碑成果。里程碑是项目中某些重要事件的完成或开工时间点作为基准所形成的计划，是项目进度管理的重要手段，定义了在某时点项目必须完成的工作任务和提交的可交付成果。第二部分是项目工作分解的最底层，通常也被称为工作包，描述的项目最小可控单元，能够具体落实相关的责任、时间、费用，这也是今后管理的重点工作单元。应该注意，工作包可以在项目的不同层级，如图 4-1 所示，如果工作 1.2.0 没有下属的工作，或者该交付成果采取外包的形式，将其责任和管理活动转移，那么即使 1.2.0 需要较长的作业时间和预算，也可以将其视为一个工作包来管理。

项目工作分解一般按照自上而下的方式逐层实现细化和分解，在分解的过程中需要对分解的具体内容进行编码，其目的是使每一个可交付成果或分解得到的每一项工作在整个项目体系中具有唯一的标识编码，以便今后对工作进行信息化管理。编码中需要体现工作分解的层级关系，即低层次的编码中应该包含其上一级工作的编码。

通过工作分解，逐渐将不可控的产品范围分解为可以落实责任、估算进度和资源、相对可控的工作包，这是项目组内部的重要工作。有了工作分解的结果，才能够对项目进行统一的规划和管理，项目的其他计划才具有了形成的可能。

创建工作分解结构应该遵循以下原则：

（1）一个 WBS 项的工作内容是其下一级各项工作之和（包含成本）；

（2）工作任务并非越细越好，层次过多、分解过细，会失去工作灵活性和效率；

（3）项目团队成员需要参与 WBS 的过程，尽量确保分解的一致性和全员参与；

（4）工作结构分解过程中，需保证每一个项目的目标皆已被涵盖，切勿遗漏；

（5）每一个工作任务项都必须归档入整体结构，以确保准确理解该项工作范围；

（6）WBS 的成果需要具有一定的灵活性，以适应无法避免的变更需要；

（7）WBS 中的每一项工作都只能由一个人负责，即使这项工作要多人来做也是如此。

案例：某海上钻井平台项目的工作分解

背景： 随着陆上油气资源的高度开发和部分主力油气田资源量的逐渐枯竭，海洋油气资源的开采已经越来越重要。截至 2015 年年底，海洋石油产量占世界石油产量的 45%。由于近海油气资源开采量的加大，要求海洋油气资源开采技术不断提高，并不断向深、难的方向发展，同时也需要提高海洋油气开发项目的管理水平，向管理要效益。

海上钻井平台根据固定方式不同可分为自升式钻井平台和半潜式钻井平台，其主要目的是完成海上石油钻井，是海洋油气开发必不可少的大型装备，是海上钻井项目的主要载体。海上钻井平台项目是指海上钻井平台从拖航至预定油田井位开始，利用钻井平台和支持船作为油气勘探开发作业的主要工具，通过协调钻井作业各专业公司共同完成的油田整体开发项目。海上钻井平台项目逐渐由原来的单井作为项目主体发展为整个油田开发作为项目主体。

海上钻井平台项目有别于陆地钻井项目，其受海洋条件影响巨大，作业风险远远高于陆地钻井，因此面临重重挑战：（1）建设周期长。海上油气开发受其自身条件的制约，施工难度高，并受自然环境影响巨大，因此在油田建造上，相比陆地油田周期更长，开发难度更大。（2）项目投资和成本高。海洋钻井平台作为海上钻井作业的必不可少的设备，其租金是海上平台钻井项目的主要支出。根据 2015 年数据，服役的钻井船日费在 100 万～200 万元之间，国际上的钻井船租金更高，再加上其他各专业的服务成本及海上作业支持，在渤海湾单井作业成本约在 4000 万元以上，在南海深水中通常采用半潜式平台，单井成本在 6000 万元以上，而且受水深影响，单井成本在水深超过 300m 的海域将成倍上升。（3）不确定性高。巨大的风险不仅仅体现在经济损失上，更重要的是项目可能引发的人员伤害和环境损害，由于风险的不可避免性，对于风险的控制是海上石油开发的巨大挑战。

为解决海上钻井项目所遇到的诸多挑战，从项目管理的角度出发，需要向管理要效益，开展工作标准化建设，将各专业的工作标准化及活动化。梳理活动中不利于效率和质量的因素，并将梳理后的活动标准化，此做法首先能够降低工作量，使得各个活动之间衔接的更加紧密，同时有助于各专业公司之间的配合更加紧密，有利于工程进度管理和控制。因此在海上钻井平台"优快钻井"项目管理中引入标准化的活动，成为提高施工效率的一个有效方法。项目活动的标准化和工作分解的精细化是其中重要的组成部分。

QK18‑1油田"优快钻井"项目的工作分解：只有精细化的工作分解才能保证又优又快的钻井，这是海上钻井平台"优快钻井"项目管理的精髓。此类项目工作分解，主要是根据各专业分工不同，由各专业自主安排活动，实现互相的配合和工作的衔接。在QK18-1项目中，根据"优快钻井"的项目管理理念，对整个工作从设计、施工到评价进行精细的工作分解。为避免工作分解过于庞大，采用抓大放小策略，首先抓大是抓各个专业公司，还是以专业来分，要求各专业根据参与项目总体的工作分工，进行工作分解。放小就是对诸如后勤支持等工作，以各个专业公司为主，负责执行精细的后勤支持工作分解。

QK18-1油田"优快钻井"的项目总体包含6个层次的工作分解，其中在项目计划阶段，分解的工作较多，包括5个层级，第6层需要各个专业公司进行完善。对于现场施工和控制阶段，项目组仅包括3个层级，各专业公司需要根据任务对自己工作进行分解完成后面层级。

由于QK18-1油田"优快钻井"项目管理涉及的工作分解非常庞大，下面仅以固井专业为例，简单描述第6级的项目工作分解。根据业主的工作分解，涉及固井专业包括：111120固井设计、112120钻井阶段固井资金计划、112130完井阶段固井资金计划、113120固井物资计划、121000钻井物资采购、132000钻井固井施工、142000完井固井施工等七大方面（图4-2），因此固井需要在此基础上再进行更加详细的工作分解（图4-3、图4-4）。

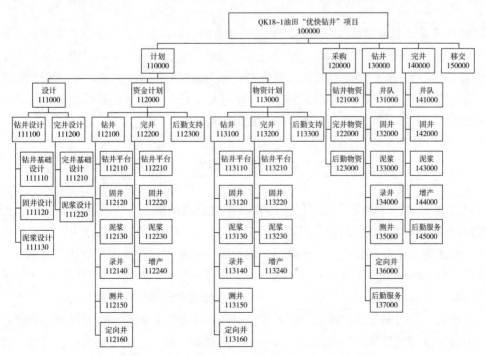

图4-2 QK18-1油田"优快钻井"项目工作分解

图4-3 固井设计工作分解

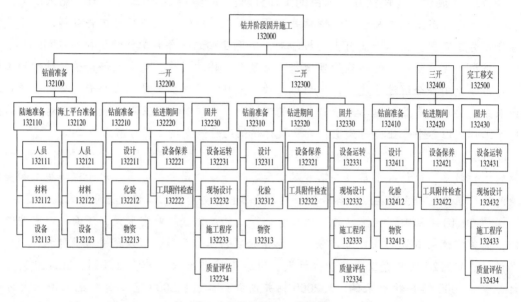

图4-4 固井施工工作分解

WBS技术是进行精细化工作分解的主要工具，QK18-1油田"优快钻井"项目在初期即组织各专业的专家和现场作业人员，对现场每个活动、管理中的每个细节进行分解，小到吊车吊水泥头上钻台，大到实现项目优快的目标，工作都清晰明确，从而根据精细化的工作分解自下而上建立了一套详细的WBS字典。经过对任务的层层分解，最终汇集到项目组，形成一个涵盖全面的项目工作分解，并形成WBS词典。

第三节　项目进度计划

项目进度管理是在明确项目工作范围和工作内容的前提下，对项目所有工作包的开始和完成时间进行计划（其中可能包括多级子计划），并在进度计划的基础上对项目进度的执行情况进行跟踪和检查，分析进度偏差产生的原因，并对项目进度的变更执行控制。由于早期项目管理技术的开发与军事紧密联系在一起，所以在项目成本、质量和时间三个方面，尤其强调时间的重要性。项目进度管理相当于为项目管理活动制订时间轴和时间坐标，并建立项目的工作内容与时间刻度之间的对应关系，使项目活动能够按照既定时间方案有条不紊的运行。项目进度管理是项目资源配置和成本管理的基础，项目进度计划为项目奠定了旋律和步调。

一、项目进度计划影响因素和基本方法

(一)石油工业项目工期的影响因素及特殊要求

在安排石油工业项目进度时要全面考虑影响作业时间的各种因素，如果某些因素被遗漏或在作业期间某些因素发生了变化，都会对作业进度产生影响，甚至会导致工期的拖延。

1. 影响石油工业项目作业进度的内在因素

决定作业时间的基本因素是作业本身的内容，具体分为作业量、作业的复杂程度以及实施作业的技术要求。在特定的技术水平和作业条件下，这些因素规定了完成作业所需的最少时间。如果在作业期间这些基本因素发生变化，将会导致进度的耽搁和提前。

由于石油工业项目的复杂性，各单项工程的作业量、复杂程度和技术要求都可能会在作业期间发生变化，而这种变化造成的进度调整会对整个项目的运行进度产生影响，如果这种影响比较强烈，项目管理人员就要在各单项工程的运行时间和资源配置上进行调整，以保证项目的平衡运行，避免工期拖延和时间浪费。

2. 影响石油工业项目作业进度的施工条件

石油工业项目经常包括大规模的野外作业，施工条件对进度制约较大。在做进度安排时应该对施工条件作详细的调查，在施工作业期间也应努力改善作业条件，否则，就有可能导致工期拖延或作业停顿。石油工业项目的施工条件主要包括自然条件和社会条件两个方面。

(1)自然条件。影响石油工业项目作业进度的自然条件有三个：其一，地质条件，包括土壤黏度、湿度和岩石的硬度等工程地质条件；其二，地形条件，主要指作业区域的平坦高低程度和其他方面的作业自由度，如作业区域是丘陵、平原、沼泽还是沙漠、沟壑；其三，气候条件，包括作业区的湿润和干燥程度、暴风雨、气温、霜冻、日照时间等方面。

(2)社会条件。影响石油工业项目作业进度的社会条件包括三个方面：一是基础条件，如交通条件、后勤保障条件等；二是社会秩序，如社会治安状况、民风民俗；三是工农关系。

3. 影响作业进度的管理因素

作业的内在因素和施工条件对进度的影响是客观的，如果因某些因素估计不足而导致进度的拖延，项目管理人员在多数情况下只能被动地接受现实。管理人员能够发挥作用的方面，就是通过改善管理状况，提高效率，缩短作业时间。影响作业进度的管理因素主要有：

(1)组织和监督。具体来说包括有效的施工管理组织、现场监督检查、错误命令的排除、精神和物质激励、避免各作业环节的相互干扰和窝工等。

(2)作业计划。作业计划的内容包括机械与机械、工种与工种、人员与机械在时间、空间、数量和质量上的配置。良好的计划可以避免作业运行不协调造成的时间浪费。

(3)机械维修与人员培训。对作业机械的及时维护和修理可以避免作业期间的设备故障，人员上岗前的培训可以防止不合格作业的产生，两者都可以防止因之造成的时间浪费。

此外，劳动保护、安全作业，也是防止进度拖延的管理因素。

(二)项目进度安排的主要方法

项目的成功有赖于良好的进度安排和控制。在项目计划工作的基础上，按照一定的科学方法和程序编制的进度计划可以对项目的竣工时间做出最接近实际的预测，可以作为决定项目进程的依据，也可作为评价不同方案从而使项目资源得到有效利用的手段。那么，如此重

要的进度安排是怎样制订的呢？目前，项目进度安排的制订方法主要有甘特图、线形图、里程碑系统、网络计划与网络图。

1. 甘特图

1）甘特图的含义和绘制

甘特图又称线条图、横杠图，是美国工程师亨利·甘特在二战前作为生产控制工具开发出来的，用于表示项目主要活动和其关键事件。甘特图的基本形式是以横坐标表示时间，工程活动在图的左侧纵向排列，以活动所对应的条线位置表示活动的起始时间，线的长短表示持续时间的长短。甘特图由于其绘制简单、表达清晰，在工程领域的进度控制中广泛应用，并受到普遍的欢迎。它实质上是图和表的结合形式。图 4-5 就是某项目的甘特图。

活动	工程量	单位	实施部门	开始	结束	×× 年度									备注
						1	2	3	4	5	6	7	8	9	
挖掘土方	20000	m^3	工程一组	01.11	03.11										
材料运输	1500	m^3	运输组	02.25	03.25										
安装模板	1600	m^2	工程三组	03.05	03.14										
钢筋骨架	2	t	工程四组	03.15	04.25										
浇筑水泥	3500	m^3	工程二组	03.25	06.20										
铺设管线	10	km	工程五组	06.21	08.31										
临时设施	2	台	工程六组	03.10	04.10										
装修			工程七组	09.01	09.25										
其他			项目组	09.01	09.30										

图 4-5 某工程项目甘特图

2）甘特图的特点

甘特图能够清楚地表达活动的开工时间、结束时间和持续时间，一目了然，易于理解，并能够为各层次的人员（上至战略决策者，下至基层的操作工人）所掌握和运用，使用方便，制作简单。由于甘特图中有明确的时间刻度，不仅能够安排工期，而且能够以此为基础建立劳动力计划、资源计划、资金计划与进度计划的对应关系。

如图 4-5 所示的简单甘特图没有表达出工程活动之间的逻辑关系，即工程活动之间的前后顺序及搭接关系不能确定，如果因一个活动提前或推迟，或延长持续时间会影响哪些活动同样也表达不出；也不能表示活动的重要性，如哪些活动是关键的，哪些活动有推迟或拖延的余地，及余地的大小。现代普遍使用的甘特图（如 project 软件中的甘特图，图 4-6）对上述问题进行了改进和弥补，在网络图中加入了箭线，用箭头和箭尾的方向表示活动之间的前后搭接关系，用不同颜色的线条分别来表示重要程度不同的工程活动等，使得项目甘特图具有了更丰富的内容和更广泛的应用领域。

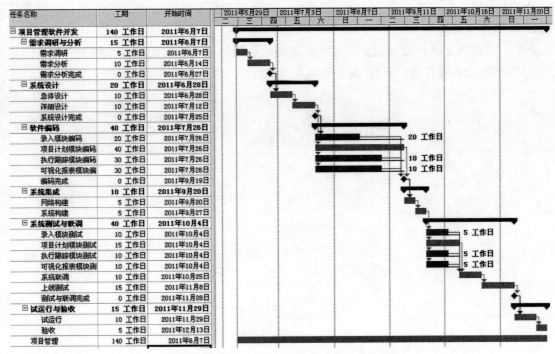

图 4-6　使用 project 软件表示的某项目甘特图

2. 线形图

线形图与甘特图的形式很相近。它有许多种形式，如时间—距离图、速度图等。它们都是以二维平面上的线（直线、折线或曲线）的形式表示工程的进度。

1）时间—距离图

许多工程，如长距离管道铺设工程、道路工程，都是在一定长度上按几道活动连续施工，不断地向前推进，则每个工程活动可以在图上用一根线表示，线的斜率实质上代表着当时的工作速率。例如一管道铺设工程，由 A 处铺到 B 处，共 4km，其中分别经过 1 km 硬土段，1 km 软土段，1 km 平地，最后 1 km 软土段。工程活动分别有挖土、铺管（包括垫层等）、回填土。工作速率见表 4-1。

表 4-1　工作速率表　　　　　　　　　　　　　　　　　　　单位：m/d

活动	硬土	软土	平地
挖土	100	150	
铺管	80	80	1100
回填土	120	150	

施工要求：平地不需挖土和回填土，挖土工作场地和设备转移需 1d 时间；铺管工作面至少离挖土 100m，防止互相干扰；任何地点铺管后至少 1d 后才允许回填土。

作图步骤：作挖土进度线，以不同土质的工作速率作为斜率，而在平地处仅需 1d 的工作面及设备转移时间。作铺管进度线，由于铺管离挖土至少 100m，所以在挖土线左侧 100m 距离处画挖土线的平行线，则铺管线只能在上方安排。由于挖硬土 100m/d，所以开工后第二天铺管工作即可开始。回填土进度线，由于回填土在铺管完成 1d 后，所以在铺管线上方 1d 处作铺管线的平行线。按回填土的速度作斜线。从这里可见，要保证回填土连续施工要求，应在第 24d 开始回填。在这张图上还可以限制活动的时间范围，例如，要求回填土在铺管完成 1d 后开始，但 8d 内必须结束。最后计划总工期约为 46d（图 4–7）。

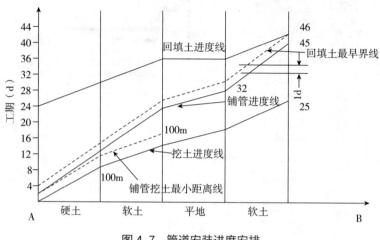

图 4-7　管道安装进度安排

2）速度图

速度图有许多种形式，其理解也十分方便。现举一个简单的例子如下：在一个油田地面工程中有浇捣混凝土分项工程，工作量为 500m³。计划第一段 3 天一个班组工作，速度为 17m³/d，第 2 段 3 天投入两个班组，速度为 40m³/d，后来仍是一个小组工作，速度为 22m³/d，则可用图 4–8 表示。

在图 4-8 上可以十分方便地进行计划和实际的对比，更广义地说，"成本—时间"的累计曲线即项目的成本模型就属于这一类图式。

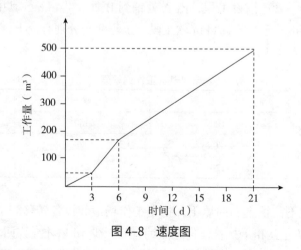

图 4-8　速度图

3. 里程碑系统

里程碑系统又称关键日期表，它是最简单的一种进度计划和控制工具。在网络图出现之前，它和甘特图是大型军事和经济项目建设的主要计划与控制手段。在现代项目管理工作中，里程碑系统仍然发挥着不容忽视的作用。里程碑系统实际上就是根据项目的具体情况确定的重大而关键的工作序列，每一个里程碑代表一个关键事件的开始或完成（表4-2）。

表 4-2　里程碑系统示意图

里程碑事件	进度时间							
	一月	二月	三月	四月	五月	六月	七月	八月
签订施工合同	▲							
工程设计完成		▲						
拆迁与土地平整完成		▲						
工程主体建筑完工						▲		
工程移交								▲

在实际项目的建设中，如下事件通常为里程碑所表示的关键事件：项目主要阶段的结束日期；主要分项工程的完成日期；主要合同的授予日期；主要设备的交货日期；场址准备就绪日期；整个项目的完工日期；保证项目成功的关键性决策的日期。这些关键事件是综合了各种因素，针对事件本身对项目的重要程度而言的，它可能在网络图的关键路线上，也可能不在关键路线上。

里程碑系统的原理非常简单，在其他工作中也经常自觉不自觉地应用这一方法。例如，在家庭消费方面，计划什么时候买冰箱、什么时候买彩电、什么时候添置其他家具等就是一种带着些朦胧的里程碑系统。里程碑系统尽管简单，在项目建设中却是向高层管理人员或政府简要汇报项目状况的极好工具。

里程碑系统的最大特点在于把各关键工作的开始或完成时间定义为里程碑，里程碑可以作为项目的中期工作成果，可以在里程碑事件点进行项目的阶段总结、团队整顿、项目座谈会等活动，对项目前期取得的经验和教训分析总结，对项目未来的工作重点进行部署，对项目的前景展望和设计，以及提高项目团队的工作效率和激励士气。

4. 网络计划与网络图

随着项目规模的不断增长，影响项目进度的因素越来越多，项目各组成部分之间的逻辑关系和前后搭接关系也越来越复杂，如何决定项目活动的作业时间和施工先后顺序给项目的计划管理工作带来了很大的挑战。为了适应现代化项目管理的需要，20 世纪 50 年代末，在美国相继研究和产生了两种项目的计划管理方法，分别被称为关键路线法（Critical Path Method，简称 CPM）和计划评审技术（Program Evaluation and Review Technique，简称 PERT），这两种方法统称为网络计划。CPM 和 PERT 的使用均以网络图为基础，应用网络图来实现项目进度规划和分析已经成为项目进度管理的最重要手段。

1）网络图、关键路线法和计划评审技术

关键路线法是项目进度安排最常采用的网络技术之一。利用这一技术可直观地表示出所有项目活动的顺序及相互之间的承接依赖关系，能够将各种分散而繁杂的数据加工处理成项目管理所需要的时间信息，还能够知道制约整个项目工作时间的活动有哪些，即关键路线是什么，从而确定项目总工期和影响项目工期的关键活动。

关键路线法的实施需要借助网络图来实现，在网络图中，若用日历日期表示每项活动的开工和结束时间，那么，网络本身就是一种进度安排图（图4-9）。在网络图4-9中，A~H分别表示项目的活动，英文字母下方的数字表示该活动的作业时间，如活动A的作业时间为15天。如果将从起点活动A到终点活动H的活动链称为通路，则该项目的通路包括A–B–D–E–G–H、A–B–D–F–G–H、A–C–D–E–G–H和A–C–D–F–G–H四条，这四条通路的作业时间分别为66天、69天、55天和58天。可见其中作业时间最长的为A–B–D–F–G–H，项目总工期应该为69天，而最长的这条路线就称为关键路线。

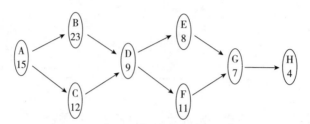

图4-9　某项目的进度计划网络图（单位：天）

若将每项活动所需的资源量表示在网络图中，还可做成带资源的关键路线图。带资源的关键路线图不仅可以告诉人们什么时间开展哪项活动，还可以告诉人们每项活动所需的资源数量，从而成为管理人员制订进度计划时在工期和资源之间协调平衡的手段。以带资源的关键路线图为基础，结合项目各项资源的采购方式和采购成本，也可以对项目的进度、资源和成本管理建立内在的连接，便于管理人员进行时间以及人力、物力等其他资源的分析和配置。

基于关键路线法的网络图是一种确定型的项目进度计划和控制工具。在项目实践中，由于人们对项目活动的认识受到客观条件的制约，而且影响网络图各项活动作业时间的可变因素种类繁多，因此常常不能较精确地给出对活动作业时间估算的单一值，也就很难对项目的作业时间进行准确估计。为了解决这一问题，产生了基于不确定分析的计划评审技术。计划评审技术是以网络图和关键路线法为基础，并假设项目各活动的作业时间为服从一定概率分布的参数，因此可以用风险分析的方法对项目的完工概率进行评价。这种方法可以在一定程度上弥补确定型时间估计给项目进度计划和项目工期估计带来的偏差。

2）网络图的局限

网络图是理想的进度安排技术，它能识别项目的关键环节及可能会发生问题的瓶颈。它的重要意义就在于直观地表示出了各活动的施工顺序及其逻辑关系，为进度的安排提供了科学的依据。但是网络技术的使用也存在一定局限：

（1）网络图的变更要花费大量时间和费用，而任何一道活动的变更都可能会引起整个项目网络的调整并改变项目的施工进度安排。在项目实施中，各工作环节相对于计划的变更是经常性的，因而，网络的调整也是经常性的。所以，在实际工作中网络图需要不断进行修正和更改，会影响项目网络图作为项目进度计划的应用效果。

（2）网络图难以记录和展示计划进度和实际进度的比较，不能在短时间内提供给管理人员必要的进度变动信息，从而不能针对进度的耽搁作出快速反应。

（3）网络图本身是现实问题的数学抽象，它未考虑具体工作人员在才能、技巧及其他方面的差别。

为了在一定程度上弥补 CPM 和 PERT 的不足，通常将网络图和甘特图相结合，以网络图分析提供的信息为资料绘制条线图，用横杠表示项目活动的施工和作业进度，用箭线表示工作之间的逻辑关系，更能适应项目管理的需要。它可直观地表示每项工作的起始与终了、实际进度与计划进度的偏差，还可表示出非关键的松弛时间及完成各活动所需的资源（如图4-6所示，运用 project 软件绘制的甘特图实际上具备了这些特征）。

5. 不同计划方法的选择

用不同的方法安排进度所需的时间和费用不同，提供的有效信息量也不同。里程碑系统只安排了一些关键事件的日期，其所能提供的仅仅是项目重要可交付成果的开始或完成时间安排，但用其安排进度所需的时间和费用最少。对项目组来说，一个个里程碑只是阶段工作的进度目标，而不是完成项目任务的手段。

根据以往建设同类项目的资料和设计与计划要求直接绘制条线图，需要的时间和费用次之，但如果不考虑工作之间的逻辑关系，则可能会造成工程施工的冲突以及项目总体施工计划的不平衡。

网络图则提供了大量信息，既可用于宏观安排，也可用于微观管理，所以它是项目组安排进度时最重要的手段。利用关键路线法安排进度，需要对每道活动都进行分析，其所需时间和费用相对较高，若每道活动都标明所需资源，并考虑工期与资源的平衡，则项目的进度和资源计划匹配情况良好，项目整体计划的协调性好，项目计划调整和变更的可能性大大降低，但制订项目计划的难度较大且成本较高。

二、项目网络计划

任何项目都可看作由一系列相互联系的活动构成的集合，这里所说的活动间逻辑顺序关系的图形，因其形如网状，故称作网络图。一张完整的网络图可清晰地展示出各活动之间的依赖关系，即可以表示出每道活动开始之前哪些活动必须完成。同时，它又可对各道活动作详细的定义，即可通过网络图反映出各活动所需的时间、人力、设备、资金等对管理人员至关重要的参数。网络计划技术是项目管理中应用最为广泛的技术之一，利用这一技术管理人员可进行复杂项目的计划和控制，获得有效利用资源的各种供选方案，并获得具有指导作用的管理信息。所以，在整个项目管理体系中，网络技术占有十分重要的地位。

（一）网络图的绘制

1. 术语与符号

要正确绘制项目网络，必须掌握常用的术语和符号，这是建立网络的基础。常用的项目进度网络图术语和符号包括：

（1）活动（或工序）：指项目中占用一定时间的工作单元，或完成项目必须经过的工作环节。项目中的任一活动在工作性质上有相对的独立性，在时间上受到其他活动的制约。对具体项目而言，活动包含的工作内容可多可少，划分程度可粗可细，如何划分完全取决于管理工作的需要。在大型项目的建设中，活动可以是包含若干具体工作的环节，或其本身就是一个次一级的小型项目。譬如，把一大型油气田的开发作为一个项目，则一座注水站就可看作一项活动。在小型项目的建设中，活动可以是一道独立的任务。如把准备一桌宴席作为一个项目，则烹制一道菜肴可作为一项活动。活动主要是通过工作结构分解得到。

（2）节点：是任何形式的闭合几何图形，如圆形、椭圆、菱形、正方形等。不论节点是哪种形状，只有按网络规则赋予其项目内容，它才具有实际意义。

（3）箭线：连接两个节点的有向线段，它表示活动间的逻辑顺序关系。箭头所指方向的活动只有在其前边的所有活动完成后方能开始。

（4）顺序关系：两道或两道以上活动的顺序关系，就是对某一活动开始前哪些活动必须完成的描述。确定活动的顺序关系就是确定哪些活动要同时进行，哪些活动必须按先后顺序进行。

（5）先行活动和后继活动：如果两道活动存在顺序关系，那么，先进行的活动被称为先行活动，而后进行的活动称后继活动。即如果活动 B 进行前必须完成活动 A，则活动 A 就是活动 B 的先行活动，活动 B 就是活动 A 的后继活动。在完整的项目网络中，第一道活动没有先行活动，最后一道活动没有后继活动。网络中的所有其他活动至少有一道先行活动和一道后继活动。

（6）活动（作业）时间：根据劳动定额或工作经验估计出的完成每道活动所需的时间。影响活动时间这一数字准确性的重要因素之一是对活动划分的详细程度，活动划分得越细，包含的工作内容越少，估计时间的准确性越高。但是，活动划分越细，收集整理数据和绘制网络图所用的时间和费用就越大。所以，活动划分的详细程度及相应的时间估计只要满足管理工作的需要即可，并非越精确越好。有一得必有一失，要把握住得大于失的关键点。

2. 标记方法

绘制网络图常用的标记方法有两种：一种方法用箭线表示活动，称 AOA（Activity on Arrow）标记法；另一种方法用节点表示活动，称 AON（Activity on Node）标记法。如图 4-10 所示，同样的项目网络图分别应用 AOA 和 AON 图进行表示，该项目仅有 A、B、C、D 四项活动，其中 B 和 C 需要在活动 A 完成后才能开始。运用 AOA 图时，节点 1 和 2 没有具体的含义，仅表示活动的开始和完成，由于两个节点之间的箭线仅能表示一项活动，因此在节点 2 和结束节点之间加入了用虚线箭线表示的虚活动，虚活动不需要消耗作业时间和资源，仅是对网络图结构要求的一种表示方法。运用 AON 网络图时，由于活动之间的关系可以直接用箭线来表示，因此不存在虚活动，非常易于绘制和理解项目进度网络。本书后续章节将以 AON 网络图为基础介绍项目的进度计划。

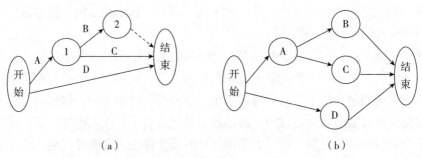

（a）　　　　　　　　　　　　　　（b）

图 4-10　同一网络图的 AOA 标记法（a）和 AON 标记法（b）

（二）网络图的时间参数和活动的时差

网络图的绘制是网络计划的开始，仅确定了活动之间的前后逻辑关系，要完成整个网络计划，还需要进行网络时间参数的确定，才能够对网络图和项目进度进行调整和优化。在 AON 网络图中，主要由五种时间参数和两种时差构成。

1. 网络图的时间参数

（1）活动的作业时间 t：指完成某项活动所需要的作业时间的总和。

（2）最早开工时间 ES：指某项活动能够付诸实施的最早时间，也即所有的先行活动都得以完成的最早时间。网络中的第一道活动在用数字标记时，最早开工时间常取零值。其余活动最早开工时间的计算公式为

$$ES = \max\{\text{紧前活动的 ES} + \text{紧前活动的作业时间 } t\}$$

（3）最早结束时间 EF：指某活动得以完成的最早时间，当一项活动以最早开工时间开始后，按照正常的作业进度施工且中间没有中断，则其完工时间即为最早结束时间。其计算公式为

$$EF = ES + \text{活动作业时间 } t$$

（4）最迟结束时间 LF：指某活动在不影响项目工期的前提下得以完成的最后期限。当一项活动在最迟结束时间之前完成，则不影响其所有后续活动的开工，也即对项目的工期没有影响。计算活动的最迟结束时间一般用逆推法，通过计算某活动所有紧后活动的最迟开工时间，选取其中的最小值作为该活动的 LF。网络图中标志项目结束的活动其最迟结束时间 LF 等于最早完成时间 EF，其他活动的最迟结束时间计算公式为

$$LF = \min\{\text{紧后工作的 LS}\}$$

（5）最迟开工时间 LS：这是指某项活动在不影响项目工期的前提下能够拖延的最晚开工时间，最晚何时开工取决于允许的最晚结束时间安排，也即活动的最迟结束时间，其计算公式为

$$LS = LF - \text{工作延续时间 } t$$

2. 活动的时差

活动的时差是指在一定的前提下，某活动可以机动使用的时间，也就是该活动可以推迟开工的最大时间限额。网络图中活动的时差共有总时差和自由时差两种（图 4–11）。

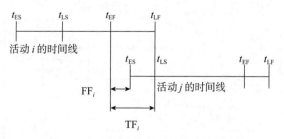

图 4-11　活动 i 的总时差和自由时差

（1）活动的总时差：指在不影响总工期的前提下，该活动可以利用的机动时间，也即本活动可以延迟开工时间的最大幅度。对于某项活动，最早可以在 ES 时间开始，最迟可以在

LS 时间开始，从最早开工时间到最迟开工时间之间的差距就是可以使用的机动时间，即为总时差，可见：

$$TF = LS - ES；且有 TF = LF - EF$$

（2）活动自由时差 FF：指在不影响其紧后工作最早开始的前提下，本活动可以利用的机动时间。

$$FF = \min\{ES（紧后活动）\} - EF（本活动）$$

3. 网络图时间参数的标记方法

按 AON 标记法，在网络图中应用如图 4-12 所示的标注方法表示每项活动的时间参数。活动名称写于最上方，下面是活动作业时间，在记录活动时间参数数据的 6 个方格中，将每项活动的最早开工时间写于节点的左上方，把最早结束时间写于节点右上方；把最迟开工时间写于节点左下方，最迟结束时间写于节点右下方。

活动名称		
活动作业时间		
ES	TF	EF
LS	FF	LF

图 4-12　网络时间参数的标记方法

（三）网络图时间参数的计算

1. 最早时间参数的计算

最早开工时间和最早结束时间的计算在网络图中遵循"由左向右"的规律。如图 4-13 所示，首先需要确定网络图起始活动的作业时间。活动 A 为整个项目的开始活动，默认其最早开工时间 $ES_A=0$，如果网络图中还有其他活动不以 A 为先行活动，则也可以将其视为

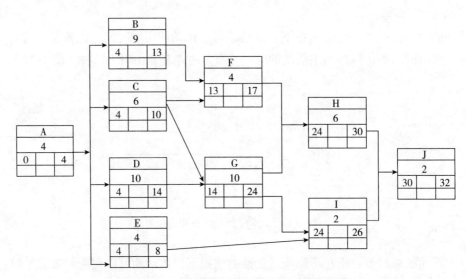

图 4-13　A 项目最早时间的计算（单位：d）

起始活动。应该注意到，虽然在网络图中活动 A 的最早开工时间默认为 0，但实际上活动 A 按计划应该在项目的第 1 天开始，也即网络图上表现的每个活动的最早开工时间比实际开工时间少 1 天。根据活动 A 的最早开工时间为 0，累加活动 A 的 4 天作业时间，得到活动 A 的最早结束时间为 4 天，也即活动 A 最早可以在项目开工的第 4 天完成，这与实际情况是一致的。

　　网络图中的 B、C、D、E 四项活动都是活动 A 的紧后活动，在 A 完成后才能开工，所以这四项活动的最早开工时间均为 4 天，分别累加其作业时间，可以得到各自的最早结束时间。活动 F 有两项紧前活动 B 和 C，按照活动的关系要求，B 和 C 都完工后活动 F 才能开工，而活动 B 第 13 天完工，活动 C 第 10 天完工，取两个完工时间中最严格的，所以得到活动 F 的最早开工时间只能是 13 天。同理，可得活动 G 的最早开工时间是活动 C 和 D 最早结束时间的最大值 14 天，最早结束时间为 24 天；活动 H 的最早开工时间是活动 F 和 G 最早完工时间的最大值 24 天，最早结束时间为 30 天；活动 I 的最早开工时间是活动 G 和 E 最早结束时间的最大值 24 天，最早结束时间为 26 天。活动 J 是项目的最后一道活动，其最早开工时间是活动 H 和 I 最早结束时间的最大值 30 天，最早结束时间为 32 天，即为项目的总工期。

　　2. 最迟时间参数的计算

　　最迟结束时间和最迟开工时间的计算在网络图遵循"由右向左"规律，如图 4–14 所示。由最早时间参数可知，项目的最早结束时间，也即总工期为 32 天，则项目的最迟结束时间也为 32 天，即项目所有终点活动的最迟结束时间均为 32 天。活动 J 为项目的最后唯一活动，其最迟结束时间为 32 天，减去作业时间 2 天，得到最迟开工时间为 30 天。活动 H 和 I 均为 J 的紧前活动，活动 J 最迟第 30 天开始，也就意味着第 30 天 H 和 I 必须完成，因此 H 和 I 的最迟结束时间均为 30 天，分别减去其作业时间 6 天和 2 天，可以得到 H 和 I 的最迟开工时间分别为 24 天和 28 天。活动 G 为活动 H 和 I 共同的紧前活动，H 和 I 的最迟开工时间限定了活动 G 的最迟结束时间，也即活动 G 只有在第 24 天完成才不影响活动 H 的开工，只有在第 28 天完工才不影响活动 I 的开工，否则将会使总工期延长，这两个条件制约了活

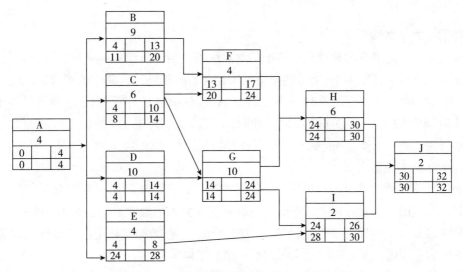

图 4-14　A 项目最迟时间的计算（单位：d）

动 G 的最迟结束时间为第 24 天。活动 F 仅有 H 一项紧后活动，因此其最迟结束时间等于活动 H 的最迟开工时间，为第 24 天，减去作业时间得到其最迟开工时间为第 20 天。同理可以求得活动 B、C、D 和 E 的最迟结束和最迟开工时间。活动 A 有四项紧后活动，其最迟结束时间应该是所有紧后活动最迟开工时间的最小值，也即活动 D 的最迟开工时间，为第 4 周。

3. 总时差和自由时差的计算

根据每项活动最迟开工和最早开工时间之差或最迟结束时间和最早结束时间之差（两者相等）可以计算出每项活动的总时差。活动的自由时差取决于紧后活动的最早开工时间和该活动的最早完工时间，如图 4-15 所示。以活动 C 为例，其紧后有两项活动 F 和 G，其最早开工时间分别为 13 天和 14 天，可见活动 F 的最早开工时间制约着活动 C 的结束时间，因此取活动 F 最早开工时间与活动 C 最早结束时间之差 13–10=3（天），作为活动 C 的自由时差。

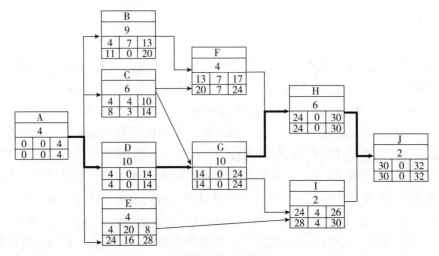

图 4-15　A 项目的时差和关键路线（单位：d）

（四）关键路线

路线是指从网络图的起点至网络图的终点由若干活动所组成的通路，换言之通路具有共同的起点和终点。在图 4-15 所示的网络图中，共有 6 条路线，其中 A–B–F–H–J 的作业时间为 25 天，A–C–F–H–J 的作业时间为 22 天，A–C–G–H–J 的作业时间为 28 天，A–D–G–H–J 的作业时间为 32 天，A–D–G–I–J 的作业时间为 28 天，A–E–I–J 的作业时间为 12 天。因此整个项目完工时间只能是 32 天，这是由耗时最长的作业路线决定的，因此活动组合 A–D–G–H–J 被称为关键路线。

通过计算活动的总时差可以看出，关键路线上每道活动的总时差均为 0，最早时间和最迟时间是一致的，也就是说关键路线上的每项活动是不能被耽搁的，否则将会使整个项目的作业时间延长。关键路线上的活动称为关键活动；不在关键路线上的活动称为非关键活动，它可在一定范围内拖延开工与结束时间而不影响工期。

在网络图上还可以看出，总时差实际上是路线上的时差，其体现了关键路线和非关键路线在作业时间上的差距，如图 4-15 所示，活动 B 和 F 的总时差都是 7 天，但这并不意味着活动 B 和 F 都各有 7 天的时间可以灵活调整开工和完工时间，而是路线 A–B–F–H 和位于关键路线上的 A–D–G–H 的作业时间有 7 天的差距，因此可以说是 B 和 F 共享这 7 天的作业时间机动性。同样，活动 C 的总时差为 4 天，经过分析可以发现这主要来源于活动 C 的并行活动 D 在关键路线上，且两者的作业时间相差 4 天。应该意识到，网络图的活动数量越多，活动之间的逻辑关系越复杂，活动总时差的来源识别则会越困难，也即很难分辨清楚某活动究竟和哪些活动共同分享着总时差，因此在运用总时差推迟某些活动的开工或作业时间时，需要格外谨慎，因为这样可能会使得其后续的工作总时差减小，而机动性下降。

如果说总时差是路线上的活动所共享的机动性时间，相对来说，自由时差则是活动可以独自享用的机动性时间。如图 4-15 所示，活动 C 的总时差为 4 天，这是并行的非关键活动 C 和关键活动 D 之间的作业时间差距；而活动 C 的自由时差为 3 天，这则是由活动 F 最早开工时间限制的活动 C 的自由度，这些意味着如果活动 C 推迟开工时间在 4 天以内，将不会对项目的总工期产生影响，同时活动 C 推迟开工时间在 3 天以内，将不会对紧后活动 F 的最早开工时间产生影响。如果活动 C 真的推迟了 4 天，那么 C 将变成关键活动，而且活动 F 的最早开工时间将会延迟 1 天。此外，观察活动 E，其总时差为 20 天，来源于并行非关键活动 A–E–I 和关键活动 A–D–G–H 之间的差距，而其自由时差为 16 天，是其紧后工作 I 的最早开工时间和活动 E 最早结束时间的差距。可见，在 E 的 20 天总时差中，有 16 天的时差是其可以独享的，但是有 4 天是和同一路线上的活动 I 所共享的，这也是活动 I 总时差的来源。

利用关键路线法可以预测工期，最后一道活动的最迟结束时间就是该项目理论上的最短工期，增加适当裕量就可预测实际项目的工期；将标记于每道活动的开工与结束时间对照日历进行转化，就可确定出项目各活动的进度安排。项目网络的建立，实际上也是信息传递网络的建立，这一网络有利于及时发现问题，快速解决问题。关键路线法确定了关键活动和非关键活动，从而为项目各环节划分了管理层次，位于关键路线上的活动在进度上需要项目管理人员更为重视；同时，由于定义了非关键活动，当非关键活动资源配置和作业时间存在冲突时，就可通过延长作业时间减少资源的占用以降低成本；当项目遇到应急问题时，也可以通过从非关键活动调剂资源支持关键活动从而用最低的代价把问题解决。

按照上述方法绘制的网络图仅仅是项目进度计划设计的开始，网络图中的进度方案可能与项目的实际情况发生矛盾：比如，在总工期上，网络图确定的时间可能超出了项目工期的要求；在资源的使用方面，可能会出现资源使用的不平衡或资源供应的不足；在成本方面，可能会超出成本预算或成本的分配不合理等情况。因此，需要采取一定的措施，尽量降低项目的施工周期、平衡项目运行各阶段的资源需求、压缩项目的成本，这些也是在制订项目进度计划时需要进行考虑的重要内容。

三、项目进度计划的不确定性和计划评审技术

（一）项目活动作业时间估计的不确定性

应用 AOA 或 AON 网络图进行项目时间参数的计算和项目结束时间的估计，实际上是基于单一的确定型时间估算，从本质上讲是决定论。项目工期估算的准确性很大程度上取决

于活动作业时间估计的精度，也即活动作业时间估算的不确定性越低，则项目的总工期估计也越准确。通常来讲，一些较为常规的项目，如油气行业在成熟的探区钻生产井，或对机器设备进行大修维护等，通常可以根据以往的作业经验相对精确地估算项目各活动的作业时间，并以此建立项目网络计划，在这种情况下，运用网络图进行项目进度管理具有较好的效果。

但是，对于新区开展的勘探开发项目，或是对于某些创新性较强、具有很大挑战性的研发项目，由于缺乏必要的地质资料，技术相对不明确，对项目各活动的作业时间估计没有可靠的历史数据作为参考，可能也缺乏有效的实验数据，此时要准确估计项目活动的作业时间和确定项目的完工工期就具有较大的不确定性。在这些情况下，网络计划的应用就受到了极大的限制。那么此时应该如何估算项目的工期呢？

大家可以思考一下日常对项目总工期和成本进行不确定估算的常用方法。一般的逻辑是，当缺乏充分的估算依据时，为了提高估算的准确度，会先确定工期或成本估算的最大值和最小值，然后在这两个值之间进行估计，当然也经常把这个最大值和最小值的平均值作为估算值。但是这个平均值可能会有什么问题呢？一般为了保证最小值和最大值的准确性，在测算的时候，就一定会采取保守的方式。比如一个持续 10 年的油气开发项目，由于油气储量和开发环境的不确定性，专家投资估算的最高额度为 500 亿元，而最低额度为 100 亿元，那么即使是其平均值 300 亿元，与最高值和最低值之间的差距也均较大。可见，如果项目太复杂、内容太多、时间太长，那测算出来的最大值和最小值的范围就会具有较大差距，这会给项目工期和投资的估算带来极大的风险。

如何解决这一问题呢？在项目管理实践中，为了提升工期和投资估算的准确度，通常在最大值和最小值的基础上，还需要让专家估算一个最可能值。最可能值就是在这个最大值和最小值范围内出现最多次数的值，在数学上称为众数（Mode）。在对工期进行计算的过程中如何应用最大值、最小值和最可能值这三个时间因素呢？通常的做法是求出这三个时间参数的加权平均数。常见的加权平均数有两种分布形式：三角分布和贝塔分布。

三角分布的加权平均数：$t_E = \dfrac{t_o + t_m + t_p}{3}$

贝塔分布的加权平均数：$t_E = \dfrac{t_o + 4t_m + t_p}{6}$

式中，t_o 为最短时间估计，又称乐观时间（optimistic time）估计，是指在最顺利的情况下，估计完成某项活动的最短时间；t_p 为最长时间估计，又称悲观时间（pessimistic time），是指最不利的情况下，完成某项活动的最长时间估计；t_m 为最可能时间（most likely time），是指正常情况下，完成某项活动的时间，或是专家估算中多次出现的众数。

这两种估计的方法统称为三点时间估算法。哪种方法更好呢？根据计算公式判断：t_E（三角分布）受 t_o 和 t_p 的变化影响较大，t_E（贝塔分布）受 t_m 的变化影响较大。那么在应用的过程中，应用三角分布和贝塔分布哪个更可靠呢？由于最悲观和最乐观的情况出现的可能非常低，所以不希望过多依赖这两个参数值，而希望更加倚重最可能时间估计，也就是众数。PMI 认为项目管理里面，经验教训非常重要，这属于组织过程资产。而这些经验教训都在专家的脑袋里面，所以专家判断经常用来解决很多问题。三点时间估算里面的"最可能值"就是专家判断得出来的。因此给予众数 4 倍权重的贝塔分布时间估计就成了理想的选择。

（二）计划评审技术

计划评审技术（Program Evaluation and Review Technique，PERT）最早始于美国的北极星导弹计划，当时这个项目的规模非常庞大复杂，而且项目的创新性极强，很难运用确定型的时间估算项目中具体活动的作业时间，因此开发了基于贝塔分布的三点时间估算方法。那么如何将活动的时间估计转化为对项目总工期的估计？其理论基础是假设项目活动持续时间以及整个项目结束时间是随机的，且服从某种概率分布，从而应用 PERT 方法可以从活动的时间出发估计整个项目在某个时间内完成的概率。

根据网络图的性质可知，项目的总工期由关键路线确定，因此在活动进行三点时间估算的基础上，应该应用估算的结果作为网络图活动的时间参数，以此确定关键路线。如果假设网络图关键路线足够长，且其中的每项活动都服从独立同分布的贝塔分布，则根据大数定理和中心极限定理，网络图中关键路线上的所有活动工期的总概率分布是一个正态分布，其均值等于各项活动期望工期之和，方差等于各项活动的方差之和。因此可以应用正态分布的相关知识分析项目总工期的风险程度。

举例说明，图 4–15 中的项目活动作业时间依据三点时间估算法进行估计，详细数据见表 4–3。运用到贝塔三点估算方法计算每个活动的期望作业时间 t_E 和作业时间估计的方差 σ^2 如下：

活动期望作业时间：$t_E = \dfrac{t_o + 4t_m + t_p}{6}$

活动作业时间的方差：$\sigma^2 = \dfrac{(t_p - t_o)^2}{36}$

表 4-3　某项目活动的三点时间估计

项目活动	最乐观时间（d）	最可能时间（d）	最悲观时间（d）	三点时间估算（d）	作业时间标准差（d）
A	2	4	8	4.3	1.0
B	6	9	13	9.2	1.4
C	3	6	14	6.8	3.4
D	5	10	16	10.2	3.4
E	2	4	5	3.8	0.3
F	2	4	7	4.2	0.7
G	7	10	14	10.2	1.4
H	3	6	9	6.0	1.0
I	1	2	4	2.2	0.3
J	1	2	5	2.3	0.4

根据三点时间估算的结果重新计算网络图的时间参数和确定关键路线，如图 4–16 所示。

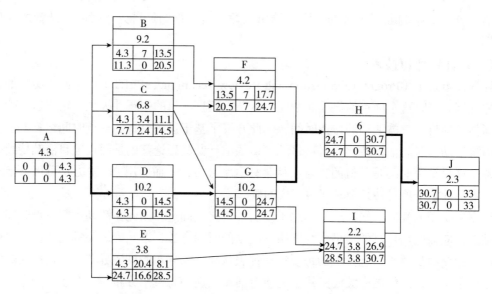

图 4-16 A 项目依据三点时间估算法计算的网络时间参数和关键路线（单位：d）

从网络图上看，三点时间估算法得到的时间估计数值与前面确定型的时间估计非常接近。PERT 认为整个项目的结束时间是各个活动结束时间之和，且服从正态分布，因此有项目总工期期望值：

$$T = \sum_{i=A,D,G,H,J} t_i = 4.3+10.2+10.2+6+2.3 = 33 \text{（d）}$$

项目总工期方差：

$$\sigma^2 = \sum_{i=A,D,G,H,J} \sigma_i^2 = 1.0+3.4+1.4+1.0+0.4 = 7.2 \text{（d）}，\text{标准差 } \sigma = \sqrt{7.2} = 2.7 \text{（d）}。$$

根据正态分布的特点（图 4-17），项目在 33d 完工的概率仅为 50%；30.3d 至 35.7d 完工的概率为 68%（σ）；项目在 27.6d 至 38.4d 完工的概率为 95%（2σ），项目在 24.9d 至 41.1d 完工的概率为 99%（3σ）。

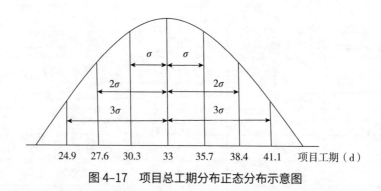

图 4-17 项目总工期分布正态分布示意图

通过将正态分布标准化，查标准正态分布表，可得到整个项目在任意时间内完成的概率。例如，如果想知道项目在原估计时间 32d 内完成的累计概率，应用以下公式：

$$p\{t\leq32\}=\Phi\left(\frac{32-T}{\sigma}\right)=\Phi\left(\frac{32-33}{2.7}\right)=0.3557$$

可见，如果该项目的不确定性较高，活动的作业时间估计意见不统一时，按照确定型的关键路线法计算的项目完工时间 32d，实际上仅有 36% 的把握性，而将项目的完工时间定为 33d，也仅有 50% 的概率能够完成，这两个项目完工时间的估计实际上在项目执行时都是不能接受的。所以，确定型的项目活动估计和网络计划的应用是受限的，如果用其对具有高风险的项目进行进度规划，则会给项目带来较高的完工风险。PERT 法提供了解决这一问题的思路，对于工期具有不确定性的项目，可以预先确定一个可以接受的完工概率，比如在此例中，假设可以接受的项目按期完工概率为 90%，也即

$$\Phi\left(\frac{T-33}{2.7}\right)=90\%$$

可以根据正态分布表得到 $\frac{T-33}{2.7}=1.29$，则需要将工期定为 36.48d，才能实现这一风险回避的要求。

计划评审技术主要用于创新性的、复杂的项目，如军事、科研及其中间过程事先不能充分确定的项目。这类项目经常伴随着反复研究和反复认识，具体到某一环节事先不能估计其结束时间，而只能推测结束时间的范围。此时，若用关键路线法安排进度，每一活动都用一肯定估计时间，作出的进度计划就没有实际价值了。利用 PERT 可以把每道活动的不确定性及人们对完成该活动的信心因素加进去，从而给出更有价值的信息。另外，PERT 为项目进度风险分析和管理提供了思路和有效手段，这种方法表达的是项目在规定时间内完成的概率估计或不确定性，这正是表示和评估风险的要素。但是，值得注意的是，这一技术适应的对象与油气田勘探开发项目有许多雷同之处，如边探索边工作，许多环节的工作量不能根据历史数据进行估计等。这就需要在推行项目管理过程中，结合油气田开发的实际要求加以研究和利用。

四、含有搭接关系的网络图

在前面所使用的网络计划图中，实际上默认了项目活动之间的关系仅有一种，即前面的活动完成后，后面的活动才能够开始，通常这种关系可以定义为完成到开始，但实际项目作业中，活动之间的关系类型不仅限于完成到开始，由于这些特殊关系的存在，会给网络图时间参数的计算以及关键路线的确定带来新的内涵。

（一）活动之间搭接关系的类型

目前在项目管理领域，对活动之间搭接关系识别出了四种典型的类型，即开始到开始、开始到结束、结束到开始、结束到结束，此外四种类型的搭接关系还可以组合在一起形成混搭。在项目实践中，在每种搭接关系里，通常存在一个时间上的间隔或重叠。以完成到开始的关系为例，有时候前面的活动完成后，其后续工作不能立即开始，而由于工艺和施工组织上的要求需要在一段时间之后才能开始，这就在完成和开始之间形成了一个时间间隔，这个时间间隔被称为时距。搭接关系和时距的存在使得网络图时间参数的计算产生了变化。

1. 结束到开始（Finish to Start，FTS 或 FS）

如图 4–18 所示，活动 i 是活动 j 的紧前活动，但并不是 i 完成后 j 立即可以开始，两

者之间存在一个不为零的时距。举例说明，浇筑混凝土需要 10d，其完成 7d 后才能充分凝固，因此拆模需要在混凝土浇筑完成 7d 后才能真正开始，这 7d 就是两者之间的时距，记为 FTS=7d 或 FS=7d。

图 4–18   活动之间结束到开始的关系

在这种存在时距的情况下如何计算活动的时间参数？仍然以混凝土浇筑和拆模为例，假设网络图中仅有这两项活动，则浇筑混凝土的最早开工时间为 0d，最早结束时间为 10d，其完成后 7d 才能拆模，故活动拆模的最早开工时间只能是 17d，对应的最早结束时间是 20d。可见，存在 FTS 时距的情况下，后续工作 j 的最早开工时间要受到其紧前工作 i 最早结束时间和 FTS 时距之和的限制，不能早于这一限制时间开工，计算公式可表示如下：

$$ES_j=EF_i+FTS_{ij}; \quad EF_j=ES_j+t_j$$
$$LF_i=LS_j-FTS_{ij}; \quad LS_i=LF_i-t_i$$

2. 开始到开始（Start to Start，STS 或 SS）

如图 4–19 所示，活动 i 是活动 j 的紧前活动，但活动 j 并不一定在活动 i 完成之后才可以开始，而是 i 开始一段时间之后就可以开工，也即两者之间存在一个开始到开始的时距。举例说明，铺设路基这项活动需要 15d，没必要等其全部完成后才浇筑路面，可以等部分路基铺设完成后，立即开展已经完成路基的路面铺设工作。因此，两者之间就形成了一个时距为 5d 的开始到开始的搭接关系。

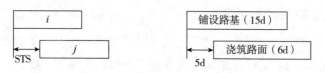

图 4–19   活动之间开始到开始的关系示意图

开始到开始的搭接关系实际上体现着流水作业的思想。例如某公路工程（如图 4–20 所示），总里程为 3km，计划分三个工程项目：施工准备 18d；路基工程 15d；路面工程 6d，如果采取 FTS 的施工方式，总工期为 39d。

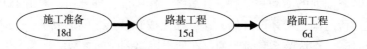

图 4–20   M 公路工程施工项目进度网络图

但如果施工准备、路基工程和路面工程这三个工作包分别由三支作业队伍负责，图4-20所示项目进度的安排方式将使三支作业队伍无法并行施工，会造成施工作业队伍的待工和项目工期的延长。最好的工程施工方式显然是将这段公路分成三段，三个作业队伍同时施工，采取如图4-21所示的流水作业方式。在该种施工方式下，施工准备工作包、路基工程工作包和路面工程工作包中都各自包含三项活动，所有三个作业队伍在三段公路上并行施工，从工作包的角度看，施工准备工作包和路基工程工作包就是STS=6d的搭接关系，而路基工程工作包和路面工程工作包就是STS=5d的搭接关系。同时，可以计算出该网络计划的关键路线为准备1—准备2—准备3—路基3—路面3，总工期为25d，这比FTS的作业方式节约了14d。在项目中，如果能够将FTS的搭接关系转换成STS的搭接关系，通常可以带来项目工期的缩短和资源使用效率的提高。

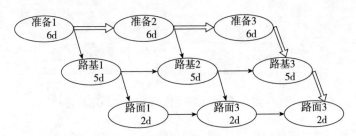

图4-21　M公路工程施工项目流水作业网络图

在STS的搭接关系下，以图4-19的铺设路基和浇筑路面活动为例，假设网络图中仅有这两项活动，则铺设路基的最早开工时间为0d，最早结束时间为15d，其开始后5d浇筑路面才能开始，故浇筑路面的最早开工时间是0+5=5d，如果不考虑工作包之间的流水施工，对应的最早结束时间是11d。可见，存在STS时距的情况下，后续活动j的最早开工时间要受到其紧前工作i最早开工时间和STS时距之和的限制，不能早于这一限制时间开工，计算公式可表示如下：

$$ES_j=ES_i+STS_{ij}; \quad EF_j=ES_j+t_j$$
$$LS_i=LS_j-STS_{ij}; \quad LF_i=LS_i+t_i$$

3. 结束到结束（Finish to Finish，FTF 或 FF）

如图4-22所示，活动i是对活动j有一个结束时间的约束，但并不是i完成后j就可以完成，两者之间存在一个不为零的时距。举例说明，假设网络图中仅有质量验收和工程审计这两项活动，质量验收的最早开工时间为0d，最早结束时间为12d，其完成10d后才允许工程审计完成，因此工程审计不能早于第22天完成。

图4-22　活动之间结束到结束的关系示意图

因为质量验收并不限制工程审计的开工时间，因此工程审计的最早开工时间是 0d，虽然工程审计的作业时间仅有 20d，但存在 FTF=10d 的时距约束下，其最早结束时间只能为 12+10=22d，不能早于这一限制时间完工。两个活动之间的关系可以表示为

$$EF_j=EF_i+FTF_{ij}; \quad ES_j=EF_j-t_j$$
$$LF_i=LF_j-FTF_{ij}; \quad LS_i=LF_i-t_i$$

4. 开始到结束（Start to Finish，STF 或 SF）

如图 4–23 所示，活动 i 开工对活动 j 有一个结束时间的约束，但并不是 i 开始后 j 就可以完成，两者之间存在一个不为零的时距。举例说明，假设网络图中仅有新系统上线和旧系统下线这两项活动，新系统上线的最早开工时间为 0d，最早结束时间为 9d，其开始 20d 后才允许旧系统彻底下线完成，因此旧系统下线不能早于第 20 天完成。

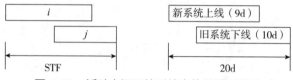

图 4–23 活动之间开始到结束的关系示意图

因为新系统上线并不限制旧系统下线的开工时间，因此旧系统下线的最早结束时间是 20d，相应的其最早开工时间是 10d。两个活动之间的关系可以表示为

$$EF_j=ES_i+STF_{ij}; \quad ES_j=EF_j-t_j$$
$$LS_i=LF_j-STF_{ij}; \quad LF_i=LS_i+t_i$$

5. 混搭关系

混搭关系是两活动之间具有多种搭接关系的组合，要求所有的搭接关系都必须满足，因此在混搭关系中确定时间参数时需要选取最严格的标准。混搭关系中最常见的是 STS 和 FTF 的组合，即紧前活动 i 既制约着后续工作 j 的开始，也制约着其完成，如图 4–24 所示。

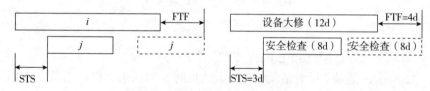

图 4-24 活动之间混搭关系示意图

如图 4–24 所示仅有两个活动的网络图中，设备大修的最早开工时间为 0d，其最早结束时间为 12d，按照 STS 搭接关系，确定安全检查的最早时间如下：

$$ES_j=ES_i+STS_{ij}=0+3=3（d），\quad EF_j=ES_j+t_j=3+8=11（d）$$

按照 FTF 的搭接关系，确定安全检查的最早时间如下：

$$EF_j=EF_i+FTF_{ij}=12+4=16（d），\quad ES_j=EF_j-t_j=16-8=8（d）$$

要同时满足两者，必须分别取最严格的条件限制，则其最早开工时间为第 8 天，最早结束时间为第 16 天。

（二）有搭接关系的网络图时间参数计算

在存在多种搭接关系的情况下，项目网络图时间参数的计算会变得更加复杂。以图 4-25 为例，网络图所表示的工期计划中包含 A、B、C、D、E、F、G 共七项活动，S 和 T 分别是网络图虚拟的起点和终点，并不占用时间和资源，可以认为这两个节点的作业时间为 0。从左向右依次求出每项活动的作业时间参数。

对于起点 S，由于其作业时间为 0，故其最早开工和结束时间均为 0。活动 A 是项目的第一项活动，故其最早开工时间为 0，最早结束时间为 5d。活动 A 和 B 之间是 STF=6d 的搭接关系，故 A 约束 B 的最早结束时间不能早于 6d，但 B 本身的作业时间为 8d，所以其不可能早于第 8 天完成，故其最早结束时间为 8d，可得其最早开工时间为 0。可见，活动 B 在项目的起点就可以开始了，所以从 S 点出发画一个虚线的箭线指向活动 B，表达这一含义。活动 A 和 C 之间是 STS=7d 的搭接关系，因此 C 的最早开工时间为 0+7d=7d，相应的最早结束时间为 17d。活动 B 与活动 D 之间是 FTS=3d 的搭接关系，意味着 D 的最早开工时间不能早于 11d；活动 A 与活动 D 之间是 FTS=0 的搭接关系，意味着 D 的最早开工时间不能早于 5d；取两者最严格的条件限制，可知活动 D 的最早开工时间为 11d，最早结束时间为 23d。活动 B 和 E 之间是 FTF=10d 的搭接关系，所以 E 的最早结束时间为 8d+10d=18d，倒推出其最早开工时间为 3d。同样，活动 C 和 F 之间是 FTF=15d 的搭接关系，所以 F 的最早结束时间为 17d+15d=32d，倒推出其最早开工时间为 7d。活动 G 受到四种搭接关系的约束，其中活动 E 与 G 之间是 FTS=0 的搭接关系，意味着 G 的最早开工时间不能早于 18d；其中活动 D 与 G 之间是 STS=3d 和 FTF=2d 的混合搭接关系，STS 的关系意味着 G 的最早开工时间不能早于 11d+3d=14d，FTF 的关系意味着 G 的最早结束时间不能早于 23d+2d=25d，反推出其最早开工时间不得早于 15d；活动 F 与 G 之间是 STF=10d 的搭接关系，意味着 G 的最早结束时间不得早于 17d，反推出其开工时间不得早于 7d，取这四种时间约束中最严格的约束，可以确定活动 G 的最早开工时间为 18d，最早结束时间为 28d。通过计算最早时间参数，发现实际上活动 G 可能比活动 F 完工时间早，因此 F 确定是网络图的最后活动，用一条虚箭线将其与终点 T 相连接，表示这一含义。

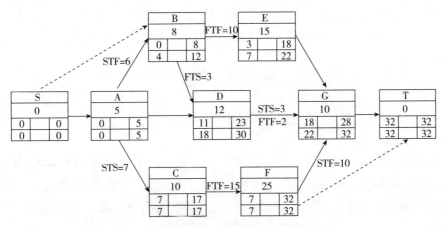

图 4-25　含有多种搭接关系网络图的时间参数（单位：d）

同样可以求出各活动的最迟时间参数，仍然使用从右向左的逆推过程。T 是虚拟点，其最早时间和最迟时间都是 32d。活动 G 与活动 T 之间是 FTS=0 的搭接关系，意味着 G 的最迟结束时间不得迟于 32d，反推出其开工时间不得迟于 22d。活动 F 与 G 之间是 STF=10d 的搭接关系，意味着 F 的最迟开工时间不得迟于 32d–10d=22d，反推出其最迟结束时间不得迟于 47d；活动 F 与终点 T 之间是 FTS=0 的搭接关系，意味着 F 的最迟结束时间不得早于 32d，取两者中更严格的限制，故 F 的最迟结束时间为 32d，反推出其最迟开工时间不得迟于 7d。活动 E 与 G 之间是 FTS=0 的搭接关系，意味着 E 的最迟结束时间不能迟于 22d，反推出其最迟开工时间不得迟于 7d。活动 D 受到 2 种搭接关系的约束，其中活动 D 与 G 之间 STS=3d 的搭接关系，意味着 D 的最迟开工时间不能迟于 19d，最迟结束时间不能迟于 31d；活动 D 与 G 之间 FTF=2d 的搭接关系意味着 D 的最迟结束时间不能迟于 32d–2d=30d；取两者中更严格的限制，故 D 的最迟结束时间为 30d，反推出其最迟开工时间不得迟于 18d。活动 C 与 F 之间是 FTF=15d 的搭接关系，意味着 C 的最迟结束时间不得迟于 17d，反推出其最迟开工时间不得迟于 7d。活动 B 受到 2 种搭接关系的约束，其中活动 B 与 E 之间 FTF=10d 的搭接关系，意味着 B 的最迟结束时间不能迟于 22d–10d=12d；活动 B 与 D 之间 FTS=3d 的搭接关系意味着 B 的最迟结束时间不能迟于 18d–3d=15d；取两者中更严格的限制，故 B 的最迟结束时间为 12d，反推出其最迟开工时间不得迟于 4d。活动 A 是唯一的起点活动，必然在关键路线上，其最早和最迟时间必然相等。这样就确定了所有活动的四种时间参数。

在搭接关系网络图中，相邻两项工作的时间间隔除了要满足时距外，还有一段多余的空闲时间，称之为间隔时间，通常用 LAG_{ij} 表示。间隔时间来源于网络图中的关键路线的约束，只有关键路线上才可能出现 LAG=0。

（1）FTS 搭接关系中的间隔时间：FTS 搭接关系中 LAG 的产生如图 4–26 所示，活动 i 和活动 j 之间具有 FTS 搭接关系，但是因为活动 j 还有其他先行活动 k，并且对 j 的开工时间具有更高的要求（FTS=0），因此，活动 i 和 j 之间除时距外还存在一个间隔时间 LAG_{ij}，且其计算方法为

$$LAG_{ij} = ES_j - (EF_i + FTS_{ij})$$

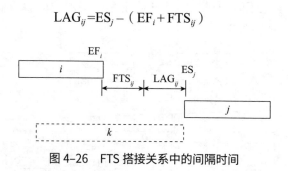

图 4–26　FTS 搭接关系中的间隔时间

（2）STS 搭接关系中的间隔时间：STS 搭接关系中 LAG 的产生如图 4–27 所示，活动 i 和活动 j 之间具有 STS 搭接关系，但是因为活动 j 还有其他先行活动 k，并且对 j 的开工时间具有更高的要求（FTS=0），因此，活动 i 和 j 之间除时距外还存在一个间隔时间 LAG_{ij}，且其计算方法为

$$LAG_{ij} = ES_j - (ES_i + STS_{ij})$$

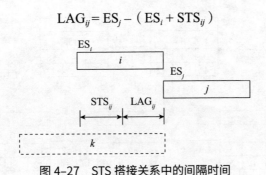

图 4-27　STS 搭接关系中的间隔时间

（3）FTF 搭接关系中的间隔时间：FTF 搭接关系中 LAG 的产生如图 4-28 所示，活动 i 和活动 j 之间具有 FTF 搭接关系，但是因为活动 j 还有其他先行活动 k，并且对 j 的结束时间具有更高的要求（FTF=0），因此，活动 i 和 j 之间除时距外还存在一个间隔时间 LAG_{ij}，且其计算方法为

$$LAG_{ij} = EF_j - (EF_i + FTF_{ij})$$

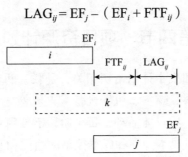

图 4-28　FTF 搭接关系中的间隔时间

（4）STF 搭接关系中的间隔时间：STF 搭接关系中 LAG 的产生如图 4-29 所示，活动 i 和活动 j 之间具有 STF 搭接关系，但是因为活动 j 还有其他先行活动 k，并且对 j 的开工时间具有更高的要求（FTF=0），因此，活动 i 和 j 之间除时距外还存在一个间隔时间 LAG_{ij}，且其计算方法为

$$LAG_{ij} = EF_j - (ES_i + STF_{ij})$$

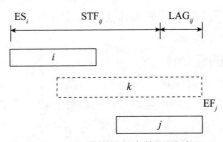

图 4-29　STF 搭接关系中的间隔时间

可以根据 LAG 的计算方法得出图 4-30 两两活动之间的间隔时间 LAG，在有搭接关系的网络图中，只有满足总时差为零，且间隔时间也为零的路线才能被称为是关键路线。

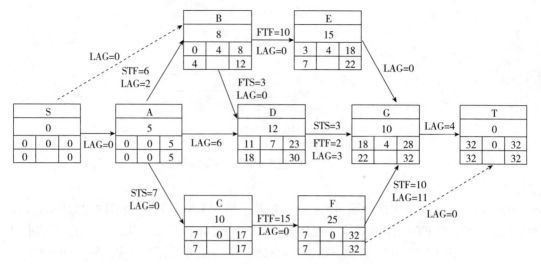

图4-30　含有多种搭接关系网络图的总时差和间隔时间（单位：d）

第四节　项目资源计划

项目资源计划与进度计划和成本计划密切相关，是联系两者的纽带。项目的资源包括项目运行过程中所需要的全部材料、燃料、机器设备、人员等。项目资源计划就是预先确定项目共需要哪些资源，项目的每一项具体活动、每个阶段需要哪些资源，资源的需求数量是多少，因此，项目资源计划是项目成本计划和成本控制的前提和基础。

一、项目资源计划概述

（一）项目资源的范围

资源作为项目实施的基本要素，它通常涵盖：劳动力，包括劳动力总量，各专业、各级别的劳动力，以及不同层次和职能的管理人员；材料和设备，例如常见的管线、砂石、水泥、砖、钢筋、木材、生产设备等；项目施工所需的施工设备，如塔吊、混凝土拌和设备、运输设备、模板、施工用工器具以及施工设备的备件、配件等；时间，许多项目都有明确的工期要求，时间对项目管理人员来说是重要但却易于被一般人忽视的资源；资金，虽然许多资源都可用货币来描述，但资金因其来源和使用的特殊性，也是项目的重要资源。此外，信息、专利技术等也可作为项目资源。

（二）资源管理问题的复杂性

资源管理是极其复杂的，主要表现在如下几方面：

（1）资源的种类多，供应量大。例如材料的品种、机械设备的种类极多，劳动力涉及各个工种、各种级别。通常一个建设工程建筑材料有几百种到几千种、几千吨到几万吨。

（2）由于工程项目生产过程的不均衡性，使得资源的需求和供应不均衡，资源的品种和使用量在实施过程中大幅度的起伏。这大大难于一般工业生产过程的资源管理。

（3）资源供应过程的复杂性。按照工程量和工期计划确定的仅是资源的使用计划，而资源的供应是一个非常复杂的过程。例如要保证劳动力使用，则必须安排招聘、培训、调遣以及相应的现场生活的设施。要保证材料的使用，必须安排好材料的采购、运输、储存等。在上述每个环节上都不能出现问题，这样才能保证工程的顺利实施。所以要有合理的供应方案、采购方案和运输方案，并对全过程进行监督和控制。

（4）设计和计划与资源的交互作用。资源计划是总计划的一部分，它受整个设计方案和实施方案的影响很大。在做设计和计划时必须考虑市场所能提供的设备和材料、供应条件、供应能力，否则设计和计划会不切实际，必须变更；设计和计划的任何偏差、错误、变更都可能导致材料积压、无效采购、多进、早进、错进、缺乏，都会影响工期、质量和工程经济效益，可能会产生争执（索赔）。例如在实施过程中增加工程范围、修改设计、停工、加速施工等都可能导致资源计划的修改，资源供应和运输方式的变化，资源使用的浪费。所以资源计划不是被动地受制于设计和计划，而是应积极地对它们进行制约，作为它们的前提条件。

（5）由于资源对成本的影响很大，要求在资源供应和使用中加强成本控制，进行资源优化，例如：选择使用资源少的实施方案；均衡地使用资源；优化资源供应渠道，以降低采购费用；充分利用现有的企业资源，现有的人力、物力、设备；充分利用现场可用的资源、施工材料、已有流程，以及已建好但未交付的永久性工程等。

（6）资源的供应受外界影响大，作为外界对项目的制约条件，常常不是由项目本身所能解决的。例如，供应商不能及时地交货；在项目实施过程中市场价格、供应条件变化大；运输途中由于政治、自然、社会的原因造成拖延；冬季和雨季对供应的影响；用电高峰期造成施工现场停电等。

（7）资源经常不是一个项目的问题，而必须在多项目中协调平衡。例如企业一定的劳动力数量和一定的设备数量必须在同时实施的几个项目中均衡使用，为有限的资源寻找一个可能的、可行的，同时又能产生最佳整体效益的安排方案。有时由于资源的限定使得一些能够同时施工的项目必须错开实施，甚至不得不放弃能够获得的工程。

（8）资源的限制，有时不仅存在上限定义，而且可能存在下限定义，或要求充分利用现有定量资源。例如，在国际工程中派出100人，由于没有其他工程相调配，这100人必须在一个工程中安排，不能增加，也不能减少，在固定约束条件下，使工程尽早结束。这时必须将一些活动分开，或某些活动提前，或压缩工期增加资源投入以利用剩余的资源。这给项目的实施方案和工期计划安排带来极大的困难。

二、项目资源计划方法

（一）资源计划过程

资源计划应纳入项目的整体计划和组织系统中，资源计划包括如下过程：

（1）在工程技术设计和施工方案的基础上确定资源的种类、质量、用量。这可由工作量和单位工作量资源消耗标准得到，然后逐步汇总得到整个项目的各种资源的总用量表。

（2）资源供应情况调查和询价，即调查如何及从何处得到资源；供应商提供资源的能力、质量和稳定性；确定各个资源的单价，进而确定各种资源的费用。

（3）确定各种资源使用的约束条件，包括总量限制、单位时间用量限制、供应条件和过程的限制。在安排进度计划时就必须考虑到可用资源的限制，而不仅仅在网络分析的优化中考虑。这些约束条件由项目的环境条件，或企业的资源总量和资源的分配政策决定。对特殊的进口资源，应考虑资源可用性、安全性、环境影响、国际关系、政府法规等。

（4）在工期计划的基础上，确定资源使用计划，即资源投入量—时间关系图（或表），确定各资源的使用时间和地点。在作此计划时假设它在活动时间上平均分配，从而得到单位时间的投入量（强度）。所以在资源的计划和控制过程中必须一直结合工期计划（网络）进行。

（5）确定各个资源的供应方案、各个供应环节，并确定它们的时间安排，如材料设备的仓储、运输、生产、订货、采购计划，人员的调遣、培训、雇用、解聘计划等。这些供应活动组成供应网络，在项目的实施过程中，它与工期网络计划互相对应、互相影响。管理者以此对供应过程进行全方位的动态控制。

（6）确定项目的后勤保障体系，如按上述计划确定现场的仓库、办公室、宿舍、工棚、汽车的数量及平面布置，确定现场的水电管网及布置。

（二）劳动力计划

1. 劳动力使用计划

劳动力使用计划是确定劳动力的需求量，是劳动力计划的最主要的部分，它不仅决定劳动力招聘、培训计划，而且影响其他资源计划（如临时设施计划、后勤供应计划）。

劳动力使用计划首先需要确定各活动劳动效率。在一个工程中，分项工作量一般是确定的，它可以通过图纸和规范的计算得到，而劳动效率的确定十分复杂。劳动效率通常可用"产量／单位时间"，或"工时消耗量／单位工作量"表示。在实际应用时，必须考虑到具体情况，如环境、气候、地形、地质、工程特点、实施方案的特点、现场平面布置、劳动组合等，进行调整。

其次，确定各活动劳动力投入量或工时，两者之间关系如下：

劳动力投入总工时 = 工作量 × 工时消耗 / 单位工作量 = 工作量 /（产量 / 单位时间）

最后再根据班次确定劳动力投入量：

$$某活动劳动力投入量 = \frac{劳动力投入总工时}{班次/日 × 工时/班次 × 活动持续时间}$$

这里假设在持续时间内，劳动力投入强度是相等的，而且劳动效率也是相等的。有几个问题值得注意：其一，在上式中，工作量、劳动力投入量、持续时间、班次、劳动效率、每班工作时间之间存在一定的变量关系，在计划中它们经常是互相调节的；其二，在工程中经常安排混合班组承担一些工作包任务，应主要考虑整体劳动效率，这里有时既要考虑到设备能力和材料供应能力的制约，又要考虑与其他班组工作的协调；其三，混合班组在承担工作包（或分部工程）时劳动力投入并非均值；其四，现场其他人员的使用计划，包括为劳动力服务的人员（如厨师、司机等）、工地警卫、勤杂人员、工地管理人员等，可根据劳动力投入量计划按比例计算，或根据现场的实际需要安排。

最后，确定整个项目劳动力投入曲线。劳动力投入曲线与项目的进度计划密切相关，实际上是劳动力资源在项目时间坐标轴上的分配和使用计划（图4–31）。

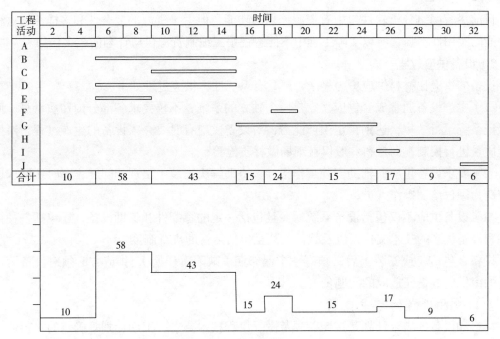

图 4-31　某项目劳动力投入图

2. 劳动力的招雇、调遣、培训和解聘计划

作为一个完整的项目，劳动力计划常常还包括项目工作人员、管理人员的招雇、调遣、培训的安排，如对设备和工艺由国外引进的项目常常将操作人员和管理人员送到国外培训。有的业主希望通过项目的建设，有计划地培养一批项目管理和运营管理的人员。为了保证劳动力的使用，在这之前必须进行招雇、调遣和培训工作，工程完工或暂时停工必须解聘或调到其他工地工作。这须按照实际需要和环境等因素确定培训和调遣时间的长短，及早安排招聘，并签订劳务合同或工程的劳务分包合同。

（三）材料和设备供应计划

1. 材料和设备的供应过程

1）材料供应过程

材料供应计划的基本目标是将适用的物品，按照正确的数量在正确的时间内供应到正确的地点，以保证工程顺利实施。要达到这个目标，必须在供应过程的各个环节进行准确的计划和有力的控制。通常供应过程如下：

（1）做出需求计划表，它包括材料说明、数量、质量、规格，并做需求时间曲线；

（2）对主要的供应活动做出安排，在施工进度计划的基础上，建立供应活动网络，确定各供应活动时间安排，形成工期网络和供应子网络的互相联系、互相制约；

（3）了解市场供应能力、供应条件、价格等，了解供应商名称、地址、联系人，有时直接向供应商询价，由于需求计划通常是一定的，则必须以这个时间向前倒排做各项工作的时间安排；

（4）采购订货通过合同的形式委托供应任务，以保证正常的供应；

（5）完善相关运输安排、进场及各种检验工作、仓储等的安排。

目前尽管网络分析软件包中有资源计划的功能，但由于资源的复杂性和多样性，这种计划功能的实用性不强，所以实际工程中不能忽视手工编制资源供应计划的较多作用。

2）设备供应过程

设备的供应比材料供应更为复杂，更具有系统性，供应过程如下：

（1）生产设备通常成套供应，它是一个独立的系统，不仅要求各部分内在质量高，而且要保证系统运行效率，达到预定生产能力，对设备供应有时要介入设备的生产过程，对生产过程质量进行控制，而材料一般仅在现场做材质检验；

（2）要求设备供应商辅助安装、作指导、协助解决安装中出现的问题，有时还要求设备供应商为用户培训操作人员；

（3）设备供应不仅包括设备系统，而且包括一定的零配件和辅助设备，还包括各种操作文件和设备生产的技术文件，以及软件，甚至包括运行的规章制度。

设备在供应（或安装）后必须有一个保修期（缺陷责任期），供应方必须对设备运行中出现的由供应方责任造成的问题负责。

2. 材料和设备的需求计划

材料和设备的需求计划是按照工程范围、工程技术要求、工期计划等确定的材料使用计划。它包括两方面的内容：

（1）确定各种材料的需求量。对每个工作环节，按照图纸、设计规范和实施方案，可以确定它的工作量，以及具体材料的品种、规格和质量要求。这里必须精确地了解设计文件、招标文件、合同，否则容易造成供应失误。进一步又可以按照过去工程的经验、历史工程资料或材料消耗标准确定该工作包的单位工程量的材料消耗量，作为材料消耗标准，通常用每单位工程量材料消耗量表示，则某工作包某材料消耗总量为

$$某工作包某材料消耗总量＝该工作包工程量 \times（材料消耗量 / 单位工程量）$$

若材料消耗量为净用量，在确定实际采购量时还必须考虑各种合理的损耗，例如运输、检验、仓储过程中的损耗；材料使用中的损耗，包括使用中散失、破碎、边角料的损耗。按照上述计算结果，将该工程项目中不同分项工程的同种材料量汇集求和，则可以得该工程项目的材料用量表，同时材料消耗量作为消耗指标随任务下达作为材料控制标准。要降低成本必须对材料消耗进行严格控制，建立定额采购，定额领料、用料制度。

（2）绘制材料需求时间曲线。首先，将各分项工程的各种材料消耗总量分配到各自的分项工程的持续时间上，通常平均分配。但有时要考虑到在时间上的不平衡性。例如基础工程施工，前期工作为挖土、支模、扎钢筋，混凝土的浇捣却在最后几天，所以钢筋、水泥、沙石的用量是不均衡的。然后，将各工程活动的材料耗用量按项目的工期求和，得到每一种材料在各时间段上的使用量计划表。最后，作使用量—时间曲线。

3. 材料和设备的采购计划

在国际工程中，采购有十分广泛的意义，工程的招标、劳务、设备和材料的招标或采办过程都作为采购。而这里所指的采购仅是项目所需产品（材料和设备）的采购或采办。采购应有计划，以便能进行有效的采购控制。

在采购前应确定所需采购的产品，分解采购活动，明确采购日程安排。在计划期必须

针对采购过程绘制供应网络，并作时间安排。供应网络是工期计划的重要保证条件。在采购计划中应特别注意对项目的质量、工期、成本有关键作用的物品的采购过程。通常采购时间与货源有关：对具有稳定的货源、市场上可以随时供应、随时采购的材料，采购周期一般1～7天；间断性批量供应的材料，两次订货间会脱销的，周期为7～180天；按订货供应的材料，如进口材料、生产周期长的材料，必须先订货再供应，供应周期为1～3个月，常常要先集中提前订货，再按需要分批到达；对需要特殊制造的设备，或专门研制开发的成套设备（包括相关的软件），其时间要求与过程要专门计划。

采购计划要明确负责者。在我国材料和设备的采购责任承担者可能有业主、总承包商、分包商，而提供者可能是供应商和生产厂家。有些供应是由企业内部的部门或分公司完成的，如企业内部产品的提供，使用研究开发部门的成果；我国工程承包企业内部材料部门、设备部门向施工项目供应材料、周转材料、租赁设备。从项目管理的观点出发，无论是从外部供应商处购买，还是从企业组织内获得的产品都可以看作采购的产品。在这两种情况下，要求是相同的，但外部产品是通过正式合同获得的，所以过程要复杂些；而内部产品是按内部合同或研制程序获得的。

除上述计划之外，还要根据项目建设的要求，制订诸如物资运输、检验、储存计划，材料和设备进口计划，后勤保障计划等。

三、项目资源计划的平衡和优化

项目的完成都需要耗费一定的资源，然而项目能够获得的资源数量要受到一定客观条件的限制，因此在制订项目进度计划时，项目可动用的资源量就成为制约项目施工的一个重要因素。对于项目的施工计划来说，如果安排不合理，就可能在项目施工的某些阶段导致资源的供给量小于需求量，资源的供应不足，影响施工的进度或增加外购资源的成本；还可能在项目的某些施工阶段导致资源的供给量大于资源的需求量，资源的供应过剩，导致机器设备和人员的大量闲置。因此在项目生命周期中，需要实施一系列步骤进行资源平衡（Resource Leveling），从而使资源需求的影响降到最低。资源平衡有时也称为资源平滑（Smoothing），要达到两个目标：

（1）确定资源需求并保证资源在合适的时间是可用的；

（2）编制进度计划时要求每个活动的资源利用水平能够尽可能平稳的变化。

资源平衡是典型的多变量综合性问题，从数学上寻求最优解比较困难。因此，对资源平衡的可选方案做出决策时，更常用的方法是平衡试探法（Leveling Heuristics）。

表4-4和图4-32的网络图展示了一个项目各活动之间的关系（均为FTS=0）、各活动的作业时间以及需要的劳动力资源数量。但是图4-32所示的简单网络图并不能作为项目的进度计划，因为网络图虽然展示了各项活动的关联关系，也可以据此计算每项活动的最早开工和结束的时间范围，以及项目最迟必需开工和完工的时间安排，但并没有从项目整体的资源调度上进行统筹规划，也没有明确每项活动真正的施工时间和施工方式（如开工时间、工作是否需要中断、使用的资源数量等），因此图4-33形成的网络计划还不能作为项目管理的正式进度计划。项目进度计划的形成，必须要考虑时间安排与资源使用的合理性，也即项目的进度——资源平衡。

表 4-4　某项目的活动资源使用量

项目活动名称	A	B	C	D	E	F	G	H	I	J
活动作业时间（周）	2	6	4	2	3	6	1	5	5	4
活动资源需求	5	4	2	1	3	1	2	4	2	6

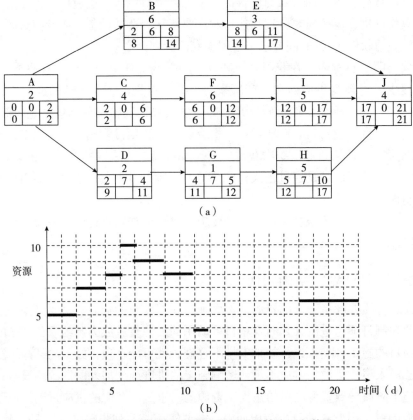

（a）

（b）

图 4-32　项目的网络图和最早时间的资源负荷图

根据网络图 4-32（a）和资源使用量表 4-4，假设所有活动均在最早开始时间开工，通过分析每周施工的活动安排和各活动的资源使用量，可以得到项目整个生命期的资源负荷强度图［图 4-32（b）］。从曲线的整体变化趋势上看，在该项目施工的过程中，若以最早开工时间作为项目所有活动的时间安排，则对劳动力资源的需求强度非常不均衡：其中在第 6 天最高需要资源 10 个单位，在第 12 天仅需要 1 个单位，第 13~17 天最低需要资源 2 个单位。无论如何，资源的供求不平衡和资源使用峰谷差较大都是在项目管理中应该尽量避免的情况，因此要求在制订网络计划时，利用一定的手段，实现资源的平衡。

在实现资源平衡和优化的过程中，资源应该优先供应哪些活动？一般来说有如下原则：

（1）资源优先供应具有最少时差的活动。关键路线的时差为 0，不具有任何调整作业时间的可能，因此资源应该最优先供应关键路线。时差是活动开工和结束时间所具有的灵活性，时差越小，则活动可用于协调的时间越少，越要保证施工的及时性。

（2）资源优先供应具有最短历时的活动。作业时间较短，意味着该活动机动性施工和赶工的可能性都较小，因此需要保证资源的供应，使其尽快完成，降低风险。

（3）资源优先供应具有最小活动标识号的活动。活动的标识号一般按照施工的时间顺序生成，因此具有最小标识号的活动是即将开始的活动，保证其优先完成是项目施工全面开展的基础。

（4）资源优先供应具有最多后续任务的活动。具有最多后续任务，意味着该活动可能制约着很多后续活动的最早开工时间，因此如果不能保证活动顺利完成，将会对其后多条进度线路产生影响，给项目带来较多的协调困难。

（5）资源优先供应需要最多资源的活动。需要多种资源的活动，可能成为网络中的瓶颈性活动，一旦其不能按时结束，将打乱项目整体的资源配置，因此需要格外重视。

那么，哪些活动可以作为平衡资源的工具？综上，具有较大时差、历时较长、对资源的需求种类较少的独立路线上的非关键活动，可能就是最佳的选择，退而求其次，其他非关键活动也可以成为"向非关键路线要资源"的工具。

在上例中，假设要求项目组对该种资源的使用数量不超过 6 个单位。为了满足资源的约束条件，需要根据项目的关键路线及活动的机动性（即拥有时差的大小）对初始的项目进度安排方法进行调整。通过前面对项目网络图时间参数的计算，发现整个项目共有三条路线，其中作业时间最长的路线 A–C–F–I–J 为关键路线，路线 A–B–E–J 和 A–D–G–H–J 均为非关键路线，组成前者的每道非关键活动的总时差均为 6 周，组成后者的每道非关键活动的总时差均为 7 周。可以看出总时差实际上是非关键路线与关键路线之间的时差，其产生的原因是基于两条路线所有活动作业时间的差异，而且最重要的是总时差是同一路线上所有活动所共享的机动时间，如果路线上某一工作的施工安排产生了调整及延迟，则整条路线上其他活动的总时差都将随之产生变化。结合网络图 4–32，为了满足项目资源限制，并对资源的使用负荷进行平衡，可以利用非关键路线的时差对其工作安排进行变更（延迟或调整），这种项目进度与资源协调方法不需要追加额外的资源和增加项目成本，具有极佳的应用效果。

采用试探平衡法尽量平衡进度与资源，按照资源的单位需求量所划分的时间间隔逐步从前向后调整：

（1）第 1~2 天，仅有 A 活动需开工，使用资源数量为 5 个单位，不需要调整；

（2）第 3~6 天，活动 B、C、D 均可以开工，但三项工作同时开工需要资源数量为 7，为了达到平衡资源使用的目的，需要将活动 D 推迟 4 个工作日开工，由于活动 D 具有 7 个单位的总时差，因此推迟 4 天开工是可行的，此时得到的资源使用强度图见图 4–33。

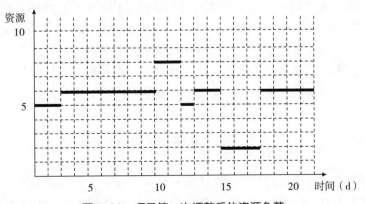

图 4–33　项目第一次调整后的资源负荷

（3）第 10~11 天，活动 E、F、H 同时开工，需要的总资源量为 8，为了达到资源平衡的目的，需要将活动 E 推迟 3 天开工，由于活动 E 具有 6 个单位的总时差，因此推迟 3 天开工是可行的，此时得到的资源使用强度图见图 4–34。

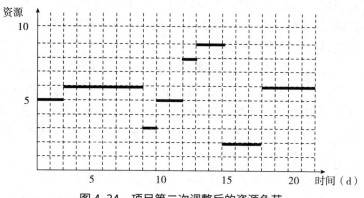

图 4-34　项目第二次调整后的资源负荷

（4）第 12~14 天，活动 E 还有 3 个单位的总时差（步骤（3）中已经运用了 3 个时差），因此将 E 再推迟三天开工，此时得到的资源使用强度图见图 4–35。

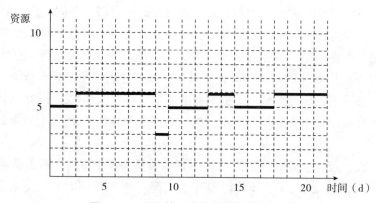

图 4-35　项目第二次调整后的资源负荷

运用上述优化方案进行调整后，资源的使用已经得到了一定程度的均衡。在路线 A–B–E–J 上，各活动的时差均为零；在路线 A–D–G–H–J 上，各活动还有 3 个单位的总时差。

需要说明的是，利用上述方法进行网络优化可能会出现多种结果，所以大部分调整方案只能是满意方案，不一定是最优方案。这种调整方法随着网络图复杂程度的增加而变得更加复杂，因此可能需要借助信息化工具和算法才能实现。

第五节　项目成本计划

项目成本是指为了保证项目按计划的工期和质量完成而支出的费用总额。成本管理是项目管理活动的重要内容之一，项目的执行需要雇用人员并支付工资，由此产生人工费用；需要投入使用原材料、燃料和设备，由此产生材料费用及器材设备成本；需要发生办公场所租赁、差旅、日常管理活动等，由此产生管理费用……项目成本计划是以货币量的形式反映项目运行过程中所发生的资源消耗，是对项目进度计划和资源计划的深度细化。项目成本计划按照项目生命周期的阶段和作用可以分为项目成本估算和项目成本预算两种类型。成本估算的目的是估计项目的总成本和误差范围，需要持续进行，其输出结果是成本预算的基础与依据。项目成本预算则是将已批准的估算进行分摊，项目成本预算包括两个因素：一是项目成本预算额的多少；二是项目预算的投入时间。项目成本预算是正式的项目成本计划。

一、项目成本估算

项目成本估算是指根据项目的资源需求计划以及各种项目资源的价格信息，估算项目、子项目、工作包成本费用的管理工作。具体来说，项目成本估算包括以下内容：识别各种项目成本的构成要素和成本科目，选择合理的成本估算思路和技术方法、估计和确定各种项目成本科目的数额大小，以及分析和考虑各种不同项目实施方案的成本。

（一）项目成本构成要素

项目成本估算是一项具有一定创新性和挑战性的工作，既讲究科学性，又讲究创造性。为了便于从整体上综合反映项目成本支出的全貌，以便对项目成本进行精确的全面的计划和有效的控制，必须多方位、多层次地划分成本要素，使其形成合理严密的项目成本科目体系。一般来说，在形成项目成本要素的分解过程中，可以按照以下标准分解：

（1）项目工作分解结构（WBS）。工作分解首先必须作为成本要素识别的对象，这对后面项目成本估算思路的规则、成本责任的落实和成本控制有至关重要的作用。通常成本要素仅分解、核算到工作包，对工作包以下的活动定义、成本分解、计划和核算都十分困难，一般采用资源（如劳动力、材料、机械台班）消耗量来进行控制。

（2）工程资源投入要素。按照资源投入的不同，项目成本可以分为人工费、物料费、设备费、顾问费、其他直接费、现场管理费、总部管理费等，每一项都需要有一个具体统一的成本范围和内容。

（3）工程分项划分。这通常是将工程按工艺特点、工作内容、工程所处位置细分成分部分项工程。这在招标文件的工程量目录中列出，承包商按此报价，并作为业主和承包商之间实际工程价款结算的对象。

（4）项目成本责任人。成本责任通常是随合同、任务书（责任书）委托给具体的负责单位或人的，例如工程小组、承（分）包商、供应商、职能部门或专业部门。他们是各项相关工作的承担者，又是成本责任的承担者，例如：各工程小组的成本消耗指标；承（分）包合同价格；采购（供应）部门费用计划；各职能部门费用计划等。

（5）还有一些其他的成本分解形式。例如，按项目阶段分为可行性研究、设计和计划、实施、运行等各个阶段的费用计划，形成不同阶段的成本结构。

上述每一种成本对象的分解，都可以采用树型结构的形式，清楚列出相关范围内的所有成本对象，保证完备性。

（二）项目成本估算的技术路线

项目成本估算的技术路线是项目成本估算的总体思路，不同的成本估算思路决定了成本估算的范围和准确性。

常见的成本估算分为三种：自上而下的估算、自下而上的估算、自上而下和自下而上相结合的估算。

1. 自上而下的估算

自上而下的估算，又称类比估算，实际上是以项目成本总体为估算对象，在专家的经验判断，以及可以获得的关于以往类似项目的历史数据的基础上，将成本从工作分解结构的上部向下部依次分配、传递，直至WBS的最底层。此种方法是以专家为索取信息的对象，组织专家运用其项目管理理论及经验对项目成本进行估算的方法。通常，专家判断法有两种组织形式，一是成立项目专家小组共同探讨估算；二是专家们互不见面、互不知名而由一名协调者汇集专家意见并整理、编制项目成本估算。

这种成本估算方法的适用范围有两种情况：一是类比的项目不仅在表面上且在实质上类似，而且一般情况下项目成本间有线性关系时估算的效果最好；二是当项目的初期或信息不足，由于此种方法只需明确初步的工作分解结构，分解层次少，所以只能采用该种方法。

2. 自下而上的估算

自下而上的估算又称工料清单法。它是根据项目的工作分解结构，将较小的相对独立的工作包负责人的估算成本加总计算出整个项目的估算成本的方法。它通常首先估算各个独立工作的费用，然后再从下往上汇总估算出整个项目费用。采用这种技术路线的前提是确定了详细的工作分解结构（WBS），能做出较准确的估算。

工料清单法的优点是在子任务级别上对费用的估算更为精确，并能尽可能精确地对整个项目费用加以确定。比起高层管理人员来讲，直接参与项目建设的人员更为清楚项目涉及活动所需要的资源量，因此工料清单法的关键是组织项目最基层的工作包负责人参加成本估算并正确地对其估算结果加以汇总。但是这种估算方法在运用的过程中常常事与愿违，由于每个工作包的负责人在估算成本时都会给自己预留一部分"风险成本"，因此项目成本数额逐层累加，最后形成的总成本中会包含太多的"风险成本"，从而导致整个成本估算的失真和失败。而且，这种估算本身要花费较多的费用。

3. 自上而下和自下而上相结合的估算

采用自上而下的估算路线虽然简便，但估算精度较差，很难得到工作包层级的成本信息；采用自下而上的估算路线，所得结果相对详细，并且项目所涉及活动资源的数量更清楚，但估算工作量大。为此，可将两者结合起来，以取长补短，即采用自上而下与自下而上相结合的路线进行成本估算。

自上而下和自下而上相结合的成本估算针对项目的某一个或几个重要的子项目进行详细具体的分解，从该子项目的最低分解层次开始估算费用，并自下而上汇总，直至得到该子项目的成本估算值；之后，以该子项目的估算值为依据，估算与其同层次的其他子项目的费用；最后，汇总各子项目的费用，得到项目总的成本估算。

（三）项目生命期的成本估算方法

项目的成本估算活动是项目成本管理的主要任务，在项目寿命周期的不同阶段，对成本估算有不同要求，如在项目前期阶段，成本估算主要用于项目投资概算；项目决策阶段，成本估算主要用于项目可行性研究评价；项目计划和设计阶段，成本估算主要用于制订项目成本计划；项目执行阶段，成本估算主要用于项目成本控制和完工估算。因此应该分别根据项目工作内容的不同采取合理的成本估算方法，以适应项目组的不同需求和工作目标。

1. 项目前期策划阶段的成本估算

成本估算工作在项目中投入较早，在目标设计时就开始工作，为决策提供依据。这个阶段仅有项目总体目标和总功能要求的描述，对项目的技术要求、实施方案尚不清楚，所以无法精确地估算。一般只能针对要求的功能，按以往工程的经验值或概算指标进行估算。

一是，参照过去同类工程信息，按照项目规模、生产能力指标匡算。

二是，按照国家或企业颁布的概算指标计算。概算指标通常是在以往工程统计的基础上得出的，它有较好的指导作用。但选择这个值时常须考虑特殊的环境情况可能带来的附加的、不正常的费用和专门开发费用及特殊的使用要求。

三是，专家咨询法。针对新项目，尚没有系统的详细说明，或对研究开发性的项目，可用德尔菲法征询专家意见进行成本估算。这里的专家是从事实际工程估价、成本管理的工作者。征询意见可以采用头脑风暴的办法，也可以用小组讨论的办法。在其中应尽可能给专家提供详细的资料，例如项目结构图、相应的工程说明、环境条件等（一般项目结构图出来较早，工程详细说明很迟）。

四是，生产能力估算法。寻找一个近期内已建成的性质相同的建设项目，可以根据该项目的生产能力 A_1、实际总投资额 C_1、拟建的建设项目生产能力 A_2 来推算拟建项目的总投资额 C_2，公式为

$$C_2 = C_1 \left(\frac{A_2}{A_1}\right)^n \cdot f$$

式中，A_1 和 A_2 必须用统一的生产能力指标；f 为考虑不同时期、不同地点引起的价格调整系数；n 为生产能力指数，一般取 $0.1 < n < 1.0$，n 的取值一般考虑：当 A_1 和 A_2 很相近时，即两个项目生产能力、规模差别不大时，n 取值可近于 1；当 A_1 和 A_2 差别很大，而生产能力的扩大是通过扩大单个设备的生产容量实现的，则 n 取 0.1 ~ 0.7；若通过增加与 A_1 相同规格的设备的数量扩大生产能力，则 n 取 0.8~0.9。

随着项目的进展，工程服务和主要技术方案确定，调查进一步深入，有了进一步详细的资料，则可以按总工期划分的几个阶段和总工程划分的几个部分分别估算投资，可以作成本—时间图（表）。在现代工程中，由于多方投资，预算紧张，资金追加困难，人们常常以批准的项目总投资作为后面投资控制的尺度，并在此基础上进行投资分解，限额设计。

2. 项目设计和计划阶段的概预算

在项目获得审批后，便进入设计和计划阶段。在国内外，虽然名称各不相同，但都有几步设计。例如我国有初步设计、扩大初步设计和施工图设计，国外有方案设计、技术设计、详细设计等。伴随着每一步设计又都有相应的实施计划，同样有相应的成本计划版本。在我国分为概算、修正总概算和施工图预算，它们必须与设计和计划文件一起经过批准。随着设计精度的深入和计划工作的细化，预算不断细化，计划成本的作用就越大，它对设计和计划的任何变更的反应就越灵敏。

1）使用定额资料（如概预算定额）

在我国，工程估价一直使用统一的概预算定额、规定的取费标准和计划规定的利润。所以

计算方法就是按施工图算工作量，套定额单价，再计算各种费用。对业主来说，计算结果作为确定招标工程标底的依据；而承包商相应的计算结果作为报价的基础。但定额是在一定时间和一定范围内工程实际费用统计分析的结果，它代表着常见的工程状况、施工条件、运输状况、设备、施工方案和劳动组合，而如果拟建工程有特殊性会带来一定的，甚至是很大的误差。

从理论上来讲，概预算定额可以作为业主进行投资估算和制定标底的依据；承包商的投标价格应以计划成本作为基础，而计划成本应该是精确的、反映实际的。反映实际是指它必须反映：招标文件所确定的工程范围、技术标准、工程量；合同条件所规定的承包商的工程责任和应承担的风险；工程的环境，包括市场价格、自然条件、法律、现场和项目的周边条件；工程实施方案，包括技术方案、组织方案、工期方案等；在上述内容的基础上，确定劳动效率、各种资源（劳动力、材料、设备等）的投入量、各种费用支出量，以此计算计划成本值。对承包商来说，一方面由于竞争激烈，要求报价尽可能低于竞争对手，同时又要保证盈利；另一方面，签发投标书后，从投标截止期开始，承包商即对报价承担责任。一般招标文件和承包合同都规定，承包商必须对报价的正确性、完备性承担责任，承包商的报价已包括他完成全部合同责任的所有花费。除了合同规定的情况外，承包商的合同价格是不允许调整的。但在投标报价中，承包商要精确计算成本常常是很困难的，这是由于：时间很紧迫，即做标期短，承包商没有时间进行详细的招标文件分析和环境调查、制订详细的实施方案、细致地计算工程量和各种费用；所能获得的资料的限制；由于竞争激烈，中标的可能性较小。如果不中标，则估价等工作白费，业主没有补偿的责任，所以在投标期又不能投入太多的时间、精力和费用作成本计划。

所以要求计划成本的计算既要精确，又要快捷。对报价单中不同的项目可用不同的计算方法，例如可以用 A、B、C 分类法。对 A 类分项，即对工程成本有重大影响的工程分项应详细精确核算，这些项目数目少（一般仅占 10%），但工作量大，价格高，占工程总成本的比例高（一般可占到 70% 以上）；对 B 类分项，其数目较多（一般占 20% 以上），价格总量一般，占工程总成本的比例也一般（通常占 20%），这类分项的核算不必非常精细，可以直接使用过去工程资料或定额；对 C 类分项，它的数目很多（一般占 70% 左右），而单项价格低，占工程总价比例也很低（通常仅占 10% 以下），则可以较为粗略估计，如可以参考以前报价资料，参考其他工程的结算资料。这样即使误差有 10%，对工程总价误差也在 1% 以下。

2）直接按部分工程，专项的供应或服务进行询价，以作为计划的依据

无论是业主还是承包商都可采用这种方式。通常将所掌握的技术要求、方案、采购条件、环境条件等说明清楚，请一个或几个承包商或供应商提出报价。

3）采用已完工程的数据

在国外，业主、设计事务所、管理公司这种方法用得较多。通常由专门的部门（学会、政府机关）公布出有代表性的工程资料，它是按照统一的工程费用结构或地面工程成本结构分项标准统计并公布，包括了已完工程成本的特征数据。我国也开始进行这方面的工作，用它可以进行计划成本的匡算或概算，也可以作详细的成本计划。但在应用这些资料时应顾及并调整：

（1）不同的年代有不同的市场环境和物价指数。如果所选择的工程资料太老，则可比性差。虽然可以用物价指数进行调整，但各方面差异性仍很大。价格指数不能完全反映一个项目

价格的变化（因为国民经济中，价格指数是加权平均的），所以最好采用近期工程的资料。如果通货膨胀率很高，尽管为近期项目，但数据的可用性同样也很差。

（2）不同的地区。不同地区的物价，工程价格是不平衡的。当地的市场物价、运输条件、发展水平、地质条件等都会影响工程价格。

（3）项目标的物的差异。通常对主体结构和一些常规的、标准的设施，如给排水、照明电路、常规装潢等可以用过去工程资料。而对特殊的装备要求，特殊的技术处理必须独立计算。例如采用特殊的建筑形式、复杂的平面布置、有个性的解决方案等，都会极大地提高成本。

对过去工程人们常常知道得不多，即使作为标准工程公布的成本资料，人们也只能获得"硬信息"，如工程规模、面积、建设工期、各成本项目的实际成本值。而很难得到软信息，如承包商的企业方针、报价策略、合同双方友好合作程度、工程中受到干扰的情况、工程中的经验教训，它们对实际成本有很大的影响。

其他方面如气候、地质条件、市场竞争状况等的影响。

在国外，施工企业、管理公司除了使用公布的成本数据库外，还有自己内部的近期完成的具体工程的成本统计结果和费用的数据库。以这些数据作为成本计划的参照，有许多优点。在实际工作中，常常选择几个相似工程，用它们的特征数据，计算拟建工程的成本值，以增加其结果的可靠度，有时也可以用它们来审查通过其他计算办法确定的工程计划成本的可信度，或者共同确定合理的计划成本。

4）合同价

合同价是业主在分析许多投标书的基础上最终与一家承包商确定的工程价格，最终在双方签订的合同文件中确认，作为工程结算的依据。对承包商来说，这是通过报价竞争获得承包资格而确定的工程价格。现代工程通常都用招标投标形式委托，签订合同，所以在这之前无论是业主还是承包商所作的计划成本都不是最终的、有约束力的工程价格。业主通过做概预算确定标底，而承包商通过概预算确定工程报价，最后业主在众多的投标人中选择一个报价合理的投标人中标，双方有可能再度商讨并修改合同价格。有时最终合同价与标底、与报价差距很大，例如鲁布革引水工程最终合同价是业主标底的58%。

现在在许多大项目中，投标时施工图经常尚未出来，而是在施工中逐步地提出，这给双方确定计划成本和决定工程价格带来许多问题，增加了不确定性。所以在招标过程中业主应增加工程透明度，尽可能拿出确定性的工程系统说明文件，以防止误导，而承包商应尽力弄清楚业主所要求的，或招标文件所表达的项目形象。在这种情况下，业主的目标、技术设计方案和施工方案之间有不同的交互作用。当然必须先定技术设计方案，再定施工方案。如果这两个方面都能给出描述，则制定成本计划就简单多了。这个阶段成本计划者必须与工程专业设计人员共同工作，探讨在相应的技术设计、实施方案中影响成本的各种因素，并在成本计划中考虑这些因素。

在这一阶段，成本计划可能涉及重大的不确定因素，应对风险做出评价，在计划成本中加入适当的裕度，如风险准备金、合同中的暂定金额。

3. 工程实施中的成本计划工作

在工程实施中，成本计划工作仍在进行。一般有以下几个方面：已完成或已支付成本，即在实际工程上的成本消耗，它表示工程实际完成的进度；追加成本，例如由于工程变更、环境变化、合同条件变化应该追加合同价款的部分；剩余成本计划，即按当时的环境，要完成余下的工程还要投入的成本量。这样项目管理者可以一直对工程结束时成本状态、收益状态进行预测和控制。

4.最终实际成本和结算价格

施工结束后必须按照统一的成本分解规则对工程项目的成本状况进行统计分析，储存资料，作为以后工程成本计划的依据。

(四) 项目成本估算的成果

项目成本估算的基本结果有以下几个方面：

1.项目的成本估算书（表）

项目成本估算书（表）需要根据识别出的项目成本要素进行分类，并结合项目成本估算的技术路线和具体方法，对成本要素的成本费用情况进行分项估计和汇总，如表4-5所示。

表 4-5　某项目工作包成本估算表

项目编号		工作包编号	
估算编号		责任人	
人工成本			
职位	小时工资率（%）	工作时间（h）	成本（元）
项目经理	60	40	2400
高级工程师	55	30	1650
一般管理人员	40	40	1600
技术员	35	40	1400
工人	30	30	900
时间成本合计		180	7950
人工应急费用（10%）			795
总人工成本			8745
采购成本			
材料			4550
设备：租用仪器和电脑			12000
委托加工			2000
合计			18550
应急费用（10%）			1855
采购总成本			38955
管理费用			
现场办公费			4500
差旅费			3000
总费用			7500
工作包总成本估计			55200
制表人		日期	

2. 详细说明

成本估算的详细说明应该包括：成本估算的范围描述、成本估计的实施方法、成本估算的各种假设、估算结果的有效范围。

3. 请求的变更

成本估算过程可能产生影响资源计划、费用管理计划和项目管理计划的其他组成部分的变更请求，请求的变更应通过整体变更控制过程进行处理和审查。

二、项目成本预算

项目成本预算是在项目成本估算的基础上，更加精确合理地估算项目总成本，并将其按照项目的工作分解结构和组织分解结构进行分配，同时将成本的发生时点根据项目进度计划进行明确。项目成本预算形成正式的项目成本计划，将作为项目运行时期成本管理活动的基准线。

成本估算和成本预算既有区别，又有联系。成本估算的目的是识别项目成本要素、确定成本核算科目、估计项目的成本数额和误差范围，而成本预算是将项目的总成本分配到各工作和各阶段上。成本估算的输出结果是成本预算的基础与依据，成本预算则是将批准的估算按照成本估算的结构进行分摊，而且成本预算需要反映项目成本投入的时间。

尽管成本估算与成本预算的目的和任务不同，但两者都以工作分解结构为依据，所运用的工具与方法相同，两者均是项目成本管理中不可或缺的组成部分。

（一）项目成本预算的特征

项目成本预算具有计划性、约束性、时间性三大特征。

所谓计划性，是指项目成本预算体现的核心思想是"分解"，即根据项目总预算，结合项目工作分解结构，将总预算一直分解至工作包层次，形成与 WBS 相匹配的成本系统结构，建立项目成本与项目进度及其他管理活动的关联，因此预算是以货币量形式表现的项目计划。

所谓约束性，是相对于项目成本估算而言。项目成本估算是从完成项目工作所需资源的角度出发，对项目预计成本的估计和设想；而项目成本预算则是在项目总成本约束下进行的成本重新分配，这种分配活动必然会受到项目总投资额、项目融资计划、项目工作结构、项目风险等多种因素的制约。从另一个角度来讲，项目成本预算是一种分配资源的计划，预算分配的结果可能并不能满足所涉及的管理人员的利益要求，而表现为一种约束，所涉及人员只能在这种约束的范围内行动，管理者的任务不仅是完成预定的目标，而且也必须使得目标的完成具有效率，即尽可能地在完成目标的前提下节省资源，这才能获得最大的经济效益。

所谓时间性，是指项目预算的成果中应该体现出进度计划和进度控制的机制，项目成本预算之所以不同于成本估算，本质区别在于其能够反映项目进度执行和资源投入的时间信息，管理者必须小心谨慎地控制成本投入的数额和时间点，不断根据项目进度检查所使用的资源量和资源的购置成本，如果出现了对预算的偏离，就需要进行变更。因此，预算可以作为一种衡量项目进度执行和成本合理性的双重基线标准而使用。

为了使成本预算能够发挥它的积极作用，在编制成本预算时应掌握以下一些原则：

（1）项目成本预算包含对项目计划的优化。积极的成本计划不是被动的按照已确定的技术设计、合同、工期、实施方案和环境预算工程成本（当然这是最基本的），而是应包括对不同的方案进行技术经济分析，从总体上考虑工期、成本、质量、实施方案等之间的互相影响和平衡，以寻求最优的解决。

（2）项目成本预算要以项目需求为基础。项目成本预算同项目需求直接相关，项目需求是项目成本预算的基石。项目范围的存在为项目预算提供了充足的细节信息。如果以非常模糊的项目需求为基础进行预算，则成本预算不具有现实性，容易发生成本的超支。

（3）项目成本预算是全过程的成本计划管理。不仅在计划阶段进行周密的成本计划，而且在实施中进行积极的成本控制，不断地按新的情况（新的设计、新的环境、新的实施状况）调整和修改计划，预测工程结束的成本状态及工程经济效益，形成一个动态控制过程。在项目实施过程中，人们（业主、承包商或项目的上层系统）作任何决策都要作相关的费用预算，顾及对成本和项目经济效益的影响。

（4）项目成本预算要切实可行。编制成本预算过低，经过努力也难达到，实际作用很低，预算过高，便失去作为成本控制基准的意义。故编制项目成本预算，要根据有关的财经法律、方针政策，从项目的实际情况出发，充分挖掘项目组织的内部潜力，使成本指标既积极可靠，又切实可行。

（5）项目成本预算应当有一定的弹性。项目在执行的过程中，总是会面临一系列不确定因素，包括国际、国内政治经济形势变化、自然灾害、项目团队建设不利、项目业务需求产生变更、项目承包商违约等，这些变化可能对项目成本预算的实现产生一定影响。因此，编制成本预算，要留有充分的余地，使预算具有一定的适应条件变化的能力，即预算应具有一定的弹性。通常可以在整个项目预算中留出 10% ~ 15% 的不可预见费，以应付项目进行过程中可能出现的意外情况。

（二）项目成本预算的依据和方法

项目成本预算的依据主要有：项目成本估算、工作分解结构、项目进度计划等。其中项目成本估算提供成本预算所需的成本对象与预算定额；工作分解结构提供需要分配成本的项目组成结构；项目进度计划提供项目各项活动的施工进度安排，以便将成本分配到发生成本的各时段上。

项目成本预算的方法与成本估算相同，主要是自上而下的预算和自下而上的预算，这同项目成本估算方法是一致的，除此之外，一个良好的项目成本预算还需要运用切段分配法和切块分配法。

1. 切段分配法

切断分配法是指根据项目的成本估算、工作分解结构和进度计划，按照项目的进度将成本分配至不同的时间段，建立项目进度与项目成本的关联关系。举例说明，某项目中的某可交付成果如图 4-36 所示，成本总预算是 20 万元，要求 10 周内完成。该可交付成果包括 3 个工作包，成本预算分别是：工作包 1 为 4 万元；工作包 2 为 10 万元；工作包 3 为 6 万元。

图 4-36 某可交付成果工作分解

该可交付成果的进度计划安排已经完成，如图 4–37 所示。项目组成员根据三个工作包施工内容的特点，制定了相应的按段分配的该可交付成果的预算表 4–6，该预算表不仅提供了每个工作包的成本投入时间信息，还提供了项目每个时间段成本需求以及累计成本需求的信息。

时间：周

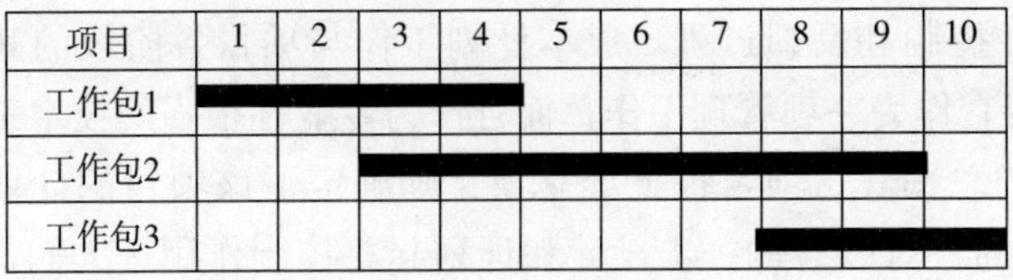

图 4–37 项目工作包的进度安排

表 4-6 某可交付成果预算 单位：万元

项目	BAC*	周									
		1	2	3	4	5	6	7	8	9	10
工作包 1	4	1	1	1	1						
工作包 2	10			1	1	2	2	2	1	1	
工作包 3	6								2	2	2
合计	20	1	1	2	2	2	2	2	3	3	2
累计	20	1	2	4	6	8	10	12	15	18	20

* BAC 表示该工作包的完工预算。

2. 切块分配法

所谓切块分配法，是指在项目成本预算和分配的过程中按工作性质和部门进行分配，以确定相应的成本管理中心，落实各部门的成本责任和分项成本支出的约束，如表 4–7 所示。

表 4-7 某项目按块分配的成果预算

部门名称	成本科目	成本预算（元）
技术部门	员工工资	320000
	研发费用	250000
	专用设备	200000
	实验费用	250000
	检验费用	100000
市场部门	员工工资	240000
	通信费用	60000
	差旅费用	150000
	宣传广告费用	150000
生产部门	员工工资	300000
	原料燃料费用	600000
	包装辅料费用	120000
	仓储运输费用	50000

（三）项目成本预算的编制

项目成本预算的编制工作包括确定项目的总预算、分解确定项目各项活动的预算、调整项目成本预算三个环节。但是在项目进程中，成本计划不是一贯不变的，在项目目标设计、可行性研究阶段会有初步的成本估算，在设计和计划过程中将完成项目的详细成本估算，在施工过程、最终结算中仍需反复进行成本估算和完工尚需估算，因此成本计划形成一个不断修改、补充、调整、控制和反馈过程。成本计划工作与项目各阶段的其他管理工作融为一体，现在人们不仅将它作为一项管理工作，而且作为专业性很强的技术工作。

（1）确定项目的总预算。项目被批准立项，则确定了该项目的计划总成本（投资或费用）。它是有约束力的，对以后每一步设计和计划起总控制作用。人们常常以这个总额为基础进行成本的分解，拆分到各个成本对象，以作为对这些单元或部分进行设计和计划的依据或限制，常常按照这个限额提出它们的设计标准、决定功能、工程范围、质量要求等。

（2）分解确定项目各项活动的预算。这是依据项目各工作包的各项活动的进度，将项目预算成本分配到工作包及项目整个工期中各阶段去的过程。随着项目的深入、技术设计和实施方案的细化，可以按结构图对各个成本对象或子部分（例如项目单元、工程分部、成本要素等）进行精确成本分析，将估计值与限额相比较，从而确定各工作包的成本预算。

（3）项目成本预算调整。这是对已编制的预算成本进行调整，以使成本预算既先进又合理的过程。按结构图由下而上进行汇总，并与原计划（限额）进行对比，衡量每一层单元计划的符合程度，以此决定对设计和计划的修改，这样形成由下而上的保证和反馈过程。

在项目结构分解中，成本限额应是平衡的，使成本合理的分配。这种合理的分配是项目系统均衡和协调的保证，是实现项目总体功能目标、质量目标和工期目标平衡的保证。这样的分解作为新的成本计划的版本，必须经过规定的批准程序。一经被批准后即作为各层次组织成本责任，并作为成本控制的依据。

（四）成本计划的内容和表达方式

1. 成本计划的内容

通常一个完整的项目成本计划包括如下几方面内容：

（1）各个成本对象的计划成本值；

（2）成本—时间表和曲线，即成本的强度计划曲线，它表示在各时间段上项目成本情况；

（3）累计成本—时间表和曲线，即S曲线或香蕉图，它又被称为项目的成本模型；

（4）相关的其他计划，例如工程款收支计划、现金流量计划、融资计划等。

2. 成本计划的表达方式

成本计划应形成文件，计划的依据应能追溯其来源。这些信息对上层管理者、项目经理和其他项目参加者都是十分重要的。成本计划应根据项目管理的需要采用简单易懂、便于成本控制的表达方式。常用的成本计划的表达方式有以下几种：

（1）表格形式，例如成本项目—时间表和成本分析对比表等。

（2）曲线形式，包括直方图形式和累计曲线，例如"成本—时间"图、"累计成本—时间"曲线；其他形式，例如表达各成本要素份额的圆（柱）形图等。

举例说明，某石油装备公司准备生产并安装一台大型机床，项目成本估算为133万元，要求编制该项目的成本预算。该项目的具体工作如图 4–38 所示。

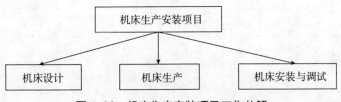

图 4–38　机床生产安装项目工作分解

根据项目的工作量进行估算，预计项目总工期为 12 周，机床设计 4 周完成，机床生产 6 周完成，机床安装与调试 2 周完成。根据工作时间首先按照自下而上的估算方法对机床生产和安装项目进行成本估算，结合项目的工作分解图 4–38，对项目各工作包的成本进行分项估算并累加形成项目成本预算总额（表 4–8）。

表 4-8　机床生产安装项目成本估算表　　　　　　　　　　　　　　单位：元

项目编号		工作包编号	
估算编号		责任人	
机床设计			成本
人工			90000
材料			45000
设备：租用仪器和电脑			80000
合计			215000
机床生产			成本
材料原料			480000
人工			120000
设备：加工机械租赁			355000
合计			955000
机床安装调试			成本
安装			80000
调试			80000
合计			160000
项目总成本估计			1330000
制表人		日期	

为了建立项目成本计划，总预算成本分配到各阶段的整个工期中去，根据项目的进度安排和资源计划确定项目成本投入的时点，形成项目成本—时间表 4–9，成本—时间图柱状图 4–39 和累计预算图 4–40。

表4-9 机床生产安装项目成本—时间表 单位：万元

项目	合计	周											
		1	2	3	4	5	6	7	8	9	10	11	12
设计	21.5	5	5	6	5.5								
建造	95.5					10	10	25	25	15	10.5		
安装调试	16											10	6
合计	133	5	5	6	5.5	10	10	25	25	15	10.5	10	6
累计		5	10	16	21.5	31.5	41.5	66.5	91.5	106.5	117	127	133

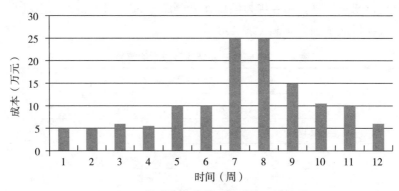

图4-39 机床生产安装项目成本—时间图

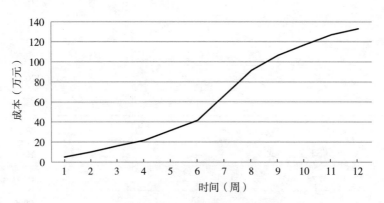

图4-40 机床生产安装项目预算曲线

第六节 项目质量计划

人类的所有活动都建立在产品质量和服务质量的基础上。在建设现代项目的过程中，由于建设过程的复杂，先进设备和技术的应用，越来越细的专业分工以及强烈竞争意识的存在，使得人们对质量控制的意识和要求越来越强烈，从而使质量控制水平成为一个企业或部门项目管理水平的重要标志。

一、项目质量

人们控制项目建设质量的愿望几乎与项目建设的历史一样长，无论是宏伟的紫禁城古建筑群，还是雄壮的秦始皇兵马俑，其坚固耐久的特点都表明了人们对质量问题的重视。当然，古人对质量的追求与现在的质量控制并无雷同之处，现代意义上的质量控制是 20 世纪 20 年代从休哈特的统计质量控制开始，并通过人们不断增加、完善新的内容和思想而逐渐发展起来的。

（一）质量管理

人们所熟悉的"质量"通常用于指产品质量，即产品的使用性能，或产品的等级。它包括性能（即产品满足需要的能力）、寿命（即产品能够有效使用的时间）、经济性（即产品的性价比）、安全性（即产品对使用者人身和财产的保障程度）。但这仅仅是质量的部分内涵，质量管理的核心概念随着人们质量管理活动的进步而逐步演化。

早在泰勒"科学管理"理念之中，质量管理就占有一席之地，泰勒的科学管理强调计划职能与执行职能相结合，并成立专门的检验部门，即是将产品的质量管理活动纳入到企业的核心管理活动之中。但此时的质量管理活动强调的主要是一种"事后检验"和"百分之百检验"，通过将不合格品剔除的方法达到质量保障的目的，由于产品质量的形成过程复杂，这种质量管理方法不易追究质量问题产生的原因，也就很难对产品的质量进行改进。

1925 年，美国贝尔实验室工程师休哈特发明了控制图，从此质量管理进入了通过统计方法进行过程质量控制阶段，质量稳定性取代了质量符合型的判断标准；1930 年，道奇和罗明提出了统计抽样的检验方法，40 年代在贝尔电话公司得到了应用，又在随后到来的二次世界大战中广泛应用于军用物资的质量检验。这一阶段的质量管理活动以数理统计抽样理论为基础，已经由事后检验发展到强调对生产各环节的质量控制。

1956 年，美国质量管理大师菲根堡姆提出了全面质量管理理论（TQC），将产品形成过程的质量管理活动统一为 PDCA 循环（Plan-Do-Check-Action），从此质量管理变成了一个全员参与、全面控制的周而复始循环。全面质量管理的主旨强调，质量不仅是设计、生产、检验共同锻造出来的，它更是一个循环改进的过程，每经过一个循环质量都会有所提高。质量管理专家在全面质量管理的基础上提出了诸如戴明循环、朱兰质量三部曲、克劳士比零缺陷等质量管理理念。

20 世纪 80 年代，是质量管理一个重要的里程碑，ISO（国际标准化）质量体系诞生了。这个标准化体系的最大贡献，就是把各国的质量体系，以及各个不同行业（后来也包括服务业）的质量体系，统一到了一个旗帜之下，质量管理体系变成了一个带有最大公约数的国际统一规范。时至今日，全球一批著名跨国公司又推出了更为先进的质量管理标准和理念，如六西格玛质量管理、并行工程等，质量标准不断提高，质量管理地位也不断得到肯定和提升。

（二）项目质量管理

项目质量管理是项目管理的三重约束之一，是项目成功的重要保障手段和前提。项目质量管理的核心与内涵与质量管理理论的发展相一致，也高度浓缩了质量管理理论的精华，项目质量管理的内容包括保证项目满足其干系人需求所需要的过程，它包括"确定质量方针、目标和职责并在质量体系中通过诸如质量计划、质量保证、质量控制和质量改进使其实施的全面管理职能的所有活动（PMI）"。项目质量管理具有以下特点：

1. 干系人满意

从一定意义上来讲，满足干系人的需要是项目存在的原始动力，把项目干系人的满意度作为质量标准的尺子，这是现代项目质量管理的重要原则之一。项目的干系人既包括项目的投资方、项目组织成员、项目客户，也包括供应商、公众、竞争者甚至还可能包括政府组织、新闻媒体、金融机构等，鉴于项目干系人对项目的影响不同，需要对其进行有效的识别，明确不同干系人对项目质量的需求，制订精密的项目质量计划，尽量减少误差，降低项目的质量成本。满足干系人的需求不仅仅意味着向其提供的项目有形成果或无形服务可以达到预期的优质、安全、准时、便捷的效果，其更高的层次是为其提供个性化或延伸的产品功能及服务，增加干系人的满意度；甚至可以通过附加的质量活动如售后回访、使用培训、社会公益活动等进一步开发干系人的潜能。

2. 高层推动

质量管理大师戴明认为85％的生产失误责任在于管理者而不是操作者。可以说项目的质量在很大程度上取决于公司和项目高层领导的重视程度。只有最高领导挂帅，才能给质量管理活动正名，才能决定项目的质量方针，才能动员全员参与保证项目质量计划的落实，才能调动并配置资源，才能形成全面完善的质量控制体系，才能驱动质量的持续改进。福特公司副总裁曾经请戴明做质量顾问，却被戴明拒绝。被拒绝的原因是戴明认为质量是高管层尤其是总裁决定的，所以他有一个规矩，非总裁来请决不出山。

3. 全员参与

项目质量管理活动不仅仅是几个质量管理人员或部分组织的职责，项目质量的形成过程是项目所有干系人共同参与形成的，项目质量管理应该是一个强调全员参与的过程。因此质量改进一方面应该打破项目与组织部门的隔阂，团队的每个成员都要以主人翁的心态认识自己的工作使命，加强内部沟通，识别容易出现质量风险的职责边界，扩大质量活动的普及面和影响。另一方面，项目的质量改进活动不是封闭的和孤立的，质量管理大师朱兰提出两著名的"质量螺旋"，指出产品质量形成的全过程包括十三个环节：市场研究、开发（研制）、设计、制定产品规格、制定工艺、采购、仪器仪表及设备装置、生产、活动控制、检验、测试、销售和服务。十三个环节构成一轮循环，每经过一轮循环，产品质量就有所提高。质量形成的系统是一个开放的系统，和外部环境有密切联系。如采购环节和物料供应商有联系，销售环节和用户有联系，市场研究环节和产品市场有联系，等等。所以产品质量的形成并不只是内部行为的结果，需要密切结合项目外部干系人的质量活动，否则外部传递的质量缺陷将成为制约质量提高的瓶颈。

4. 质量成本

质量成本是指为保证或提高产品或服务质量进行的一切管理活动以及由于产品或服务的质量问题造成损失等所必须支付的费用。人们普遍认为，高质量必然导致高成本。但是如果从质量成本产生的动因角度进行分析则会得出不同的结论。质量成本通常分为预防成本和损失成本两个组成部分。为了满足干系人的要求而有计划地投入到质量管理活动中的成本，包括召开质量会议、组织质量活动、对产品和服务进行测量、评估或稽查，以确保其符合质量要求等活动所产生的成本费用，即预防成本；产品报废、返工、闲置等内部损失成本，产品的折让折扣、返工修理、售后服务、预期交货赔偿以及损失赔偿等外部损失成本则共同构成产品的损失成本。通常情况下预防成本与产品质量成正比关系，而损失成本与产品质量成反比关系，因此在一定程度上高质量不但不会导致高成本，反而会降低成本，提高生产能力。

5.过程管理和持续改进

质量改进是一个持续过程，不是一朝一夕的短期工作。戴明认为，解决当下问题并不是改善，充其量不过是恢复常态，在 PDCA 循环的过程中，每经过一次完整的循环过程，产品的质量提升一个高度，如此不断提高质量水平（图 4-41）。朱兰的"质量螺旋"过程也论证了这一点，经过完整的十三个环节的质量活动后，产品质量螺旋式上升，产品质量的提高在一轮又一轮的循环中总是在原有基础上有所改进，有所突破，且连绵不断、永无止境。

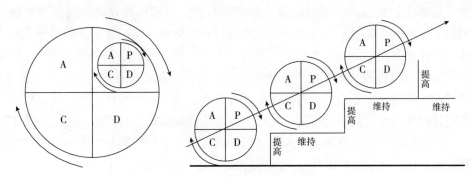

图 4-41　PDCA 循环示意图

（三）甲乙双方质量管理

1.甲方质量管理

甲方是项目建设的投资者，因而是项目质量水平的决定者。甲方通过项目设计和编制项目质量控制计划，将自己对项目质量的要求落实给承包者，并通过经常性的监督和检验使项目的建设质量保持在期望的水平上。甲方对质量的控制工作从设计开始抓起，直至验收完工。

项目的成本、工期以及质量之间存在着相互制约的消长关系。实际上，项目设计质量的确定也是一个决策问题。它受项目的用途、建设项目的投资、市场上的竞争形势、甲方的利润政策、项目建设所需的材料和设备的供应情况，以及甲方的经营战略等因素的影响。确定项目质量，首先应该考虑项目的用途。显然，修建核电站所要求的质量比修建水泥桥梁要求的质量要严格得多。在用途一定的条件下——这也是大多数项目在确定设计质量时所面临的情况，确定设计质量水平主要是在质量和成本之间权衡。有时，也会对项目某些环节的质量故意留有余地，以保证在未来服务寿命期间及时进行更新改造。例如，十年前建设的一座化工厂的主体设备的设计质量是安全生产二十年，结果现在市场上出现了效率更高、价格低廉的先进设备。这时，已有设备必然是"食之无味，弃之可惜"。对设计质量的确定，可能取决于企业的经营战略，如一个企业试图在某个领域内保持领先地位并急于维护声誉，其拟建的与该领域有关的项目设计质量就可能很高。

2. 承包者的质量管理

项目的设计质量确定之后，主要靠承包者将之体现在项目建设中。从承包者的角度来看，要控制的项目质量就是所谓的符合性质量。因此，承包者进行质量管理，应该满足两个目标：其一，所有作业必须符合甲方确定的设计标准和工艺要求，保证甲方满意；其二，在确保建设质量水平的前提下，合理安排资源和进度，做到经济生产。这两个目标是相互联系的。只有保证质量才能防止返工和索赔，从而保证工期和实现利润目标，并为日后工作建立信誉；也只有合理安排资源和进度才能防止因仓促施工而降低了质量。

承包者要做到保质保量地履行合同条款，首先应建立完善的质量保证体系和健全各种质量管理制度，如实行活动控制，制订质量标准，确定进料及作业检验的范围、类型和次数，规定最终验收标准等。通常，这些规范和标准都已在甲方的质量计划书中载明，但承包者仍要制订自己更严格的质量标准。

在施工过程中，承包者要进行经常性的质量自查，以确保建设质量满足设计和工艺要求。特别是工程项目，如果某一环节完毕之后进行最终检查，即使发现某些部分质量不好也很难补救，或补救办法复杂，成本很高。所以，为了及早发现缺陷和隐患，必须按照规定的统计分析方法进行材料检查和作业中间检查。具体的检查工作可在甲方指导或配合下进行。在检查中发现缺陷或异常趋向时，要作详细研究分析，找出原因所在，迅速采取措施。对已形成的缺陷进行补救，使其不再重复；对将要发生的问题做出及时预防，将之消除于萌芽状态。通常，采取的补救措施可能包括加强进料（或进件）检验或缩小工艺容差，增加新的工艺要求和规范，加强质量监督以及对某些环节的人员进行必要的集训。

承包者在质量控制中，还要加强与甲方的交流，向甲方及时通报情况，了解甲方意图，争取甲方的支持和配合。对于某些在施工中发现的不切实际的质量要求，要在得到甲方谅解后进行调整。例如，某企业中标承建一条原油运输船，在合同执行中发现批准的成本根本不能满足设计要求，后经多次与甲方协商，取得了甲方的谅解并追加了投资和更改了部分设计。没有通畅的交流这是办不到的。在项目建设中，有些缺陷虽未超出甲方要求，但这类缺陷达到一定程度也会引起甲方的不满。甲方对一般缺陷的承受能力究竟有多大，与双方的交流程度有密切关系。如果双方相互猜忌或存在其他矛盾，一些小的缺陷也会引发冲突，甚至会导致纠纷。必须明确，甲乙双方是具有共同利益的伙伴，而不是对手。两者参加项目工作的动机虽不一致，但目标都是成功建成项目，这里还需要指出，强调甲乙双方的交流旨在顺利开展工作，为项目成功建成创造条件，绝不是建议承包者通过不正当渠道投机取巧。在存在竞争的情况下，任何投机取巧的行为都等于自掘坟墓。

3. 质量控制组织

质量控制工作是重要而经常性的工作，不论是甲方还是承包者为满足质量管理的要求，都要建立专业化的质量控制队伍。对于甲方，质量控制工作主要由项目组承担。项目组负责制订质量控制计划和监督检查承包者的工作是否符合设计标准和工作规范。承包者则要独立设置或在项目组中设置质量控制组织，任命质量控制经理。质量控制经理一般与施工、采购及其他高级管理人员同级，直接对项目经理负责。

在承包者的质量控制组织中，除传统的检验人员之外，还要有质量控制工程师、技术员和专业工作人员。其工作重点不仅是对各基层单位的作业进行验收，而在更大程度上是保证设计质量和在施工中防止不合标准的作业。这些工作包括确定质量水平，控制作业工艺，检查进料，检查完工的作业，对不合格部分进行调查、分析和补救，以及与甲方进行联络和合作等。这些工作通常是根据一定的计划有步骤地实施。计划的制订要在质量控制经理的领导下，由质量工程师、技术及其他专业人员共同制订，并以甲方提供的质量计划作为基本依据。鉴于质量控制人员要解决作业中的各种问题，在配备人员时，不但要考虑他们的技术素质，还要考虑他们的现场工作经验和管理能力。

当然，这里讨论的是现代质量控制组织的一般情况，并不一定所有的项目都有类似的组织。质量控制组织的规模和结构主要取决于项目的复杂程度和性质。在一些简单的小型项目中，项目组可能只设质量监督，而不设专业质量控制部门。而在一些较大的复杂项目中，如从事宇航设备和军火研制的承包企业，其质量控制组织通常是一个庞大的部门，它不仅控制狭义的质量，还涉及保证足够的可靠性。

除上述常设质量控制组织之外，有些企业还组织不定期的质量调查小组对建设项目进行质量调查。该小组一般由质量管理部门、作业部门、采办部门以及设计部门的代表组成，必要时还可吸收其他部门的代表充当顾问。该小组有权对与质量相关的所在项目建设问题进行调查和分析，其范围可涉及全面分析和评价设计要求、确定项目质量的依据、作业标准和规范、检查试验方法和标准、同类项目的质量情况以及影响项目质量的其他课题。调查小组的工作还包括对建设采用的作业设备、工具以及测试仪器进行物理性能的检查，评定它们是否适于工作。质量调查小组应将每次调查的结果和建议写成报告。在报告中对存在的缺陷提出补救措施，并指出这些措施在实施中有关部门应负的责任。质量控制小组既适用于甲方对质量的控制，也适用于承包者对质量的控制，更适用于甲乙双方共同进行的阶段质量评估。但是，采用调查小组的方式检查建设质量要耗费大量资金和人力，只有在大型项目的建设中才是可取的。一些规模较小的项目也可采用类似的方式，但需要改造和简化，以适应自己的需要。

二、项目质量计划与质量保证

质量管理全过程常被形象地比喻为质量计划、质量保证和质量控制的"三部曲"，实际上这三种质量管理活动不是贯序进行的，而是同步推进的。质量计划如同立法，用以指导和约束质量管理活动；质量保证如同执法，是对质量计划的落实和执行；质量控制如同司法，旨在监督质量计划的正确性与有效性，判断质量活动的执行效果，并对两者进行纠正。"执法意在扬善，司法旨在抑恶，质量保证体系的功能是正面防御，守住质量标准的边界；质量控制系统的功能则是从反面挑毛病，追寻故障原因，并随之采取纠偏措施。"项目的质量计划，是整个质量活动的基础和蓝图，这一计划应充分考虑到项目的质量目标、潜在承包者的作业能力、长远经营战略及在未来项目建设的管理中所承担的责任和义务，并在质量、进度和成本之间达到最佳平衡。一个经济有效的计划应该保证项目在建设期间所有方面都具有较高的质量，应该将质量意识渗透到设计、研制、建造、工艺、装配、检查、试验、采购、运输、储存和现场安装等各方面，将质量控制贯穿于项目建设全过程。本节内容将对项目质量计划的组成进行概括和说明。

（一）项目质量方针和质量管理目标

质量管理目标是项目业主质量理念的体现，以及他们通过项目的预期成果所取得的经济效益、品牌效益和社会效益等，质量方针一般具有愿望的特征，如某项目的质量方针为"致力于向顾客提供具有竞争力的产品和服务，满足顾客当前的和未来的需要"。而质量管理目标则是以质量方针为指导原则提出的，关于项目成果质量的规范和项目质量管理行为的标准。具体来说，对于一项拟定中的投资，究竟要建什么样的项目、项目应具备什么性能、能够满足投资者哪些方面的需要、达到什么标准、服务多长年限、安全性如何等都属于需要明确的项目质量成果目标。在明确质量要求的同时，还要确定实现这一目标的具体措施，即确定技术标准和工艺标准，按照标准化的要求进行作业。

完善的质量方针与质量管理目标的确定需要考虑以下因素：

（1）项目客户的需求，即客户对项目最终成果的要求和期望。项目是创新的过程，项目的成果是独一无二的，因此客户对项目成果的要求可能是模糊的，而且客户的期望值往往高于项目的实际产出。因此在明确项目质量目标时，需要与项目客户进行充分的沟通和交流，并结合项目范围管理的成果，将项目的质量目标与客户的预期相互协调，避免项目的质量风险。

（2）科技进步与发展。现代项目活动处于科技进步的浪潮之中，产品或服务质量与科技水平同步，若想提升或保证质量标准，必须紧跟科技进步的脚步，否则会在激烈的角逐中失去竞争优势。因此质量管理目标需要与科技发展的趋势亦步亦趋，积极运用或适应新的科技发明成果和新的技术标准，这样制定的质量管理目标才具有长远性和可持续性。

（3）竞争格局。这对于某些技术简单、规模较小、竞争激烈的项目尤其适用。在竞争对手林立的市场上，如果不关注竞争对手的质量管理活动，不制定更高的质量目标，无异于逆水行舟、不进则退。

（4）社会强制。例如污染排放指标，食品和药品中有害物质含量指标等，这类质量管理目标不是项目自主选择的，而是权威机构代表公共利益强加的。确立这类目标的核心问题是正确地识别项目的干系人，深入了解不同干系人特别是项目外部干系人的质量要求。例如，一个为发电厂生产安装脱硫除尘设备的项目，对项目质量具有最大影响的干系人不是发电厂，而是周边地区的全体居民，但是他们会委托当地政府的环保部门提出质量要求，维护自己的利益。因此，这种项目的质量管理目标不是电厂的满意度，而是要以达到环保局检验标准为底线，并争取超越周边居民的期望值。

如果项目的质量管理目标不明晰或不全面，就无法开展质量保证和质量控制工作。只有投资者按照自身的经营战略和建设项目的目的确定出项目的质量标准之后，承包者、分包者以及其他与项目建设有关的单位才能确定自己的质量目标。

（二）对承包商的评估

承包商是项目质量的实施者。在项目建设中，质量控制措施的实施和优良做工的取得，主要责任要由承包者承担。所以，在制订质量计划时，就要明确对承包者质量水平的评估标准，为项目的招标与发包及建设中的质量控制提供依据。

承包者拥有的机械、设备、工具和掌握的生产工艺能力是实现项目质量目标的先决条件。不管自我标榜的能力多大，广告如何天花乱坠，如果缺少必需的先进设备和手段，就无法保证新建项目质量满足投资者的要求。很显然，数控机床加工精度比一般机床要高得多。因此，要保证承包者满足既定的质量要求，就要根据项目本身的需要和正常的技术水平确定评估标准。按照质量控制的观点，这一标准应是承包者中标的基本条件。

职工的技术构成和质量意识是承包者能否实现质量目标的决定因素。当设备和工艺一定时，职工的熟练程度和技术水平就成为影响项目质量的主要方面。有些项目对质量要求不高，如土石方工程，施工队伍只要年轻力壮，无须较高的技术级别。另一些项目，对质量要求很高，如军工产品的研制，这时不仅要对承包者的技术水平做出要求，还要对主要岗位职员的职称、学历、成就和经验做出具体规定。在具有大量开拓性、创造性内容的项目中，职工的技术构成和质量意识是承包者质量水平评估的重要方面。

要确保承包者的作业质量满足要求，还要制订评估承包者质量检查和监督人员的标准，这一标准包括人员数量和人员素质两个方面。有时，对承包者质量控制人员的培训计划也要提出具体要求。

除在质量计划中制订上述标准外，还要强调总体管理水平和成功进行质量控制的历史记录对承包者实现项目质量目标能力的影响。

(三) 图纸和文件的管理

图纸是施工和保证质量的依据。质量计划中应规定一套图纸借阅、使用、保存的程序和保证其通用性及对改动设计加以控制的方法。同时，对设计图纸和设计规范还要建立一套评价其在项目建设中是否符合技术性能要求以及在实施中某一方面所建议的改动是否适宜的程序。关于图纸改动，应要求承包者提出具体措施，保证图纸改动生效后能满足质量要求，并且使废弃的图纸与已经改动作废的部分得到妥善处理，停止在一切部门应用。此外，还要求承包者将改动生效的部分予以记录，以备甲方考查。质量计划中还应说明，对于图纸的管理，承包者不只是被动地执行，还要积极地参与。对于个别设计的补充规范、工艺规程、作业技术规程、工业管理规程和作业规程，承包者有责任对其通用性、适应性及满足质量要求的程度进行审核，并提出合理的改进建议。

质量计划中还要明确规定，为满足项目建设的质量要求，必须对项目建设所需的全部资料进行管理，使之相互适应和协调。首先，对任何设计改动的提议、批准和生效要完全符合合同要求，对于经甲方批准而在合同中载明的工程变动要进行有效的监督和控制，同时，也要对比较次要的不需要甲方决策者批准的改动进行有效的监督和控制。其次，有关图纸改动、质量检查、测量与试验报告及相应的数据，应完全遵守合同中关于甲乙双方在权利和数据方面的要求。最后，各种文件和资料的传递、归档及保密应有利于质量控制工作的开展。

(四) 测量与试验工具

测量与试验工具是检查作业质量的手段，测量和试验的结果及依此得出的结论完全取决于测量条件和工具的精度。因此，质量计划应对控制质量所涉及的测量与试验工具提出具体要求。通常，应要求承包者提供并维护保证产品符合技术条件所需要的量规及其他测量装置；并规定为保证测量设备的精度满足质量要求，应定期按照经过鉴定与国家标准相吻合的标准来校准，从而使测量设备的精度在降低之前得到调整、更换或修理。有些项目中，对于专业性较强的作业，甲方还指定使用某种测量装置进行检验或指定某个权威机构做检验工作。

如果承包者把夹具、样板和模型之类的生产工具作为测量或检查的手段，也应规定这些器具在使用之前进行检查。并且还要按规定定期更换或校准，以确保精度。有时，甲方为了验证承包者的作业是否符合合同要求，承包者要在检测设备方面给予合作，必要时为之操作，并鉴定其精度和状况。

此外，在项目建设过程中，如出现新的测量器具或要求进行更精密的测量，承包者有责任及时向甲方报告，或由甲方及时提出要求，以保证建设质量达到预定水平。

（五）采办要求

甲方要保证承包者所使用的或供应者所提供的产品和设备符合项目建设的质量要求，就要制定采办工作的规范和要求。

货源选择和承包者控制质量的性质与程度要根据供应的类别、经证明的供应厂家的实际能力和可供应用的质量证据而定。为了全面而经济地控制物资和设备的质量，应最大限度地利用供应者提供的客观质量证明。对于批量采购的物资，要按照产品的复杂程度和数量进行质量水平的定期评定和审查。收货时则必须按照规定的程序进行检查和检验。项目建设所需的常规设备和材料，既然非独家或少数厂家生产就应采取公开招标的方式，货比三家，择优而用，防止因人为的原因购进低劣物资。

做好采办环节的质量控制，应事先做出对采购产品或材料性能要求的全面说明，如制造加工的要求，检验、试验、包装以及任何由甲方或承包者检查、鉴定和批准的要求。具有以下性质的技术要求也应说明：全部图纸、规范、可靠性、安全性、重量或其他特殊要求、非常规的检查方法及检查设备、特殊修改和型号辨别方法等。

质量计划中要明确对货源单位进行全过程质量检查的要求，同时，要求货源单位对相关产品的任何改动都必须通知甲方或承包者。

有时，质量控制计划中还要对承包者在采办中的权利和责任做出详细的规定。

（六）建造要求

建造是体现项目质量的最终环节，尤其是对于土木工程项目，建造与质量的关系更为密切。

保证建造质量，首先要保证所需原料、材料符合项目建设的技术性能要求。所以，作业单位应根据供货单位提供的说明，对照甲方通过合同提出的质量要求，采取试验、检查、理化分析及其他手段对进货质量严格控制。通过对原材料的筛选和检测，消除影响质量的隐患。在此基础上，要对施工过程进行全面质量管理，通过建立质量保证体系，采用合适的机械设备、正确的工艺流程以及必要的检查检验程序来保证建造的质量水平。质量计划中，针对项目的实际情况，对上述各方面要求还要做出具体规定和安排。

对于不合格的材料和作业，应该要有一套严格的处理程序，包括不合格内容的辨别、处理方法等。不合格材料一般应及时退货、销毁或封存，防止混入合格材料当中成为降低项目建设质量的根源，这通常还要涉及货款的调整。作业中的质量问题，要根据轻重程度分别规定返工、修理及其他补救手段，因之而造成的费用增加及其他损失要明确责任，防止扯皮或纠纷。

在建造作业中，统计质量控制与分析是一种有效的掌握质量问题、控制质量水平的工具，不仅在合同中也要在质量计划中详细规定控制各环节质量使用的统计方法。统计质量控制方法很多，要根据控制对象的特点和经济有效的原则进行认真选择。

（七）甲乙双方的协调

搞好项目的质量控制工作，保证项目建设的质量水平，本身就是一种系统工程。需要甲乙双方协调一致，共同实现既定目标。

甲方应具有检查任何与项目质量相关的材料、设备和工作环节的权力，不仅要对承包者进行检查，还要对分包者提供的产品、材料或服务进行检查。当甲方例行检查时，承包者应积极提供帮助与合作，以利于甲方确定承包者使用的设备和材料是否符合合同要求。

同样，当设备和材料由甲方自行采办，承包者只提供作业服务时，要进行全面的收货检查，识别并防止劣质器材进入项目。同时，对检查中发现的质量问题，以及运输、储存等环节造成的故障和损坏做好详细记录，以书面形式报告给甲方。

搞好协调，信息交流是关键。质量计划中，要明确规定甲乙双方评定质量、通报情况、以及日常联络与交流的方式和程序，以保证整个系统处于协调运转的高效率状态。

质量计划是由甲方制定、主要靠承包者实施的质量文件，一经批准生效将成为整个项目质量控制工作的基础。除上述内容外，有时还需要根据项目的具体情况增加其他要求。在落实计划期间，与进度计划和成本计划相比，质量计划的变更相对较少，因此，质量计划要制订得足够详细、全面和实用。

思考与练习

一、判断题

1. 关键工作就是项目技术最复杂或工作量最大的工作。（　　　）

2. 非关键路线上的工作都有非零的自由时差。（　　　）

3. 项目进展过程中每项子任务的完成都是一个里程碑。（　　　）

4. 项目活动时间估算仅考虑活动所消耗的实际工作时间。（　　　）

5. 项目里程碑计划显示的是达到最终目标所采用的方法、手段。（　　　）

6. 项目的成本包括人工成本、设备成本、材料成本、服务成本等。（　　　）

7. 自上而下的成本估算方法就是比照执行项目所花的成本，来估计将要执行项目成本的一种方法。（　　　）

8. 人工成本就是该员工的工资。（　　　）

9. 一般情况下，成本估算和成本预算可以使用相同的方法。（　　　）

10. 在项目成本决策时，既要考虑制定更加精细计划所增加的成本，也要考虑这样会减少以后的实施成本。（　　　）

11. 项目成本估算是成本预算的基础。（　　　）

12. 在由下至上进行成本估算时，相关具体人员考虑到个人或部门的利益，往往会降低估计量。（　　　）

13. 当一个项目按合同进行时，成本估算和报价的意思是一样的。（　　　）

二、选择题

1. 若在网络图中 A 为 B 的紧前活动，则表示（　　　）。

A. 活动 A 完工后 B 马上就要开始

B. 活动 A 完成是活动 B 开始的充分条件

C. 活动 B 在活动 A 完工后才有可能开始

D. 活动 A 和活动 B 同为关键路径或非关键路径

2. 某任务的乐观工期为 3 天，最可能工期为 6 天，悲观工期为 9 天 此任务的预期工期为（　　　）。

A. 3 天　　　　　　B. 6 天　　　　　C. 9 天　　　　　D.6.5 天

3. 工作包是一个（　　　）。

A. 在 WBS 最低层次的项目可交付成果

B. 有一个独特的识别符的任务

C. 需要的报告层次

D. 能分配给超过一个以上的组织内各部门执行的任务

4. 当网络图中某一非关键活动的持续时间拖延 $\varDelta$，且大于该工作的总时差 TF 时，网络计划总工期将（　　　）。

A. 拖延 $\varDelta$　　　　　　　　　　B. 拖延 $\varDelta$ +TF

C. 拖延 $\varDelta$ – TF　　　　　　　　D. 拖延 TF – $\varDelta$

5. 下面哪项工具为确定必须安排进度的工作奠定了基础？（　　　）

A. 工作分解结构　　　　　　　　B. 预算

C. 主进度计划　　　　　　　　　D. 甘特图

6. 一个项目可能（　　　）。

A. 没有关键路线　　　　　　　　B. 有一条关键路线

C. 有多条关键路线　　　　　　　D. B 和 C

7. 你正在管理一个建筑项目，建造一个新的城市供水系统。合同要求你使用一种特殊的、保证不会腐烂的钛管道系统设备。合同还要求你用氪石螺钉来连接管道系统。因为氪石的质量密度是其重量的 16 倍，所以在安装螺钉前，必须将管子在地面上放置整整 10 天。在这个例子中，10 天的时间段被定义为（　　　）。

A. 浮动时间　　　　　　　　　　B. 领先时间（提前时间）

C. 滞后时间（时距）　　　　　　D. 时差

8. 在一个以前没有做过的项目中，项目经理必须选择一种或多种方法来估计任务周期。下列哪个是最可靠的方法？（　　　）

A. 历史数据　　　　　　　　　　B. 专家判断

C. 参数学习曲线　　　　　　　　D. 估算手册

9. 某网络计划中，工作 M 的最早开始时间和最迟开始时间分别为第 14 天和第 18 天，其持续时间为 5 天。工作 M 有 3 项紧后工作，它们的最早开始时间分别为第 23 天、第 24 天和第 27 天，则工作 M 的自由时差为（　　　）天。

A. 4　　　　　　　B. 5　　　　　　C. 6　　　　　　D. 8

三、计算分析题

1. 在包含搭接关系的网络图（图 4-42）中，计算各活动的最早时间参数、最迟时间参数和总时差。

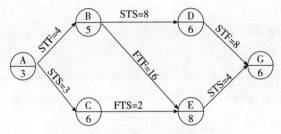

图 4-42 包含搭接关系的网络图

2. 某项目工序安排、每道工序所需时间和成本情况如表 4-10 所示。要求：（1）绘出网络图；（2）计算工序时间参数和总时差，并明确关键路线和项目完工时间；（3）绘出项目安排的甘特图，以周为单位（一周 5 个工作日）制定项目成本预算。

表 4-10 某项目工序安排及成本情况

工序	紧前活动	完成时间（天）	工序成本（元/天）
A	—	5	60
B	A	6	20
C	A	8	50
D	A	4	50
E	B，C	5	50
F	C，D	4	70
G	E，F	3	80

参考文献

[1] 美国项目管理协会.项目管理知识体系指南（PMBOK 指南）[M].6 版.北京：电子工业出版社，2016.

[2] 哈罗德·科兹纳.项目管理：计划、进度和控制的系统方法 [M].12 版.北京：电子工业出版社，2018.

[3] 罗东坤.中国油气勘探项目管理 [M].东营：石油大学出版社，1995.

[4] 吴之明，卢有杰.项目管理引论 [M].北京：清华大学出版社，2000.

[5] 杰弗里 K 宾图.项目管理 [M].4 版.北京：机械工业出版社，2018.

[6] 克利福德·格雷，埃里克·拉森.项目管理 [M].5 版.北京：人民邮电出版社，2013.

[7] 汪应洛.系统工程理论、方法与应用 [M].北京：高等教育出版社，1998.

[8] 邱菀华，等.现代项目管理学 [M].4 版.北京：科学出版社，2017.

[9] Van Slyke R M. Monte Carlo methods and the PERT problem[J]. Operation Research，1963，11（5）：839–860.

[10] 黄建文，石春，张婷，等 . 基于贝叶斯网络的工程项目进度完工概率分析 [J]. 数学的实践与认识，2017，47（6）：87–93.

[11] 白思俊 . 资源有限网络计划启发式方法的评价（下）：启发式方法与网络特征的相关性分析［J］. 运筹与管理，1999，8（4）：52–56.

[12] Bowman R A. Efficient sensitivity analysis of PERT network performance measures to significant changes in activity time parameters[J]. Journal of Operational Research Society，2007，58（10）：1354–1360.

[13] 孙福兴 . 试论 PERT 中作业持续时间的期望与方差的估值 [J]. 西安建筑科技大学（自然科学版），1991，23（1）：71–79.

[14] 陈瑞 . 基于 PERT 和蒙特卡洛法的建设工程完工概率分析 [J]. 水电能源科学，2019，37（5）：115–117.

[15] Leu S S，Chen A T，Yang C H . A GA-based fuzzy optimal model for construction time–cost trade-off[J]. International Journal of Project Management，2001，19（1）：47–58.

[16] Al-Jibouri S H . Monitoring systems and their effectiveness for project cost control in construction[J]. International Journal of Project Management，2003，21（2）：145–154.

[17] Crawford P，Bryce P. Project Monitoring and：a method for enhancing the efficiency and effectiveness of aid project implementation[J]. International Journal of Project Management，2003，21（5）：363–373.

[18] 中国机械工业教育协会 . 建设工程监理 [M]. 北京：机械工业出版社，2002.

[19] 尤军，刘少亭 . 石油工程监督体制的实践与认识 [J]. 石油工业技术监督，2003（3）：27–29.

[20] 攸频 . 工程项目控制系统的协调及优化 [D]. 天津：河北工业大学，2003.

[21] 张耀嗣，张宝生 . 建立油公司模式下石油工程项目的监督管理机制 [J]. 石油企业管理，1997（10）：21–23.

[22] 胡新萍，王芳 . 工程造价控制与管理 [M]. 北京：北京大学出版社，2018.

[23] 黄如宝 . 建筑经济学 [M]. 4 版 . 上海：同济大学出版社，2009.

[24] 王端良 . 建设项目进度控制 [M]. 北京：中国水利水电出版社，2001.

[25] 丁士昭 . 工程项目管理 [M]. 北京：中国建筑工业出版社，2014.

[26] 王文睿，王洪镇 . 建设工程项目管理 [M]. 北京：中国建筑工业出版社，2014.

[27] 王玉龙，等 . 建设工程管理大全 [M]. 上海：同济大学出版社，1998.

[28] Omachonu V K，Suthummanon S，Einspruch N G. The relationship between quality and quality cost for a manufacturing company[J]. International Journal of Quality & Reliability Management，2015，21（3）：277–290.

第五章　项目控制

项目计划规划出了项目的未来，项目控制则要保障项目的未来。良好的计划只有通过控制系统不断地监督、追踪和调整才能满足项目建设的需要。

第一节　项目控制的内涵

一、项目控制的概念

项目控制就是为了保证项目计划的实施和项目总目标的实现而采取的一系列管理行动。具体来讲，项目控制是如下过程：

（1）预测和估计潜在的危险，在问题发生之前采取有效的防范措施；

（2）评价项目的现状和进展趋势，分析其影响，如有可能，提出建设性意见；

（3）对项目状态持续不断地追踪、监测，有效而经济地预防意外事故。

很明显，项目控制不是指挥某人如何准确地完成某项工作。对于项目经理或企业决策者来讲，项目控制不是权力和操纵。如果把项目控制系统用来维护操纵全局的权力或某个人的威信，则妨碍生产效率的发挥。这里所说的控制是经济问题，不能和政治掺杂在一起。在这里，我们认为项目控制的作用在于收集、处理和分送有关投资、进度及质量等方面的信息，监督项目计划的执行，为决策者正确决策提供帮助。

二、项目控制的内容

项目控制是项目计划工作的延伸。计划是对未来的设想，而控制则涉及这一设想的执行。项目计划设计了投入和产出，即投资和向最终目标的进展；项目控制却要对实际的投资水平、建设进度和技术成就进行监控。因此，从理论上讲，项目控制几乎涉及项目计划中的所有内容。但是，为了实施控制的方便和根据项目管理目标的要求，常将项目控制划分为如下几个方面：

（1）进度控制。时间就是金钱，节约了时间就节约了开支，浪费了时间就浪费了金钱。在项目管理中，进度控制是与成本控制同等重要的内容。进度控制是与资源的合理分配、减少无效劳动、减少待工时间密切相关的，通常要进行网络分析。项目建设的进度不是孤立的，它常受质量、成本等因素的制约。这里要控制的进度是指满足设计要求和预算标准的合理进度。

（2）成本控制，也称投资控制。成本控制的基础是项目的详细预算。实施成本控制就是利用各种财务和管理手段，核算和控制各类开支，从而保证项目的总投资不突破计划的水平。成本虽最终体现为资金，但在项目建设中它可表现为工时、材料、设备、信息等，所以，成本控制是实实在在的具体工作，搞好成本控制除了从宏观上全面运筹外，在微观上合理安排资源、提高生产效率也必不可少。成本控制并不是限制一切开支，而是限制一切不必要的开支，并使必要的开支降到最佳程度。

（3）质量控制。甲方投资的目的是建成具有一定技术成就的项目，承包者参与项目建设要完成甲方满意的作业，这两者都离不开项目的质量要求。要保证项目质量，就要通过合同、派员监督、分期验收、抽样分析等手段实施质量控制。同时，还要建立质量保证体系，从基层工作抓起，防微杜渐。质量控制贯穿于项目管理的全过程，在项目进行工程设计时就要对质量目标给予特别重视，并把质量的监督和管理一直抓到采办、安装、试运转直至项目最终建成。

进度控制、成本控制和质量控制称为项目管理的三大控制。这三大控制在项目管理中占有很重要的位置，以至于有人将之与项目管理等同起来，实际上，项目的其他控制活动诸如采购控制、沟通控制、风险管控等活动也是项目管理的相关内容，但进度、成本和质量的控制是其他各项控制活动的基础。

三、项目控制的主要文件

（1）合同。合同是甲乙双方签订的正式文件，它具有法律效力。合同条款是甲乙双方经过反复协商之后确定的，对项目进度、成本和质量要求都有明确而详细的规定。所以，项目合同是甲乙双方实施项目控制的主要依据。大型项目的合同内容很多，为了便于查阅，常将重要内容复制、汇编成册。

（2）项目计划。项目计划明确了各项工作的细节、实施步骤及资源配置，对项目未来的发展变化作了科学的预测，项目计划是从更深的层次上进行项目控制的基础，这些文件经项目经理批准后就可用于项目控制工作。如果项目的某项工作发生变化，相应的文件必须修正，否则就会发生冲突，甚至会造成大的经济损失。

（3）信息控制制度，也称为协调程序。它是项目组为了各部门间相互配合、沟通信息而建立的制度。建立这一制度的目的在于控制信息流通，使各类文件的传递程序化。如果没有这套制度，重要文件就可能会被搁置或沉积于某一部门，从而影响项目的正常工作。信息控制制度有两个基本方面：其一是文件分发表；其二是图纸发送规定。文件分发表是一简单表格，其中规定了分发文件的对象和数量，也规定了文件是原件还是复印件。这样一份表格对管理项目极为重要，它不但能保证文件分发的秩序，也能帮助人们找到有关信息。如项目经理想查找一份订货单，从表上一看就知道订货单在谁手里，有多少份。有些项目可能要建设若干年，重要的事情难免会忘掉。图纸发送规定主要是规定发送数量、图纸类别和发送对象。

（4）标准、规范、编码及手续步骤。把设计标准、工作规范、编码方法、手续步骤和一些具体的指标汇集成册，在实际工作中随用随查，避免工作走弯路、防止工期拖延和成本增加。有些数据在工作开始时可能提不出来，在编写时可暂留空项，等数据配齐后再填上去。

（5）设备清单。把所有设备的名称和编号按一定格式和顺序印制成册，称为设备清单。施工现场常常因为没有设备清单而把设备弄混，影响工作效率和施工进度。一份清楚明了的设备清单会成为现场实际控制工作的必要工具。

（6）账户编号。编号的原则是要符合预算和决算的会计项目以及成本核算的要求。把不同的账户分类编号，列成表格，作为控制成本的工具或用作下个项目的建设及不同项目相同账户间的比较。

四、项目控制系统

项目控制系统实际上是项目控制工作的运行机制，项目的具体控制工作是通过这一系统来具体落实的。概括地讲，项目控制系统就是项目组织为了实现项目工期、成本和质量的目标要求而建立的运用资金、设备、材料和信息等资源来控制项目各作业环节的保障体系。控制系统有三大要素，即措施（行动）、信息和反馈，这三大要素之间具有首尾相接的循环关系，如图 5–1 所示。这一循环从措施（行动）开始，接着便会产生关于这一措施效用的信息，这些信息经过处理反馈给项目经理后成为采取新的措施的依据，新措施采取后便进入新的循环。

图 5–1　控制系统三要素

上述控制系统与项目作业期间的实际控制过程是一致的。图 5–2 是某石油公司项目控制的程序图，其控制过程的第一步是根据计划制订项目目标，第二步是将计划付诸实施并监控项目的运行，相当于图 5–1 中的措施（行动），第三步分析和预测相当于收集和处理作业信息，第四步状况和差异报告就是信息反馈。然后，又是新的行动、新的信息和新的反馈，周而复始，直到项目完成。

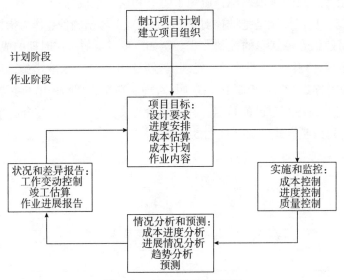

图 5–2　项目控制程序框图

从上述关于控制系统的讨论和项目控制的内涵可以看出，信息在项目控制中占有十分重要的地位。因此，项目组要实施有效控制，就应建立完善的管理信息系统。所谓管理信息系统就是一个组织为了支持某些特殊职能，利用人员、符号、程序、数据、通信设备、计算机及其他手段建立的信息收集、处理和反馈体系。仅有这样一个信息系统还不够，项目组在收集和反馈项目控制所必需的信息时还需注意两点：其一，要特别注重发挥人的作用。信息是靠具体的人收集和传递的，人在收集和传递信息的过程中，不可避免地要对信息进行筛选、过滤和加工，最后才呈送到决策者面前。因此，这就要求责任者具备必要的素质，能够发现问题和分析问题，使提供的信息具有较高的价值，同时也要求责任者要实事求是，既不好大喜功，也不文过饰非。其二，要注意信息的收集、处理和反馈应以本身的信息系统为主，而企业的信息系统只能起辅助支持作用。这是因为企业的信息系统是为管理重复性工作设计的，不能与管理项目的要求相匹配。例如，项目如果没有自己的会计，依靠企业会计控制成本，而会计报表是每月编写一次，那么，如果在本月初项目成本失控，依靠企业会计在下月才能发现，晚一个月的信息可能没有任何价值，本来可以预防的问题早已发生了。

五、项目控制的方式

在项目运行期间，可以采用项目控制的方式主要有预先控制、现场控制和反馈控制。

（1）预先控制。预先控制就是根据作业的技术要求和约束目标，通过利用计划职能科学配置资源，避免因资源在质和量上的偏差造成作业问题的预防性控制方式。例如，在人力资源配置上作业人员和管理人员必须能够胜任其岗位，设备性能和状况必须能够满足作业的技术要求和进度要求，材料配置要符合作业所要求的质量、数量和供给时间等。

（2）现场控制。现场控制是通过对现场正在进行的作业实施监督、检查和指导，从而防止发生问题的控制方式。在项目作业中，由于作业条件的变化、作业人员的素质及作业设备的问题会影响作业计划的落实，因而需要现场监控。通过现场监控，可以及时发现不合格的作业，及时进行指导，及时采取措施，避免了隐患和返工造成的损失。

（3）反馈控制。反馈控制是把被控对象（项目作业）输出的信息作为指导和纠正未来行动依据，从而使项目处于受控状态的控制方式。例如，项目组对一定时期的成本状况进行分析，把实际发生的成本与计划目标进行比较，发现偏差后找出原因，采取措施，从而使成本得到控制就是一种反馈控制方式。反馈控制方式是项目管理层在作业期间采用的主要控制方式。

以上3种控制方式各有自己的特点，在项目管理实践中，应当结合起来应用，以达到最佳的控制效果。3种控制方式的关系如图5-3所示。

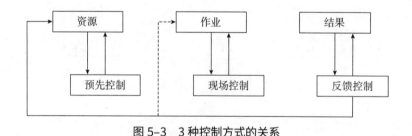

图 5-3　3种控制方式的关系

第二节　项目进度控制

项目进度控制是项目管理的中心内容之一，许多项目都或多或少地遇到过进度耽搁问题，所以，这一节将对其作深入讨论，并介绍实施进度控制的技术方法。

一、进度失控的常见原因

进度失控的原因比较复杂，有项目组内部的原因，有来自项目业主方面的原因，也有政治和自然条件等方面的原因。但从项目内部组织和管理的角度来看，进度失控的原因主要有如下四个方面。

（一）不称职的项目经理

项目经理在项目建设中起着类似于"催化剂"的关键作用。他的价值不在于其技术上的贡献，而在于他把各路人马组织到一起并在有效控制下工作的能力。他负责项目的全部计划、组织、指挥、协调以及控制工作。因此，当项目由一位不称其职的项目经理主持时，进度失控是在所难免的。

项目经理在整个项目的运营过程中具有不可替代的作用，在不同的项目组织形式中，项目经理具有不同的职责和权限，从而决定了项目经理对项目组所需的资源具有不同的控制、领导和影响权力。通常情况下，在职能型和弱矩阵型项目组织中，不存在项目经理或仅由项目协调人充当项目经理的角色，而其主要职能仅是跟踪项目进展和记录项目进度偏差，由于受到权力范围的限制，很难从根本上解决进度产生原因；在强矩阵型和项目型项目组织中，项目经理对项目组的资源具有较大的控制权力，因此在进度产生偏差后，项目经理应该对其负责分析和纠正，考虑在项目允许的范畴内追加投资、增加人力、增加设备，如果没有及时有效采取措施解决进度失控问题，则应该考虑撤换不称职的项目经理。

有时，项目经理所抱怨的理由可能是事实，因为任何项目的建设条件都不会完美无缺，而这也正是项目经理如此重要的根本原因。如果一位项目经理抱怨的理由太多，且在实际工作中一再发生进度失控，可能表明他不胜任这一工作。这时，作为高层管理人员，为保证项目如期完成，就应该果断地调换项目经理。

（二）蹩脚的计划

进度计划是有效地控制时间的基础，是如期完成项目任务的重要手段。但是，有些管理人员并没有真正认识到编制进度计划的重要性。当高层管理人员让其主持某一项目时，在没有弄清项目的目标和约束条件之前就欣然接受，结果项目在没有精确制定进度计划的情况下便不正确地开始了，当进度失控、严重超支或上级、客户指出其错误时，项目经理才恍然大悟。

项目经理没有带领项目组制定有效的进度计划的原因之一，是项目计划制定过程所投入的时间和资源太少，没有对项目预期成果和项目范围进行准确定义，或没有对工序的逻辑关系和作业进度进行合理分析，或没有对项目的进度、资源和成本进行有效的平衡和匹配，或没有对项目的团队建设、沟通渠道和方式等进行详细安排和部署，所以，不可能做出合理的进度安排，即使有进度计划的文件也肯定是蹩脚的计划。

没有制订出有效进度计划的另一个原因，是项目经理及其部属不清楚如何安排进度，更不会利用项目管理的各种技术方法。项目进度计划或项目总体计划的形成，需要运用规范的流程管理、借助科学的技术和表达方法实现，项目计划形成后提交的成果应该在项目组织内部、不同项目之间、项目组与业主之间能够实现标准化和无障碍沟通，这需要项目参与人员熟悉和掌握项目管理的基础知识和基本工具。

要切记：制订一个高质量的进度计划是保证项目如期完成的前提条件，制订进度计划的各种技术方法都是良好的进度控制工具。

（三）管理混乱

管理不佳也是进度失控的常见原因。有些项目经理缺乏足够的组织能力和反应能力，不清楚如何组织项目和他们自己，使项目建设人员不清楚进度安排，不知道关键工作的里程碑，其最终结果必然导致进度失控。

管理混乱的常见现象之一，是不能充分而有效地利用资源。例如，把没有经验的人员安排到需要丰富经验才能完成的工作岗位上；把资源集中于容易完成的短期工作，而使需要重点管理体制的关键环节得不到资源保证。关键环节的拖延，不可避免地导致工期推迟，除非追加新的资源。

管理混乱的另一常见现象是没有良好的信息交流渠道和积极向上的工作气氛，组织文化始终建立不起来。在这种情况下，每个人只能独立地开展工作，而不能形成团结一致实现项目目标的内聚力。缺乏交流不会造成部门之间和人员之间的冲突和摩擦。

要避免这两种现象，加强组织和管理，应该从以下两点抓起：第一，利用各种技术方法建立起资源分配制度，有效地区分关键和非关键的工作范围，按照主次配备资源，避免浪费和因资源限制而使进度耽搁。第二，建立良好的交流气氛，在关键里程碑达到之后及时召开评审会议，建立追踪项目及其管理的文件，及时分发完成项目所需的各种数据和进度要求。此外，还要通过网络计划的建立和展示，使每个人都明确相互间的依赖和制约关系，明确自己的工作对项目建成的意义。做到上述两点，进度失控应该可以在相当程度上得到缓解。

（四）薄弱的控制

造成控制不利的主要原因是缺乏或不能正确应用有效监控手段。监控项目进度需要精确及时地追踪项目状态，提供必要的信息。如果没有先进的监控工具，或者没有掌握先进的监控技术，所得到的信息就可能是过时的、片面的，甚至是无用的。这经常导致项目经理陷于三方面的困境：第一，把主要精力置于各种不重要的问题，抓不住问题的主要矛盾，使一些关键环节的进度问题得不到应有的重视。第二，不能纵观全局，而是仅把注意力集中在自己比较熟悉的几个领域，被忽略的工作环节严重延误并对关键日期产生影响时，项目经理转而注意这些工作却又忽视了别的问题，如此等等，使进度终于失去了控制。第三，对目前和未来的进度情况作不出恰如其分的估计。有效监控的关键是占有及时、准确和最新的信息，没有合适的控制工具，这一点就不会做到。

因此，要保证项目顺利进行，就要采用先进的监控技术。统计资料表明，项目管理之所以能产生可观的经济效益，在相当程度上要依靠技术方法的应用。

二、项目进度的控制与优化

项目进度控制是保障项目顺利进行的首要任务，进度上的延误将给项目带来诸如资源冲突、成本超支、风险恶化、融资困难、采购合同难以履行等系列连锁反应，造成项目管理难度的增加和项目的失败。同样，引发项目产生进度偏差特别是进度落后的原因也是错综复杂的，项目范围变更、资源采购和供应发生调整、项目团队建设不到位、项目组内部沟通机制不健全等因素的变化都会最终影响项目的进度。项目进度计划形成后虽然为项目所有工作的执行提供了行动的时间坐标，但项目总是在变动的，项目进度计划执行效果如何？项目进度偏差对项目总工期的影响有多大？项目进度偏差产生的原因是什么？是否需要对进度偏差进行纠正或变更项目进度计划？以上内容都是项目进度控制管理活动需要解决的问题。

（一）项目进度控制的监测与偏差识别

项目的进度控制，强调的是"动态控制"的理念和方法，在运用的过程中需要借助三个要素：项目进度目标计划值、项目进度实际值、项目进度纠偏措施。这种动态控制的关键是通过将目标计划值与实际值进行比较，及时发现偏差并分析偏差产生的原因，才能提出纠正偏差的方案，这种控制是动态的、循环的、多层次的控制过程。实现动态进度控制，项目管理人员的主要工作包括以下几个方面。

1. 确定项目进度的计量方法与原则

定义项目进度的计量方法是对项目进度计划的深化和补充，无论是项目团队成员之间，还是项目组与业主之间，均应该针对项目具体工作的完工百分比与进度计量标准之间的联系达成共识。进度计量方法的统一和规范可以避免项目运行时不同利益相关方由于对工作完成情况的认识不同而产生的分歧，举例说明，某石油管道浅水铺管这一作业单元铺管长度为 12km，计划 4 个月铺设完成，平均进度 3km/月，在项目进度计划中规定其占总工程量的权数为 8%；第一个月铺管 3km，则该作业单元进度没有产生偏差，完成 3/12=25%，该月铺管工程完成项目总进度为 8%×25%=2%；两个月后铺管长度 5km，该作业单元计划完工百分比为 6/12=50%，实际完工百分比为 5/12=42%，此时进度产生了偏差，落后 8%。

2. 采集、汇总和分析实际进度数据

项目进度数据的采集和分析是进行进度监控的主要工作，在具体操作时应该注意两方面的问题，一是选择恰当的数据汇总和分析指标；二是选择合理的观测分析时点。项目执行过程中虽然需要密切关注项目的进度，但过多的进度数据采集、过分密集的数据汇总和分析也会给项目增加不必要的额外工作和成本。项目进度执行情况分析有定期和不定期两种形式，定期执行的项目进度分析常选择的时点包括项目关键工序的预期完成时间、固定的时间周期单位（如月、季度、年等），一般在项目进度计划中确定；而不确定的项目进度分析可以根据项目的需要随时展开，一般在项目的进度产生延误时需要追加进度分析的次数，用以追踪项目进展，及时反馈项目的调整措施效果，避免项目产生更大的变更。

3. 比较项目进度计划值与实际值，分析偏差

偏差分析是项目进度控制的有力手段，通过这一工具和方法，可以对项目进度偏差对总工期的影响进行量化，这里需要注意的是，并不是所有的偏差都需要项目团队采取变更措施或修改原计划，由于项目是一个复杂的系统，系统具有一定的自我修复功能，项目进度系统其实也存在自我调整和纠正的能力，可以有效地减弱或消除偏差的影响。具体来说，经过对比项目各工序进度的计划值与实际值，可能会发现以下四种情况：

情况一：某非关键活动 i 进度落后，产生进度偏差 $\Delta_i > 0$，进度偏差 $\Delta_i \leqslant$ 自由时差 FF_i。

此时，项目非关键路线上有活动进度落后，但由于落后的进度偏差小于该活动的单时差，则该活动的进度落后对其后续工作的最早开工时间没有影响，那么对该条非关键路线的作业时间也没有影响，当然更不会对项目总工期产生不利的延误。

以图 5–4 为例，若活动 C 在最早时间开始，并产生进度延误 2 天，由于 C 具有 3 天的自由时差，因此活动 F 的最早开工时间不变，仍然为第 13 天，且项目的总工期也不受影响。

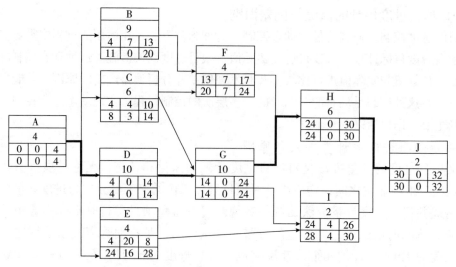

图 5-4 某项目的网络图和时间参数（单位：天）

情况二：某非关键活动 i 进度落后，进度偏差 $\Delta_i > 0$，单时差 $FF_i < \Delta_i \leq$ 总时差 TF_i。

此时，项目非关键路线上有活动进度落后，虽然落后的进度偏差大于该活动的单时差，即该活动的进度落后使得后续工作的最早开工时间必须推迟，但是由于进度偏差小于总时差，即对该条非关键路线的作业时间也没有影响，当然更不会对项目总工期产生不利影响。

以图 5-4 为例，若活动 C 在最早开工时间开始，并产生进度延误 4 天，由于 C 仅具有 3 天的自由时差和 4 天的总时差，则活动 F 的最早开工时间将推迟 1 天，改变为第 14 天，但项目的总工期不受影响。

情况三：某非关键活动 i 进度落后，进度偏差 $\Delta_i > 0$，进度偏差 $\Delta_i >$ 总时差 TF_i。

此时，项目非关键路线上有活动进度落后，落后的进度偏差大于该工序的总时差，即该活动的进度落后使得该条非关键路线的作业时间延长，并且由于其延误时间已经大于总时差的允许范围，因此此次延误将会对项目总工期产生影响，使得项目总工期延长 $\Delta_i - TF_i$。

以图 5-4 为例，若活动 C 在最早开工时间开始，并产生进度延误 5 天，由于 C 仅具有 4 天的总时差，则项目的关键路线将发生转移，活动 C 将取代 D 成为关键活动，项目的总工期也将延长 1 天。

情况四：某活动 i 进度提前，进度偏差 $\Delta_i < 0$。

此时，项目工序提前完工，意味着实际进度快于计划进度，如果该工序在关键路线上，则项目的总工期也提前相同的时间，如果该工序在非关键路线上，则对项目总工期没有影响。

4. 采取进度调整措施或调整进度计划

针对进度偏差产生的原因和影响程度，可以制订不同的措施方案。如针对上述情况一，可以不采取任何措施，利用项目进度计划的机动性和时差进行自我修复；针对情况二，可以推迟该工序后续工作的开始时间，并关注时间变更来的资源使用变化；针对情况三和情况四，如果项目的工期约束严格，不允许发生延误，则需要对项目的后续进度进行变更，对后续活动进行赶工，并对引起项目活动延误的原因进行更为详细的分析，消除不利因素的影响；若项目工期延长的代价不高，也可以延长项目总工期，对项目资源安排进行重新部署；针对情况五，虽然项目工作的提前完成具有缓解时间压力、鼓舞团队士气等良好的影响，但也需要对产生偏差的原因进行分析，并对项目进度计划的合理性、项目资源的使用负荷、项目完工产品的质量以及项目的融资压力进行重新评估，警惕项目"过度赶工"的不利影响。

5. 编制相关进度控制报告

项目进度控制报告是项目进度控制工作的总结和展望，其主要内容应该包括以下四个方面：落后于进度安排的环节及其可能的后果预测；导致进度耽搁甚至造成工期拖延的原因；使项目恢复正常进度的措施及其效果预测；下一步安排与建议。

（二）项目进度控制的方法

1. 工程曲线（S曲线）比较法

所谓工程曲线，实际上是一种累积作业量和作业时间的关系曲线，它以横轴表示作业时间，以纵轴表示作业量。

对于一支装备水平和作业人员一定的作业队伍而言，从理论上讲，其每天完成的作业量应该是恒定不变的，其工程曲线则是以每天的作业量为斜率的直线，如图5-5所示。

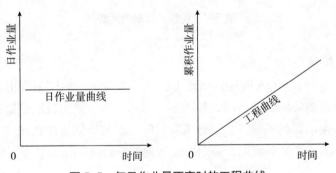

图5-5 每日作业量不变时的工程曲线

在实际作业中，由于作业开始的准备和适应以及作业结束前的善后工作和内聚力减弱，都不可避免地会降低作业速度。所以，通常的情况是每天完成的作业量自开工起逐渐上升，经过一定时期达到最高水平并稳定一段时间，然后逐渐下降直到作业结束。此时，工程曲线呈S形（图5-6）。S形的工程曲线基本反映了多数单一性质作业的实际情况。

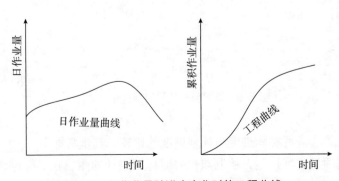

图5-6 日作业量随进度变化时的工程曲线

如果以 y 表示累积作业量，以 x 表示作业时间，则工程曲线为 $y=f(x)$ ，dy/dx 则表示工程曲线的斜率，其数值为单位时间的作业速度。为了经济合理地组织施工和保持均衡作业，应尽量使 dy/dx 保持不变。利用工程曲线控制进度主要是按曲线斜率 dy/dx 作切线进行预测工期，例如在图 5-7 中，从 a_1 点引切线与通过 b 点的横轴平行线相交于 b_1 点，b_1 点位于 b 点右侧，所以按 a_1 点的作业速度就会使工期拖延（b_1-b）天；从 a_2 点引切线交于 b_2 点，b_2 位于 b 点左侧，按该点的作业速度则会提前工期（b-b_2）天；在 a′ 点，所引切线交于 b 点，正好满足工期要求。利用这一特性，就可及时监控作业状况，使作业按预定工期完成。

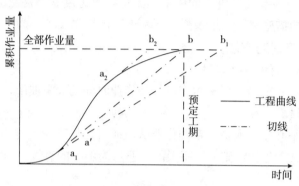

图 5-7　切线与工期的关系

2. 前锋线比较法

所谓前锋线，是指在 AOA 时标网络图上，从检查时刻的时间刻度出发，依次将表示各项工序实际进度的点连接而成的折线，如图 5-8 所示。前锋线比较法是通过绘制工程项目实际进度前锋线，根据前锋线的形状，进行工程实际进度与计划进度比较的方法，从而识别项目进度偏差，分析偏差产生的原因，进而判定该偏差对后续工作及总工期影响程度。

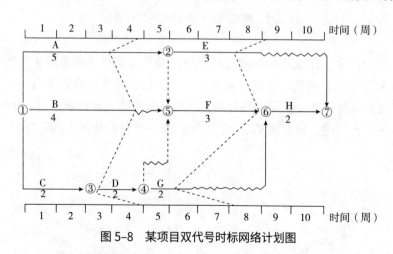

图 5-8　某项目双代号时标网络计划图

采用前锋线比较法进行实际进度与计划进度的比较，其步骤如下：

第一步，根据项目进度计划，绘制双代号时标网络计划图。在时标网络图上方和下方各设一时间坐标。

第二步，绘制实际进度前锋线。先在图中标注出表示每条路线上的活动进展的位置点，然后将时标网络图上方和下方坐标轴的检查日期与活动进展点相连接。活动实际进展点的标定方法有两种：当各项活动均为匀速施工，按该活动已完任务量占其计划完成总任务量的比例进行标定；当某些活动的持续时间难以按实物工程量来计算而只能凭经验估算时，可以先估算出检查时刻到该工作全部完成尚需作业的时间，然后在该活动箭线上从右向左逆向标定其实际进展位置点。

第三步，进行实际进度与计划进度的比较。前锋线可以直观地反映出检查日期有关工作实际进度与计划进度之间的关系。如果项目实际执行情况与计划完全相符，没有发生任何偏差，则检查日期的前锋线应该是垂直于时间坐标轴的竖线；如果前锋线向左侧突出，则表示该活动或路线进度延误；如果前锋线向右侧突出，则表示该活动或路线进度提前。

第四步，分析进度偏差对后续活动及总工期的影响。如图 5-8 所示的项目网络计划图，图中的波浪线表示时差，从目前的施工安排可以看出，没有时差的活动链 A–F–H 为关键路线，其他活动均为非关键活动。项目进度计划中提前明确第四周结束后是一个检察日期，此时对项目真实进度进行了数据收集和分析，并将项目执行情况以前锋线的形式描绘出。现依次对每条路线进行分析：活动 A 所在的路线前锋线向左侧突出，且活动 A 落后于计划进度一周，由于 A 在关键路线上，因此其对项目总工期的影响为使项目总工期增加一周；活动 B 所在的路线前锋线垂直于时间坐标，活动 B 在其最早完工时间完工；活动 C 和活动 D 所在的路线前锋线向左侧突出，该路线上的施工进度比原计划落后两周，但由于该线路上有一周的总时差，因此其对项目总工期的影响为使项目总工期增加一周。综合三条线路的情况可见，项目目前由于两条路线上的关键工序和非关键工序均发生了延误，则项目总工期将产生一周的延误。另外，从目前施工的情况来看，活动 C 已经完工而活动 D 尚未开始，究竟是活动 C 的施工引起的延误还是活动 D 的施工条件不成熟造成的开工推迟尚需进一步调查。无论怎样，项目活动的延迟已经对总工期产生不利影响，需要对项目后期的进展加强控制力度。

第八周是计划中的第二个检查日期，通过描绘项目活动的前锋线图，发现活动 E 落后于计划进度一周，但由于活动 E 在非关键路线上，且具有两周的时差，因此只要活动 E 正常施工，应该不会对项目完工时间产生影响；活动 F 正常完工而活动 G 工期延误，尽管活动 G 曾经具有两周的时差，但在第八周末尚未完工，由于活动 G 是活动 H 的先行活动，所以活动 H 的开工将发生延误，如果后续不采取赶工措施，项目可能不能按期完成。

(三) 项目进度优化的方法

1. 项目赶工的成本效益分析

当项目产生延误或子项目进度落后时，赶工就成为项目组常见的解决进度问题的手段。人们常说"时间就是金钱"，换言之，通过追加成本、增加资源强度，也可以在一定程度上争取时间。完成项目所需的费用不是固定的，项目的成本费用与项目的施工时间之间存在着一定的相关性，通过项目网络优化技术，可以实现项目完成时间和项目成本费用匹配的最佳平衡，可以达到降低成本和作业时间的双重作用，这就是成本—工期优化。

多数项目的费用构成中包括直接费用和间接费用两部分。直接费用一般包括人员工资支出、材料费用和设备工时费用等，在工作量确定的前提下，项目的作业时间越短，所需要的

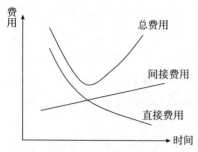

图 5-9 项目时间与费用关系

直接费用就越高，这是很容易理解的现象，因为缩短项目作业时间通常意味着增加单位时间的作业强度。间接费用一般是指项目的管理费用、办公费用等，在一条件下，项目的作业时间越长，所需的间接费用支出就越大。因此，项目的总成本曲线如图 5-9 所示。

可见，项目的总费用曲线是由直接费用曲线和间接费用曲线叠加而成的，曲线的最低点就是项目施工时间与费用的最佳匹配点，也就是项目成本最低点、工期最合理点。根据函数的性质还可以确定，在这一点项目的直接费用与间接费用相等。那么，如何据此对项目的进度计划进行优化？

以表 5-1 中所示的项目为例说明对该项目进行进度优化的过程，已知该项目的间接成本为 1.5 万元 / 天。

表 5-1　某项目 K 时间和成本参数

工序	紧后工序	正常时间（天）	赶工时间（天）	正常直接费用（万元）	赶工直接费用（万元）	直接成本斜率（万元 / 天）
A	B，C，D	3	2	1.9	3.6	1.7
B	E	5	3	1.4	2.8	0.7
C	E，G	7	1	19.9	29.5	1.6
D	C，F	4	3	2.7	3.3	0.6
E	G	6	3	7.3	9.4	0.7
F	G	11	7	8.1	10.5	0.6
G	—	3	1	2.5	3.5	0.5

（1）根据关键路线法确定项目的时间参数和关键路线。如图 5-10 所示，通过网络图可以计算出所有活动的时间参数，并确定关键路线为 A–D–C–E–G。因为关键路线决定了项目的总工期，故项目的进度优化和赶工需要从关键路线入手进行分析。

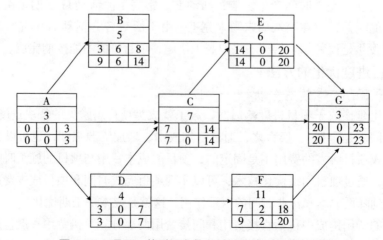

图 5-10　项目 K 的时间参数和关键路线（单位：天）

160

（2）计算网络图中关键路线上所有活动的赶工的代价，也即赶工单位时间直接费用的上升额度，或直接成本斜率。假设直接费用与项目工期之间的关系为直线关系，完成某项活动的正常作业时间为 T，最短作业时间为 t（也称作赶工时间），正常时间下的总费用为 C，最短作业时间下的总费用为 c，则某活动从正常作业时间每缩短一个单位时间所需增加的费用称为成本斜率：

$$成本斜率 = \frac{赶工直接费用 - 正常直接费用}{正常作业时间 - 赶工作业时间} = \frac{c - C}{T - t}$$

（3）按直接成本斜率最低的原则选择成本优化的对象，要保证优化的活动是关键活动。根据表 5-1 可知，关键路线 A-D-C-E-G 这五项活动的直接费用斜率分别为 1.7 万元/天、0.6 万元/天、1.6 万元/天、0.7 万元/天、0.5 万元/天。在这 5 项活动中，活动 G 赶工的直接成本斜率是最低的。出于成本最优的考虑，应该优先对活动 G 进行赶工，G 每赶工 1 天，可以节约间接费用 1.5 万元，而直接成本将增加 0.5 万元，因此缩短 G 的作业时间可以获得 1 万元/天的费用结余。

（4）缩短相应活动的作业时间，在此过程中需要保证满足以下 3 个条件：首先，要保证活动赶工后的作业时间符合赶工的极限，也即在技术上赶工的时间是可行的，不能以牺牲质量为代价进行盲目地赶工；其次，每次赶工的时间不能超过并行的非关键路线总时差的最小值，因为总时差代表着关键路线与非关键路线之间作业时间的差距，如果赶工时间超过总时差，可能会使关键路线产生转移，从而产生"无效的赶工"；最后，赶工过程中要保持直接成本上升额度小于间接费用下降的额度，这样得出的才是最优成本下的施工计划。

如图 5-10 所示，活动 G 技术上的赶工极限是最多可以赶工 2 天；因为 G 为整个网络图的终点，没有并行的活动，因此其赶工活动不会对关键路线产生影响，此时可以不考虑时差；对活动 G 赶工的直接成本为 0.5 万元/天，低于间接成本 1.5 万元/天，赶工在经济上是具有效益的。因此本阶段做出的决策是项目活动 G 赶工 2 天，得到重新计算后的网络图 5-11。

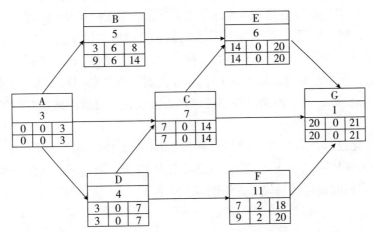

图 5-11 项目 K 第一次赶工后的时间参数和关键路线（单位：天）

（5）重新求取网络时间参数，确定关键路线，重复（2）~（4）直到获得最优成本费用的项目网络计划。

从图 5-11 可以看出，A-D-C-E-G 仍为关键路线，活动 G 已经到达赶工的技术极限，而前四项活动的直接成本斜率分别为 1.7 万元 / 天、0.6 万元 / 天、1.6 万元 / 天、0.7 万元 / 天、间接成本斜率为 1.5 万元 / 天，因此，可以选择缩短活动 D 的作业时间。活动 D 仅技术上可以被缩短 1 天；线路 A-B-E 和 A-D-C-E 的时差为 6 天，因此 D 赶工 1 天，关键路线不变；D 赶工直接费用增加 0.6 万元 / 天，间接成本减少 1.5 万元 / 天，效益上是可行的。

此时，关键路线仍然为 A-D-C-E-G，活动 D 和 G 的作业时间均不能再缩短。此时选择对活动 E 进行赶工。活动 E 技术上最多可以缩短 3 天，但是线路 A-D-F-G 和关键路线 A-D-C-E-G 之间仅有 2 个单位的时差，因此，工序 E 缩短 2 天后出现了两条关键路线，此时，直接费用增加 1.4 万元，间接费用减少 3.0 万元，见图 5-12。

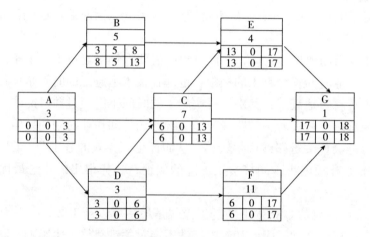

图 5-12 项目 K 第二次赶工后的时间参数和关键路线（单位：天）

接下来，只有当两条关键路线同时缩短项目的作业时间时，项目的总工期才能够缩短。有两种方案可供选择，第一，同时缩短工序 C、F 的作业时间，直接费用的斜率为 1.6+0.6=2.2 万元，显然直接费用每天要增加 2.2 万元，大于间接费用的节约 1.5 万元，此方案不可取；第二，同时缩短工序 E、F 的作业时间，直接成本斜率为 0.7+0.6=1.3 万元，小于间接费用成本斜率，因此可取。现采用第二种方案，将工序 E、F 同时缩短 1 天，此时 E 已经达到赶工极限，不能再缩短，如图 5-13 所示。此时，直接费用增加 1.3 万元，间接成本节约 1.5 万元。可以验证，此时网络已经不能够再进行优化，目前的施工时间和成本已经是最优组合。

经过上述优化过程，直接费用增加总额为 1.0+0.6+1.4+1.3=4.3（万元），间接费用节约总额为 3.0+1.5+3.0+1.5=9（万元），项目的总工期为 17 天。通过网络优化技术，使得总成本节约了 4.7 万元，同时使得项目施工的工期减少了 6 天。

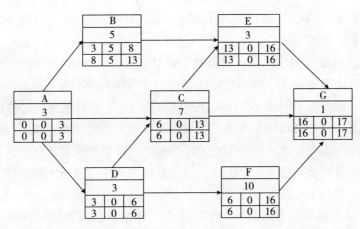

图 5-13 项目 K 第三次赶工后的时间参数和关键路线（单位：天）

2. 项目责任图（PAC）

安排进度所有的条线图和网络图也是控制进度的重要技术。但是，条线图虽能反映进度状况却不能清楚地展示各工序间的依赖关系，而网络图能展示依赖关系却又不能迅速反映进度状况。此外，这两种图件都缺少控制进度的关键因素——项目责任。于是，人们又开发出了既有条线图和网络图的共同优点，又能反映工作责任的技术——项目责任图（Project Accountability Chart，PAC），如图 5–14 所示。

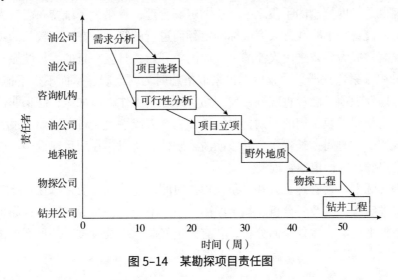

图 5-14 某勘探项目责任图

项目责任图利用了条线图的时间横轴，但纵轴不是条线图的各项活动，而是各个责任中心。负责一项或更多工作的部门或单位标记在纵轴上，在标注时应根据每个部门负责工作的数量尽量保持上下部分的对称。项目的各工作环节表示为节点，这些节点要具有如下特征：（1）附加节点的名称；（2）节点前缘于开始日期（横坐标）和责任中心（纵坐标）的交汇处，节点后缘也由结束日期和责任中心确定；（3）类似网络图，用箭号连接相互依赖的节点；（4）节点涂暗或画影线部分表示已完成的进度情况；（5）如果项目责任图很拥挤，可用符号表示连接关系；（6）如一项任务纵贯两个或更多责任中心，表明该任务的责任由这些单位或部门

163

分担。图 5-14 就是一勘探项目的项目责任图。项目责任图是一种促进项目成功的技术，其具体应用方式如下：

（1）放置。项目责任图应挂在项目组经常可见的地方，如项目经理的办公室或会议室。如果项目有充分理由获得成功，则项目责任图可产生明确责任而带来的动力。如果项目的某些环节安排不妥，也便于及时发现并由责任单位申明理由，获取重新规划的重要资源。

（2）进度状态。每一环节的进度情况通过将表示工作的节点涂黑或画影线来表示。如一项任务完成了 25%，就可将表示它的节点涂黑四分之一。整个项目实际进度与计划的比较可通过移动表示当时日期的目标（尺子）来完成。目标左侧未涂黑或未画影线的工作落后于安排，目标右侧已完成的工作超前于计划。

（3）重新计划。如果需要重新计划某项工作，可根据新的时间安排和责任中心重新绘制。被替代的节点可以擦掉或留在暂行中表示重新计划的意外事情。网络图的关键路线及围绕关键路线和松弛时间的情况也包括在项目责任图中，从而可在不吝资源的情况下调整开工和完工日期。

（4）状态报告。可以将项目责任图缩印在规定的纸张上，标注最新信息后就可作为状态报告的重要内容。

（5）单个责任中心图。项目责任图在纵轴上的每个责任部分作为若干个责任中心的项目控制图。

3.定额管理

定额管理也是进度控制的手段之一。所谓定额管理，就是为了维持一名工人、一个作业班组或一台机械设备一小时或一天完成标准定额而进行的管理。在工期较长的项目中，天天发生的零星耽搁常成为导致进度失控的重要原因。开始，日复一日的零星耽搁不为项目组所重视，等到日积月累达到严惩的程度，再采取措施时为时已晚，从而不得不拖延交工日期。有时，项目经理发现项目已严重耽搁，就不切实际地给工作人员加压，结果非但不能弥补时间的不足，反而削弱了职工们的干劲，要知道，一个人或一台设备在短期内最大限度地工作也许能成为现实，但时间一长肯定会导致崩溃或解体。所以，在项目建设中，应制订各工种和设备的标准定额，实行定额管理。

定额管理实际上就是管理工人和设备在单位时间内完成的作业量。在实际工作中，如发现作业低于标准定额，应及时分析、找出原因、采取措施，进而提高效率；如果发现完成的作业量超过了标准定额，也要全面分析，若有先进经验，应及时推广。那么，作业量的差异是由哪些因素决定的呢？下面来看一下施工现场劳动效率公式：

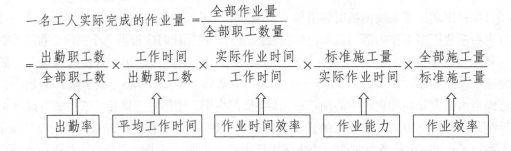

这一公式同样适用于施工设备。工人或设备在施工现场一天完成的作业量，对于标准作业能力乘以工作时间所得的标准定额来说，是随出勤率、作业时间效率和作业效率的变化而变化的。所以，提高这三项效率，是定额管理的中心课题。通过进行作业研究，分析影响这三项效率的各种因素、寻求提高效率和提高定额的途径，以加快或保证各工作环节的进度。

第三节　项目成本控制

项目成本控制就是对项目的一切支出进行核算和监控，防止不合理的支出，并通过成本分析预测未来成本发生的趋势，从而提醒项目经理及早采取措施，防止成本失控。成本控制工作是在估算和成本计划的基础上开展的，它是通过各项作业实际费用与估算费用的比较以及各控制区间（期限）内实际费用与计划成本的比较来寻找偏差，并以此为基础进行评价和预测进而将成本控制在预算范围内的一项重要工作。

一、项目成本控制的技术方法

（一）项目成本累积曲线

成本累积曲线也称为时间累积成本图，成本累积曲线是按照成本计划绘制的图件（图 5-15），其横坐标表示作业时间，纵坐标表示累积成本，累积曲线按照各计划时间区间的成本计划额先后累加绘制而成。从理论上讲，项目或单项工程在运行期间的成本变化规律应与这一曲线一致，如果实际成本曲线与理论曲线产生严重的偏移，且又没有重大的工程调整，则很可能预示着成本发生问题。按照这一线索对各作业环节逐项核算，就可落实问题的所在及其性质，然后有针对性地采取措施。

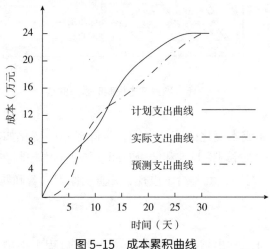

图 5-15　成本累积曲线

在成本累积曲线图上，实际曲线与理论曲线的偏差并不一定总是表明有问题存在。如果实际曲线向理论曲线上方偏离，则有三种可能的情况：其一，进度加快，应该在后一计划区间进行的作业提前进行，成本也随之提前发生，从而使累积曲线上移；其二，物价大幅度上涨，上涨幅度远远超过预期的数值，完成同样的作业使得表示实际支出的累积曲线上扬；其三，成本失控，不合理开支造成成本上升。在这三种情况中，第一种情况是有效管理的结果，第二种情况难以抗拒，只有第三种情况才是问题。

在成本累积曲线图中，实际曲线低于理论曲线（向下偏移）也不总是控制成本的结果，甚至还是管理出现问题的表现。实际曲线低于理论曲线也有三种情况：其一，进度拖延，没有按照规定的进度完成作业，造成成本推迟发生。其二，由于国家采取宏观调控措施，使实际物价上涨幅度远远低于作成本估算时预测的物价上涨幅度，导致曲线降低。其三，由于采用科学管理手段，有效地利用了项目资源，减少了费用，节约了成本，使得实际曲线下移。其中，只有第三种情况才是所期望的，而第一种情况不但不是好的效果，反而是重要的作业问题。

（二）项目成本香蕉曲线

香蕉曲线也是成本控制的工具。在制订成本计划时，一般都是按最早开工时间估算各计划区间的成本并假定各工序的开工时间与结束时间是固定的，按照计划数据绘制的成本累积曲线也是一条固定曲线。但是，对于作业中各工序而言，非关键工序的开工时间和结束时间是可以调整的。那么，分别利用最早开工时间和最迟开工时间绘制的成本累积曲线称为香蕉曲线，因其形似香蕉得名，见图5–16。

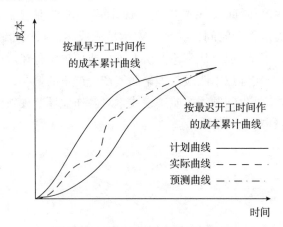

图 5-16　项目成本控制的香蕉曲线

香蕉曲线表明了作业成本变化的安全区间，实际成本的变化如不超出香蕉曲线圈定的范围，都属于正常变化，通过调整开工和结束时间总能使成本控制在计划范围内。如果实际支出的累积曲线超出这一范围，就要给予重视，并查明原因。若确属存在问题，再采取相应措施。

（三）项目成本报告

为了追踪和控制项目的支出情况，需要在项目实施过程中提供定期或不定期的成本报告，从而使管理人员及时发现和预测超支，并努力把成本控制在限额之内。

成本报告的编制和评审都要由专业财务人员负责，以保证报告的规范性和提供数据与结论的可靠性。成本报告应力求简明、迅速、正确，不必要的事项不要写进去。一份成本报告的覆盖范围要有一定限制，以防过分粗略。如果有些环节需要详细了解，则可单独提供报告。

成本报告的对象和范围可分为若干层次，以适应不同层次管理人员控制成本的需要。这些报告大都是定期的，按固定渠道传递的，但也有反映特殊情况的例外报告。从数量上讲，例外报告的比重很小，但它在管理工作中的作用却非常重要，因为它反映的都是紧急而意外的问题。

成本报告的种类很多，有成本日报、成本周报、月成本分析书、最终成本预测报告等。

二、挣值法对项目进度和成本的联合控制

挣值法是分析和控制项目进度和成本实施偏差的有效方法，可实现工期与成本的联合控制。运用挣值分析进行进度、费用执行效果的评估，可以直接判断检测当前进度是提前还是拖后，同时费用是节省还是超支，因此挣值分析克服了成本累积曲线的不足。

（一）挣值分析的基础指标

挣值分析对项目执行效果进行定量评估采用三条曲线进行分析比较，见图5-17。

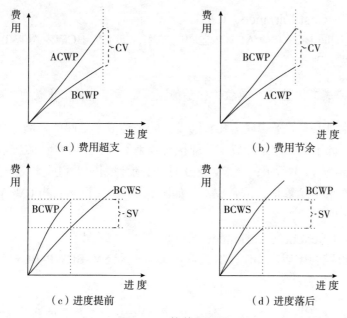

图 5-17　挣值原理图

第一条曲线称为计划工作的预算成本（Budgeted Cost for Work Scheduled，BCWS）曲线，简称计划值曲线。BCWS曲线是综合进度计划和预算费用后得出的。这条曲线是项目控制的基准曲线，是在项目开始后用批准的控制预算值建立的。BCWS体现的是项目的计划进度和计划成本，其计算方法为

$$BCWS = 计划工作量 \times 单位工作量的预算定额 = 计划完工百分比 \times 项目总预算$$

第二条曲线称为已完成工作的预算值曲线（Budgeted Cost for Work Performed，BCWP），即挣值曲线。BCWP曲线是用预算值或单价来计算已完工作量所取得的实物进展值。它是测量项目实际进展所取的绩效的尺度。BCWP体现的是项目的实际进度对计划工作的完成情况，

其计算方法为

BCWP= 已完成工作量 × 单位工作量的预算定额 = 已完工百分比 × 项目总预算

第三条曲线称为已完成工作的实际费用曲线（Actual Cost for Work Performed，ACWP），即消耗曲线，简称实耗值曲线。ACWP体现的是实际完成的工作量及其已经支出的实际成本，其计算方法为

ACWP = 已完成工作量 × 单位工作量的实际成本 = 项目实际支出成本

（二）费用偏差与进度偏差

BCWP 与 BCWS 对比，由于两者均以预算值作为计算基准，因此两者的偏差，即反映出项目进展的进度偏差。BCWP 与 ACWP 对比，由于两者均以已完工作量为计算基准，因此两者的偏差，即反映出项目进展的费用偏差。这两种偏差可以用于评价项目的费用和进度执行情况。

1. 费用偏差（Cost Variance，CV）

CV 是指检查期间 BCWP 与 ACWP 之间的差额，即 CV=BCWP–ACWP。根据 BCWP 和 ACWP 的计算方法，则有

CV= 已完成工作量 × （单位工作量的预算定额 – 单位工作量的实际成本）

可见 CV 是计划工作的平均成本和实际工作的平均成本之间的差额，当 CV < 0 时，表示计划的平均成本低于实际的平均成本，即执行效果不佳，实际消耗的成本超出预算值，即成本超支，如图 5–17（a）所示；当 CV > 0 时，表示计划的平均成本高于实际的平均成本，即实际消耗的成本低于预算值，节余成本，如图 5–17（b）所示；当 CV=0 时，表示实际消耗的成本等于预算值。

2. 进度偏差（Schedule Variance，SV）

SV 是指检查日期 BCWP 和 BCWS 之间的差异，即 SV=BCWP–BCWS。根据 BCWP 和 ACWP 的计算方法，则有

SV=（已完成工作量 – 计划工作量）× 单位工作量的预算定额

可见 SV 是实际工作的进度和计划工作的进度之间的差额用单位预算定额进行加权的结果，能够反映项目进度的提前还是落后。当 SV > 0 时，表示已经完成的工作量高于计划完成的工作量，即项目进度的提前，如图 5–17（c）所示；当 SV < 0 时，表示已经完成的工作量低于计划完成的工作量，即项目进度的落后，如图 5–17（d）所示；当 CV=0 时，表示实际项目进展与计划进度一致，当然，这种情况非常罕见。需要注意，SV 并不表示项目提前或落后了多少时间，仅能表示与计划的进度相比，项目进度是否落后。

通过对这三条曲线的分析对比，可以很直观地发现项目实施过程中费用和进度的偏差，而且可以通过不同级别的三条曲线，很快地发现项目在哪些部位出了问题。接着就可以查明产生这些偏差的原因，进一步确定需要采取的补救措施。这里要注意的是，只有对那些重大的、可能反复出现的偏差因素才需要采取补救措施，而对暂时性的、影响较小的偏差则不要

求采取补救措施。应用挣值分析进行进度、费用综合控制的核心是把费用的变化与进度变化紧密地联系在一起，避免产生因进度滞后而实际费用节余而未被发现的现象，能够尽早发现偏差，尽早纠正偏差，提高控制的效果。

（三）成本和进度执行指数

费用偏差 CV 和进度偏差 SV 可以用于对单一项目的成本和进度进行监控，但是，这两个指标都是绝对值指标，如果企业希望对多个项目的成本和进度进行横向比较，CV 和 SV 却具有先天的不足。其中，CV 是基于项目已完成工作量的规模计算的参数，而 SV 则是基于项目预算计算的参数，由于项目的工作量和预算基准不同，不同项目的 CV 和 SV 的数值不具备可比性。那么，挣值分析方法能否作为企业多项目检测、项目之间绩效比较的工具呢？基于成本和进度执行指数的比较就可以实现这一要求，因此需要构造无量纲化的执行指数。

1. 成本执行指数（Cost Performed Index，CPI）

成本执行指数是指预算费用与实际费用的比值，公式为 CPI=BCWP/ACWP，则有

CPI=（已完成工作量 × 单位工作量的预算定额）/（已完成工作量 × 单位工作量的实际成本）

可见，当 CPI > 1 时，表示单位工作量的预算定额高于实际成本，则项目执行成本有所结余，且 CPI 的数值越高，项目的成本结余越多。当 CPI < 1 时，表示单位工作量的预算定额低于实际成本，则项目执行成本有所超支，且 CPI 的数值越小，项目的成本超支越严重。因此，可以根据不同项目执行期间 CPI 数值的大小判断项目的成本绩效。

2. 进度执行指数（Schedule Performed Index，SPI）

进度执行指数是指项目挣值与计划值的比值，公式为 SPI=BCWP/BCWS，则有

SPI=（已完成工作量 × 单位工作量的预算定额）/（计划工作量 × 单位工作量的预算定额）

可见，当 SPI > 1 时，表示已完成的工作量高于计划的工作量，则项目执行进度快于计划进度，且 SPI 的数值越高，项目的进度提前越多。当 SPI < 1 时，表示已完成的工作量低于计划工作量，则项目执行进度落后，且 SPI 的数值越小，项目的进度落后越严重。因此，可以根据不同项目执行期间 SPI 数值的大小判断项目的进度绩效。

成本和进度执行指数主要用来计算执行效率。这些值经常用于趋势分析，来预测未来的执行情况。

（四）完工估算（EAC）

完工估算是指根据目前知道的情况或者当前的执行情况估算出项目在完成时的总成本。这是用来确定项目完成时总成本的最佳估算方法。常用的计算 EAC 的方法有三种：

其一，EAC= 实际支出 + 按照实施情况对剩余预算所作的修改，这种方法通常用于当前的变化可以反映未来的变化的情况。

其二，EAC= 实际支出 + 对未来所有剩余工作的新估计，这种方法通常用于当过去的执行情况显示了原有的估计假设条件基本失效的情况下或者由于条件的改变原有的假设不再适用。

其三，EAC= 实际支出 + 剩余的预算，适用于现在的变化仅是一种特殊的情况，项目经

理认为未来的实施不会发生类似的变化。

举例说明挣值分析法的应用：某项目进度安排见表5-2，根据项目进度计划制定的项目成本预算如表5-3所示。项目进行第6周后，对项目执行情况进行检查，结果如表5-4所示。

表5-2　项目进度安排甘特图

工作	周									
	1	2	3	4	5	6	7	8	9	10
A	███	███								
B	██									
C		███	███	███						
D			███	███	███	███				
E					███	███	███	███		
F							███	███	███	███

表5-3　项目成本预算　　　　　　　　　　　　　　　　　　　单位：万元

工作	工作预算	周									
		1	2	3	4	5	6	7	8	9	10
A	20	10	10								
B	20	20									
C	60		20	20	20						
D	60			15	15	15	15				
E	100					25	25	25	25		
F	80							20	20	20	20

表5-4　项目进度成本执行情况

工作	周										实际费用（万元）	工序完工百分比（%）
	1	2	3	4	5	6	7	8	9	10		
A	██	██									20	100
B	██	██									25	100
C			██	██	██						60	100
D			██	██							50	75
E					██	██					50	40
F											0	0

现对项目第六周的执行情况进行挣值分析：

项目前六周累计支出成本：

ACWP=20+25+60+50+50=205（万元）

项目前六周预算定额：

BCWS=20+20+60+60+50=210（万元）

项目前六周各项工序实现的计划价值：

BCWP=20×100%+20×100%+60×100% +60×75%+100×40%=20+20+60+45+40=185（万元）

则项目前六周的费用偏差：

CV= BCWP–ACWP=185–205=–20（万元），表示项目成本超支；

项目前六周的进度偏差：

SV= BCWP–BCWS=185–210=–25（万元），表示项目进度落后。

经过分析发现工作D已经完成的工作量中，仍然存在欠付原材料供应商5万元；工作E实际支付的成本中，包括了预付给供应商的10万元。假设项目目前的成本投入水平将持续下去，在这种情况下对项目进行完工估算：

$$EAC=340×（205+5–10）/185=367.57（万元）$$

注意：在对项目进行完工估算的过程中需要考虑成本投入时点变化对项目累计成本支出的影响，D工作已经完成，但有部分欠付款，这种情况属于项目成本投入时点比原计划推迟，故在完工估算中应将其视为已发生的成本，否则会使得完工成本估算偏低；E工作尚未完成，但有部分预付款，这种情况属于项目成本投入时点比原计划提前，故在完工估算中应将其视为未发生的成本，否则会使得完工成本估算偏高。

（五）挣值法的进一步分析

通过分析项目的 BCWS、BCWP 和 ACWP 之间的关系，可以知道项目目前的进度和成本支出情况，并采取相应的对策。

（1）ACWP>BCWS>BCWP，SV<0，CV<0；此时项目实际总成本大于计划总成本（ACWP>BCWS），项目平均成本投入强度高于计划（CV<0），项目平均成本超支，进度落后（SV<0）。此时，项目运行的效率低，进度较慢，成本投入超前，应该用工作效率高的人员更换一批工作效率低的人员。

（2）BCWP>BCWS>ACWP，SV>0，CV>0；此时项目实际总成本小于计划总成本（ACWP<BCWS），项目平均成本投入强度低于计划（CV>0），项目平均成本节余，进度提前（SV>0）。此时项目运行的效率高，进度较快，成本投入延后，若成本的偏离不大，应该维持现状。

（3）BCWP>ACWP>BCWS，SV>0，CV>0；此时项目实际总成本大于计划总成本（ACWP>BCWS），项目平均成本投入强度低于计划（CV>0），项目平均成本节余，进度提前（SV>0）。此时项目运行的效率高，进度较快，成本投入超前，应该抽出部分人员，放慢进度。

（4）ACWP>BCWP>BCWS，SV>0，CV<0；此时项目实际总成本大于计划总成本（ACWP>BCWS），项目平均成本投入强度高于计划（CV<0），项目平均成本超支，进度提前（SV>0）。此时项目运行的效率低，进度较快，成本投入超前，应抽出部分人员，增加少量骨干人员。

（5）BCWS>ACWP>BCWP，SV<0，CV<0；此时项目实际总成本小于计划总成本

（ACWP<BCWS），项目平均成本投入强度高于计划（CV<0），项目平均成本超支，进度落后（SV<0）。此时项目运行的效率低，进度较慢，成本投入延后，应该增加高效人员的投入。

（6）BCWS>BCWP>ACWP，SV<0，CV>0；此时项目实际总成本小于计划总成本（ACWP<BCWS），项目平均成本投入强度低于计划（CV>0），项目平均成本节余，进度落后（SV<0）。此时项目运行的效率高，进度较慢，成本投入延后，应该迅速增加投入。

第四节　项目质量控制

按照统计学的观点，引起质量异常的因素不外乎两种。第一，随机因素，即完全按计划和作业标准进行工作也会出现质量异常的偶然因素。一般来说，随机因素的存在是不可避免的，这些因素何时影响项目质量以及对项目质量的影响有多大通常是不可预测的。它们对任何给定的工艺环节都起作用，只有当工艺本身做出了改进，它们的影响才会减轻。第二，可控因素，即那些能够被识别且经过努力可以从一定程度上减轻或消除的因素，一般与作业过程本身的有关，譬如设备故障、使用了不合格材料、操作人员责任心不强等。这些因素不是项目质量形成过程中固有的，通过质量控制发现并将之消除对于提高质量和经济效益会起重要作用。

项目质量控制技术包括两大类：抽样检验和过程质量控制。抽样检验通常发生在生产前对原材料的检验或生产后对成品的检验，根据随机样本的质量检验结果决定是否接受该批原材料或产品。过程质量控制是指对生产过程中的产品随机样本进行检验，以判断该过程是否在预定标准内生产。抽样检验用于采购或验收，而过程质量控制应用于各种形式的生产过程。

一、抽样检验

进行项目质量控制的目的，就是要掌握在项目实施过程中有无异常现象发生。不管质量计划制订得多么缜密，材料规格和作业标准制订得多么细致。在项目实施中要使质量完全没有变动是不可能的。掌握和追踪质量的变动情况，可以有两种方法。一是对所有完成的工作毫无遗漏地检测，这通常会导致质量控制成本不必要地大幅度上升，或者这种检测方法根本无法实施（如破坏性试验）；另一种方法就是利用数理统计的原理，对控制对象进行抽样检查。通过数据处理和分析研究，把控制对象总体的质量状况推测出来，这就是统计质量控制。显然，统计质量控制是科学、经济而又可行的质量控制方法。

抽样检验指从批量为 N 的产品中随机抽取其中的一部分单位产品组成样本，然后对样本中的所有单位产品按产品质量特性进行检验，根据样本的质量检验结果判断产品批合格与否的过程。

（一）抽样检验的基本术语

（1）产品批：相同条件下制造出来的一定数量的产品，称为"批"。相同的生产条件下连续生产的一系列批称为连续批；不能定为连续批的批称为孤立批。

（2）单位产品："批"中对产品划分的基本单位，如一批零件中的每个、一米电线 、一匹布等。

（3）批量和样本大小：批量是指批中包含的单位产品个数，以 N 表示。样本大小是指随机抽取的样本中单位产品个数，以 n 表示。

（4）抽样检验方案：规定样本大小和一系列接受准则的一个具体方案。

（5）两类风险 α 和 β：将本来合格的批，误判为拒收的概率，这对生产方是不利的，成为第 I 类风险，以 α 风险表示；本来不合格的批，误判为可接受，将对使用方产生不利，称为第 II 类风险，以 β 风险表示。

（6）接受上界 p_0：设交验批的不合格率为 p，当 $p \leq p_0$ 时，交验批为合格批，可接受。

拒收下界 p_1：设交验批的不合格率为 p，当 $p > p_1$ 时，交验批为不合格批，应拒收。

$p \leq p_0$ 时，$P(p) \geq 1-\alpha$，也就是当样本抽样合格时，接受概率应该保证大于 $1-\alpha$。

$p > p_1$ 时，$P(p) < \beta$，即当样本抽样不合格时，接受概率应该保证小于 β。

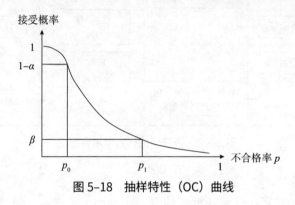

图5-18 抽样特性（OC）曲线

（二）抽样检验的方案

1. 按产品质量特性分类

第一类为计数抽样方案：从待检产品批中抽取若干单位产品组成样本，以单位产品质量特征值为计件值（不合格品数）的抽样方案。计数抽样方案的要点是要事先确定样本容量 n 和合格判别界限 c，用（n，c）来表示，如图5-19所示的计数标准一次抽样方案的流程。

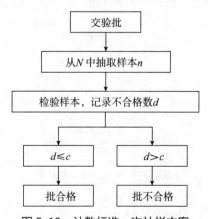

图5-19 计数标准一次抽样方案

第二类为计量抽样方案：用单位产品质量特性值为判别标准的抽样方案。计量抽样方案需要提前确定样本的容量 n、验收函数 Y 和验收界限 k。

2. 按抽样方案的制定原理分类

第一类为挑选型抽样方案：挑选型方案是指对经检验判为合格的批，只要替换样本中的不合格品；而对于经检验判为拒收的批，必须全检，并将所有不合格全替换成合格品。

第二类为调整型抽样方案（图 5–20）：该类方案由几组方案（正常方案、加严方案和放宽方案）和一套转移规则组成，根据过去的检验资料及时调整方案的宽严。该类方案适用于连续批产品。

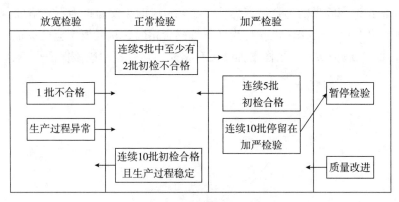

图 5–20　调整型抽样方案示意图

3. 按抽样的程序分类

第一类为一次抽样方案：仅需从批中抽取一个大小为 n 样本，便可判断该批接受与否，如图 5–19 所示。

第二类为二次抽样方案：抽样可能要进行两次，对第一个样本检验后，可能有三种结果——接受、拒收、继续抽样。若得出"继续抽样"的结论，抽取第二个样本进行检验，最终做出接受还是拒收的判断，如图 5–21 所示。

第三类为多次抽样：多次抽样可能需要抽取两个以上具有同等大小样本，最终才能对批做出接受与否判定，是否需要第 i 次抽样要根据前次（$i–1$ 次）抽样结果而定。

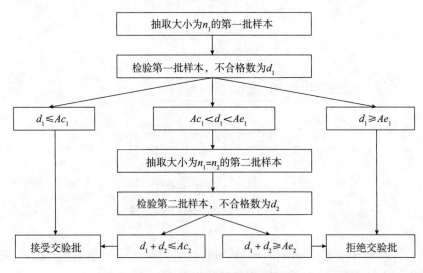

图 5–21　二次抽样方案示意图

二、过程质量控制

自 1924 年，休哈特提出控制图以来，经过几十年的发展，过程质量控制技术已经广泛地应用到质量管理中，在实践中也不断地产生了许多种新的方法，如直方图、相关图、排列图、控制图和因果图等"QC 七种工具"以及关联图、系统图等"新 QC 七种工具"。应用这些方法可以从经常变化的生产过程中，系统地收集与产品有关的各种数据，并用统计方法对数据进行整理、加工和分析，进而画出各种图表，找出质量变化的规律，实现对质量的控制。

（一）检查表

检查表又名核查表、调查表、统计分析表，是利用统计表对数据进行整体和初步原因分析的一种表格型工具，常用于其他工具的前期统计工作。如表 5–5 所示为某产品外观不合格各情况出现次数的统计表，可以看出表面缺陷是外观不合格的最主要表现，在总不合格品中占比为 38%，其次是裂纹不合格情况，占比为 31%，这两项不合格产品应该引起重视，下一步应该深究这两类不合格产生的原因，一旦这两类问题解决，相当于解决了 69% 的质量问题。

表 5–5　不合格项检查表

不合格项目	检查记录	小计
表面缺陷	正正正正	20
砂眼	正	5
形状不良	一	1
裂纹	正正正一	16
其他	正正	10

（二）散布图

散布图又称散点图、相关图，是表示两个变量之间相互关系的图表法。横坐标通常表示原因特性值，纵坐标表示结果特性值，交叉点表示它们的相互关系。相关关系可以分为正相关、负相关、不相关。图 5–22 表示了某化工厂产品收率和反应温度之间的相关关系，从相关关系图可以初步判断，两者之间可能具有正相关关系。

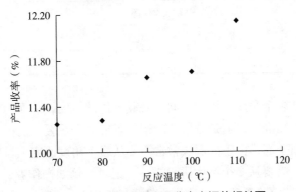

图 5–22　反应温度和产品收率之间的相关图

（三）分层法

分层法又名层别法，是将不同类型的数据按照同一性质或同一条件进行分类，从而找出其内在的统计规律的统计方法。常用分类方式为按操作人员分、按使用设备分、按工作时间分、按使用原材料分、按工艺方法分、按工作环境分等。

举例说明：某项目一年发生事故 39 起，并因之影响了作业质量。为寻找事故发生的规律性，以便采取措施，杜绝事故，保证作业质量，现将 39 起事故进行分类。

首先按照质量事故发生的时间对数据进行整理，结果如表 5–6 所示，可以看出质量事故的高发期为一年中的第二、第三季度，可以大致判定引起质量事故发生的部分原因是高温，因此可以针对一年中的这两个季度采取工作环境降温措施以减少质量事故的发生频率。

表 5–6　分层法按季节分析事故

按季节分				
季度	一	二	三	四
事故数量	7	17	13	2

其次可以按照事故发生负责人的年龄段对事故发生的频率进行整理，结果如表 5–7 所示，可以看出质量事故的负责人大多是 18~25 岁的青年，可以初步判断质量事故产生的部分原因是青年工人的技术不熟练或责任心不强。因此可以对青年工人开展有计划地培训和监督活动，采取"以老带新"的形式，提高青年工人的思想作风和技术能力，降低事故损失。

最后可以按照质量事故发生对工人的损伤部位对事故发生的情况进行分类，结果如表 5–8 所示，可以看出质量事故发生后主要会对工人的手脚部位造成伤害，因此可以对此采取积极的应对措施，如为工人配备专用的手套和工作鞋，最大程度减轻对工人的劳动伤害。

表 5–7　分层法按年龄分析事故

按年龄分			
年龄段	18~25 岁	26~35 岁	36~45 岁	45 岁以上
事故数量	23	7	2	7

表 5–8　分层法按年工人损伤部位分析事故

按事故发生部位分			
部位	头部	腰部	手脚	其他
事故数量	2	3	27	7

运用分层法可以从多个角度分析质量问题及其产生的原因，从而为项目的质量计划和质量控制提供可靠的依据和准则，但是分层法的运用需要两个重要的前提：第一，质量数据的跟踪和记录需要准确而全面，由于分层法常常需要从多个角度研究项目质量问题，因此在对质量事故进行记录时，需要从多个维度进行描述和记录，例如操作者、机器设备、原材料、操作方法、操作时间、检验手段、废品的缺陷项目特点等。第二，应使同一层内的数据波

动幅度尽可能小，而层间的差距尽可能大，这样才能充分体现出质量问题产生的原因。

（四）因果图

因果图又称树枝图或鱼刺图，由日本质量学家石川馨发明，是用于寻找造成质量问题的原因、表达质量问题因果关系的一种图形分析工具。一个质量问题的产生，往往不是一个因素，而是多种复杂因素综合作用的结果。通常，可以从质量问题出发，首先分析那些影响产品质量最大的原因，进而从大原因出发寻找中原因、小原因和更小的原因，并检查和确定主要因素。鱼刺图引入了系统思维的方法，往往被用于引导和鼓励组织内部对质量问题的思考和讨论，发现和揭示偏差变异产生的原因，分析各种变量共同形成的作用力并推断事情演变的方向和结果。

图 5-23 中可以看出制造品中出现次品的原因被归为工人、机械、测试方法等 6 类，每一类下面又有不同的子原因。根据次品产生的不同原因，可以有的放矢地制定对策，落实解决实际问题的方案和措施，如表 5-9 所示。

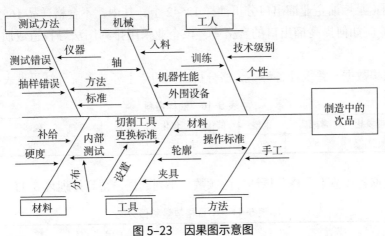

图 5-23 因果图示意图

表 5-9 对策计划表

主要原因	次级原因	对策	负责人	期限
工人	技术训练	对工人进行技术培训和教育；规范操作规程和提高质量检验标准		
	个性	加强组织工作；更换工人		
机械	机器性能	加强维修；增加设备		
测试方法	测试方法错误	重新测试；变更测试方法；提高测试标准		
	抽样错误	重新设计抽样参数；变更抽样方案		
材料	补给	协调采购管理；降低补给时间		
	硬度	降低材料硬度；更换材料		
工具	更换标准	重新设置工具更换标准；更换工具		
方法	操作标准	规范操作标准；明确奖惩制度		

（五）排列图

排列图（又称柏拉图、Pareto 图）是基于帕累托原理，其主要功能是帮助人们确定那些相对少数但重要的问题，以使人们把精力集中于这些问题的改进上。意大利经济学家

Pareto1897 年提出：80% 的财富集中在 20% 的人手中（80/20 法则）。在质量过程中大部分缺陷也通常是由相对少数的问题引起的。因此只要能够掌握 20% 的关键质量问题，并对症下药，就可以改进 80% 的质量成果。对于过程质量控制，排列图常用于不合格品数或缺陷数的分类分析。

排列图的操作方法一般包括三个步骤：

（1）收集一定期间的质量问题数据，把数据根据原因、部位、工序、人员等因素进行分层；

（2）根据分层后的数据绘制排列图，图中一般左方纵坐标为频数、右方纵坐标为百分数，按频数大小由左至右依次用直方形表示质量数据；

（3）分别将各因素频率的百分比累加起来连接成曲线，0~80% 为 A 区，是主要因素；80%~90% 为 B 区，是次要因素；90%~100% 为 C 区，为一般因素。

举例说明：某炼油企业馏出口分析油样 12542 个，其中，不合格样品 165 个，馏出口不合格率 1.3%，应如何提高馏出口的合格率？该企业采用排列图法寻找造成质量问题的主要原因。

首先，收集数据，并统计各种不合格分析油样的产生环节，统计结果见表 5–10。

表 5–10 油样资料

装置	电脱盐	常减压	重整	催化	焦化	沥青	精制	硫磺	加氢	合计
不合格数	4	87	20	2	2	14	4	28	4	165

其次，根据各环节不合格分析油样的频数大小列数据，得到排列表 5–11。

表 5–11 不合格数量和百分比

序号	装置	不合格数	百分比（%）	累计（%）
1	常减压	87	52.7	52.7
2	硫磺	28	17.0	69.7
3	重整	20	12.1	81.1
4	沥青	14	8.5	90.3
5	其他	16	9.7	100

再次，根据列表数据绘制排列图（图 5–24）。

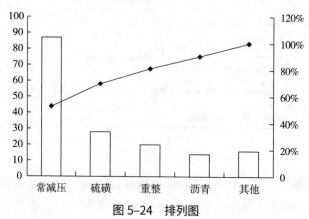

图 5–24 排列图

最后，对质量问题进行主次原因分析，图 5-24 显示，0~80% 区内有三个主要因素：常减压、硫磺和重整。但是，由于常减压占的比例很大，不一定按 0~80%、80%~90%、90%~100% 的惯例，取常减压为主要因素，作为下一步质量改进的重点。

（六）控制图

控制图是对生产过程中产品质量状况进行实时控制的统计工具，是质量控制中对产品质量进行实时控制最重要的方法。控制图主要用于分析判断生产过程的稳定性，及时发现生产过程中的质量异常现象，以便及时发现产生质量问题的原因，为纠正设备、生产工艺和操作方法的缺陷提供依据。

控制图的基本样式如图 5-25 所示。横坐标为样本序号，纵坐标为产品质量特性值，图上三条平行线分别为：实线 CL——中心线，虚线 UCL——上控制界限线，虚线 LCL——下控制界限线。在生产过程中，定时抽取样本，把测得的数据点一一描在控制图中。如果数据点落在两条控制界限之间，且排列无缺陷，则表明生产过程正常，过程处于控制状态，否则表明生产条件发生异常，需要对过程采取措施，加强管理，使生产过程恢复正常。

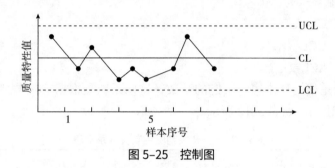

图 5-25　控制图

1. 控制图的基本原理

一项活动或作业的质量变动仅受随机因素影响时，表示其质量的特征值 x 服从均值为 μ、标准差为 σ 的正态分布。在抽样检查这一特征值时，若从总体中取容量为 N 的样本，则样本均值 $\bar{x}$ 近似地服从均值为 μ、标准差为 $\sigma/\sqrt{N}$ 的正态分布。

由概率统计的"3σ 规则"可知，从总体中取出样品的均值落在 $\mu \pm 3\sigma/\sqrt{N}$ 之内的概率为 0.9974，即均值 $\bar{x}$ 纯粹由于随机因素落在距 μ 值大约 $3\sigma/\sqrt{N}$ 之外的可能性极小。于是，在检查中，如果某个样本的均值落在 $\mu \pm 3\sigma/\sqrt{N}$ 外，就有理由怀疑这是某种异常因素的影响。据此，就可对作业过程进行分析，找出异常因素，并予以消除。

这一过程通常是利用控制图来实现的。所谓控制图又称管理图，它是根据上述统计原理绘制的一种用于分析和判断作业过程是否处于平稳状态的图件，是一种反映作业过程运动状况并据此进行分析、监控的带有控制界限的工具。

控制图可分为计量值控制图和计数值控制图两大类，其中，最常用的是平均数和极差计量控制图即 $\bar{x}$—R 图。

2. $\bar{x}$—R 控制图的绘制过程

（1）选取 100 个（至少 60 个）表示某质量特征的观测值，将这 100 个观测值按组、批、时间顺序划分为若干个样本，每个样本的容量一般为 4~5。

（2）按公式 $\bar{x}=(x_1+x_2+\cdots+x_n)/N$ 计算各样本的均值。式中，x_1，x_2，$\cdots$，x_n 是各样本的观测值，N 为样本容量。

（3）按公式 $\bar{\bar{x}}=(\bar{x}_1+\bar{x}_2+\cdots+\bar{x}_k)/k$ 计算总平均值。式中，$\bar{x}_1$，$\bar{x}_2$，$\cdots$，$\bar{x}_k$ 是各样本的均值，k 为样本总数。

（4）按公式 $R=X_{\max}-X_{\min}$ 计算各样本的极差。$X_{\max}$ 为样本中最大的观测值，$X_{\min}$ 为样本中最小的观测值。

（5）按公式 $\bar{R}=(R_1+R_2+\cdots+R_k)/K$ 计算极差的平均值。R_1，R_2，$\cdots$，R_k 是各样本的极差，k 为样本数。

（6）控制线的计算：

$\bar{x}$ 控制图的控制界限为：

中心线　　　　$CL=\bar{\bar{x}}$

控制上限　　　$UCL=\bar{\bar{x}}+A_2\bar{R}$

控制下限　　　$LCL=\bar{\bar{x}}-A_2\bar{R}$

R 控制图的控制界限为：

中心线　　　　$CL=\bar{R}$

控制上限　　　$UCL=D_4\bar{R}$

控制下限　　　$LCL=D_3\bar{R}$

式中，A_2、D_3、D_4 是根据样本容量决定的系数，这些系数是根据"3σ 规则"、σ 与极差 R 的关系等统计原理导出的，如表 5-12 所示。

表 5-12 　$\bar{x}-R$ 控制图控制界限系数表

样本容量 N	A_2	D_3	D_4
2	1.880	0	3.268
3	1.023	0	2.574
4	0.729	0	2.282
5	0.577	0	2.114
6	0.483	0	2.004
7	0.419	0.076	1.924
8	0.373	0.136	1.804
9	0.337	0.184	1.816
10	0.308	0.223	1.777

（7）将 $\bar{x}$ 控制图绘在上边，R 控制图绘在下面。将各样本的编号上下对齐，记入 $\bar{x}$、R 值（图 5-26）。如果 $\bar{x}$、R 值都在控制界限内，则表明作业或生产过程处于稳定状态；如果某点在控制界限之外，则应查找其原因并设法消除。消除某些点后，对控制界限要重新计算和修订。

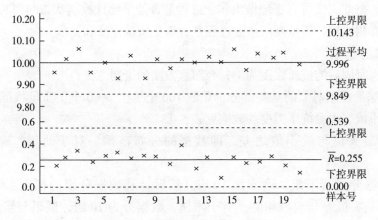

图 5-26 某管材直径的 $\bar{x}-R$ 控制图

符合以下两条标准时，可以判定项目作业过程处于统计控制状态，即作业过程是稳定的，不存在异常因素。

（1）标准一：控制图上的点不超过控制界限。

（2）标准二：控制图上点的分布无缺陷。

其中，所谓控制图上的点不超过控制界限，并不意味着所有的点都一定在上下控制界限之间，符合以下标准可以认为基本满足标准：

① 连续 25 个点以上处于控制界限内；

② 连续 35 个点中，最多只有一个点超出控制界限；

③ 连续 100 个点中，不多于两个点超出控制界限。

所谓控制图上的点分布无缺陷，可以在排除以下几种有缺陷的情况后判定：

① 链——点连续出现在中心线的一侧；

② 偏离——较多的点间断出现在中心线的一侧；

③ 倾向——若干点连续上升或下降；

④ 周期——点的上升或下降出现明显的时间间隔；

⑤ 接近——点接近中心线或上下界。

如果某些点超出控制界限或具有明显趋势时，应怀疑作业过程存在异常情况，需进行检查分析，找出原因，消除异常。这里，所谓点的明显趋势是指如下情况：（1）点在中心线一侧连续出现 7 次以上；（2）连续 7 个以上的点上升或下降；（3）绝大多数点在中心线的同一侧出现，如连续 11 个点中有 9 个在中心线的同一侧；（4）连续 3 个点中至少有两个点在上方或下方的 2σ 以外；（5）各点呈周期性变动。

（七）直方图

直方图也是一种常用的统计质量控制工具。它是将控制对象的测量数据整理加工后分成若干组，然后在直角坐标系中绘制出的以组距为底边、以频数为高度的一种数据分布图形。利用这种分布图的形态，可对作业过程的质量状况做出评估。其原理与控制图一样，如果过程仅受随机因素影响，那么，直方图的形态近似于正态分布曲线，且数据越多、分组越细就越接近正态分布。如果作业过程存在影响质量的异常因素，直方图的形态就会与正态分布曲线有较大差异。据此，便可直观地做出作业过程是否处于统计控制状态的判断。此外，将直方图同质量标准相比较，还可判断作业过程是否满足质量标准和要求。

1. 直方图的绘制

下面以水泥凝固后的抗压强度为例，介绍直方图的绘制方法：

（1）随机测量控制对象的某些部分，获取 100 个（至少 60 个）质量特征值，找出其中的最大值和最小值。水泥抗压强度的数据见表 5–13。

（2）求出最大值与最小值之差，即数据的分布范围。对于此例，有极差 R=37.1–28.8=8.3。

（3）把数据分成若干组，通常为 10 组。然后计算数据分组的幅度，即组与组之间的间隔。一般是将极差与组数相除。对于本例，数据分为 10 组，则组与组之间的间隔为 8.3/10=0.83。

（4）确定分组界限。通常，第一组数据的下界限为最小值减组宽的一半，上界限为最小值加组宽的一半。第一级的上界限也是第二组的下界限，第二级的下界限加组宽为第二组上界限。余者类推。每组数据的下界限加组宽的一半，为该组的中间值。

表 5–13　水泥抗压强度测量数据表

时间 h	水泥抗压强度 MPa	时间 h	水泥抗压强度 MPa	时间 h	水泥抗压强度 MPa
1	31.5	21	33.2	41	32.4
2	32.9	22	31.6	42	33.5
3	31.4	23	32	43	32.6
4	30.1	24	30.4	44	31.9
5	36.3	25	33.1	45	33.2
6	35.4	26	32.4	46	35
7	33.8	27	34.5	47	34.1
8	35.3	28	33.7	48	34.6
9	34.2	29	31.6	49	34.3
10	32	30	33.1	50	36.2
11	32.7	31	32.5	51	33.8
12	31.7	32	29.5	52	35
13	32.6	33	34.6	53	34
14	35.2	34	33.3	54	34.4
15	33.5	35	31.5	55	33.7
16	34.1	36	32.9	56	28.8
17	32.7	37	35.6	57	29.7
18	34	38	33.6	58	36.9
19	35.9	39	37.1	59	32
20	32.2	40	32.8	60	32.4

（5）根据划定的各级界限，统计各组中的数据分配。本例中的组宽、中间值和数据分配情况见表 5–14。

表 5-14 频数分布表

组号	组下界	组上界	中间值	频数
1	28.385	29.215	28.80	1
2	29.215	30.045	29.63	2
3	30.045	30.875	30.46	2
4	30.875	31.705	31.29	6
5	31.705	32.535	32.12	8
6	32.535	33.365	32.95	13
7	33.365	34.195	33.78	11
8	34.195	35.025	34.61	8
9	35.025	35.855	35.44	4
10	35.855	36.685	36.27	3
11	36.685	37.515	37.10	2

（6）以横轴表示测量值，以纵轴表示频数，将各个数组分别表示为以组宽为底边、以频数为高度的矩形，即可得到所需的直方图。本例的直方图如图 5-27 所示。

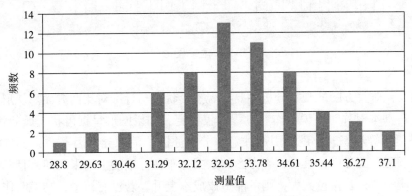

图 5-27 混凝土抗压强度测量位直方图

2. 直方图的观察与分析

从直方图可以直观地看出产品质量特性的分布形态，便于判断过程是否出于控制状态，以决定是否采取相应对策措施。直方图从分布类型上来说，可以分为正常型和异常型。正常型是指整体形状左右对称的图形，此时过程处于稳定（统计控制状态）。如果是异常型，就要分析原因，加以处理。常见的异常型主要有 6 种：

（1）双峰型［图 5-28（b）］：直方图出现两个峰。主要原因是观测值来自两个总体、两个分布的数据混合在一起造成的，此时数据应加以分层。

（2）锯齿型［图 5-28（c）］：直方图呈现凹凸不平现象。这是由于作直方图时数据分组太多、测量仪器误差过大或观测数据不准确等造成的。此时应重新收集和整理数据。

（3）陡壁型［图 5-28（d）］：直方图像峭壁一样向一边倾斜。主要原因是进行全数检查，使用剔除了不合格品的产品数据作直方图。

（4）偏态型［图5-28（e）］：直方图的顶峰偏向左侧或右侧。当公差下限受到限制（如单侧形位公差）或某种加工习惯（如孔加工往往偏小）容易造成偏左；当公差上限受到限制或轴外圆加工时，直方图呈现偏右形态。

（5）平顶型［图5-28（f）］：直方图顶峰不明显，呈平顶型。主要原因是多个总体和分布混合在一起，或者生产过程中某种缓慢的倾向在起作用（如工具磨损、操作者疲劳等）。

（6）孤岛型［图5-28（g）］：在直方图旁边有一个独立的"小岛"出现。主要原因是生产过程中出现异常情况，如原材料发生变化或突然变换不熟练的工人。

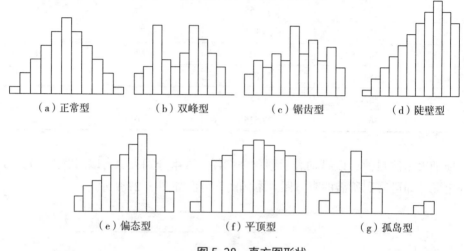

（a）正常型　　　（b）双峰型　　　（c）锯齿型　　　（d）陡壁型

（e）偏态型　　　（f）平顶型　　　（g）孤岛型

图 5-28　直方图形状

前已述及，对直方图的观察分析主要在观察形状和与标准对比两方面。从形状来看，中间为顶峰左右基本对称时，说明作业过程比较稳定。如果图形呈锯齿状、孤岛状、偏向状、双峰状和平顶状等形态时，就应引起注意，分析原因，消除异常因素。关于与标准对比问题，要从如下两方面考虑：其一，直方图的数据分布在标准的上下限之间，且两侧都有一定裕量，为最佳状态；若裕量太大，则可能造成成本上升，若没有裕量，则说明作业过程处在临界状态，稍有不慎就会发生质量问题。其二，直方图的数据分布（一侧或两侧同时）超出了标准的上下限，这表明作业过程存在问题，或工艺本身无法满足质量要求，这时，就应作必要的处理，包括消除原因、变更标准或全部返工。与标准对比的具体作法是，将规定标准值的上下限标在直方图上，是否满足要求便可一目了然。

案例：管道项目开展 QC 小组活动解决工程质量问题

QC 小组：是在生产和管理岗位的职工或一线员工，围绕企业所制定的目标与生产中所遇到的问题，运用科学有效的质量管控方法和手段，降低生产过程中的消耗，提高产品质量而组织开展有针对性的质量改进活动的小组[1]。QC 小组是"全面质量管理"和"ISO9001 管理体系"中重要的改进方法之一，同时在 PDCA 循环中也是质量改进的主要工具。QC 是质量管理改进的有效手段，在 C 管道项目中许多具体的管理和技术难题，都可以通过 QC 小组

---

❶ 于涛. 关于石油行业地面建设工程项目质量管理的几点看法. 中国石油和化工标准与质量，2016，36（10）：44-45.

进行解决与推广。下面就"液体聚氨酯新技术防腐补口一次合格率未达到质量目标"为例，阐述某管道 EPC 项目部如何开展一次成功的 QC 活动。

背景： 防腐补口是油气管道建设中的一个重要工序，良好的防腐补口质量是管道能否满足运行寿命要求的基础。为了达到工程质量的要求，需要将聚氨酯涂料技术与机械化喷涂作业技术进行整合，使得补口防腐层质量稳定可靠、均匀一致。聚氨酯防腐补口共计完成 645 道口，但防腐补口一次合格数为 605 道口，一次合格率仅为 93.8%，而与业主签订的合同中要求管道防腐补口一次合格率 98% 以上。为满足业主合同要求，本次小组活动主题为："提高液体聚氨酯管道防腐补口一次合格率"。

（1）小组概况。

小组成员共 12 人，其中高工 2 人，工程师 9 人，助理工程师 1 人（表 5-15）。

表 5-15　QC 小组的构成

序号	姓名	性别	学历	职称	组内分工
1	×××	×	硕士	工程师	组长，全面负责
2	×××	×	本科	高级工程师	副组长，组织协调
3	×××	×	本科	高级工程师	指导老师
4	×××	×	本科	工程师	组员，选题、效果检查
5	×××	×	本科	工程师	组员，方案研讨、效果检查
6	×××	×	本科	工程师	组员，要因确认、对策实施
7	×××	×	本科	工程师	组员，要因确认
8	×××	×	本科	工程师	组员，要因确认、对策实施
9	×××	×	本科	工程师	组员，要因确认、对策实施
10	×××	×	本科	工程师	组员，要因确认、对策实施
11	×××	×	本科	工程师	组员，对策实施
12	×××	×	本科	助理工程师	组员，记录整理

（2）现状调查。

聚氨酯补口从 ×××× 年 × 月 × 日开工，截至 ×××× 年 × 月 × 日，共计完成 645 道口，其中 40 道口出现一次不合格，根据统计缺陷形态，共有 43 个不合格频数。其中有 2 道口既存在漏点检测不合格，也存在外观划痕，1 道口既存在搭接宽度不够，也存在厚度检测不合格。具体不合格情况见表 5-16。

表 5-16　缺陷形态调查统计表

序号	缺陷	频数	频率
1	电火花漏点检测不合格	35	81.4%
2	外观有流挂、划痕	4	9.3%
3	厚度检测不合格	2	4.7%
4	搭接宽度不够	1	2.3%
5	其他	1	2.3%
6	合计	43	100%

从补口不合格形态排列图可以看出，电火花漏点检测不合格是液体聚氨酯防腐补口一次不合格的主要症结，其所占比例高达81.4%，因此本次QC活动应以电火花漏点检测不合格为突破点，从而提高防腐层补口合格率。

（3）目标值制定依据。

经过对国外大量的资料查阅发现，国外公司设计并建设的管道工程防腐层一次补口合格率平均值为99%（2010年PRCI统计数据），远高于98.1%；通过对每天完成的聚氨酯防腐补口一次合格率进行统计，有效工作日共计28天，其中有12天的防腐补口一次合格率达到了98%以上。综上所述，一次合格率98%的课题目标经过努力是能够实现的。

（4）原因分析。

小组成员召开内部会议，根据收集的资料，针对存在的电火花漏点检测不合格的问题，小组成员结合液体聚氨酯喷涂工艺，运用鱼刺图对产生的原因进行了分析。从人、机、料、法、环5个方面共找出原因15项，其中末端原因10项。运用鱼刺骨图对存在的原因进行分析，如图5-29所示。

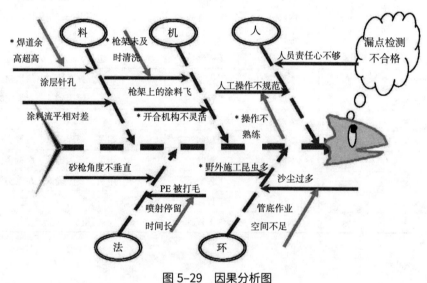

图5-29 因果分析图

从鱼刺图可以看出，造成聚氨酯漏点不合格的原因共有10项末端原因。

（5）要因确认。

对原因分析得出的10项末端原因，QC小组成员逐条进行要因确认，见表5-17。

表5-17 要因确认表

序号	末端因素	确认内容	确认方法	确认标准	负责人	完成时间
1	涂层针孔	焊道未与母材圆滑过渡	现场检测	要求焊道余高应≤2mm，当余高超高时，应进行打磨，并应与母材圆滑过渡	××× ×××	×月×日
2	涂料的流平性差	涂料的流平性	现场测试	标准要求聚氨酯喷涂表面干时间≤30min	×××	×月×日
3	枪架未及时清洗	枪架清洁度	现场调查、施工记录调查	枪架是否被飘散的油漆污染	××× ×××	×月×日

序号	末端因素	确认内容	确认方法	确认标准	负责人	完成时间
4	开合机构不灵活	开合机构的灵活度	现场查验	现场开合时无卡死现象	××× ×××	×月×日
5	操作人员不熟练	熟练度	现场考核	对所有工人进行现场考核，熟练操作者不低于80%	××× ×××	×月×日
6	责任心不强	责任心	现场考核	作业人员按规定着装，每日填写操作记录，现场环境整洁，符合率不低于90%	××× ×××	×月×日
7	砂枪角度不垂直	砂枪角度	现场调查	通过实验，砂枪角度与管道垂直偏差不宜大于5°时	××× ×××	×月×日
8	喷砂时间停留长	喷砂时间	现场调查	通过实验，在PE层上喷砂时间大于30s后，容易形成毛刺	××× ×××	×月×日
9	作业空间不足	作业空间	现场检查	满足规范要求	××× ×××	×月×日
10	野外施工昆虫多	昆虫影响	现场调查	飞虫粘黏造成漏点的比例较大	××× ×××	×月×日

（6）对策制定。

针对要因，小组成员按照"5W1H"原则分别制定对策、确定目标，并形成具体措施，对策表见表5-18。

表5-18　对策表

序号	要因	对策	目标	措施	实施人
1	焊道未与母材圆滑过渡	降低焊道余高，保证平滑过渡	圆滑过渡	增加焊道打磨工序；安排人员在除锈前打磨不合格焊道	××× ×××
2	操作人员不熟练	加强操作人员的技能培训及考核	熟练操作者大于80%	开展全员技术交底；严格执行上岗考试制度加强操作人员的技能培训及考核	××× ×××
3	喷砂角度不垂直	尽量保证喷砂角度垂直	砂枪角度与管道垂直偏差小于5°	在作业指导书中明确喷砂角度，加强现场检查力度	×××
4	喷砂时间停留长	减少PE层喷砂时间	对PE层喷砂时间小于10s	在作业指导书中明确PE层喷砂时间；要求施工人员严格执行，质检员重点监控	×××

（7）效果检查。

① 目标完成情况。通过本次QC活动的展开，C管道工程液体聚氨酯的一次合格率大大提高，最终共计完成聚氨酯喷涂防腐补口4112道，一次合格4043道口，最终一次合格率达到98.3%，最终达到了业主合同要求的防腐补口一次合格率98%的质量目标，有力保证了工程施工的顺利进行。对施工质量及施工安全提供了有力的保障，从而达到了本次QC活动的目标。

② 经济效益。聚氨酯喷涂防腐提高了一次合格率后，减少了返工及设备调遣，按每返修一道口1800元计算：节约费用总计$4112 \times (98.3-93.8)\% \times 1800=33$（万元）。

③ 技术效益。聚氨酯防腐补口是一项新技术应用，在应用过程中通过不断积累经验教训，使得新技术能够更快更好的推广。通过本次QC小组活动，首先满足了业主合同要求的防腐补口质量目标，并总结经验，规范了施工，同时为全面应用推广打下良好的基础。

（8）巩固措施。QC 小组活动成功后，将所得的数据及经验进行总结，编制出了《液体聚氨酯防腐作业指导书》，为以后聚氨酯防腐技术大规模应用及质量保证做出贡献。

（9）总结与打算。

通过 QC 小组活动，小组成员集思广议，提高了分析并解决问题的能力。同时，通过本次 QC 活动，小组成员工作的积极性、能动性、创造性得到不同程度的提高，增强了小组的凝聚力和团队合作，小组 QC 工具应用能力增强。详见自我评价表（表 5-19）。

表 5-19　自我评价表

序号	评价内容	活动前（分）	活动后（分）
1	团队精神	87	96
2	质量意识	92	97
3	进取精神	85	94
4	QC 工具运用能力	88	96
5	工作热情干劲	86	93
6	改进意识	83	92

思考与练习

一、判断题

1. 成本控制就是尽可能少花钱。（　　　）

2. 缩短项目工作时间，往往以增加项目的成本为代价。（　　　）

3. 一般情况下，成本估算和成本预算可以使用相同的方法。（　　　）

4. 削峰填谷法是项目费用优化的主要方法之一。（　　　）

5. 项目质量管理就是项目的交付成果符合客户的某种质量性能要求。（　　　）

6. 项目质量管理主要是靠项目经理来控制的。（　　　）

7. 返工和修补所花费的费用不属于质量成本。（　　　）

8. 使用控制图进行质量检测时，如果有点超过了上下控制线，则产品的质量出现了问题。（　　　）

9. 质量好并不代表质量高。（　　　）

10. 使用控制图分析偏差时，如果所有的偏差存在一定的规律比没有规律好，因为这说明产品质量得到了控制。（　　　）

二、选择题

1. 项目需要赶工时，你的努力应该集中在哪个方面？（　　　）

A. 通过降低成本来加速执行任务

B. 赶工非关键工序

C. 通过去掉某些工序来加快完成任务

D. 加快关键路线上任务的执行

2. 以下哪些方法是项目进度管理经常使用的方法？（　　　）

A. 关键路线方法　　　　　　　　　　B. 甘特图

C. 控制图　　　　　　　　　　　　D. 组织结构图

3. 下面哪项工具为确定必须安排进度的工作奠定了基础?（　　　）

A. 工作分解结构　　　　　　　　　B. 可行性研究

C. 风险计划　　　　　　　　　　　D. 直方图

4. 某分部工程双代号时标网络计划执行到第 3 周末及第 8 周周末时,检查实际进度后绘制的前锋线如图 5-30 所示,图中表明（　　　）。

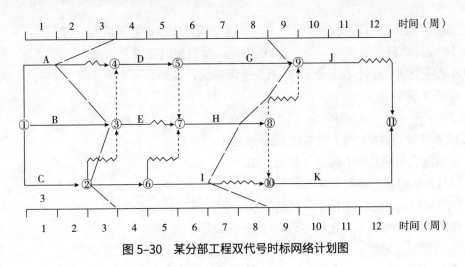

图 5-30　某分部工程双代号时标网络计划图

A. 第 3 周末检查时工作 A 的实际进度影响工期

B. 第 3 周末检查时工作 2~6 的自由时差尚有 1 周

C. 第 8 周末检查时工作 H 的实际进度影响工期

D. 第 8 周末检查时工作 I 的实际进度影响工期

5. 在项目执行的过程中,如果成本偏差和进度偏差相等,则意味着（　　　）。

A. 成本偏差是进度偏差引起的

B. 进度偏差是成本偏差引起的

C. 偏差对项目是有利的

D. 可以很容易纠正进度偏差

6. 如图 5-31（单位：周）所示,任务 D 提前 2 周完成,这对项目工期有什么影响?（　　　）

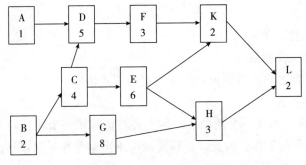

图 5-31　项目工期计划图

A. 工期没有任何改变　　　　　　B. 工期提前了 3 周

C. 工期提前了 2 周　　　　　　　D. 工期提前了 1 周

7. 如图 5–31（单位：周）所示，如果任务 E 拖延了 3 周，这对项目工期有什么影响？（　　）

A. 工期没有任何改变　　　　　　B. 工期拖延了 3 周

C. 工期拖延了 2 周　　　　　　　D. 工期拖延了 1 周

8. 若已知 BCWS=220 元，BCWP=200 元，ACWP=250 元，此项目的 SV 和项目状态是（　　）。

A. 20 元，项目提前完成　　　　　B. –20 元，项目比原计划滞后

C. –50 元，项目提前完成　　　　　D. 50 元，项目按时完成

9. 如果一个项目原计划花费 1500 元于今天完成，但是，到今天花费了 1300 元却只完成了 2/3，则成本偏差是（　　）。

A. 150 元　　　　B. –300 元　　　　C. –150 元　　　　D. –500 元

10. 成本绩效指数（CPI）为 0.80 的意思是（　　）。

A. 目前我们预期总成本超过计划的 80%

B. 项目完成时我们将超支 80%

C. 你的项目现在已经进行了计划的 80%

D. 你项目投入的每 1 美元只收到 80 美分的效果

11. 直方图呈双峰型，究其原因，可能是（　　）。

A. 分组不当　　　　　　　　　　B. 剔除不合格品造成的

C. 不熟练工人临时替班　　　　　D. 两组数据混在一起

12. 降低质量控制成本的方法之一是（　　）。

A. 在整个生产流程中实施质量检查　　B. 确保总体质量计划符合 ISO 标准

C. 运用统计抽样　　　　　　　　D. 运用趋势分析

13. 当合格率较低时（　　）。

A. 鉴定成本高　　　　　　　　　B. 预防成本高

C. 损失成本低　　　　　　　　　D. 损失成本高

14. 每一个项目阶段以完成一个或多个（　　）为标志。

A. 任务　　　　　B. 里程碑　　　　C. 可交付成果　　　　D. 生命周期

15. 你在管理一个电信项目，由于最近政府出台了一项新的规定，你不得不改变原定的项目范围。对于项目目标作了几个变更。你更新了项目中使用的技术和计划文件。你的下一步是（　　）。

A. 恰当地通知项目干系人

B. 修改公司的知识管理系统

C. 从项目发起人和客户那里获得对范围变更的正式认可

D. 准备一个业绩报告

16. 为了在你的部门纳入一个新项目，你需要将资源从一个项目向另一个项目转移。由于你的部门最近正满负荷工作，因此，转移资源将不可避免地延误被移走资源的项目。你应该从下列哪个项目中移走资源？（　　）

A. 项目 A，收益成本比为 0.8，没有项目章程，有 4 个资源

B. 项目 B，净现值为 60000 美元。12 个资源，每月的可变成本在 1000 美元与 2000 美元之间

C. 项目 C，机会成本为 300000 美元，没有项目控制计划，内部回报率为 12%

D. 项目 D，间接成本为 20000 美元，13 个资源

三、计算分析题

（1）某项目工序逻辑关系、正常工期、赶工工期以及正常成本和赶工成本，如表 5-20 所示。

表 5-20　某项目工作列表

活动	紧前活动	正常工期（周）	赶工工期（周）	正常成本（万元）	赶工成本（万元）
A	—	4	2	40	80
B	A	3	1	20	80
C	A	3	3	20	20
D	B, C	4	2	30	120
E	C	3	2	30	60
F	E	4	2	30	40
G	D, E	5	1	20	80
H	F	4	2	40	60
I	H, G	3	1	20	50

① 根据表 5-20，绘制网络计划图；计算各项活动的最早开始时间和最早完成时间、最迟开始时间和最迟完成时间，计算非关键活动的总时差和自由时差，并标注在编制的网络计划图上。

② 该项目若赶工完成，最多可以提前多少周完成？至少需要多少赶工成本？

（2）某软件开发项目最终制定的各项工作的费用预算如表 5-21 所示。该软件产品开发项目经过一段时间的实施之后，现在到了第 15 周，在 15 周初你对项目前 14 周的实施情况进行了总结，有关项目各项工作在前 14 周的执行情况也汇总在表 5-21 中。

① 计算前 14 周每项工作的挣值并填入表 5-21 中，计算该软件产品开发项目到第 14 周末的挣值（BCWP），并说明计算方法。

② 假设前 14 周计划完成项目总工作量的 65%，请计算项目 14 周结束时的计划成本（BCWS），并说明计算方法。

③ 计算该项目前 14 周的已完成工作量的实际成本（ACWP），并说明计算方法。

④ 根据以上结果分析项目的进度执行情况。

⑤ 假设项目目前的执行情况，可以反映项目未来的变化，请估计项目完成时的总成本（EAC），并列出算式。

表 5-21　项目各项工作费用预算及前 14 周计划与执行情况统计

代号	工作名称	预算费用千元）	实际完成（%）	实际消耗费用（千元）	挣值（千元）
A	客户需求调研	250	100	280	
B	算法模型确立	300	100	300	
C	系统概要设计	150	100	140	
D	系统详细设计	300	100	340	
E	数据处理模块	150	100	180	
F	计划编制模块	350	100	340	
G	计划控制模块	900	100	920	
H	报表处理模块	250	100	250	
I	单元编码测试	700	50	400	
J	软件功能测试	550	100	550	
K	用户应用测试	350	0	0	
L	产品上市策划	400	20	100	
M	完善与产品化	200	0	0	
	总费用				

（3）某项目总成本为 6895 千元，截止到第 60 个工作日，实际支出的成本为 4820 千元，完成总工作量的 69%。你通过深入分析发现，有一项任务只完成了工作量的 25%，但其材料费用 10 万元已经全部支付；另外一项任务的工作量已完成了 50%，但整个任务的工人工资 4 万元没有支付，请预测项目结束时的总成本。

参考文献

[1]　美国项目管理协会 . 项目管理知识体系指南（PMBOK 指南）[M]. 6 版 . 北京：电子工业出版社，2016.

[2]　哈罗德·科兹纳 . 项目管理：计划、进度和控制的系统方法 [M]. 12 版 . 北京：电子工业出版社，2018.

[3]　罗东坤 . 中国油气勘探项目管理 [M]. 东营：石油大学出版社，1995.

[4]　吴之明，卢有杰 . 项目管理引论 [M]. 北京：清华大学出版社，2000.

[5]　杰弗里 K 宾图 . 项目管理 [M]. 4 版 . 北京：机械工业出版社，2018.

[6]　克利福德·格雷，埃里克·拉森 . 项目管理 [M]. 5 版 . 北京：人民邮电出版社，2013.

[7]　汪应洛 . 系统工程理论、方法与应用 [M]. 北京：高等教育出版社，1998.

[8]　邱菀华，等 . 现代项目管理学 [M]. 4 版 . 北京：科学出版社，2017.

[9]　Van Slyke R M. Monte Carlo methods and the PERT problem[J]. Operation Research，1963，11（5）：839–860.

[10]　黄建文，石春，张婷，等 . 基于贝叶斯网络的工程项目进度完工概率分析 [J]. 数学的实践与认识，

2017，47（6）：87–93.

[11] 白思俊. 资源有限网络计划启发式方法的评价（下）：启发式方法与网络特征的相关性分析［J］. 运筹与管理，1999，8（4）：52–56.

[12] Bowman R A. Efficient sensitivity analysis of PERT network performance measures to significant changes in activity time parameters[J]. Journal of Operational Research Society，2007，58（10）：1354–1360.

[13] 孙福兴. 试论 PERT 中作业持续时间的期望与方差的估值 [J]. 西安建筑科技大学学报（自然科学版），1991，23（1）：71–79.

[14] 陈瑞. 基于 PERT 和蒙特卡洛法的建设工程完工概率分析 [J]. 水电能源科学，2019，37（5）：115–117.

[15] Leu S S，Chen A T，Yang C H. A GA-based fuzzy optimal model for construction time–cost trade-off[J]. International Journal of Project Management，2001，19（1）：47–58.

[16] Al-Jibouri S H. Monitoring systems and their effectiveness for project cost control in construction[J]. International Journal of Project Management，2003，21（2）：145–154.

[17] Crawford P，Bryce P. Project Monitoring and：a method for enhancing the efficiency and effectiveness of aid project implementation[J]. International Journal of Project Management，2003，21（5）：363–373.

[18] 中国机械工业教育协会. 建设工程监理 [M]. 北京：机械工业出版社，2002.

[19] 尤军，刘少亭. 石油工程监督体制的实践与认识 [J]. 石油工业技术监督，2003（3）：27–29.

[20] 佚频. 工程项目控制系统的协调及优化 [D]. 天津：河北工业大学，2003.

[21] 张耀嗣，张宝生. 建立油公司模式下石油工程项目的监督管理机制 [J]. 石油企业管理，1997（10）：21–23.

[22] 胡新萍，王芳. 工程造价控制与管理 [M]. 北京：北京大学出版社，2018.

[23] 黄如宝. 建筑经济学 [M]. 4 版. 上海：同济大学出版社，2009.

[24] 王端良. 建设项目进度控制 [M]. 北京：中国水利水电出版社，2001.

[25] 丁士昭. 工程项目管理 [M]. 北京：中国建筑工业出版社，2014.

[26] 王文睿，王洪镇. 建设工程项目管理 [M]. 北京：中国建筑工业出版社，2014.

[27] 王玉龙，等. 建设工程管理大全 [M]. 上海：同济大学出版社，1998.

[28] Omachonu V K，Suthummanon S，Einspruch N G. The relationship between quality and quality cost for a manufacturing company[J]. International Journal of Quality & Reliability Management，2015，21（3）：277–290.

第六章　项目采购与招投标

许多项目的运行是通过招标组织施工队伍来完成的。专业单一、规模较小的项目，可由一个或少数几个承包公司完成；规模较大、内容复杂的项目，参与建设的承包公司可达数十甚至数百家。因此，甲乙双方都把招标、投标及合同的管理看得非常重要。对于业主，谨慎地选择承包者并对其进行有效的管理，是确保项目质量和项目工期的最重要的措施之一。本章将讨论项目采购与招投标的有关问题。

第一节　项目采购

一、项目采购的定义和分类

本书各章所讨论的采购最初从英文 procurement 一词翻译而来，原意是努力获得，或设法搞到，或采办，是指世界银行（基本含义也适用于亚洲开发银行和其他国际金融组织）贷款项目中所涉及的采购，其含义不同于一般概念上的商品购买，它包含着以不同方式通过努力从系统外部获得货物、土建工程和服务的整个采办过程。因此，世界银行（以下有时简称世行）贷款中的采购不仅包括购买货物，而且还包括雇佣承包商来实施土建工程和聘用咨询专家来从事咨询服务。采购的类型大体可分为两类：货物和咨询服务采购以及工程的招标。按其内容和采购方式有以下两种分类方法。

（一）有形采购和无形采购

项目采购按其内容可分为有形的和无形的采购，包括以下几种采购。

1. 货物采购

货物采购属于有形采购，是指购买项目建设所需的投入物，如机械、设备、仪器、仪表、办公设备、建筑材料（钢材、水泥、木材等）、农用生产资料等，并包括与之相关的服务，如运输、保险、安装、调试、培训、初期维修等。

2. 土建工程采购

土建工程采购，也是有形采购，是指通过招标或其他商定的方式选择工程承包单位，即选定合格的承包商承担项目工程施工任务。像修建高速公路、大型水电站的土建工程、灌溉工程、污水处理工程等，并包括与之相关的服务，如人员培训、维修等。

3. 咨询服务采购

咨询服务采购不同于一般的货物或工程采购，它属于无形（non-physical）采购。咨询服务采购包括聘请咨询公司或咨询专家。咨询服务的范围很广，大致可分以下四类：

（1）项目投资前期准备工作的咨询服务，如项目的可行性研究、工程项目现场勘查、设计等业务。

（2）工程设计和招标文件编制服务。

（3）项目管理、施工监理等执行性服务。

（4）技术援助和培训等服务。

（二）招标采购和非招标采购

项目采购按其采购方式可以分为招标采购和非招标采购。招标采购主要包括国际竞争性招标、有限国际招标和国内竞争性招标。非招标采购主要包括国际、国内询价采购（或称"货比三家"）、直接采购、自营工程等，后续还要分别详述。

一般的项目采购需要经过以下流程：

（1）确定所要采购的货物或土建工程，或咨询服务的规模、品类、规格、性能、数量和合同或标段的划分等；

（2）对采购对象的市场供求现状进行调查分析；

（3）确定招标采购的方式——国际／国内询价、竞争性招标或其他采购方式；

（4）组织进行招标、评标、合同谈判和签订合同；

（5）采购合同的实施与监督；

（6）采购合同执行中对存在的问题采取必要行动或措施；

（7）采购合同支付；

（8）结束采购以及采购合同纠纷的处理等。

任何项目的执行都离不开采购活动，工程项目实施中需要采购到管材、机器、设备，需要聘请咨询专家进行技术援助，这些项目的投入物都是通过采购获得的。可以说，采购工作是项目实施中的重要环节，甚至是一个项目建设成败的关键。如果采购工作方式不当或管理不得力，所采购的货物和咨询服务就达不到项目要求，这不仅会影响项目的顺利实施，而且还会影响项目的成本，严重者还会导致项目的失败。

项目采购工作涉及巨额费用的管理和使用，招标投标过程如果没有一套严密而规范化的程序和制度，就会给贪污、贿赂之类的腐败或欺诈行为和严重浪费现象提供滋生的土壤，给项目的执行带来危害。因此，采购工作在讲求经济和效率的同时，应增加透明度，实行公开竞争性招标、严格按事先公布的标准公正地进行评标，并在招标过程的重要步骤上严格把关审查，从制度上最大限度地防止贪污、欺诈和浪费等腐败现象的发生。

采购要兼顾经济性和有效性两个方面，要使这两者有机、完美地结合起来，也就是既要使采购的货物或商品质量好，又要在合理的时间内尽早完成，避免或减少延误，就可以有效地降低项目成本，促进或保证项目的顺利实施和如期完成。

二、项目采购准备

项目的采购过程首先是做好项目采购准备，然后要按照计划开展工作，最后实现项目采购计划的目标。项目的采购准备是项目采购管理第一位的和最重要的工作。

（一）确定项目采购所需要的信息

为了保障项目采购工作的科学性、合理性和可行性，项目组织必须获得大量并且足够信息才能确定项目的采购工作。项目采购工作需要与整个项目管理保持很好的统一性和协调性。项目的采购工作需要包括如下资料和信息：

1. 项目的范围信息

项目的范围信息描述了一个项目的边界和内容，项目范围信息还包括在项目采购工作中必须考虑的有关项目需求与战略方面的重要信息。

2. 项目产出物的信息

项目产出物的信息是指有关项目最终生成产品的描述和技术说明，这既包括了产出物的功能、特性和质量要求方面的说明信息，也包括产出物的各种图纸、技术说明书等方面的文献和资料。这些信息为项目采购工作提供了需要考虑的有关技术方面的问题和相关信息。

3. 项目资源需求信息

项目资源需求信息主要是指项目对外部资源需求的信息，这些资源包括各类人力资源、财力资源和物力资源的需求数据，说明一个项目组织必须清楚需要从外部获得哪些资源，以支持和完成项目的全部工作和实现项目目标。

4. 市场条件

在项目采购过程中必须考虑外部资源的市场条件，必须了解和掌握市场资源的分布状态，确保项目实施过程中及时供给并达到项目对资源的需要标准。

5. 其他项目管理计划

在做项目采购准备工作时必须兼顾其他项目管理计划。这些项目管理计划对于项目的采购工作具有约束或指导作用。项目采购中需要参考的计划包括项目进度计划、项目集成计划、项目成本预算、项目质量管理计划、项目资金计划、人员配备计划等。项目的工作结构分解、组织分解结构和已识别的风险对于制定项目采购工作也是必需的。

6. 约束条件与基本假设

约束条件是限制项目组织选择所需资源的各种因素，如资金约束。由于项目采购存在着诸多变化不定的环境因素，项目的实施组织在实施采购过程中，面对变化不定的社会经济环境所做出的一些合理推断，就是基本假设。例如，现在只知道某种资源的现价，不知道国际采购价，所以就需要假设一个价格，以便安排项目采购工作。这些约束条件与基本假设对于安排项目采购工作都是很重要的信息。

（二）进行市场调查和市场分析

在编制采购清单和安排项目采购工作之前，对货物采购而言，一项重要的工作就是进行广泛的市场调查和市场分析，掌握有关采购内容的最新国内国际行情，了解采购物品的来源、价格、货物和设备的性能参数以及可靠性等，并提出切实可行的采购清单和计划，为下一阶段确定采购方式和招标提供比较可靠的依据。如果不进行市场调查、价格预测、缺乏可靠的信息，将会导致错误采购，甚至会严重影响项目的执行。

（三）项目采购计划的编制

项目采购安排的准备过程就是依据上述有关项目采购所需的信息，结合项目组织自身条件和项目各项计划的要求，对整个项目实现过程中的资源供应情况做出具体的安排，并最后按照有关规定的标准或规范，编写出项目采购计划文件的工作过程。项目采购计划的主要文件包括项目采购计划、项目采购工作计划、项目采购标书、供应商评价标准等。这些项目采购计划工作将用于指导后续的项目采购计划实施活动和具体的采购工作。项目组织在编制采购计划中需要开展下述工作和活动。

1. 采购需求的确定

采购需求是由采购实体确定的。确定采购需求时，应考虑采购的资源整体布局、资源产品的原产地、采购资源的社会效益等，要避免盲目采购。确定采购需求是整体采购过程中的一个非常关键的环节。

2. 采购风险的预测

采购风险是指采购过程中可能出现的一些意外情况，如推迟交货等。这些情况都会影响采购预期目标的实现，因此预测采购风险也是采购工作中的一个重要步骤。

3. 采购方式与合同类型的选择

在制定项目采购计划的过程中，项目组织要考虑以什么样的方式获得何种资源和究竟要与资源供应商或分包商签订什么类型的采购合同。项目资源的获得方式可以通过询价选定一家供应商或分包商，也可采用招投标的方式。这需要根据如何能够既有利于维护组织的利益，同时又能保证项目资源充分而及时地供给，从而不耽误项目的完工。不同的合同类型对项目组织和供应商各有利弊，项目组织应根据项目具体情况和所需采购资源的具体情况仔细权衡。

4. 项目采购计划文件的编制

在分析和确定了上述因素之后，就可以使用各方面资料编制项目采购计划了。项目采购计划需要编制一系列项目采购计划工作与管理所需要的指导文件，主要包括以下方面。

1）项目采购计划

在项目采购计划中，全面地描述了项目组织未来所需要开展的采购工作的计划和安排，这包括从项目采购的具体工作计划，到招投标活动的计划安排，以及供应商的选择、采购合同的签订、实施、合同完结等各项工作的计划安排。在项目计划中，需要回答以下问题：

（1）项目采购工作的总体安排；

（2）采用什么类型的合同；

（3）项目采购工作责任的确定；

（4）项目采购文件的标准化；

（5）如何管理资源供应商；

（6）如何协调采购工作与其他工作。

2）项目采购作业计划

项目采购作业计划是指根据项目采购计划与各种资源信息，通过采用专家判断法、经济订货点模型等方法和工具制定出的项目采购实施中各项具体工作的日程、方法、责任和应急措施等内容。

3）采购要求说明文件

采购要求说明文件中，要充分详细地描述采购要求的细节，包括需要考虑的技术问题和注意事项的重要资料，以便让供应商确认自己是否能够提供这些产品或劳务。采购要求说明文件在任何时候，其详细程度都应该保证以后项目的顺利进行。每项独立的采购工作都需要有各自的采购要求说明文件。在项目采购工作过程的后续阶段，采购要求说明文件在传递和转移中，可能会被重新评估、定义、更新或改写，或者说采购要求说明文件在转移中会由于发现了新的问题而被修订和更新。例如，某个供应商可能会提出比原采购方法更为有效的解决办法，也可能会提供比预定产品成本更低的产品，此时必须修订或者重新编写采购要求说明文件。

4）采购工作文件

采购工作文件是项目组织在采购工作过程中所使用的一些工作文件，主要是为了项目组织顺利地开展工作和所传达的信息能够迅速传递和反馈。采购工作文件有不同的类型，常采用的类型有招标书、谈判邀请书、初步意向书等。

5）采购评价指标体系

采购计划编制的科学性和可行性应根据能否顺利完成项目目标来确定，同时必须确定一个评价指标体系，来帮助项目组织顺利地执行计划。项目的采购评价指标体系既有客观评价指标，也有主观评价指标，对于主观评价指标需要进行定量化。

6）注意的问题

（1）在制订采购计划时，要把货物、服务采购分开。

（2）明确采购设备、材料、服务的规模和数量，以及具体的技术规范与规格、使用性能要求。

（3）采购时分几个阶段和步骤，哪些安排在前面，哪些安排在后面，要有先后顺序，且要对每批货物或工程从准备到交货或竣工需要多长时间做出安排；一般应以重要的控制日期作为里程碑式的条线图或类似图表，如开标、签约日、开工日、交货日、竣工日等，并定期予以修订。

（4）货物和工程采购中的衔接。

（5）如何进行分包或分段，分几个包或合同段，每个包或合同段中含哪些具体服务或货物品目。

（6）采购工作如何进行组织协调等。

（7）采购工作时间长、敏感性强、支付量大、涉及面广，与设计部门、监理部门的协调工作，合同管理工作占很大比重。组织协调工作的好坏对项目的实施有很大影响。

三、项目采购方式

项目通常采用的采购方式可分为招标采购方式和非招标采购方式两大类，前者包括国际竞争性招标、有限国际招标和国内竞争性招标；后者包括国际或国内询价采购（通常称之为"货比三家"）、直接签订合同和自营工程。

（一）招标采购方式

招标投标是市场经济条件下进行大宗货物的买卖、服务项目的采购时，所采用的一种交易方式。它的特点是，单一的买方设定包括功能、质量、期限、价格为主的标的，约请若干个卖方通过投标进行竞争，买方从中选择优胜者并与其达成交易协议，随后按合同实现标的。油田项目以招投标的方式采购货物和服务，是运用竞争机制来体现价值规律的科学管理模式。

（二）非招标采购方式

除采用招标采购方式之外，根据设备和材料的市场情况以及采购时间紧迫程度的不同，还可采用其他非招标采购方式，通常采用的此类方式有：国际或国内询价采购、直接采购。

1. 国际或国内询价采购

国际或国内询价采购，也称为"货比三家"，是在比较几家国内外厂家（通常至少三家）报价的基础上进行的采购。询价采购不需正式的招标文件，只需向有关的供货厂家发出询价单，让其报价，然后在各家报价的基础上，进行比较，最后确定并签订合同。

2. 直接采购

直接采购是不通过竞争的直接签订合同的方式，可以适用于下述情况：

（1）正在实施中的工程或货物合同，在需要增加类似的工程量或供货量的情况下，可通过这种方式延续合同。

（2）考虑与现有设备配套的设备或部件的标准化方面的一致性，可采用此方式向原来的供货厂商增购货物。在这种情况下，原合同货物应是适应要求的，增加购买的数量应少于现有货物的数量，价格应当合理。

（3）所需设备具有专营性，只能从一家厂商购买。

（4）负责工艺设计的承包单位要求从指定的一家厂商购买关键的部件，以此作为保证达到设计性能或质量的条件。

（5）在一些特殊情况下，如由于需要早日交货，可采用直接签订合同方式进行采购，以免由于延误而花费更多的费用。此外，在采用了竞争性招标方式而未能找到一家供货商能够以合理价格来提供货物的特殊情况下，也可以采用直接签订合同方式洽谈合同。

第二节 项目的招标采购

根据企业的初步构想，组织专业人员进行技术和经济论证之后，项目组就要着手招标工作。项目招标，是指项目的业主根据项目的建设目标和成果要求，明确项目的施工工作量、质量标准和成本预算，通过公开或发布邀请的形式，吸引潜在的承包者参与投标竞争。通过比较各投标者的标件高低、技术水平、施工资质、财务能力等综合条件，甄选和组织承包者，将项目付诸实施。项目的招标具有公正、公开、竞争性强等特点，通过招标活动，可以最大限度地降低工程成本和选择最有实力的承包商组合。

一、项目招标的类型

当业主决定通过签订合同进行施工时，对承包者的选择有如下两种基本方法。

（一）公开招标

公开招标就是通过新闻媒介或其他方式为投标竞争发出公告，使所有潜在的投标者了解业主的意图，自由平等地参加投标。采取公开招标的方式，价格的自由竞争能够得到充分体现，便于业主挑选最佳的承包者。但是，公开招标会招来大量的投标书，使一些经验不足或财务情况不佳的公司都掺杂进来，增加了评标的工作量和难度，造成不必要的支出。

我国招投标法规定，境内进行下列工程建设项目包括项目的勘察、设计、施工、监理以及与工程建设有关的重要设备、材料等的采购，必须进行公开招标：

（1）大型基础设施、公用事业等关系社会公共利益、公众安全的项目；

（2）全部或者部分使用国有资金投资或者国家融资的项目；

（3）使用国际组织或者外国政府贷款、援助资金的项目。

（二）邀请投标

邀请投标是只允许在选定的投标者中进行投标的方式。招标人采用邀请招标方式的，应当向三个以上具备承担招标项目的能力、资信良好的特定的法人或者其他组织发出投标邀请书。其优点在于排除公开招标中的问题，使工作量和招标周期大大缩短，便于项目及时开工。但是，这种方式缺乏平等竞争的条件，会给一些条件优越的新型企业造成投标困难。

采取邀请投标的方法，企业要在广泛了解各公司的业绩、能力及信誉的基础上，汇编一份可邀请为特定项目投标的承包人名单，并定期对名单进行补充和调整。这样，需要将项目承包出去时，就可根据项目的特点和潜在承包者的能力与经验，确定能够满足竞争要求的少量承包者，正式邀请投标。

依法必须进行公开招标的项目，有下列情形之一的，可以邀请招标：

（1）项目技术复杂或有特殊要求，或者受自然地域环境限制，只有少量潜在投标人可供选择；

（2）涉及国家安全、国家秘密或者抢险救灾，适宜招标但不宜公开招标；

（3）采用公开招标方式的费用占项目合同金额的比例过大。

二、油气勘探开发项目招标流程

项目的招标工作，从招标、投标、评标、定标到签订合同，每个环节都有严格的程序规则和科学的计划准备。不同的国家地区、不同的企业或经济组织、不同的项目组，都对项目的招标活动制定了详细而严格的流程，用以保障招标活动的公正和公平，防止腐败和舞弊活动的发生。油气勘探开发项目招标工作的具体流程如图6-1所示。

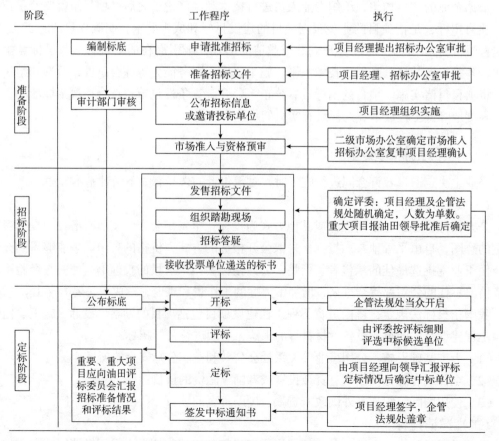

图6-1 油气项目招标流程

（一）项目招标准备

不同的招标方式其招标准备的内涵不完全相同，但这种不同主要是招标界定造成的，并无本质区别，无论采用哪种方式都应做好充分的招标准备，这是保证招标成功的前提。

1. 招标条件

根据我国 2013 年修订的《工程建设项目施工招标投标办法》，工程建设项目招标应该具备以下条件才能实施施工招标：（1）招标人已经依法成立；（2）初步设计及概算应当履行审批手续的，已经批准；（3）有相应资金或资金来源已经落实；（4）有招标所需的设计图纸及技术资料。

2. 招标文件

招标人需要根据施工招标项目的特点和需要编制招标文件，项目的招标文件主要包括以下内容：

（1）招标公告或投标邀请书。

（2）投标人须知。

（3）合同主要条款。

（4）投标文件格式。

（5）采用工程量清单招标的，应当提供工程量清单。施工招标项目工期较长的，招标文件中可以规定工程造价指数体系、价格调整因素和调整方法。

（6）技术条款。招标文件规定的各项技术标准应符合国家强制性标准。招标文件中规定的各项技术标准均不得要求或标明某一特定的专利、商标、名称、设计、原产地或生产供应者，不得含有倾向或者排斥潜在投标人的其他内容。

（7）设计图纸。

（8）评标标准和方法。招标文件应当明确规定的所有评标因素，以及如何将这些因素量化或者据以进行评估。在评标过程中，不得改变招标文件中规定的评标标准、方法和中标条件。

（9）投标辅助材料。

3. 标底编制

项目标底是业主对项目的期望价格，是招标人对项目所需费用和承包商应得利润的自我估算，标底是项目评标的重要依据，标底应该具有真实性、客观性和科学性的特征。标底价格一般由以下几部分组成：

（1）项目成本：在项目工程量的基础上测算出的项目所需人工、原材料、燃料、机械台班费用，还要根据通货膨胀情况测定价格调整系数。

（2）动复员费：项目施工前将人员、设备设施运至施工现场和项目完工后运走发生的费用。动复员费可按潜在承包者距作业区距离的平均值确定。

（3）不可预见费：不可预见费按每项具体作业估算成本后增加一定的比例，一般可占成本的 10%，作业风险特大的环节可占 15%~20%，几乎无不确定性的环节可按 5% 估算。

（4）乙方利润、税金。

编制标底应具备并依据如下资料：招标文件，可估算人工、材料和设备用量的工程设计，劳动生产率和工资费率的数据资料，行业内部定额，材料、机械台班的价目表或计费标准；建设周期长的工程还要具备通货膨胀及其趋势预测的资料，国家关于承包企业征税的规定。

一项工程只能编制一个标底，且必须将标底报经招标管理机构审定。标底一经审定应密封保存至开标时，所有接触过标底的人员均负有保密责任，不得泄露。

4. 项目发包策略和发包计划

在可行性研究后期，若项目建设已成定局，就要参照企业的经济状况、项目的规模和复杂程度、购进技术的要求、项目实施的进度安排、潜在承包者的分布、技术水平和可能的兴趣情况制订发包策略。

发包策略涉及项目建设所需主要承包者的数量和类型、承包者在项目建设中的职责、承包者之间以及他们与企业之间的关系。最简单的发包策略是将项目的设计、采办和施工的全过程承包给一个公司；复杂的策略则涉及数家或数十家承包者。将项目总包给一个承包者，不须过多的控制和协调，但会增加投资风险。将项目分包给若干个承包者，就会分散项目的风险并能充分利用某些承包者的独特能力，同时，成本也会降低，但由此可能会带来协调与控制的困难。发包策略的制订必须根据本企业的资源状况和项目特点，全面权衡选用承包者的数量。

有了发包策略就可制订发包计划。一项完整的发包计划应包括主合同和所有重要分包合同的数量与类型、各合同涉及的工作内容、各承包者之间的接口工作以及承包者之间和他们与企业之间的合同与报告关系。发包计划也应包括每个合同和主要分包合同潜在的投标者。一个正确的计划可以防止招标工作出现失误或拖延时间，它是招标工作的基础和依据。

5. 招标通告

招标通告就是向承包公司发出的招标信息，它可分为招标广告、招标公告等形式。招标通告适用于公开招标的方式。通常招标通告应刊登于发行量大、影响面广的报刊上，实行国际招标的还要将其译成英文或其他国家文字。

招标通告主要包括以下内容：实行招标的工程名称；招标通告编号；如果工程由国际金融组织贷款，则要注明某金融组织贷款协定编号；工程招标的前提和条件概述；工程地点；工程主要内容概述；招标文件的编号及名称；招标文件的发售时间、地点及售价；招标的最后截止时间；开标的时间和地点；招标单位名称、地址、电话、电挂、电传、邮编。

6. 投标兴趣询问

确定了主要合同类型及数量之后，项目组要在向熟悉承包者能力的主要技术和商务人员进行咨询的基础上，与潜在的承包商进行接触，询问他们是否对投标感兴趣。这种询问可以通过与潜在承包者会面或用信函进行联系，告知每个承包者有关整个项目以及该承包者可能符合资格的那一部分承包工作、所设想的合同类型等。要求每一个承包者汇报一下完成该部分工作的能力。有条件的话，最好审查一下承包者的财务能力及从事这类工作的经历和实绩。

所询问的承包者必须是一些熟悉的、有经验的、能够保证质量的企业，一个在竞争中明显不能获胜的企业不应与之接触。所询问的承包者要有足够的数量，以保证在投标中具有一定的竞争性，便于选优汰劣。但是，数量也不宜过多，以防因投标者过多项目组难以对标书作出及时而全面的评价。

承包者对兴趣询问作出正式答复后，项目组要尽快确定出每一重大合同和主要分包合同的投标者名单，这些名单经企业领导或主管部门审查批准后，就可正式邀请投标企业参加投标。

7. 邀请投标单位

邀请投标书是业主向承包者正式发出的投标邀请，是主要的招标文件之一。在邀请投标书中，业主要向承包者说明项目外包的内容和技术要求、拟采用的合同类型及其条件、截标日期与迟到标的处理、工作地点、联系方式、保密要求和资料所有权的归属等问题。同时，还要说明业主对最低标价的投标和第一投标者都不承担授予合同的义务，业主有权拒绝任何标书，也要说明乙方具有拒绝投标的权利。

邀请投标书通常由两部分组成，第一部分是建议部分，第二部分是合同草稿。建议部分包括项目的总规模和内容，对承包者的保险要求和安全作业要求，业主对项目成本、酬金、费率和付款方式等方面的建议。建议部分还要明确要求承包者提供项目的成本和进度严重超出计划时，采取什么措施和变通办法；要求承包者对一些特殊问题加以说明，如资料表格、保证式担保、详细价格汇总、钢材吨数、水泥工作场地等；要求承包者提供所设想的分包方式及不能达到业主要求的方面。合同草稿部分包括业主提出的合同条款及条件，如果可能的话，设计规范、设计标准、图纸、成本报告和进度约束等技术条款也一并包括在内。建议部分有关酬金、费率、付款方式等问题的意见也可放在合同草稿中作为商业条款，或作为附件。

制订邀请投标书时，要注意给承包者以充足的投标准备时间。如果承包者投标准备不充分，就可能会导致产生低质量的合同或造成评标时间和相应费用的增加。承包公司的投标准备时间，因项目的复杂程度、承包者承建此类项目的经验而异，但不论承包者的客观条件如何，都要给予各承包者以均等的准备时间，除经特许不能延长。对于成本补偿合同，投标准备时间至少要一个月；若采用固定价格合同，则可能需要半年甚至一年；若项目非常大，且需政府批准时，投标准备时间还要长。这就是在实际工作中常采用成本补偿合同的原因。

顺便指出，投标准备的费用要摊在项目的成本中，未中标的承包者则把投标准备费用摊在其他项目里。投标准备费用是相当大的一笔开支，它可能要占项目总费用的1%。近年来，在大型项目的建设中，欧美已实行招标企业负担部分投标费用的模式，以鼓励承包商参与竞争。

在邀请投标书中，要对标书的格式提出统一要求，以便进行比较和挑选，也易于把不符合规范要求及合同条款和条件的部分暴露出来。

制订和发出邀请投标书，是项目建设过程中一个严肃的环节，即使在没有竞争性投标的情况下进行合同谈判也要如此办理。

8. 投标者资格预审

在准备邀请投标书、合同草稿等招标文件的同时，要对可能参加投标的承包者进行资格审查。资格审查主要集中在如下三个方面：

首先，要对承包者进行技术方面的审查，看其有无承担该项目的技术能力、水平如何。具体来讲要考察一下承包者的技术力量是否雄厚，设备是否先进，有没有与项目建设密切相关的专利，过去是否有过承建同类项目的经验或记录，成败如何。技术审查涉及专业面广，需要专业知识多，项目组可聘请专家临时协助或向企业内外部有关部门和人员咨询。

其二，要审查承包者的管理水平。主要审查承包者在以前的项目运作中采取了哪些项目管理手段和方法；项目组在成本、作业时间等方面是否采取了有效的控制措施；项目作业队伍的效率和业绩如何等内容。

其三，要审查承包者的经营状况。承包者若经营状况良好，并具有强大的财力保证，就能够较好地抵御意外事情的发生，减少业主的风险。若承包者经营不好，资不抵债，有可能发生挪用工程款的情况，影响施工的质量和速度，使业主蒙受损失。

此外，还要注意承包者的信誉水平、与业主及其他承包者的合作能力等问题。

（二）评标和授予合同

1. 开标

开标是在项目组的主持下在规定的时间和地点进行，并邀请招标管理机构以及有关部门参加开标会议。在投标单位的参加下，当众宣布评标、定标办法，启封投标书及补充函件，大声宣读投标书的内容和标底，并将开标中的有关事宜记录在案。

开标后，有下列情况之一者，投标书宣布作废：投标书没有密封；投标书没有单位和法定代表人或法定代表人委托的代理人的印鉴；投标书没有按招标文件要求的格式填写，内容不全或字迹模糊，辨认不清；逾期送达的标书；投标单位未参加开标会议。

2. 评标

整个评标工作要由一专家小组负责，这个小组由项目组邀请的有关单位的人员组成，特殊工程、大型工程、涉外工程以及技术特别复杂的工程应邀请有关专家参加，整个评标工作要严格按照规定的评标办法进行，并互相监督、严格保密，禁止评标人员同外界接触。

评标是招标工作中的关键，其主要步骤和内容如下：

（1）研究标书，了解投标者是否回答了招标文件中提出的所有问题，没有回答的要通过书面方式予以澄清，对于变更的内容和表示不接受的合同条款，要特别重视，小心研究。

（2）技术条款评价。主要包括：

①详细比较各投标者所提供的设备情况，技术是否先进，价格是否合理，适应性是否广泛。

②比较技术和工艺，看投标者预计项目建成后会达到什么生产水平，保证达到什么水平，效率如何。

③比较项目投产后的经营成本，包括投产后的原材料来源，水、电、蒸汽的消耗等。如果一个项目技术和设备都很先进，但不能加工当地的原料，那么承包者即使报价较低也不能入选。

④比较各投标者提出的进度计划，计划是否可行，有无保证措施和变通方案。

⑤比较不同投标者过去承包此类项目的经验和记录，如果承包者根本未参与过类似项目的建设，那么，不管其条件多么优惠，也不要把自己的项目交给他去做试验。

⑥比较各承包者的组织情况，看他们采用项目组织还是矩阵组织形式，是否适应项目的特点。

⑦比较各承包者提出的劳动力需要量。

⑧注意评价投标者是否符合招标技术上的要求，看技术条件中有哪些"例外"、条件限制和附加条件。在综合上述八项指标的基础上，对各投标者做出总的技术方面的评价。

（3）商业条款评价。商业条款评价主要是财务方面的，具体内容有：

①比较各承包者申报的项目成本，如果是成本补偿合同应逐项进行比较。

②比较各投标方案中的条款与合同草稿中的条款，看有哪些差别，认真研究差别的原因。

③比较承包者申报的义务和罚金，如果项目是建设加工厂，在满足生产能力的情况下，日产达到什么水平，达不到保证水平承包者要支付多大限额的罚金。

④比较动员费和复员费，即组织和遣散作业队伍的费用。

⑤比较其他费用，如小工具、消耗品等费用。

⑥比较投标者的商业保证，如专利的期限问题，有的期限较短，还可以转让；有的期限已很长，可能很快就失效了。

⑦审查各标书与招标文件的不同之处，所有投标者都要注明投标文件与招标要求的差别，凡未注明者都以接受招标文件处理。

对每个承包者投标文件商业条款的评价是在综合上述七个方面因素后做出的。

（4）人员评价。这是评价工作中重要但无硬性指标的一个环节。这项工作主要评价承包者项目组的如下关键人员：项目经理、项目工程师、成本工程师、进度控制、财务控制、合同管理、安全及其他有关人员。重点了解每个人的经历、工作能力、适应性以及对专门技术和一般哲理问题的反应。

（5）与承包者进行面谈。在进行技术、商业和人员评价的基础上，根据自己的目标，对各投标方案进行全面评价。然后，与可能中标的投标者逐个面谈。面谈前，必须做好充分准备，重点了解哪些问题，提出什么要求，必须心中有数。面谈通常在承包者的办公室进行，一般为期一天，首先由承包者介绍情况，然后就预先准备的问题逐个落实。

（6）选择最佳投标。最后的抉择是综合评价的结果，是评标工作的终结。在做出如此关键性的抉择时一定要注意既定的项目目标，并不一定是报价低的方案为最佳方案。通常，报价低的方案不能满足高质量或工期短的目标。对技术方面也是一样，并不是技术水平越高越好，能满足项目需要就行了，伴随高精尖技术的是高的项目成本。要记住，自己的目的是选择符合自己目标的最佳方案，而不是某一方面标新立异。

3.授标

经过紧张复杂的评标最后确定中标单位之后，项目组应及时发出中标通知书，同时抄送各未中标单位，抄报招投标管理机构。同时，投标单位应在接到未中标通知后及时退回招标文件及有关资料，招标单位同时退还投标保证金。中标通知书发出后，中标的公司应与油田公司依据招标文件和标书等进行合同谈判并签订作业承发包合同，把甲乙双方的权利、责任、义务以法律形式固定下来。到此，招标工作全部结束。

承包者选定并经企业领导批准之后，即进行合同谈判，达成协议后授予合同。最后的合同必须由甲乙双方签字，并取得法律部门认可。评标和授予合同是一项复杂而又责任重大的工作，对于大型项目，可能需要一至两个月的时间。尤其是对于固定价格合同，更应谨慎细致地进行全面权衡，认真筛选出适应自己需要的承包者。

合同授予并签署后，项目经理应把合同已经签署这一情况通知每一个未中标的投标者，合同管理员则要书面通知每个投标者退回他们所持的邀请投标书。同时，要及时彻底地处理好各种遗留问题，避免各种不良影响。

（三）分包问题

这里所讲的分包不是指由几个承包者共同承包一个项目，而是指承包者把已包下的工程分包给第三者，即丙方。在大型项目的建设中，承包者为了保证主要合同的顺利进行和所建项目的质量，往往把自己技术力量较薄弱的一些特殊工作分包出去。

业主项目组对承包者的分包工作有着不容置疑的监督和保证责任。业主项目组在选择承包者时就要注意其分包工作，确保其具有顺利执行分包计划所必需的组织机构和工作程序。同时，在合同中就应明确，业主项目组对承包者准备招标文件、拟定投标人名单、选择分包者和签署分包合同具有审查和批准的权力。承包者分包机构薄弱，或选择了不适合项目建设的分包者会对整个项目的建设带来不利影响。

在审查分包者时，项目经理要保证其在技术上有能力承担分包任务，在合同条款上与主合同不发生抵触。如果与该分包者曾有过合作的历史，以前执行合同的情况及最终的工作结果应作为审查分包者的重要依据。

项目组应注意帮助和促进承包者的分包工作，力求在工作开始之前签订完分包合同，以确保不耽搁项目工期。若受时间限制或发生意外变故时，对非施工性质的工作可以用意向书或书信合同的形式授权分包者开展工作。意向书或书信合同中应包括分包者承担的工作内容、保险及赔偿要求、作业的中断和终止、担保、审计、检验条款、价格和支付条款等，经双方签字后，它可成为有法律约束的正式合同。但使用意向书或书信合同只限于特殊情况，因为过分使用这类文件会增加签订合同的额外负担，并有可能引起承包者和分包者之间的误会和摩擦。

分包合同签署之后，项目经理或其他指定人员要确保承包者对分包者的执行情况作出适宜的、恰当的评价，并确保承包者对分包者的费用和工期进行控制。

分包者的直接管理责任要由承包者负担，业主项目组的职责是监督保证。在工作中，既不要轻易越权，又要保证分包工作不超出或低于项目建设的要求。

第三节　项目合同与索赔

项目招投标工作完成后，项目业主将与项目各承包商签订合同，明确双方的权利和义务关系。现阶段，项目合同有多种类型，特别是国际石油作业合同的类型和条款，更是深刻影响着甚至决定项目甲方和乙方之间的利益分配和项目的盈利情况。本节主要介绍项目的合同以及与合同相关的项目索赔等问题。

一、项目合同

合同是项目所有者和承包者达成的具有法律效力的协议。它从法律的角度规定了双方的权利和义务，从而能够在项目建设期间保障双方的权益，调节两者的关系，及时解决问题和纠纷。一个项目，尤其是大型项目，合同是重要的基础文件，合同可繁可简，此外还可以有附件，详细规定各工作环节。

（一）项目合同的类型及特点

按照承包范围可将合同分为总包式、分包式和部分承包式三种类型。

（1）总包式合同。总包式合同又称交钥匙合同，整个项目的设计和实施由一个承办商负责，最后交付给业主一个满足合同条款要求的项目。当业主的项目管理水平较低、缺乏有关的技术力量及对拟建项目缺乏足够的经验时，一般采用这种合同。采用这种合同，业主不承担任何风险，仅对项目执行监督和验收职能，但项目建设所需的投资最大。由于业主不参与项目的实际工作，这种合同的条款要定的足够详细，否则，在项目完工时就可能会出现扯皮或纠纷。

（2）分包式合同。分包式合同是指若干个承包商共同承建一个项目，每个承包商只负责项目某阶段或某一个子项目的合同。如有的承包商负责设计，有的承包商负责施工，有的提供技术服务，有的负责组织管理。采用这种合同，要求业主有相当强的管理与协调能力，有着丰富的建设类似项目的先期经验和保证项目如期完成的必胜信心。这种合同要求业主付出相当的努力和辛苦，但项目的成本却是最低的。

（3）部分承包式合同。部分承包式合同是指将项目的某一部分承包出去，其余部分由业主自己承担的合同。如业主自己进行设计，由承包者负责施工；或承包者进行设计和管理，由业主自己施工。我国有许多项目采用了这一合同形式。业主在某一方面有足够的力量或具有某种优势时，可采用这种合同。由于这种合同有效利用了企业内部的资源，必然会使项目的成本大大降低。这类合同对于我国大而全、小而全的企业却有着特殊意义。

另外一种合同分类的方式是按照成本补偿方式来分，主要有固定价格合同、成本补偿合同和单价合同三种类型。

1. 固定价格合同

固定价格合同又称总价合同，是指项目的总价在合同签署时一次确定，此后不再变动的合同。它的前提是，合同签署后业主不再提出新的要求，乙方保证履行合同规定的义务。固定价格合同基本上可分为三种类型。

1）固定总价合同（Firm Fixed Price，FFP）

固定总价合同一次确定合同总价，甲方不再提出新的要求，乙方保证履行义务的合同。这类合同把财务风险全部转嫁给了承包者，承包者承担全部风险，占有所有节余；甲方能够提前锁定项目投资总额，但是，由于合同的风险较高，可能使不可预见费被高估并记入合同总价。

该种合同类型适用于以下情况：项目范围明确清晰，不会在后期有较大的范围调整和变更；项目工程量小、工期短，工程结构、技术相对简单，也即项目的可预测性较强而风险较低；工程比较复杂但投标期相对宽裕，也即承包商有充分的时间对项目的施工方案进行详细设计，对工程成本进行准确的估计；项目投标存在激烈竞争。

事实上当项目建设中存在一些技术上、工作环节上的不确定因素时，这类合同不宜采用，否则，可能会出现大量的变更和索赔情况，最终影响项目的施工进度和质量。

2）总价加激励费用合同（Fixed Price plus Incentive Fee，FPIF）

总价加激励费用合同虽然规定了总价，准许有一定的绩效偏离，并对实现既定目标给予财务奖励。特点：一般情况下财务奖励与卖方的成本、进度或技术绩效有关，合同的价格要待全部工作结束后根据乙方的绩效加以确定。合同中通常要设置一个价格上限，乙方必须完成工作并且要承担高于上限的全部成本。

总价加激励费用合同的具体要求是，先确定项目的目标成本和承包者的目标利润，再由甲乙双方协商确定最高限价和价格调整公式。例如，某项目的目标成本（是双方协商后预期的成本）确定为 200000 元，目标利润（是成本在符合目标的情况下，给承包者的奖励或利润）为 20000 元，最高限价（表示买方最多给的价格，已经是天花板了，超支再多买方也只能给这么多）为 250000 元。经商定，超出标准成本的部分由承包者和业主按 2∶8 分担（此为分成比例，表示实际成本超支时的惩罚比例）；低于标准成本的结余由承包者和业主按 1∶9 分享（此为分成比例，表示实际成本节约时的奖励比例）。如果承包者在合同执行中的实际成本超出标准成本 20%，则成本补偿及承包者的获利情况可计算如下：

实际成本	………240000元
＋标准利润	………20000元
－40000元（超支部分）×20%	………8000元
	252000元

由于合同的天花板价格为 250000 元，于是，业主的总支付只能为 250000 元，承包者的利润为 250000–240000=10000（元）。

如果承包者在执行合同中比标准成本节支 20%（40000 元），则业主的成本补偿和承包者的获利情况为

标准成本	………160000元
标准利润	………20000元
＋40000元（节余部分）×10%	………4000元
	184000元

由于计算的合同价格 184000 元小于天花板价格 250000 元，所以业主的总支付 184000 元，承包者的利润为 184000–160000≈24000（元）。

3）总价加经济价格调整合同（Fixed Price With Economic Price Adjustment，FP–EPA）

总价加经济价格调整合同是一种特殊的总价合同，准许根据条件变化以事先约定的价格进行最终调整。当项目工期需要跨越较长的周期，或项目甲乙双方之间要维持多种长期关系时才用这种合同形式，以保护承包者的利益，抵消劳动力、原材料、管理费及其他有可能造成成本增加的因素。具体做法是，随着项目的进展，根据官方公布的劳动工资增长率、原材料及其他价格上升指数，在最初商定的合同价格上定期增加一定数额的资金。

2. 成本补偿合同

当项目涉及大量的研制和开发内容时，经常采用成本补偿合同。这类合同需要向承包者支付项目的实际成本，包括项目的直接开支和间接费用，间接费用一般按照直接开支的一定百分比核算。项目风险一般由业主承担，承包者不论怎样工作都有利可图。所以，这类合同

在客观上要求承包者应具有一定的声誉和业绩，并且业主会采取激励措施，鼓励承包商降低成本或达到某些预定目标。常见的成本补偿合同有如下 4 种。

1) 成本加百分比酬金合同（Cost Plus and Percentage of Cost，CPPC）

成本加百分比酬金合同对所有允许的费用支出都给予补偿，所有合理成本都给予补偿，再根据合同中规定的百分比和乙方报价提取酬金向乙方支付。酬金在合同签订时就已经固定，并且不因乙方的绩效而变化。合同总结可以表示如下：

$$P = C + rC \qquad\qquad (6\text{--}1)$$

式中　P——合同总价；

C——实际发生的项目成本；

r——固定酬金百分比。

这种情况与我国科研项目中应急工程和创新程度较高的项目按比例提成的方式极为相似。使用这种合同，承包者对缩减支出没有积极性，容易发生合同范围变化和成本失控等问题。所以，许多企业都尽量避免使用这种合同。但是，如果工程特别紧急而工作又未详细确定，仍要考虑使用这种合同。

2) 成本加固定酬金合同（Cost Plus and Fixed Fee，CPFF）

所有合理成本都给予补偿，再根据合同中规定的百分比和乙方报价提取酬金向乙方支付。酬金在合同签订时就已经固定，并且不因乙方的绩效而变化。

$$P = C + F$$

式中　F——固定酬金。

在这种合同模式下，对项目乙方的成本支出没有约束，因此可能会导致项目的完成成本较高。通常在项目内容已较好地得到确定的情况下，可考虑使用这种合同。

例如，某项目为 B 公司提供产品，合同规定了 1300000 元的标准成本，并同意以成本的 10% 作为利润。项目的实际成本是 1400000 元，如果签订的是成本加百分比酬金合同 CPPC，则总价的计算公式为

合同总价 = 实际成本 + 实际成本 × 利润百分比 = 1540000（元）

$$
\begin{aligned}
&\text{实际成本} &&\cdots\cdots 1400000\text{元}\\
&+\text{实际成本} \times 10\% &&\cdots\cdots 140000\text{元}\\
\hline
&\text{业主补偿的总成本} &&\cdots\cdots 1540000\text{元}
\end{aligned}
$$

如果签订的是成本加固定酬金合同，则总价的计算公式为

合同总价 = 实际成本 + 固定费用 = 实际成本 +（原有估算成本 × 利润百分比）
= 1 530 000（元）

$$
\begin{aligned}
&\text{实际成本} &&\cdots\cdots 1400000\text{元}\\
&+\text{标准成本} \times 10\% &&\cdots\cdots 130000\text{元}\\
\hline
&\text{业主补偿的总成本} &&\cdots\cdots 1530000\text{元}
\end{aligned}
$$

总结：成本加固定酬金合同的固定费用以原始估算成本为依据；而成本加百分比酬金合同的费用则以实际成本为依据。

3）成本加激励酬金合同（Cost Plus and Incentive Fee，CPIF）

成本加激励酬金合同类似于奖励式固定价格合同，合理支出都给予补偿，将酬金根据对目标成本和目标进度的满足情况确定。买方和卖方需要根据事先商定的成本分摊比例来分享节约部分或超出部分。这种合同可以推动承包者为了获取额外的酬金而在成本费用、项目工期和技术工艺等方面努力进取。最简单的成本加激励酬金合同提供成本和工期的奖励，但也可把其他方面的奖励包括在其中。这种合同的计算公式可以表示为

当 $C = C_0$ 时，$P = C + F$

当 $C > C_0$ 时，$P = C + F - \Delta F$

当 $C < C_0$ 时，$P = C + F + \Delta F$

式中　C_0——预期（目标）项目成本；

　　　ΔF——酬金的增减部分（绝对数或百分数）。

在这类合同中，有明确的目标成本、目标进度、基本酬金及酬金调整公式，这些都由双方在合同签订前议定。这种合同比前两者更能鼓励承包者挖掘工作潜力，因而比前两者更为可取。但要注意，采用这种合同时工作内容必须得到充分确定，并且将目标订得切实可行。这类合同与奖励式固定价格合同的主要区别是，成本超支部分由业主全部补偿。

举例说明，某项目合同的估计成本200000元，固定酬金20000元，风险分担比率承包者和业主按3：7分担，分别分以下两种情况考虑：

（1）情况1：实际成本160000元。

实际成本低于合同中的估计成本，则甲方支付的总价＝实际成本＋固定酬金＋酬金增减部分。

实际成本	………160000元
固定酬金	………20000元
+（估计成本−实际成本）× 30%	………12000元
甲方补偿的总价	………192000元

（2）情况2：实际成本250000元。

实际成本高于合同中的估计成本，则甲方支付的总价＝实际成本＋固定酬金＋酬金增减部分。

实际成本	………250000元
固定酬金	………20000元
+（估计成本−实际成本）× 30%	………−15000元
甲方补偿的总价	………255000元

4）成本加奖励酬金合同（Cost Plus and Award Fee，CPAF）

在成本加奖励酬金合同的执行中，承包者的支出按实际成本得到补偿，而酬金则由一基本数额加额外的酬金组成，只有在满足了合同中规定的某些笼统、主观的绩效标准的情况下，才能向乙方支付大部分费用。完全由甲方根据自己对乙方绩效的判断来决定奖励费用，

并且乙方没有申诉权。奖励的额外酬金可根据有关标准事先商定。

3. 单价合同

单价合同是介于总价合同和成本补偿合同中间的一种合同模式，也即"单价不变合同"。该种合同首先由甲方在招标文件中以工程量清单（BOQ）的形式罗列项目完工需要工作，并由乙方根据每项工作情况设计工作方法在 BOQ 中填报单价，但在项目履约中按照项目实际发生的工作量乘以乙方在 BOQ 中的填报单价支付，单价对乙方构成实质性的约束。单价合同形式被国际承包市场广为采用。其中投标人只承担单价方面的风险，与同行开展竞争，一旦中标签约，中标人按单价承包。但如完成的实际工程量与合同中的设计工程量出入较大而导致合同单价不合理时，则承包人可根据合同有关规定的条款，向建设单位（业主）要求调整单价。因此，在签约时，应当规定一个工程量增减的幅度而允许调整单价的范围，并作为合同条文确定下来，以共同遵守。

合同是甲乙双方意愿融合的结果，合同条款与合同形式完全取决于双方的谈判。以上列举的合同形式只不过是常见的几种，其他类型的合同还有很多。当然，在日后的实践中，也可根据项目实际需要提出新的合同形式。

（二）项目合同类型的选择

在研究和制订发包计划时，首先要确定拟将采用的合同类型。选择适应项目要求的合同，是维护甲乙双方良好伙伴关系、避免工作中产生纠纷的基本保证。如果合同选择不合适，就会产生甲乙双方责任不明确的问题。所以，不论是业主还是乙方都把合同类型的选择看得非常重要。那么，如何选择项目合同呢？许多大企业的实践经验表明，在选择合同类型时，通常考虑以下因素：

（1）项目本身的性质和复杂程度。如果项目涉及许多新技术领域，本身带有相当程度的创新，或者工作内容非常复杂，不易事先详细确定，如软件开发、科技攻关、专题研究等，最好采用成本补偿合同。反之，若项目是某已存在物的翻版，或工作内容简单明了，如建造楼房、修建公路等，采用固定价格合同则不失为明智之举。

（2）工期紧急程度。规模不大，但企业在经营中急需上马的项目，或项目中急需完成的分项工程及在施工中时间是关键的其他项目，由于要最大限度地投入人力物力，要不断地组织突击施工，所以事先难以准确估计项目的实际成本，只好采用成本补偿合同。

（3）承包者的竞争程度。在项目招标中，竞争是不可避免的。如果意欲承建某项目的承包者较多，竞争激烈，业主有充分的挑选余地，则可选择固定价格合同。固定价格合同可使承包者承担相当大的风险，但由于存在激烈的竞争，承包者为了战胜对手发展自身，将不得不接受这类合同。相反，若竞争性较弱或只能独家承包，则采用成本补偿合同。

（4）甲乙双方的意愿和政策。如我国 20 世纪 70 年代与国外签订的所有项目合同，都采用固定价格合同，因为当时我国政府规定必须这么做。再如，美国一家很大的工程公司，它的政策是任何项目都不采用固定价格合同，一律采用成本补偿的方式。因而，在选择项目的承建企业或向某家公司投标时，就必须充分考虑它的意愿。

（5）业主的管理能力和技术力量。业主的管理力量薄弱，最好采用固定价格合同，将项目总包给承包者。若业主有雄厚的管理力量和技术能力，则可采用成本补偿合同将项目分包给几家承包者。一般来说，签订固定价格合同的项目，则需要较多的管理人员监督和协调。

（6）外部因素和风险程度。通货膨胀、政治局势、气候条件等因素都会影响合同类型的选择。如世界上普遍存在的物价上涨问题，如果上涨过快，且项目工期较长，就要考虑递进式固定价格合同或再确定式固定价格合同。再如，某个项目由于缺乏确切的规格、面临恶劣的气候或地面调节复杂等原因，难以精确估计成本，则双方都能接受的可能是成本补偿合同。还有，若一个项目存在巨大风险，那么承包者就不会接受固定价格合同，最终的结果可能还是成本补偿合同。

（7）有无可比项目的费用资料可供借鉴。一个企业在过去曾做过类似项目，新项目的成本就可根据过去的资料进行比较精确的预测。这时，可采用固定价格合同将项目总包给承包者。若某个项目无可供借鉴的资料，如果采用固定价格合同就可能将成本和不可预见费估计过高，造成不必要的损失，承包者也会因无可比项目的参考资料而拒绝采用固定价格合同，因为那样要承担相当大的风险。所以，此时宜采用成本补偿合同。

除考虑上述因素外，在选择合同类型时还要注意承包者企图承担的风险程度、中标承包者企图外分包的工作量及其性质、甲乙双方过去共事的经验和管理合同的费用。

合同是甲乙双方在利益上对立统一的结果，在选择合同时绝不能墨守成规，机械地做出选择。至于一个项目究竟采用哪类合同最好，很难找到客观标准。有些大型项目，不同建设阶段，不同分项工程可能采取不同的合同形式。要做出最佳决策，就要根据实际需要做好谈判工作，并反复权衡利弊，最终确定出适合项目要求的合同形式。这一工作虽然繁琐细腻，但做好这项工作就会避免再次谈判、索赔和违约等棘手问题，保证项目顺利进行。

（三）项目经理与项目合同

项目经理参与所有重要合同的谈判与签署，并代表本企业履行合同规定的权利和义务。因此，甲乙双方的项目经理都必须对合同给予足够的重视。通常，如下因素对项目经理至关重要：

（1）合同必须对项目本身有清晰而完整的规定。业主要建什么样的项目，什么标准、什么规格，建成后达到什么技术要求等，都要有明确的规定。如果规定不明确或详细程度不够，业主项目组就很难实施有效的监督，乙方项目组则可能在某些环节上无所适从，从而不得不在施工过程中再坐下来谈判，签订补充协议，浪费时间，延误工作。

（2）合同中必须载明项目的成本要求及其计算基础，载明付款方式。项目成本的估算既要依据科学的手段，如工作结构分解（WBS），又要根据过去的经验，还要综合经营环境中的外部因素，如物价上涨指数。合同是一种事先约定，在执行中可能会遇到各种意外事情，如物价上涨指数远远高于订合同时估计的水平，这就可根据成本计算基础对成本予以调整。我国有些项目一再突破预算、一再追加投资就是受了物价上涨的影响。付款方式也很重要，大型项目多采取分期付款的方式。由于资金周转会带来利润，存入银行会产生利息，付款方式与甲乙双方的经济利益有密切关系，因而在合同中必须明确。如果在合同执行中业主严重拖欠付款，乙方的项目经理就可依据合同进行交涉，直至诉诸法律。

（3）合同中必须有明确的工期要求，并载明缩短和拖延工期相应的奖惩办法。大多数项目是在外部环境和内部发展的双重压力下上马的，项目经理通常会遇到迫切的工期要求，且尽了最大努力也未能如期完成的项目经常可见。所以，时间是项目经理最宝贵的资源之一。如果业主要求进度快些，就要多付出一些代价。

（4）合同中要有明确完工的定义。怎样才算完工？例如，一座工厂建成后算是完工还是经过试运行可以进行生产才算完工？项目经理必须清楚地知道要他做哪些工作，做到什么程度。工作达不到要求，业主可能会提出索赔；工作超过限度，则会劳而无功。

（5）合同中要明确规定甲乙双方的责任。在签订合同时，业主总是要求乙方对项目负责。所谓负责，有两方面的含义：一是负责处理项目建设中发生的各种问题；二是对项目的成败或损失承担责任。项目经理要弄清责任的具体内容。负责不一定指经济处罚，也可能是经济支付由业主负担，乙方负责实施。具体问题要视合同类型而定。固定价格合同，一切由乙方承担，费用也由乙方支付。成本补偿合同，项目出现问题由乙方处理，但费用由业主补偿。

项目经理正式执行合同之前，必须把上述问题搞清楚。合同类型不同，承包范围和付款方式不同，对项目经理的工作要求也不一样。

（四）项目合同管理

合同把甲乙双方的经济联系以法律的形式确定下来，项目经理必须从合同生效的早期就全面熟悉合同。由于合同是双边的，故而项目经理的工作要建立在对合同条款的理解上。项目组多设有专职或兼职合同管理员，协助项目经理做好合同管理工作，以确保在承包、费用和技术要求诸方面全部符合合同要求。

1. 合同变更

合同签署后，可能会由于新技术、新材料的出现、市场情况的变化或承包者的某项建议而要求调整项目的某些内容，这时就会发生合同变更。即使项目的内容没有改变，有时也会出现合同变更的情况。例如，从一家承包者向另一家承包者转移工作，可能不会影响整个项目的工作内容，但对有关承包者肯定会构成合同变更。合同一经签署就具有法律效力，但并不是一成不变的，否则，就适应不了经济生活的要求。合同管理的重要内容之一就是对合同变更给予适当控制。

合同变更的程序通常是由业主项目组的合同管理员发出合同变更授权书，指示承包者做出工作内容的变更，并作为书面记录。授权书中也要载明由于这样的变更，给成本、酬金、工期及其他合同条款带来的影响。这种授权书一般是甲乙双方协商后才由业主正式发出的。在可能的条件下，授权书应包括业已与承包商谈妥的对成本、酬金、工期及其他合同条款做出的调整。若条件不允许，可先发一份原始的授权书授予变更，然后再补发一份正式的授权书。双方都要在授权书上签字，以尽量减少纠纷。

业主项目组必须认识到，本企业的工作会成为合同变更的原因。例如，没有及时批准承包者的某一部分工作，就可能会延误其对合同的执行，如果不对合同条款进行适当变更，就会使承包者加快执行进度，而这将引起索赔和纠纷。项目组应努力把人为的合同变更降到最低限度。

2. 合同终止

合同终止可分为两种情况。一种是在合同执行期间终止。如业主决定停建或缓建项目，就要终止合同执行，这时要以适当的形式给乙方以补偿，以弥补因之而造成的损失。乙方也可由各种原因终止执行合同，如业主支付严重拖欠，乙方出现严重的劳资纠纷等。这种不正常的合同终止，要求甲乙双方反复协商，尽量避免遗留问题。合同终止的另一种情况是，合同实物工作量完成之后正常的合同终止。此时，合同管理员应及时做好如下工作：检查合同档案中的一些重要项目；查证所有项目的报收及最后验收情况；处理全部保密资料；查验所有分包合同和采购单的终止情况；核实最终合同费用；（业主）检查承包者放弃索赔的声明；核实最后的支付；（业主）核实对承包者执行情况的评价。终止工作完成后，应将全部项目文件按规定程序存档。

（五）石油工程的主要合同模式

石油工程项目的投资者和作业者本着平等互利、协商一致、等价有偿的原则，依照法律就项目合同的主要条款经过协商一致，项目合同就可成立并具有法律效力。

1. 石油工程项目合同的主要条款

项目合同属经济合同，我国合同法规定，经济合同应具备标的数量和质量、价款或者酬金、履行的期限、地点和方式、违约责任等主要条款。同时指出，按法律规定的或按经济合同性质必须具备的条款，以及当事人一方要求必须规定的条款，也是经济合同的主要条款。有鉴于此，根据石油工程项目的具体实际，石油工程项目合同至少要具备如下条款：

（1）项目（工程或任务）名称。

（2）项目的地理位置。地理位置包括场站所在省、市、县名称以及地面描述，施工需要跨越的省、市、县名称以及地面描述。在石油工程项目中通常要有具体的地理坐标或地理坐标界定的区域。

（3）工程范围和内容。这一条款是开列的详细工作量清单。这一条款若涉及的工程较多，也可在合同附件中详细说明。石油工程作业合同中要对工程量和工作范围有明确的界定，比如钻井口数及深度、二维地震测线千米数和三维地震的平方千米数、各种资料处理的工作量和工作要求、试油层数、辅助工程量等。

（4）项目开工、竣工日期及中间工程的开工、竣工日期。该条款除开工、竣工日期外，若涉及多个相对独立的作业环节，应有各环节的进度安排表，并尽量创造条件采用网络技术作此进度安排。

（5）甲乙双方的责任。本条款应根据石油工程项目的性质和合同类型明确甲乙双方的责任，甲方责任如许可证的取得、质量监督与验收、按合同支付费用、提供基础资料、作业条件及合同规定的其他责任；乙方责任如提供规定作业、提供原始资料和成果资料以及合同规定的其他责任。

（6）技术要求。本条款要明确乙方作业所依据的质量和技术标准、作业设备的类型及工艺要求、具体技术指标的要求、技术成果的形式与要求、工程或成果验收等。

（7）工程监督。工程监督作为甲方的代表，本条款中要明确监督的数量、监督的方式、监督的权限和责任以及具体问题的处理程序。

（8）费用及其支付。本条款中涉及的费用和支付金额，除用阿拉伯数字书写外，还要用大写。费用条款要特别写明：合同总金额，包括作业内容以及单价和计算依据，计价采用的货币，若是非涉外合同一律用人民币计价，若涉外合同则应视合作对象而定，若是递进式固定价格合同，本条款中要写明递进的影响因素、上调比例的确定以及调整时间和限度，若合同带有奖励条款，这里应载明奖励公式。付款的规定则要明确付款方式、付款期限或时间、付款依据及数量确定等。

（9）税务和保险。本条款应写明与作业相关的税务由哪一方承担、作业的保险由谁负责等。

（10）环境保护和安全。本条款中一般规定乙方承担环保和安全责任，由环保和安全造成的损失由乙方承担。

（11）资料保密与归属。本条款中要明确工程项目的一切技术资料要归甲方所有，并对乙方提出保密要求。

（12）信息交流与协调。本条款载明信息交流的内容、交流的方式和交流的期限，同时载明甲方进行协调的程序。

（13）违约责任。该条款中可写明任何一方违约应承担的技术、经济责任。

（14）调解和仲裁。本条款要确认甲乙双方发生争议时的调解和仲裁方式，并确认某一权威机构作为仲裁机构。若没有仲裁条款，发生纠纷可直接向法院起诉。

（15）不可抗力。本条款要载明双方关于不可抗力的规定，以及发生不可抗力时的处理要求和相关合同方的责任免除。

（16）合同的生效、终止和解除。本条款要载明合同签署后批准生效的程序、合同终止和解除的程序与条件。

（17）合同附件。本条款除申明所有附件为合同的组成部分外，还要列出附件目录。

（18）合同双方认为有必要的条款。只要甲乙双方认为确有必要而又不违反中华人民共和国法律，可以根据具体情况增加合同条款。

（19）其他条款。诸如双方的地址、邮编、电传号、电子邮件地址、签字费、合同签署时间及其他事宜都可在本条款中予以明确。

（20）合同要有合同双方的全称和法定代表人（或法定代表人委托的代表人）签字。

2. 无效项目合同

油田公司的项目管理人员在订立项目合同时，应熟悉订立合同的程序以及合同内容所涉及的法律法规，避免合同无效。根据我国法律规定和地面工程项目的具体情况，下列项目合同为无效合同：

（1）违犯法律、国家政策和行业有关规定的合同；

（2）采取欺诈、胁迫手段所签订的合同；

（3）代理人超越代理权限签订的合同或以被代理人的名义同自己或者同自己所代理的其他人签订的合同；

（4）违反国家利益或社会公共利益的合同。

无效项目合同，从订立时候起，就没有法律约束力。确认项目合同部分无效的，如果不影响其余部分的效力，其余部分仍然有效。

无效项目合同的确认权，归合同管理机关和人民法院。

3. 石油勘探开发国际合同的主要模式

国际上合作开采石油资源的合同模式有很多，不同的合同模式下，外国石油公司所享受的权利、承担的义务以及得到的收益是不同的。因此，在国外开发石油资源，资源国所提供的石油开发合同模式对项目评价的最终结果将产生直接的影响。目前国际上普遍采用的合同模式，主要包括矿费税收制合同、产品分成合同、联合经营合同和风险服务合同四种。

1）矿费税收制合同

矿费税收制合同是从传统租让制合同演变而来的。传统租让制授予外国石油公司相当大的权力，没有规定国家参与权，背离了主权国对其自然资源享有永久主权的原则；在矿费税收制合同中强调资源国对其自然资源的所有权。从投资者的角度来看，矿费税收制合同最基本的特点是：投资者获得的是原油和天然气实物，向资源国政府交纳矿区使用费和所得税。

具体而言，该合同有以下特点：（1）合同区有一定的范围限制；（2）合同期较传统租让制大大缩短；（3）资源国的经济收益除了矿区使用费外，还有按公司净收益征收的所得税；（4）对于外国石油公司的各种决策，资源国政府有权进行审查和监督；（5）资源国政府可以参股；（6）外国石油公司的投资按许可证授予的区块回收，区块内所购置资产归外国石油公司所有。

2）产品分成合同

20世纪60年代初，印度尼西亚首创了产品分成合同，起初用于农业部门，然后推广到石油工业部门。

（1）产品分成合同的基本内容。

产品分成合同一般都有三个基本内容：一是成本收回。由于外国石油公司是独自承担与某一地质发现有关的勘探费用，而资源国在这种发现中要到生产阶段才占有份额，因而在协议里包括了一种做法，即允许外国石油公司回收其初期投资。达到此目的的常规做法一般称为"成本油"，即允许外国石油公司为了回收其初期投资可以分得该油田产量的一定百分比，数量由谈判决定。二是产品分成。在交付了协议规定的"成本油"之后，剩余的产量称为"利润油"，由资源国和外国石油公司分成。一般是通过谈判确定每一个合同的分成比例，但是分成比例一般都与产量高低有关。三是税收。到目前为止，已签订的全部产品分成合同都包含有外国石油公司按其所得"利润油"数量纳税的规定。

（2）产品分成合同的主要特征。

产品分成合同的主要特征如下：一是，外国石油公司不拥有全部原油，只拥有其份额油，只是合同承包者，简称作业者。全部产品分为两部分，一部分是用来偿还费用的"成本油"；另一部分是"利润油"，由资源国政府或国家石油公司与签订合同的外国石油公司分享。二是，资源国除政府外，另设国家石油公司，代表国家参股，参与经营管理并对合同者进行监督。三是，合同者独立承担勘探风险，如果没有商业性的发现要承受损失，还要负担开发和生产费用，并对定期撤销面积作了规定。在生产期，扣除税费后限额回收生产作业费和投资，利润油在扣除政府所得后由双方分成。四是，合同者担当作业者，但在其回收投资后作业权移交国家石油公司。

3）联合经营合同

联合经营合同不是一般的石油开发合同形式，但是在一些国家，通过本国的石油公司或任何其他的国家机构成为开发商业性石油的伙伴，进行联合经营。这种合同的初期通常是一个扩大了的租让协议，条款规定，如果有商业发现，则开发时国家可以占有一定比例。

联合经营有以下三种不同的组织形式：其一，由国家石油公司与外国石油公司组成具有独立法人资格的实体，按参股比例分享利润。作为一个独立纳税单位，由国家或国家石油公司与外国公司联合经营，这一联合实体可根据签订的合同担负石油生产，有时也承担石油销售工作。参加联合经营的各方按照在企业中参股的比例分享利润。其二，双方并不共同组成实体，而是以各自的法人实体进行合作和履行合同。根据协议，双方在开发区和由这一开发区所产的全部石油中，均有各自直接的不可分的开采利益。这实际上是一种合伙形式。其三，由双方共同组成非营利的合作组织。非营利的合作组织通常指定一方作为作业者，负责按照实际成本费用，实施全部开发和生产作业。所需资金由国家石油公司与外国石油公司共同提供，新组成的合作组织不销售产品，而是根据一项总体联合经营合同的规定由作业者向国家石油公司与外国石油公司交付所获得石油。

4）风险服务合同

风险服务合同是一种合同的协议形式，通常称服务合同，服务合同一般分为无风险的服务合同和带有风险的服务合同。

无风险的服务合同只是简单的协议，据此外国石油公司代替国营石油公司或其他国家机构实施勘探和生产作业。其风险由资源国承担，任何发现均是国家独有的财产。与所有其他类型的石油合同一样，外国石油公司必须按照从服务合同所得的利润纳税。石油储量可靠或财力雄厚的国家会采用这一类型的服务合同。

带有风险的服务合同简称风险服务合同，有些类似产品分成合同。合同通常规定，签订合同的外国石油公司不仅要为勘探提供全部风险资金，而且还要为油田的开发提供所需的全部资金，相当于为国家石油公司提供有息贷款。如果没有油气发现，公司停止勘探并取消合同。一旦有油气发现，资源国或其石油公司可以进行开发。这种服务合同所找到的全部资源均属国家财产。对外国石油公司有效服务的报偿不像产品分成合同那样分享石油产量，而是直接支付现金，在油田投产后，于规定年限内偿还。另外，还要按产量水平支付外国石油公司一定的报酬。

这类服务合同与产品分成合同的不同点在于：在产品分成合同中，外国石油公司以承担风险为交换条件，一般要求得到 20%~50% 的所产原油；而在服务合同中，外国公司只能在规定期限内以市场价格 3%~5% 的折扣购买 20%~50% 的所产原油。

上述国际石油合作模式，实质上是石油资源勘探开发合同。每一种类型的合同都有其独自的特点和使用条件，选用不同模式，效果会有所差异。

二、合同谈判

谈判是签订合同的前奏。谈判不仅关系到双方的利益，也关系到合同的履行，石油勘探开发项目合同谈判是一个普遍存在而又十分重要的问题。

（一）勘探开发项目合同谈判的主要内容

尽管招标文件已经对合同内容的所有方面做了相当明确的规定，而且投标者业已在投标时表态愿意遵守，但是，对于石油勘探开发项目，甲方石油公司很少在这样文件的基础上简单地与投标者签定合同。甲方通常在发出中标通知后继续与该中标者进行正式的合同谈判，最终敲定合同文本之后再签定合同。

合同的内容因项目和合同性质原招标文件规定、甲方的要求等的不同而有所不同。一般来讲合同谈判会涉及合同的商务和技术的所有条款。合同谈判可能涉及的主要内容可能有：关于项目内容范围的确认；关于技术要求、技术规范和施工技术方案；关于价格调整条款；关于合同款支付方式；关于工期和维修期；关于争端的解决；其他有关改善合同条款的问题等。石油勘探开发项目合同的谈判一般采用先技术谈判，后商务谈判；先合同条款谈判，后合同价格谈判的流程进行安排。

1. 技术谈判

石油勘探开发合同技术谈判的主要内容是合同双方对工程作业量、作业施工的工艺技术、设备选型和技术服务条款等进行确认和讨论的过程。在石油勘探开发合同谈判中，技术谈判是商务谈判和价格谈判的基础和前提条件，石油工业是技术密集型行业，只有通过技术协商，确定工程作业的具体技术细节，才能保证合同的顺利履行，避免项目后期技术失败或产生合同纠纷。

在石油工程项目技术谈判中，通常是根据在工程招投标过程中加以双方达成的技术标准和工程设计，在甲方和乙方初步拟定的技术合同提纲合同稿基础上，逐项逐条进行谈判。重点抓住合同稿与招标书和己方观点有偏差的地方进行交换意见，最后达成共识。通过技术谈判，双方对问题和分歧达成协议，并按谈判结果形成合同内容。但双方谈判人员不可过分乐观，事实上，技术谈判的许多结果尚需商务谈判和价格谈判完成后才能最后确定，所有问题和分歧的解决都得明确解决的条件。

最后参与谈判的技术人员得将谈判结果汇总，并将与商务有关的问题进行整理，并简要附注解决该问题的条件及要求（如对此问题招标书要求、澄清会要求、对方投标情况及澄清会情况、谈判结果如何等），以供商务人员在谈判中参考和采取相应的谈判措施。同时，商务人员为进一步掌握技术谈判情况，在技术谈判阶段就尽量抽时间多参加到技术谈判中去。掌握技术谈判的第一手情况及资料，以便进一步准备和调整自己的资料及要采取的措施。

2. 商务谈判

商务谈判是石油勘探开发合同谈判的最重要环节，所有问题及分歧都有可能在商务谈判中汇总或体现。商务谈判是双方据理力争、矛盾集中、竞争激烈的阶段，也是易出现使谈判级别逐渐升级的阶段。

虽然商务谈判滞后于技术谈判，这主要体现在价格谈判上。而商务合同文本即商务条款的讨论及修改、文字核对往往也可同技术谈判同时进行。合同文本体现的是文本的原则性、条款的完整性、用字造句的严谨性。这里充分体现了中国的一句古训"一字值千金"。在谈判中不仅要逐条逐款的审查、讨论，对谈判结果得有准确记录，并按此对文本中的相应条款进行严谨的修改。如与支付有关的条款应明确资金所含内容、支付基数、支付比例、支付次数；对奖惩性条款应明确奖惩条件、奖惩后的结果处置；对责任性条款应明确责任界限及总责任方；技术服务及待遇性条款应明确服务内容及相应待遇条件等。

3. 价格谈判

通过开标、澄清以及随着技术谈判的完成，可能存在作业范围调整、技术工艺变更、设备变化等问题，甲乙双方都可能向对方提出价格谈判，故谈判中可能多次报来价格表，这就要求参加商务谈判的人员要按时间和技术合同内容的变化不断列出价格对比表，摸清价格变化情况及规律，同时找出变化的项目及原因。同样，在谈判中双方各自接受了多少价格变化，余下的问题属于什么性质，该问题的价格是多少，将通过何种方式解决，都要做到心中有数。

为此，在谈判时，则应首先确定价格谈判基础，通常是以评标澄清会后的评标价格作为基础。在谈判中合同价格与基础相一致的，就可不再讨论，进行双方核对确认即可。对价格增减是问题的焦点，是通过谈判要解决的重点。为此，双方都将会提出很多理由和有关的文字资料，谁的资料更全面，理由更充分，都将强有力地支持自己的观点，使谈判易达成有利于己方的协议。这里就充分体现了在整个过程中重视及熟悉资料的重要性。

在谈判过程中，有时对方会强调自己公司在财力等方面的困难，以争得己方对此的理解而做出让步。为此应摸清对方的底细，以采取相应的措施。同时，根据此情况，也得考虑一旦合同授予，对方是否有能力顺利地承担该工程项目的实施。

在谈判过程中，通常都会强调己方做出了多大让步，再让就是万丈深渊，不能接受，但在谈判时如想要对方接受某项价格，也可先讨论并强调己方已接受了多少价格而相应对方要如何，再提出己方对此项价格的解决方案，会增强对方对该建议的考虑。

（二）谈判目标与谈判环境

项目合同谈判是甲乙双方寻求合作的过程，进行适当准备能够提高谈判成功的可能性。

谈判目标就是通过谈判要达到的境地。一项复杂的合同可能涉及若干需要谈判的问题及相关的目标，谈判前应逐一确定并排列其优先顺序，同时，对实现各种谈判目标可能遇到的困难做出估计。

每一次合同谈判都有其独特的气氛，而这种气氛往往对谈判结果产生直接或间接的影响。谈判气氛可分为四种类型：

其一，气氛是冷淡的、对立的、紧张的，如产生纠纷或涉及索赔时的谈判；

其二，气氛是松松垮垮、旷日持久的，如非重要合同谈判时易于出现的气氛；

其三，气氛是热烈的、积极的、友好的，双方具有强烈合作愿望时容易形成这种气氛；

其四，气氛是平静的、严肃的、严谨的，谈判双方都比较务实时常出现这种气氛。

谈判气氛受合同重要性、谈判的性质、双方谈判人员的气质以及双方谈判策略、心理学上的因素等影响，但是，气氛又可以通过人为努力来予以创造。在谈判准备阶段应确定合适的谈判气氛，并努力建立这种气氛。

（三）谈判技巧

合同谈判有许多策略可供选择，如以退为进、吹毛求疵、软硬兼施、步步为营、反客为主、车轮战术、出其不意、重点突破、丝毫无损的让步、利用期限、小恩小惠、杀价策略、抬价策略、场外交易、炒蛋战略、最后通牒、最终价格策略、旁敲侧击、故布疑阵、速战速决、声东击西、投石问路、心理战术、虚张声势、煽动策略、妥协策略、从容不迫策略，如此等等。不同的谈判阶段、不同的问题应采用不同的策略。在谈判开始前，应准备好谈判策略，并在谈判进程中，根据谈判的进展及时进行策略调整。

合同谈判前，要确定谈判中可做出让步甚至是放弃的方面。当然，这些方面只有在谈判中非常必要时，才能让步。谈判是当事双方寻求一种都受益的结果，不是一方意志向另一方的强加，通常，双方都可能在谈判中做出某些让步。同样，合同谈判前也应确定不能让步的方面，以免做出不应有的让步。

谈判需要一定的技巧，根据不同的谈判环境采用不同的技巧可使谈判顺利达到目标。谈判技巧很多，分门别类进行归纳可达200余种，就项目谈判而言，下列技巧是最基本的。

1. 确定谈判重点

在谈判过程中，应该始终围绕当事双方最关心的问题进行，若有枝节问题的穿插也只是为了改善气氛。谈判中的重点可能不止一个，有的重点还可能是矛盾的焦点，在谈判内容的顺序安排上，应尽量将主要矛盾往后排。这样可随着双方信任的加深和协作气氛的建立，使主要矛盾容易解决。

2. 掌握谈判议程

有经验的谈判者善于控制谈判的进程，展开自己所关注的议题的商讨，从而抓住时机，达成有利于己方的协议。而在气氛紧张时，则引导谈判进入双方具有共识的议题，一方面缓和气氛，另一方面缩小双方距离，推进谈判进程。同时，谈判者应懂得合理分配谈判时间。对于各议题的商讨时间应得当，不要过多拘泥于细节性问题。这样可以缩短谈判时间，降低交易成本。

3. 把谈判问题作为一个系统

项目谈判的内容具有系统性，某一问题的解决必然会对其他领域产生影响。譬如，如果在工期方面做出让步，有可能造成成本上升；如果坚持质量标准不能降低，则可能会使成本和工期做出改变。谈判人员必须具有系统观点，从整体出发做出必要的让步。

4. 谈判人员必须具备必要的权力

谈判过程就是一个当事双方相互让步与获得的过程，授予谈判人员一定的让步决策权对于谈判成功至关重要。如果没有授予谈判人员相应的权力，那么，谈判人员只是转达上司的指示，这样的谈判既无必要，也不可能成功。

5. 建立良好的气氛

谈判不是让对方做出某些无代价的牺牲，而是相互寻求协作与妥协。各方通过谈判主要是维护各方的利益，求同存异，达到谈判各方利益的一种相对平衡。谈判过程中难免出现各种不同程度的争执，使谈判气氛处于比较紧张的状态，这种情况下，一个有经验的谈判者会在各方分歧严重、谈判气氛激烈的时候采取润滑措施，舒缓压力。

6. 请示领导批准

谈判中有些问题超出了谈判者的权限，或因各种原因而使谈判者陷入被动，则可采用请示领导批准的策略。这样，可以争取时间寻求对策，也可防止因越权而给本企业造成损失。

7. 协议形成合同文件

参加谈判的双方都要以正式的书面形式，将谈判中达成的协议形成合同文件。这个协议应当场形成。如果不能按谈判最终结果逐个形成文件，至少要按谈判进度逐段时间形成。该协议可以防止违约，也可防止对已经达成协议的问题再发生争执。

8. 适当的拖延与休会

当谈判遇到障碍、陷入僵局的时候，拖延与休会可以使明智的谈判方有时间冷静思考，在客观分析形势后，提出替代性方案。在一段时间的冷处理后，各方都可以进一步考虑整个项目的意义，进而弥合分歧，将谈判从低谷引向高潮。

9. 分配谈判角色

任何一方的谈判团都由众多人士组成，谈判中应利用个人不同的性格特征，各自扮演不同的角色，有积极进攻的角色，也有和颜悦色的角色，这样有软有硬，软硬兼施，可以事半功倍。同时注意谈判中要充分利用专家的作用，现代科技发展使个人不可能成为各方面的专家，而工程项目谈判又涉及广泛的学科领域。充分发挥各领域专家作用，既可以在专业问题上获得技术支持，又可以利用专家的权威性给对方以心理压力，从而取得谈判的成功。

三、石油工程项目的索赔管理

在项目建设中，特别是在国际承包工程中，索赔经常发生，而且索赔额很大。通常是由下列原因造成的：第一，现代承包工程的特点是工程量大、投资多、结构复杂、技术和质量要求高、工期长；第二，承包合同在工程开始前签订，是基于对未来情况的预测；第三，业主要求的变化导致大量的工程变更；第四，工程参加单位多，各个方面技术和经济关系错综复杂，互相联系又互相影响；第五，合同双方对合同理解的差异实施中行为的失调及管理失误。而这些因素又在现实中存在，因此，索赔是必然的。

（一）索赔及索赔管理

1. 索赔

项目索赔包括狭义的索赔和广义的索赔。

狭义的索赔，是指人们通常所说的工程索赔或施工索赔。工程索赔是指合同双方在由于一方原因或发生不可控制的因素而遭受损失时，向对方提出的补偿要求。这种补偿包括补偿损失费用和延长工期。

在项目建设中，广义的索赔不仅包括合同双方提出的索赔，而且还包括向保险公司、（材料、机械设备等）供货商、运输商、分包商等提出的索赔。广义的建设工程索赔，是指项目由于合同对方的原因或合同双方不可控制的原因而遭受损失时，向对方提出的补偿要求。这种补偿可以是损失费用赔偿，也可以是赔偿实物。例如：在业主提供的图纸延误时，承包商可以提出索赔，要求延长工期和赔偿损失费用；在材料供应商供应的管材不合格时，业主可要求其更换，提供合格的管材或者赔偿损失费用；工程质量缺陷、交工延误，业主可以要求作业公司赔偿损失。

在项目工程承包中，工程索赔的主要依据是合同文件的规定和合同基础条件的变化。只要合同中有明确双方责任的规定，又存在一方违约或合同基础条件变化，而且合同一方受到损失等事实，就可以根据合同文件的规定向对方提出赔偿要求，进行索赔。由于可能出现的工程工艺条件的变化、工程变更、承包者造成的各种工期延误、恶劣的气候条件和对合同、条款解释的分歧等，这些都增加了索赔的可能性。

实际上，任何一个工程项目，不管规模大小，都可以找出至少十几项索赔项目。这就要求重视索赔工作，认真分析合同文件，做好工程记录，以便及时地提出有效的索赔。

工程索赔不仅是可能的，同时也是可行的。合同文件对合同双方都具有法律约束力，只要合同文件有索赔规定并存在能提出索赔的事实，是可以通过双方友好协商、调解，或者通过仲裁、诉讼来保证索赔问题公平合理的解决。即使在合同文件中业主规定有限制索赔条款，有时，仲裁庭或法庭也可以超越合同，以民法为基础，做出公正的裁决或判决。

外国很多石油公司和有经验的承包商都很重视索赔管理，从投标开始就注意索赔资料的积累，也善于创造索赔条件，进行成功的索赔，值得学习和借鉴。近年来，在我国的建筑行业，有些大的公司成立了专门的索赔部门，指导、组织和协调工程项目的索赔工作。

2. 索赔管理

1）工程索赔管理

工程索赔管理，是通过对工程索赔的全过程进行系统的计划、组织和协调，以实现索赔目标。索赔管理在合同双方的项目管理中占有重要的地位，它涉及的部门广，参与的人员多，涉及预算、财务和工程等几乎所有的部门，参与索赔工作的人员包括企业预算工程师、经济师、材料员、财务人员和专职索赔人员，还牵涉到企业外部的人员，如法律顾问、技术咨询顾问、对方的项目经理、分包商和材料供应商等（图6-2）。因此，需要对索赔进行系统的组织管理，使内外配合，保证索赔的成功。

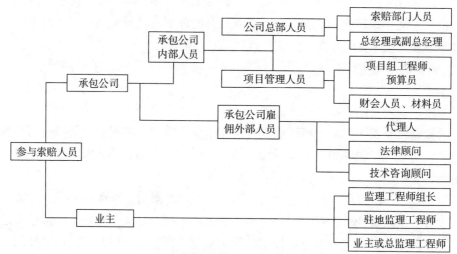

图6-2 工程建设索赔的组织

2）索赔管理的特性

（1）计划性。索赔管理具有很强的计划性。它要求提出索赔的一方根据索赔目标，制定周密的索赔计划，按照具体索赔项目和合同基础条件的情况，分清轻重缓急，按计划进行索赔。

（2）程序性。合同条件不同，索赔的程序也有所不同。因此，要根据合同规定的索赔程序，在规定的时限内向对方管理人员提出索赔，并在规定的时限内提供有关资料和证据，才能进行索赔协商谈判。只有在所有的行政补救程序完成之后仍不能解决索赔问题时，才能要求调解、仲裁或诉讼。这就要求索赔管理程序化，而不能随意解决索赔问题，否则，会遭到仲裁庭或法庭的拒绝，导致索赔的失败。因此，合同双方要分清索赔问题哪些由现场索赔人员负责，哪些由公司总部的索赔人员负责。在实际工作中，一般采用自下而上的程序解决索赔问题。在现场能解决的索赔问题尽量在现场解决，然后送公司总部审批，在现场不能解决的索赔问题，交送公司项目管理组织的索赔部门，以便同对方解决索赔问题。索赔人员要有强烈的索赔意识，了解索赔的程序和各自的职责范围（参见图6-3），以便尽早发现索赔问题，适时组织索赔谈判。

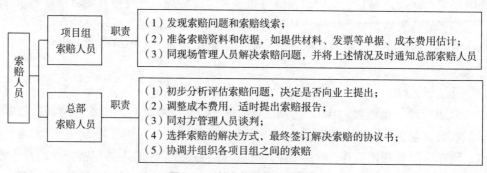

图6-3 索赔人员职责分解图

（3）灵活性。索赔管理具有很强的灵活性，它是索赔管理的一个最重要的特性，表现在索赔管理工作制度的灵活性和索赔解决方式的灵活性两个方面。由于索赔谈判持续时间长，有的长达五六个小时，每周往往有好几次，对索赔人员来说是相当辛苦的，所以，可采用灵活的工作时间制度，保证索赔人员的身体健康。此外，索赔人员常常对外开展咨询，在这种情况下，工作时间更需要灵活掌握。索赔人员的工作方式也是灵活多样的。有时需要在监理工程师的办公室讨论问题，有时还得在宴会上讨论问题。索赔人员要熟练运用各种方式，以达到解决索赔的目的。索赔管理要求采取当地适用的方式解决索赔问题，以便快速有效地实现索赔计划。一些索赔长期拖延的主要原因就是索赔的解决方式不灵活，沿用刻板的解决方式，没有疏通各个环节，导致索赔工作出现停滞、徘徊不前的局面。

（4）系统性。索赔管理的系统性表现在：一方面，它是项目管理这个大系统的一个子系统，是项目管理的一个组成部分，与项目管理的其他工作是相互联系、相互影响的，要加强内部协调配合，共同实现索赔目标。另一方面，索赔管理系统内部又包括很多小的索赔管理系统——各个单项工程的索赔管理系统。在这个系统中，索赔部门要加强系统内部的组织协调，特别是在与同一个企业签订有多个工程合同的情况下，更要注意协调索赔工作，统一口径，分清先后次序，利用某一工程项目的索赔作为突破口，带动其他工程项目的索赔工作。

（二）石油工程项目索赔的种类及程序

1. 索赔的种类

根据索赔的范围、性质、目标、产生的时间和原因等不同，可以将索赔进行不同的分类，见图6-4。

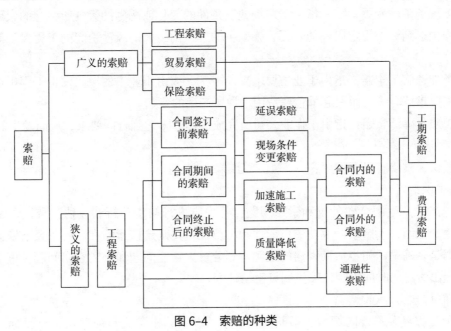

图6-4　索赔的种类

1）按照索赔的范围分类

前已述及，索赔可分为广义索赔和狭义索赔。广义的索赔，包括工程索赔、贸易索赔和保险索赔；狭义的索赔，即指工程索赔。

2）按照提出的索赔是否基于合同的规定分类

（1）合同内的索赔：指基于双方合同文件的规定提出的索赔，如工程变更索赔。

（2）合同外的索赔：指基于民法、建筑法规等有关法律法规进行的索赔。如超越合同的限制索赔条款而提出的索赔；对合同没有明确规定的索赔问题而进行的索赔；或对合同条款的不同解释而提出的索赔。

（3）通融性索赔：由于对方的善意、通融，而不是根据法律和合同而进行的补偿。在这种条件下，对方可以同意，也可以不同意。

3）按照索赔的目标分类

（1）工期索赔：承包商要求业主延长竣工日期，也称时间索赔。

（2）费用索赔：要求承包商补偿损失费用，也称款项索赔或经济索赔。

4）根据索赔发生的时间分类

（1）合同签订前的索赔：指从投标到签订合同前的这段时间中产生的索赔，如承包商投标错误引起的索赔、业主合同文件书写错误引起的索赔或投标抗议索赔。

（2）合同期间的索赔：指从签约后到合同终止这段时间产生的索赔。

（3）合同终止后的索赔：指合同终止后进行的索赔，如作业公司无力履行其义务或承包商破产等违约引起合同终止而产生的索赔。

5）根据索赔产生的原因分类

（1）延误索赔：指由于双方管理或不可控制因素的发生而引起的延误，导致一方受到损失而提出的索赔，如业主工程验收延误引起的延误索赔；承包商工期拖延引起延误索赔。

（2）现场条件变更索赔：指由于现场地质条件的变化或恶劣的天气所引起的索赔，如在土方工程中遇到标书规定以外的岩石、施工中的暴风雨、大的风沙引起的工程停工等产生的索赔。

（3）加速施工索赔：指由于业主要求提前竣工，或由于业主的原因发生工程延期的情况下，业主要求按时竣工而引起承包商费用增加所产生的索赔。

（4）质量降低索赔：指由于作业公司所完成的作业未达到合同要求，从而发生的索赔。

2. 索赔的程序

一般讲，索赔有以下程序：

1）辨识索赔

对施工中产生的合同争议和索赔问题，首先应进行初步分析和评估，辨识索赔的种类及其产生的原因，确定索赔成功的可能性和可行性。要确定该索赔在合同条款下依据是否充分，证据是否确凿，初步估计索赔的金额，划分重大索赔问题和小的索赔问题，审查合同中是否有提出索赔的时间限制，以便制订索赔计划。

2）制订索赔计划

对于工程复杂、合同额大、索赔问题繁杂的项目，索赔人员应确定索赔目标，编制周密的索赔计划，分清轻重缓急，确定一段时间内重点解决哪几个索赔问题，实现的索赔金额有多大。要分清哪些索赔问题具有代表性，以重点突破一个工程项目的索赔问题，带动其他工程项目的索赔。一般应先解决索赔金额大、有代表性的索赔问题，同时，将有索赔时间限制的索赔问题在规定的时间内提出，防止失去索赔的权利。对于双方争议小、金额大的索赔问题，可放在前一阶段解决；对于双方争议大、金额小的索赔问题可放在后一阶段解决。

制订索赔目标和计划，一定要切实可行，重点突出，以便指导索赔工作按计划进行。应定期召开索赔会议，检查索赔计划的进展和执行情况，保证索赔计划的实施。同时，对新出现的索赔项目，在确定其价值后，也可根据新的情况，调整索赔计划，使计划具有一定的灵活性。

3）准备并提交索赔报告

准备索赔报告。在制订索赔计划时，索赔人员应着手准备索赔的依据，包括法律依据和事实依据。首先，应分析工程记录和合同文件，确定对方赔偿的责任。然后，进行工期调整和费用分析，确定要求延长的工期和补偿的费用金额，定量确定对方赔偿费用的大小。索赔报告的准备是索赔的一个重要环节。索赔的依据是否充分、赔偿费用的计算是否准确、索赔报告是否令人信服，关系着索赔的成败。

提交索赔报告。在准备好索赔报告后，索赔人员应根据合同提出索赔的规定，适时提交索赔报告，为索赔谈判做好准备。有时需要尽早提交索赔报告，以便对方做好谈判的准备；有时又需要在某单项或整个工程完工后再提交索赔报告，防止对方在施工中找岔子，影响正常的施工。

4）索赔谈判

谈判协商是解决索赔的最佳途径，具有时间短、费用省、有利于保持双方合作关系的优点，很多索赔都是通过谈判解决的。索赔人员应做好谈判准备，本着实事求是、真诚合作的态度，灵活运用各种谈判技巧，尽早采用谈判的方式解决索赔。

5）解决索赔

解决索赔的方式包括谈判协商、调解、仲裁、诉讼和放弃索赔。索赔人员应根据索赔的价值、合同的规定以及业主的态度，选择最佳的解决索赔的方式。一般应尽量采用谈判协商的方式解决。在协商不成时，对于重大索赔项目，可采用调解、仲裁甚至诉讼的方式解决；对于金额小、争议大的索赔项目可放在后一阶段解决，必要时，为保持双方的合作关系和重大索赔项目的解决，也可以放弃索赔。

索赔的一般程序如图6-5所示。

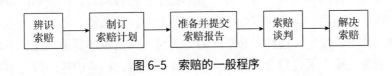

图6-5 索赔的一般程序

（三）索赔的依据及准备

合同双方在进行索赔时，应以法律（如合同文件、有关法律）和事实（如工程记录、承包商受到额外损失）作为依据，据理力争，向对方索赔。合同一方在向对方索赔时，首先应根据合同文件和有关法律，并根据由于对方的原因或发生不可控制的因素、受到损害等事实，从法律上确定哪些损失费用应对方主承担，确定对方的责任，然后再计算损失费用的金额。

1. 法律依据

法律依据就是索赔所依据的有关民法、合同法、建设法规等有关法律法规和合同文件。在国内建设工程索赔中，法律依据主要有：

（1）国家颁布的有关法律：《中华人民共和国合同法》《中华人民共和国仲裁法》。

（2）国务院颁发的行政法规：《建设工程勘察设计合同条例》《建筑安装工程承包合同条例》《工矿产品购销合同条例》《中华人民共和国公证暂行条例》。

（3）部门规章：《建设工程施工合同管理办法》《建设工程施工合同示范文本》。

（4）地方性法规。

（5）建设工程合同文件：它是建设工程索赔最直接的法律依据，一般包括合同协议书；合同条件，包括通用条件和专用条件；中标通知书、投标文件和招标文件；图纸、确定工程造价的预算书和工程量清单；技术规范、标准与说明。

2. 违约及其责任

违约是指合同一方全部或部分不履行合同规定的义务。要追究对方违约责任，必须具备以下条件：

（1）要有不履行合同的行为；

（2）主观上要有过错；

（3）要有损害事实；

（4）不履行合同的行为和损害之间要有因果关系。

对不履行合同应承担的责任为：支付违约金、赔偿经济损失、强制实际履行。

在经济交往中，涉及经济合同的违约责任，是采用过错责任的原则，即谁有过错，就由谁承担违约责任；没有过错，就不承担违约责任；如果双方都有过错，就由双方负责，各自承担自己应负的责任。所谓过错责任，是指由于当事人主观上的过错、失败、渎职或者其他违约行为，造成合同不能履行，依照法律或合同的规定，应该承担违约责任，赔偿对方因此遭遇的损失。

我国合同法对违反合同的责任的规定：违反合同责任，是指由于当事人的过错，造成合同不能履行或者不能完全履行时，依照法律规定或当事人的约定必须承担该法律责任。违反合同承担责任的形式有违约金、赔偿金及继续履行。

违约金是指经济合同当事人一方不履行或不完全履行合同时，应依据法定或约定付给对方一定数额的货币。违约金具有对违约者实行制裁和对权利人给予补偿的双重属性。所谓制裁性是指只要违约事实发生，违约者必须向对方支付一定数额的货币。这种不以对方受损害为条件的支付行为，体现了违约金的制裁性。此外，依据违约者的违约行为给对方造成损失与否，以及造成损失的大小还具有补偿性。

赔偿金是指由于当事人一方的过错不履行或不完全履行合同，给对方造成损失，在违约金不足以弥补损失或没有规定违约金时而向对方支付不足部分的货币。这种因违约行为造成实际损失所支付的货币称赔偿金。由于违约人的过错使履行合同或不完全履行合同给对方造成实际损失是支付赔偿金的先决条件，因此，赔偿金就其根本性质是属于补偿性的经济措施。

继续履行，是指由于当事人一方的过错造成违约事实发生，并向对方支付违约金和偿付赔偿金之后，合同仍然不失去法律效力，也即并不因违约人支付违约金和偿付赔偿金而免除其继续履行经济合同的义务。合同当事人一方因违反合同承担责任后，对方仍要求继续履行的，违约方应继续履行而不得拒绝。如果对方不要求继续履行，或者继续履行成为不可以及成为不必要时，违约人向对方支付违约金和偿付赔偿金之后，合同即告解除。

3. 损失及其赔偿

损失分为直接损失和间接损失两种。

直接损失是指违约行为所造成的财产上的直接减少。如材料供应商没有按期提供材料，使得现场作业停工待料，造成水电、设备和劳动力窝工浪费等损失。对于此种损失，如果违约方所付的违约金不足以弥补时，还需偿付赔偿金以补足不足部分。当前，世界各国法律大都规定，对于违约行为所造成的直接损失，必须全部赔偿。

间接损失是指由于违约行为，失去了本来可以获得的利益（如机会利润损失）。间接损失计算较为复杂和困难。各国法律对于间接损失是否赔偿，规定不一致。德国民法第 252 条规定赔偿的范围包括"可得到的预期利益"。美国统一商法典规定赔偿应包括名义损失、实际损失、附加损失等。《联合国国际货物销售合同公约》对损害赔偿问题规定为："应使受损方的经济状况与合同得到履行时所应有的经济状况相等。"英国等少数国家法律则规定，只赔偿直接损失，不赔偿间接损失。

4. 违反建设工程合同的责任

（1）承包商的责任。因设计质量低劣或未按期提交设计文件拖延工期造成损失，由设计单位继续完善设计，并减收或免收设计费，直至赔偿损失；工程质量不符合合同规定，业主有权要求限期无偿修理或者返工、改建，经过修理或者返工、改建后，造成逾期交付的，承包商偿付逾期的违约金；工程交付时间不符合合同规定，偿付逾期的违约金。

（2）业主的责任。未按合同规定的时间和要求提供原材料、设备、场地、资金、技术资料等，除竣工日期得以顺延外，还应偿付承包商因此造成停工、窝工的实际损失；工程中途停建、缓建，应采取措施弥补或减少损失，同时赔偿承包方由此而造成的停工、窝工、倒运、机械设备调迁、材料和构件积压等损失和实际费用；由于变更计划，提供的资料不准确，或未按期提供必需的设计工作条件而造成设计的返工、停工或修改设计，按承包商实际消耗的工作量增付费用；工程未经验收，提前使用，发现质量问题，自己承担责任；超过合同规定日期验收或付工程费，偿付逾期的违约金。

5. 工程项目赔偿责任合同条件

在工程承包中确定损害赔偿责任，主要法律依据就是工程合同文件，包括通用条件、专用条件、协议书、附录、中标通知书、规范和图纸等，其中最重要的是通用合同条件（或称条款）。认真分析研究合同条件，能及时地确定业主的责任，抓住索赔机会。

在国际工程承包中，各国所采用的合同条件都有所不同，但它们主要是以几种主要的合同条件为基础，并结合本国的情况，经过修改制定的。对国际上常用的几种合同条件下的索赔的分析，有助于理解、比较不同的合同条件对索赔的规定，正确确定损害赔偿的责任。

6. 合同基础条件变化

合同基础条件变化，就是指由于不可控制因素引起的合同基础条件变化，合同基础条件变化是索赔的事实依据。

1）合同基础条件变化及其原因

合同基础条件变化是指承包作业中的合同基础条件同签约时（或签约前某一时间，如投标时）的合同基础条件发生了变化，而使合同一方履行合同受到损失。这种变化可能是承包商的因素产生的，如由于承包商施工组织不善引起工程延期而遭受材料涨价损失；也可能是业主的原因造成的，如由于业主提交的图纸延误而遭受劳动力、机械设备停工损失；还可能是由双方不可控制的因素造成的，如出现罢工引起交通中断、材料短缺。只要发生合同基础条件变化，引起合同一方遭受损失，就有可能向另一方要求赔偿。

2）合同基础条件变化的三种形式

（1）一方违约：指合同中一方不履行或不完全履行合同规定的义务，从而引起合同基础条件变化，如不及时支付工程款、不按进度要求组织施工等。

（2）一方引起的合同基础条件变化：指合同中一方根据合同规定的权利引起合同基础条件变化或由于合同一方的原因引起工期延误而引起合同基础条件变化，如设备制造商提供的设备延误、图纸提供延误、设计变更、工程范围变更等。

（3）不可控制因素引起的合同基础的变化：例如，出现暴风雨、风沙、洪水等；以及发生社会动乱、暴乱等，这些条件的变化是承包商和业主双方不可控制的。

当发生合同基础条件变化时，要做好现场记录，保证资料的完整、准确，为索赔提供有力的事实依据。

（四）索赔的解决方式

索赔的解决方式是多种多样的。有的索赔在工程现场以非正式的讨论，由甲乙双方项目经理确定、签字后，再交业主或承包商签字认可；也有的索赔通过甲乙双方项目经理共同参加的会议来解决，双方签署会议纪要解决工期和损失费用的索赔问题；还有的索赔通过双方正式的协商谈判解决。有的索赔金额较大，双方将索赔提交仲裁甚至诉讼解决；有的索赔金额较小，为了保持双方的合作关系，也有放弃索赔的。

归纳起来，解决索赔的方式主要有协商、调解、仲裁、诉讼和放弃等五种方式。在实践中，绝大多数索赔都是通过合同双方的协商谈判解决的，很少采用提交仲裁或诉诸法院的解决方式。一般说来，采用协商谈判的方式，速度快、费用省，有利于保持双方的合作关系。只要双方有协商的诚意和实事求是的精神，是能够达成双方满意的协议的。

1. 协商

协商，也称谈判或协商谈判，在这里，协商是指合同双方在自愿、互让互谅的基础上，按照工程项目的合同文件以解决工程中产生的索赔问题。协商的基础是双方的立场相差不大，并且共同的利益促使其愿意和平解决分歧。它的形式是多种多样的，也没有固定的程序。实践证明，协商是解决索赔等合同争议的最有效的方式。

1）谈判协商的组织

（1）时机的选择。

谈判时机的选择非常重要，关系着谈判的成败。对于一些资料充足、易于解决的索赔，应尽快同对方联系，确定谈判时间，以便为迅速解决问题，创造一个良好的谈判风气。对于难度较大、资料不齐全的索赔，可放在后一阶段解决。但不管迟早，都必须清楚合同中是否有关于提出索赔的时限，应遵守合同中对提出索赔的时间限制的规定，否则，索赔的权利会受到限制。

对于工程中新出现的索赔，要抓住时机，尽早进行谈判协商，解决对方提出的索赔。对于新增项目或变更项目的索赔，要争取在该项目施工以前或在施工过程中开始谈判，确定好价格和工期延长的天数。如果拖在施工后或工程后期解决，将会由于管理人员变动、资料遗失而增加谈判的难度。对于信誉好、资金有保障的合作者，也可在项目完工后，再进行索赔谈判。在索赔谈判之前，要尽早向对方提交索赔报告和证明材料，以便对方在谈判前了解索赔问题的情况和索赔要求。

（2）人员组成。

谈判双方的人员力求精干，尽量避免过多的人参加谈判，否则，将会产生众口难调的现象，使谈判毫无结果。例如，在国际工程索赔中，谈判双方都应有一位具有丰富的谈判经验、懂工程并熟悉合同的人负责主谈，一名既懂工程又懂法律和外语的索赔专职人员协助谈判，并配备一名工程师或成本分析人员进行谈判。做到既精干，又有一定的决定权。在实践中，与无决定权的人谈判，不仅会浪费时间，而且会暴露自身的内部情况，对谈判不利。

在索赔谈判中，对于某一具体工程项目的一些索赔问题，在谈判前应拟定一个文件，由双方组成一个固定的谈判班子，防止对方人员的更换。因为频繁地更换人员，新的人员对讨论中的问题不熟悉，需要重新解释索赔的理由，重新计算索赔费用，会拖延谈判进行。

（3）谈判地点的选择。

谈判地点可在工程项目现场，也可在甲方项目管理组织的办公室或承包商的办公地点。但在实践中，甲方项目经理和工程技术人员往往选择在甲方项目管理组织的办公室谈判，因为在甲方项目经理和技术人员常常回避在承包商的总部谈判，防止过密的交往，以免引起猜疑。

在甲方项目管理组织的办公室谈判，有利于采用过去同类型索赔的解决办法解决问题，有时进展较快。在现场进行谈判，虽然有利于了解真实的情况，但也会由于工程偏远，对方谈判人员不易到齐，而影响对方做出决定，或者会使谈判陷入解决细小的问题中。

谈判地点的选择应视具体情况而定，在解决某一索赔问题时，有时需先在甲方项目管理组织的办公室谈判讨论，再移到现场了解具体情况，然后再到甲方项目管理组织的办公室谈判。谈判中要做到灵活、有效。

（4）谈判过程。

谈判是一个复杂的过程，与谈判者的知识水平、心理、性格、工作方式、问题的难易、索赔的目标等有密切的关系。有经验的谈判人员，善于抓住索赔问题的实质，能创造一个良好的谈判风气，知道在哪些地方坚持，哪些地方退让，迅速地解决问题。相反，假如参加谈判的人员对工程不懂，没有实事求是的态度，会使问题复杂化，使谈判陷于僵局。

2）协商的利弊

协商是合同双方及时友好地解决索赔问题的主要方式。协商的快慢取决于谈判双方的目标、态度和索赔的难易程度等其他因素。在索赔实践中，绝大多数索赔都是通过协商解决的。它不仅有利于迅速、合理地解决问题，使合同双方都满意，而且有利于促进双方的合作。然而，如果谈判一方没有解决问题的诚意，也常常以谈判为幌子，不战不和，拖延索赔问题的解决，使协商流于形式。在这种情况下，就应根据具体情况比较权衡，决定是否能根据合同约定，采用调解或仲裁的方式解决索赔问题。

2. 调解

调解，也是友好地解决工程索赔的重要方式。当索赔金额较大，合同双方分歧严重，无法通过协商来解决索赔问题时，聘请第三者，或通过仲裁委员会、法院进行调解，是解决索赔的一种较好的方式，它有利于打破谈判僵局，友好地解决索赔。同时，用于解决索赔的费用比较节省，时间也较短。

调解是在第三者或在索赔提交仲裁后在仲裁委员会或提交诉讼后在法院的参与和主持下，依据事实，按照有关法律和合同的规定，客观地说服双方，通过协商的方式，公平合理地解决彼此之间的合同争议和索赔。调解员应选定公正无私、经验丰富的工程专家或技术权威担任，或者由仲裁委员会的仲裁员担任，并经双方同意。

在解决索赔问题时，对调解笔录和达成的协议，应由甲乙双方以及参与调解的人员签字盖章。对重大的索赔问题，根据双方达成的协议，由主持调解的机构制作成调解协议书，发给当事人，以便按协议执行。调解协议书与仲裁裁决书具有同等的效力。经过一段时间的调解，双方当事人不能达成一致意见或一方不愿继续调解，可将索赔问题提交仲裁或向法院起诉解决。

调解与仲裁和诉讼相比，解决问题时间短、费用低，有利于使双方保持友好合作的关系，以利于工程的顺利进行。因此，越来越多的承包商和业主都认识到调解的优点，特别是在涉外建设工程中，双方分属不同的社会经济制度和法律制度的国家，对于彼此间的合同争议和索赔问题最好在提交仲裁或向法院起诉前利用调解的方式解决。

3. 仲裁

仲裁，也称公断，是由当事人双方同意的第三者或委员会，对当事人双方之间所发生的争议和索赔问题，居中进行调停并做出对双方都具有约束力的裁决。

1）提交仲裁的条件

仲裁协议是利用仲裁解决索赔的条件。仲裁协议是指合同中的仲裁条款或出现争议后达成的仲裁协议书。在工程承包中，很多合同都规定了仲裁条款。若合同没有仲裁条款，除非在发生争议和索赔后合同当事人达成了仲裁协议，才可将争议或索赔提交仲裁；否则，就不能通过仲裁解决索赔，这样，在协商和调解失败后只能通过诉讼解决索赔，而通过诉讼解决索赔时间长、费用高。因此，在工程承包合同中，应订立仲裁条款，规定合同争议产生后提交仲裁的仲裁机构的名称、仲裁地点、仲裁规则以及仲裁费用的分担等，以便在出现合同争议和索赔后，通过仲裁解决。

2）仲裁的利弊

利用仲裁解决索赔问题，与法院诉讼相比，具有程序简单、时间短、费用少的优点。仲裁裁决是终局性的，对当事人双方具有法律约束力。如果败诉一方不自动执行仲裁裁决，胜诉一方有权向法院或其他执行机构提出申请，要求强制执行。

同时，利用仲裁可防止旷日持久的法律诉讼。一般来说，仲裁协议具有排除任何法院对有关争议行使管辖权的效力，双方当事人都应受仲裁协议的约束，如果发生争议，应提交仲裁而不得向法院提起诉讼。因此，在绝大多数工程承包合同中都规定有仲裁条款，以免在发生索赔等合同争议时，诉诸法庭，使问题迟迟得不到解决，影响工程的正常进行。

尽管仲裁有不少优点，但仲裁的时间持续比较长，仲裁费用也很可观。因此，只有在协商或调解不成时，对金额较大的重大索赔项目，才提交仲裁；否则，会得不偿失。据国外有关索赔人员指出，金额在 2 万 ~ 5 万美元以下的索赔提交仲裁几乎没有什么好处。

3）仲裁的程序

仲裁的程序是指仲裁机构在进行仲裁审理过程中，仲裁机构、当事人和少数参与人从事仲裁活动必须遵循的程序。它主要包括仲裁申请的提出、仲裁员的指定、仲裁庭的组成、仲裁审理以及仲裁裁决的做出等。不同的仲裁机构和仲裁规则有不同的仲裁程序，在利用仲裁解决索赔问题时，应弄清合同中仲裁条款对仲裁机构、适用法律、仲裁地点和费用的规定，了解仲裁程序。

4）仲裁机构

仲裁机构包括临时仲裁庭和常设仲裁机构。临时仲裁庭是根据双方当事人的仲裁协议，在一国法律规定或允许的范围内，由双方选出仲裁人员组成的，在审理争议并做出裁决后，自行解散。常设仲裁机构包括：国际性仲裁机构，如巴黎的国际商会仲裁院；国家性仲裁机构，如我国的经济合同仲裁机构、中国国际经济贸易仲裁委员会、瑞典斯德哥尔摩商会仲裁院、英国伦敦仲裁院、美国仲裁协会、日本国际商事仲裁协会等；区域性仲裁机构，如美洲洲际商务仲裁委员会、设在香港的太平洋地区仲裁委员会等。

在国内建设工程合同中，一般由双方指定仲裁机构仲裁。在涉外建设工程合同中，应选择没有利害关系的第三国仲裁机构进行仲裁，可选择瑞典斯德哥尔摩商会仲裁院、巴黎国际商会仲裁院，或根据《联合国国际贸易法委员会仲裁规则》进行仲裁。

4. 诉讼

诉讼是指合同一方当事人向有管辖权的法院起诉，通过司法诉讼来解决合同的争议。通过诉讼方式解决索赔问题，也称通过司法解决。

在国际工程承包中，为解决索赔和其他合同争议，在友好协商和调解无法解决、双方又无仲裁协议的情况下，一方当事人可以向有管辖权的法院提起诉讼，另一方当事人就必须应诉，这样，可以通过司法途径解决索赔问题。

司法解决是强制性的，对双方都有约束力，能够解决一些重大的，不能用协商、调解或仲裁所解决的问题。有些难度较大的索赔，也可以利用诉讼，迫使对方在法院的主持下进行调解，以达成妥协，求得索赔的解决。

由于诉诸司法解决，在当事人不服的情况下，可以再向上级法院提起上诉，这便可能使索赔问题长期得不到解决，陷入旷日持久的诉讼中，花费大量的时间和诉讼费用。一位有经验的索赔人员曾说："在法律诉讼中，胜利的只有一方，那就是律师。"因此，对工程中出现的索赔问题，最好应避免通过诉讼解决，应尽量采用协商、调解和仲裁。但对于索赔金额大，合同中又存在极苛刻的限制索赔条款，而没能订立仲裁协议的情况下，可通过诉讼解决索赔，以求得在民法等有关法律的范围内，补偿由于对方的原因造成的额外损失，保障自己正当的权利。

（五）石油工程常见的项目索赔内容

1. 因合同文件引起的索赔

与地面工程合同相关的图纸、工程量表及其他附件等因不同工程而异，常因疏忽、错误而招致索赔，大概有以下几种。

1）合同文件的组成问题引起的索赔

合同稿通常在招标文件中早已拟就，签约时一般不修改，而把投标前后的来往澄清函件等写进合同补遗文件或会谈纪要中去，并作为合同的一部分，这时就应当说明："在正式合同签字以后，各种来往文件均不再有效"。但有时，由于疏忽并未整理任何合同补遗或会谈纪要，也未宣布往来信函是否失效，这就容易引起双方争执而导致索赔。例如地面工程建设单位在发出的投标信中讲明了"接受承包商的投标书和标价"。如果承包商在投标书中说明采用进口钢材，在实际施工中，却使用了当地生产供应的钢材，理应索要差价补偿。

2）合同文件有效性引起的索赔

有些工程确定最佳标书并授标后，认为签约已不成问题，匆忙进行各项准备工作。后因投标者提出新的要求且谈判未达成一致而无法签署作业合同，如果据此向承包商索赔损失，往往无法做到。

3）因图纸或工程量表中的错误引起的索赔

图纸和工程量表的错误有时是难免的，如发现这类错误，且由于改正这些错误而使费用增加，承包商应有权进行索赔。如果采用固定价格合同，由于改正这些错误而使费用降低，建设单位也可向承包商索赔或在正常的中期结算中解决。

另有一种是纯粹的工程量错误。例如某项挖方工程实际是 $1800m^3$，而工程量表打字错误为 $180m^3$；或工程实际是 $180m^3$，而工程量表打字错误为 $1800m^3$。经查询，对方承认了工程量表的错误，可补偿 $1350m^3$ 的损失。

2. 有关工程施工的索赔

1）工程中人为障碍引起的索赔

如果开挖中发现有地下构筑物或文物（不论是否有考古价值），只要是图纸上未标明的，应立即报告业主方到场检查并商定处理方案，由此导致的费用增加应给予作业方补偿。

2）增减工程量引起的索赔

在单价合同中，以实际完成的工程量来计算付款，允许有增减，不涉及索赔。对于总价合同，如该总价是基于甲方提供的工程量来计算而得出的总价，其增加部分业主应给予补偿，减少部分则应从合同总价中扣除。

3）各种额外的试验和检查费用偿付

甲方管理人员有权要求对承包商的材料进行多次抽样试验，或对已施工的工程进行部分拆卸或挖开检查。但是，对于并非合同技术说明中规定的试验，以及对于本来合格的施工和材料在拆卸或挖开检查后证明确实符合合同要求，则承包商可提出由业主偿付这些检查费用和修复费用，以及由此引起的其他损失进行赔偿；相反，如果承包商未进行合同技术说明中规定的试验，除要求承包商补救外还可能提出索赔。

4）工程质量要求的变更引起的索赔

如果出于某种原因承包商使用了比合同文件规定的标准更低的材料或更低的工程质量和试验要求，应要求其及时改正；如果这一变更是甲方批准的，要根据工程变更条款要求重新核定新的单价。

5）变更命令有效期引起索赔或拒绝

甲方管理人员有权下达变更命令的权力，只要是在合同限定的范围内，且其补偿费用或价格调整是按合同文件合理确定。但是，许多合同除了规定变更增减量占总工作量的比例外，在变更内容和时间上却无明确的限制，这就很容易导致争端和索赔。

6）指定分包商造成索赔

一些合同条件中有关于指定分包人的规定。如FIDIC（国际咨询工程师联合会）合同条件第59条对指定分包人的定义、责任、付款等作了详细的规定。如果指定分包人是甲方通过另外的招标或其他方式确定的分包商，并将这些分包商纳入总承包商管理之下，因此可能会产生各种矛盾。这些矛盾有可能造成工期延误或质量降低，从而造成索赔。

7）其他有关施工的索赔

施工过程中，还可能出现其他问题，难以全部概括，可根据实际情况进行索赔。常见的比如承包商提供施工详图滞后，影响到网络计划中的关键节点，可进行工期索赔、延误导致损失的要进行费用索赔。

对于工程项目管理人员需要注意，如果合同中无明文规定甲方管理人员对承包商的施工顺序、施工方法进行不合理的干预，并正式下令要求承包商执行，承包商可能会就这种干预引起的费用增加进行索赔。因为按照国际惯例，承包商有权采取可以满足合同进度和质量要求的最为经济的施工顺序和方法，如果甲方管理人员不是建议而是命令的方式干预施工，他理应承担由此增加的费用损失。

3. 价款方面的索赔

关于价款方面，索赔工作主要涉及价格调整、货币贬值和严重经济失调、工期及赶工费用四个方面的内容。

1）价格调整方面的索赔

关于价格调整方面的索赔是争执最多、计算较难的索赔，也最常见。大致包括商定新价、物价上涨调价、"损失"索赔计算等三种类型的价格调整。

（1）商定新价。属于工程变更或工程量表中遗漏的工作常出现要商定新价的情况。比如合同中的地下工程，工程量表中一律用普通硅酸盐水泥。因地下水矿化度较高，需用抗硫酸盐水泥。如果量小，为省去商量新价所需的繁琐且时间长的报批手续，双方可采用通融办法解决，不提索赔。如果双方无法达成一致，可能会产生索赔问题。

（2）物价上涨调价。FIDIC合同条件和国际工程承包合同中通常都有因劳务价格和材料价格上涨进行价格调整的条款，且有简单系数法的计算公式。要求在投标文件中报出"起始"价格，施工时每月中期付款结算单中要附当月（或上一个月）的"现实"价格，按公式计算。当然还要附上权威部门提供的资料予以支持才行。

（3）"损失"索赔计算。明显的材料损失较易计算，而窝工损失常常很难取得一致意见。承包商往往主张设备闲置、人员窝工应按计日工价格和窝工时间进行计算，而甲方则认为设备按折旧费，工人可以转作其他工作，最多也只考虑生产效率降低，计算一部分效率损失，且只按成本费计算，不包括利润等。

关于价格方面的索赔，由于问题的复杂性，需要工程、物资、财务各方人员共同计算，并提出足够的单证和现场记录，否则很难成功。

2）货币贬值和严重经济失调引起的索赔

承包商投标时如果要求支付除当地币外还有一种或几种外币，同时还规定了各种货币所占比例及固定兑换率，合同中就应有货币贬值补偿条款，并明确贬值补偿的条件和依据，一般来说这种贬值只限于当地政府或中央银行宣布的贬值时才给予补偿。同时，在工程所在地经济严重失调，除物价波动外，政府采取调整工资、增加税收等强制性措施，承包商也可能进行索赔，这一点应在合同中通过明确的条款使问题简单化。

3）工期的索赔

工期的索赔包括延长工期和要求偿付由于延误造成的损失两方面的内容。有时这两种索赔是分开的，例如由于特定恶劣气候影响进度可以允许承包商延长工期，但不能赔偿损失；有些延误影响关键程序施工而不得不延展工期，就可以要求承包商予以补偿。

4）赶工费用的索赔

一项工程遇到某些意外情况或工程变更而必须延期，但因工程建设需要要求承包商按期完成项目，就应给予承包商一定的补偿以弥补加班赶工导致的成本增加。通常，这需要另签补充协议：一方面补偿其合理的损失，同时增加赶工费，使工程按原合同限期完成。假如，既要求按原工期施工又不予补偿，就可能招致索赔。

4. 人力不可抗拒灾害和特殊风险的索赔

1）人力不可抗拒灾害损失索赔

人力不可抗拒灾害主要是指自然灾害，由这类灾害造成的损失应向承保的保险公司索赔。在许多合同中为转移风险而投保，保险费也计入合同总价或按一定比例双方分摊。如果遇到自然灾害，灾害损失应向保险公司索赔。

2）特殊风险的索赔

许多合同对特殊风险有明确的定义或说明，一般是指战争、入侵、核污染及冲击波破坏、叛乱、暴动、军事政变、内战等。由这类风险产生的后果是严重的。许多合同都规定由此造成工程、财产破坏和损失及人身伤亡承包商均不承担责任，因这些特殊风险造成工期拖延、合同中断、修复费用及重建费用均无法向承包商索赔。这种风险主要通过风险评估在做投资决策时予以规避，或通过投保进行风险转移。

5. 工程暂停、中止合同的索赔

在施工过程中，承包商违约或遇到非免责风险造成工程暂停，可以对承包商就工程暂停造成的工期拖延以及对相关作业单位的作业影响提出索赔，不仅要求工期索赔，而且可以就其停工损失获得合理的额外补偿。

中止合同和暂停工程的意义是不同的。有些中止的合同是由于意外风险造成的，损害十分严重，在双方无法控制的情况下，任何一方因受阻而不能履行其合同义务，不得不中止合同。这种中止合同可以通过双方讨论做出合理安排。另一种中止合同是"错误"引起的中止，例如承包商不能履约而中止合同，甚至擅自从工地撤离。对于这种中止合同导致的后果，除要进行索赔外，有较大可能要卷入诉讼，按法律程序解决争端。

6. 综合索赔

综合索赔一般出现在工程后期，特别是在进行完工结算与最终结算期间。本来索赔应在施工过程中陆续提出，但由于双方意见不一致或忙于施工，而未能及时逐项解决。还有人"担心"在施工时提索赔可能"刺激"对方，招致刁难影响进度，想在竣工时一起提出。到了工程后期，发现索赔成了十分突出的问题，过去许多单项索赔尚未最后解决，以后还陆续发生一些相互关联的新问题，这就不得不进行一项综合的索赔工程。

综合索赔实质上是将许多单项索赔加以分类、综合整理其影响的索赔，有些相互关联的搭接的问题可以结合在一起通盘考虑其影响。比如工程拖期的原因，它们相互影响，搭接在一起，可能改变施工程序；可能引起工作相互不协调，造成分包商损失的索赔；也可能使工作效率下降，甚至造成破坏性影响。有些单项索赔，如孤立地处理，可能不会涉及财务损失问题，但综合其他因素却发现它们对财务损失的严重影响。基于上述原因，综合索赔往往是所有涉及索赔的工程项目不可缺少的重要步骤。

思考与练习

一、判断题

1. 标底是承包商对招标项目的期望价格。（　　　）

2. 公开招标可以保证公平竞争，因而是招标的首选方式。（　　　）

3. 投标者必须具备法人资格。（　　　）

4. 固定价格合同是不需要谈判的合同。（　　　）

5. 项目采购计划的编制就是确定需要从项目组织外部采购哪些产品和服务，采购多少、何时采购、怎样采购才能满足项目需求的过程。（　　　）

6. 在选择供应商时，成本是唯一的决定因素。（　　　）

7. 成本加奖励合同不能够激励供应商想方设法降低成本。（　　　）

8. 一般来说，公开招标比邀请招标采购能找到更多的投标者。（　　　）

二、选择题

1. 项目的合同管理是包括众多方面的，以下哪项不是合同管理的内容？（　　　）

A. 合同谈判 　　　　　　　　　B. 合同履行

C. 合同奖励 　　　　　　　　　D. 合同变更及解除

2. 下列表述错误的是（　　　）。

A. 项目采购绝大多是通过非招标采购进行的

B. 非招标采购一般适用于单价较低、有固定标准的产品

C. 非招标采购的形式主要包括：询价采购、直接采购和自营工程

D. 项目采购绝大多数是通过招标采购进行的

3. 下列有关固定价格合同的表述正确的是（　　　）。

A. 固定价格合同对项目组织来说风险较大

B. 固定价格合同以供应商所花费的实际成本为依据

C. 固定价格合同适用于技术复杂、风险大的项目

D. 签订固定价格合同时，双方必须对产品成本的估计均有确切的把握

4. 将大部分风险转移给供应商的合同类型是（　　　）。

A. CPAF 　　　　　　　　　　　B. FPIF

C. CPPC 　　　　　　　　　　　D. FFP

5. 下面各类型的合同中，承包商非常关注人力与材料成本控制的合同类型是（　　）。

A. T&M　　　　　B. CPFF　　　　C. FP–EPA　　　D. FFP

6. 业主方委托一个施工单位或由多个施工单位组成的施工联合体或施工合作体作为施工总承包单位，施工总承包单位视需要再委托其他施工单位作为分包单位配合施工，这种施工任务委托模式是（　　）。

A. 施工总承包　　　　　　　　B. 施工总承包管理

C. 平行承发包　　　　　　　　D. 建设工程项目总承包

7. 采用施工总承包管理模式时对各个分包单位的工程款项，一般由（　　）负责支付。

A. 施工总承包单位　　　　　　B. 施工总承包管理单位

C. 业主方　　　　　　　　　　D. 施工总承包管理单位或业主方

8. 采购计划过程中，发起人指示项目经理必须创建一份具有最低风险的采购管理计划，下列哪个合同类型表明买方风险最低？（　　）

A. 成本加激励费用合同　　　　B. 单价合同

C. 总价加激励费用合同　　　　D. 成本加固定费用合同

9. 关于邀请招标适用的条件，描述正确的是（　　）。

A. 项目技术复杂，只有少量几家潜在投标人可供选择的

B. 受自然地域环境限制的

C. 涉及国家安全，不适宜招标的

D. 拟公开招标的费用与项目价值相比，不值得的

E. 政府有关部门规定不宜公开招标的

10. 施工总承包模式从投资控制方面来看其特点有（　　）。

A. 一般以施工图设计为投标报价的基础，投标人的投标报价较有依据

B. 在开工前就有较明确的合同价，有利于业主的总投资控制

C. 限制了在建设周期紧迫的建设工程项目上的应用

D. 若在施工过程中发生设计变更，可能会引发索赔

E. 缩短建设周期，节约资金成本

11. 你们公司决定同供应商签署一个医药研究项目的项目管理服务合同。因为你们公司刚开始实行项目管理，不知道合同需要的服务范围。在这种情况下，签订一个（　　）合同最合适。

A. 固定总价合同　　　　　　　B. 总价加激励费用合同

C. 成本价百分比合同　　　　　D. 工料合同（T&M）

12. 你负责管理某一合同，使用的是总价加激励费用合同，目标成本是 30 万元，目标利润是 5 万元，风险分担比例是 20%，最高限价是 40 万元，如果实际成本是 25 万元，那买方需要支付多少？（　　）

A. 36 万元　　　　B. 31 万元　　　C. 26 万元　　　D. 29 万元

参考文献

[1] 美国项目管理协会.项目管理知识体系指南（PMBOK 指南）[M].6 版.北京：电子工业出版社，2016.

[2] 哈罗德·科兹纳.项目管理：计划、进度和控制的系统方法 [M].12 版.北京：电子工业出版社，2018.

[3] 罗东坤.中国油气勘探项目管理 [M].东营：石油大学出版社，1995.

[4] 吴之明，卢有杰.项目管理引论 [M].北京：清华大学出版社，2000.

[5] 杰弗里 K 宾图.项目管理 [M].4 版.北京：机械工业出版社，2018.

[6] 克利福德·格雷，埃里克·拉森.项目管理 [M].5 版.北京：人民邮电出版社，2013.

[7] 汪应洛.系统工程理论、方法与应用 [M].北京：高等教育出版社，1998.

[8] 邱菀华，等.现代项目管理学 [M].4 版.北京：科学出版社，2017.

第七章　项目风险管理

　　项目一般是具有较强创新性的活动，在项目的运行过程中要面对复杂的技术问题和管理问题，还要受到一定自然条件和社会环境的制约，因此虽然项目要进行详细而完整的计划工作，但项目的过程和结果却往往与设计目标和项目计划相去甚远，有些项目甚至不得不推迟或放弃。与企业的常规经营活动相比，项目具有更高的风险性，如果缺乏对项目风险的认识，没有对可能发生的风险进行预防，或是对项目过程中实际发生的风险缺乏有效的控制手段，都可能给项目带来经济损失或导致项目的失败。

第一节　项目风险概述

一、项目风险内涵及基本性质

　　项目风险的基本含义是损失和不确定性。试想一个海外石油钻井项目，海外经济环境，如国际油价波动、海外资源国政策变动、通货膨胀等因素都会对其收益产生直接影响；地质条件，如储层岩性、目标层和井位的选择、井深结构等因素会影响钻井效率和成本；资源国社会条件，如自然灾害、社会动荡、战争或政权变革等因素会影响施工的周期和项目进度甚至决定项目的存在和终止。这些都可以视为影响钻井项目经济效益和损失程度的风险因素，但是，这些对项目的影响程度却是不可事先预知的，即不确定的，这些因素的变动趋势、发展状态、相互关系以及对项目综合影响效果存在多种可能，这就是该钻井项目的风险。项目风险的构成是复杂的，但是可以从两个维度概括其主要的特征：一个是风险事件的后果；另一个是风险事件发生的可能性。如上述海外钻井项目，战争和政权变革的风险会引起项目停工、合同取消、资产国有化等严重后果，但是其发生的概率通常不高；通货膨胀风险发生的概率很高，但是其对项目的总体损失影响较小。

　　除了损失和不确定性，项目风险还具有以下基本性质：

　　（1）客观性。风险存在不以风险主体的意志为转移，因为决定风险的许多因素是相对于风险主体而客观存在的，只要风险因素存在，在诱发条件成熟时就会引起损失；风险的客观性还表现在它存在于项目运行的全过程，虽然可以在一定程度上降低风险发生的概率和减小风险的发生后果，但是无法确保风险事件不会发生。

　　（2）不确定性。对于风险主体来说，风险发生的可能性及其不利影响表现出概率分布特征，虽然不能进行确定性的处理和分析，但却可以借助历史数据表现出的风险发生特点和风险形成的原因，进行风险分析，为风险的措施和管理提供参考。通过统计规律得到的风险概率，能够很好地说明历史情况，却不能精确预测未来变化。项目风险事件时间的发生不仅需要有风险源和风险事件，还需要特定的风险触发条件或诱因，这些条件和诱因的形成则是许多随机因素共同作用的结果。

（3）相对性。风险的大小是针对风险承受力不同的风险主体而言的，风险主体对待风险的态度不同、自身的资金实力、技术水平不同，对风险的评价标准就不同；同一风险主体在不同的时间、不同环境下对待风险的态度也不一定相同；完全相同的风险因素产生的风险大小可以是完全不同的。

（4）对称性。风险和收益就像硬币的两面，风险是收益的代价，收益是风险的报酬，高风险与高收益结伴而行。

（5）可变性。项目的风险在项目生命周期内是动态变化的，项目寿命初期，项目计划尚未形成和完善，项目团队尚需磨合与锤炼，项目冲突激烈、前途未卜，各种风险因素蠢蠢欲动；随着项目活动的开展，对风险的认识、预测和防范水平逐步提高，风险事件发生的可能和造成的损失也会逐渐降低；随着项目管理水平的提高、项目团队的成熟以及项目风险控制方案的实施，某些风险因素可能会消除，也可能会导致新的风险因素产生。

二、项目风险管理

（一）项目风险管理的概念

项目风险管理是指项目管理组织对项目可能遇到的风险进行识别、评价其后果和可能性、采取对应的风险措施并对风险进行控制和文档化的过程，是以科学的项目计划和控制管理实现项目风险减轻和消除的实践活动。项目风险管理是一项系统工作，是项目管理体系的有机组成部分。

项目风险管理的目标是以最低风险管理成本监控和组织项目风险事件，预防和减轻损失，消除和降低风险不利影响，保障项目顺利进行。项目是一次性的创造活动，其运行过程充满不确定性，项目的风险事件众多、风险形成过程复杂、风险结果和风险影响随机，单一的管理方法和技术路线很难对风险因素进行有效的识别和分类，也很难揭示风险产生的机理和发展路径，因此就很难对风险进行动态的管理。项目风险管理是一种复杂的系统性发现、分析和创造活动，其实施过程需要对项目外部社会经济形势、自然地理环境、项目内部技术工艺特点、组织运行效率有深刻和准确的理解认识，项目风险管理需要多学科知识的集成。

项目风险是普遍存在的，如项目范围可能扩大或缩小，项目进度可能会延误，项目资源可能供应不足，项目的成本可能超支，项目的质量可能达不到预期标准；项目的风险又是彼此关联的，如项目范围变动引发进度风险，进度调整引发成本风险等；项目的风险还是动态变化的，在项目寿命周期内，有的风险事件会逐渐消失，新的风险时间则会产生并占据主导，因此项目风险管理职责需要由全体项目组织成员承担，特别是项目经理。项目风险管理要求项目参与者采取主动行动，防患于未然降低风险发生的可能或减轻风险的影响，避免在风险事件发生之后被动地补救支付大量的经济和社会成本。

（二）项目风险管理的主要内容

（1）风险识别。项目风险识别的主要任务是辨识项目风险事件和引发项目风险事件的主要诱因，并对项目风险事件的发生可能性和对项目成果的影响作一些初步的估计。

（2）风险评估。风险评估是指对项目各个方面的风险进行度量和评价的过程，其目的是通过对项目风险的定性和定量分析，掌握项目的不同风险事件对项目性能、进度和费用目标的影响程度，为项目风险管理明确重点管理对象，为风险管理措施的制定提供依据。

（3）风险处理。风险处理是指根据风险评估的结果，制定和选择风险管理计划、执行实施风险预防或减轻措施的过程。风险处理的目的是在给定项目目标下，遵循项目的约束条件和风险特点，使项目的风险达到可接受水平。风险处理应该明确风险管理的重点对象、风险措施的流程和方法、风险责任承担的主体、风险措施的成本费用和执行时间等一些具体问题。风险处理需要强调"预防"为主的原则。

（4）风险监控。风险监控是指在整个项目生命周期中，按既定的衡量标准对风险处理活动进行系统跟踪、评价和反馈活动，监督风险处理的流程和方法，控制风险事件的消极影响，纠正风险管理活动的偏差，评估新风险的产生和影响。

（5）风险文档。风险文档是指记录和报告风险评估、处理和监控方案以及风险管理执行过程结果的文件。风险文档的作用不仅可以规范项目风险管理流程，还能够加强各组织部门和人员在风险管理领域的沟通与合作，而且最后形成的风险管理经验和教训可以以案例库的形式加以保存，用于指导未来项目的风险控制活动。

三、石油工业项目的主要风险

石油天然气资源深埋地下，地层情况复杂，对地下油气资源的分布和储量的认识是一个渐进的过程，对资源开发方式、工艺技术选择和开采成本的估计是不断探索改进的过程，从而导致石油勘探开发项目具有较大的不确定性。油气从勘探开发、储运到销售环节，整个产业链高度一体化且各环节都充盈着高不确定性，项目投资失败的影响因素众多。如在上游勘探钻井过程中，由于受限于地质状况和技术水平，干井的现象时有发生，勘探成功率很低。另外，在开发生产过程中需要采用各种复杂工艺和技术，需要大规模的建设投资和开发生产费用，这些都增加了项目的风险。出于保障我国能源安全的战略构想，我国的石油行业逐渐加大参与国际竞争的力度，当今社会，政治经济形式变化频繁，油价波动剧烈，金融风险无处不在，因此我国石油行业在项目风险管理领域将面临更大的挑战。石油工业项目风险影响因素众多，主要风险因素包括地质风险、政治风险、储量风险、经济风险、财务风险、工程技术风险及管理风险等。

（一）地质风险

油气资源深埋于地下，油气资源的成藏和运移需要经过长期的地质过程和复杂的地层运动，因此人们对油气资源的勘探活动是不断探索未知领域的过程，充满了失败与不确定性。对于油气勘探开发项目效益影响最大的风险是地质风险。对地质条件的错误判断可能会导致投资的大规模损失，甚至是项目的彻底失败。具体来说，地质风险主要包含两方面的含义：一是有油气储量发现的概率；二是可动用油气储量的规模和品质。也就是说石油工业地质风险，一方面取决于勘探活动的效率和油气钻探的成功率，另一方面取决于发现油气储量的开发难度和价值大小，即分析有没有油、有多少油及其可能遇到的开发难度。地质风险对石油工业各种类型项目的影响都是长期与深远的，风险程度主要由烃源岩、圈闭、储层、保存和配套史这5项地质条件的不确定性决定，这5项地质条件都是相互独立且互不可缺的。每一地质条件中又包含多个影响因素，对这些因素的认知程度决定了地质条件的风险程度，这些影响因素具体有以下 5 个。

1. 烃源条件

烃源条件是圈闭评价中首先要解决的问题，在油气勘探中，常常会遇到一些空圈闭，钻后评估分析其原因是烃源缺乏或烃源不落实。烃源条件取决于所处区带资源量和资源丰度（物质基础）；烃源岩主要排烃期与圈闭形成时期是否配套（时间配置）；圈闭所处位置是否利于捕获油气，有没有运移通道（运移通道）。如果有两套或多套不同的烃源岩，不管是烃源岩分析还是运移分析，都会增加复杂性，但存在油气的成功概率一般会提高。运移条件包括运移方向、运移强度、生烃强度、排烃强度、运移通道和圈—源距离六个方面。

2. 圈闭条件

圈闭是油气藏形成的基本条件之一，圈闭的类型决定着油气藏的类型及其勘探方位，圈闭的大小直接影响其中油气的储量。圈闭是储层能够阻止油气运移，并使油气聚集的场所，通常由储层、盖层和遮挡物三部分组成。遮挡物可以是封闭的断层、非渗透的不整合面、储层上倾方向的非渗透层，盖层本身的弯曲变形等，在适宜的条件下水动力也可以成为遮挡条件。评价圈闭时，圈闭的大小是最主要的因素，因此评价因素包括落实程度、圈闭类型、圈闭面积、圈闭幅度等。

3. 储层因素

储层因素包括储层岩性、储集类型、储层厚度、储层沉积相、孔隙度和渗透率等。其中储层相的总厚度，如果能结合考虑估算有效储层的净总比，就可将预测的总厚度直接应用于远景圈闭的评价。因储集能力由储层类型及其储集空间所决定，圈闭体积参数采用量化处理的办法进行赋值。储层厚度、目的层厚度是两个描述储层发育状况的指标，前者反映了为数不多的物性实测样品的代表性，后者反映了储层的相对发育程度。在储层厚度赋值时，厚度区间的划分是较难确定的，而且待评价圈闭内储层厚度值常常是估算的。

4. 保存条件

保存条件包括盖层岩性、厚度、水动力、水型、矿化度、盖层沉积相、火成岩破坏程度、断层破坏和断层性质等方面。保存条件侧重于从圈闭的盖层条件和圈闭完整性、构造活动、断裂封堵性等方面进行评价。盖层条件包括盖层岩性、厚度和封盖能力三方面的内容，评价标准采用目前通用的一些评价指标和标准，如封盖能力主要根据不同介质的突破压力、排替压力孔喉优势半径、裂缝发育程度等方面的资料进行赋值。圈闭完整性主要考虑断层对圈闭的切割程度，即圈闭形态是否完整、切割圈闭的断层发育状况、圈闭高点的多少等。构造活动主要考虑圈闭形成以后经历的构造运动、岩浆活动的情况。断层封堵性从断层对垂向封堵性和侧向封堵性进行评价，断层侧向封堵受断裂面及两盘岩石的对接情况和相对位移大小等因素的影响。

5. 配套史条件

油气田的勘探实践证明，生油层与储层的有效空间匹配和圈闭形成时间与区域油气大规模运移的有效时间匹配是形成丰富的油气资源，特别是形成巨大油气藏必不可少的两个条件。配套包括时间配套和空间配套：

（1）时间配套。在有油气源的前提下，圈闭聚集油气的实际能力取决于圈闭的有效性形

项目管理 ——面向石油工业的实践

成时间与区域性油气大规模运移的时间匹配。石油和天然气只有在圈闭形成以后才能在其中聚集起来形成油气藏。如果圈闭是在最后一次区域性油气运移以后形成的，它形成时，油气早已经运移走了，这种圈闭对油气的聚集显然无效。

（2）空间配套。生油层与储层的空间匹配主要包括四种类型：自生自储、上生下储、新生古储、下生上储。自生自储指生油层与储层属于同一层位，生成的油气不需要运移而在原地聚集成藏；上生下储是指生油层与盖层同属于一层，而储层在其下；新生古储为较新的地层中形成的油气在相对较老的地层中聚集的组合类型；下生上储，又称正常式生储组合，是我国油气田最主要的组合方式，它是指地层剖面上生油层位于组合下部，储层在其上，油气从生油层向储层以垂向运移为主的类型。

（二）政治风险

政治风险也即投资环境风险，这种风险在海外油气项目中最为普遍，是影响海外项目评估最重要的风险因素，对于国内的油气项目来说，政治风险的影响相对较弱，主要包括如政策导向、税收法律因素等。目前，我国油气公司广泛参与世界范围内的能源开发合作，他们在全球作业中面临的地缘政治风险正在发生、增长和变化。政治风险包括政治稳定性、自然地理条件、语言文化、对外开放程度、石油法规及友好程度等。

（1）政治稳定性：是对一个国家和地区诸如政治体制、上层建筑、经济基础、社会发展的综合体现。可以集中归纳为政府、政治、经济和社会四个方面。

（2）自然地理条件：是又一较为重要的方面，在一定程度上将影响投资的多少。一般来讲，油气区块在海域将受海况、水深的影响；在陆地上将受到地形、地貌（山脉、丘陵、森林、沟壑、沙漠等）的影响，再就是离主要交通干线（铁路、公路、河道等）的远近，所有这些都将在石油投资上起影响作用。

（3）语言文化：指投资国的民族风俗习惯、教育水平、官方语言等，这些都是影响对这些国家进行油气活动投资的因素。

（4）对外开放程度：既反映一个国家的政治、经济发展水平，又反映其领导层的政治素质和预见能力，还反映一个国家对外政治、经济的需求程度和社会文明程度等是否纳入世界经济一体化进程。

（5）石油法规：随着国际经济一体化的进程加快，世界各国都积极制定一系列的石油勘探开发法规和合同条款，吸引国外投资，但是由于各国的具体国情不同，其政策法规相差甚大。一般来讲，如果合同条款严格，外国投资者对该国的投资兴趣降低，但该国的资金收入将降低，反之则得到相反的结果。目前国际上流行的石油合同类型有租让、产量分成、国际开发组织参加、矿区使用费、资源转让、风险、服务等。各国采用何种石油合同是依据本国技术、资金和资源的不同而定的。无论是投资者，还是资源国，都是一个合同类型的选择、运行和执行合同的过程。有些合同必须通过双方艰苦的谈判，达成彼此都能接受的条款。

（6）友好程度：是投资国和被投资国双方因民族、宗教、历史、发展程度、地域远近、社会制度、贸易关系等诸多因素的集中反映。投资国和被投资国政府关系好，是投资的有利条件。

（三）储量风险

储量风险分析是管理决策的关键，储量风险主要表现在经济可采储量的品位和规模与原预测值差异较大，使取得成本增高，商业开采价值发生变化。例如，探明已开发储量的风险折扣在 50% ~ 100% 之间，由于储量规模决定了投资规模，储量的风险折扣就意味着投资成本的增加，风险的增大。

（四）经济风险

经济风险因素包括投资、油气价格、通货膨胀、油气生产成本、汇率及利率等，其不确定性将直接影响油气勘探项目风险的大小。

（1）投资的不确定性：油气投资项目的风险高，在特定环境下和特定时期内投资的变动性强，而投资的变动有可能导致经济损失。勘探开发项目投资回收期长，油价的波动、通货膨胀等要素的影响都会造成效益实现困难；油气工业是技术密集型行业，勘探开发作业均是在复杂的地质、地理条件下进行，其技术适应性风险、工程作业风险远比其他投资高得多；油气勘探开发是寻找和开采地下资源的投资活动，由于地质条件的复杂性和开发技术水平的限制，实际结果可能与预期目标有很大偏差，一旦达不到预期目标就会造成巨大经济损失，这在客观上突出了风险分析在投资决策中的作用。

（2）油气价格的不确定性：由于受油气储量、政治环境、经济发展、OPEC 原油产量等诸多因素影响，无论从长期还是短期看，油气价格均体现出既有一定的趋势性，也有一定的随机波动性，并且油气价格是油气资源开发利用项目风险评价最敏感的因素。目前国内外对未来油气价格的确定，常常采用对历史数据统计归纳并结合长期趋势的方法，准确性一般不高。对海外石油勘探来说，投资的期限较长，一般在 15~25 年，原油价格的波动对整个投资来说是潜在的巨大风险。目前油价波动其根本原因在于，一方面是控制了世界上大部分石油资源的国际垄断资本（如国际石油跨国公司）操纵价格的垄断行为越演越烈；另一方面是国际投机资本（如投机性的对冲基金）在石油市场的空前活跃，更加大了油价的波动幅度。

（3）通货膨胀：指用某种价格指数衡量的一般价格水平的持续上涨。通货膨胀率是指物价指数总水平与国民生产总值实际增长率之差，即通货膨胀率 = 物价指数总水平 – 国民生产总值实际增长率。通货膨胀风险也被称为购买力风险，如果通货膨胀率较高，投资于项目获得的未来收益会越来越不值钱，从而使项目的实际收益水平下降。

（4）油气生产成本：为了实现一定的生产经营目标而在商品生产经营活动中耗费的活劳动和物化劳动的货币表现。在某种程度上，油气的生产成本是由石油工业的经济属性所决定的。随着开采程度的加深，储量的发现难度不断增加，发现储量的规模和品质逐渐下降，其勘探和开发费用支出越来越多，致使原油开采成本越来越大。

（5）汇率风险：指经济主体在持有或运用外汇的经济活动中，因汇率的变动而蒙受损失的一种可能性。尤其在海外石油勘探中，经常在国际的范围内收付大量的外汇或拥有以外币表示的债权和债务，汇率发生波动，将会给石油公司带来很大损失的可能性。汇率风险不是海外石油勘探特有的，它是在国际贸易及国际投资中都存在的风险类型。

（6）利率风险：勘探开发油气田需要巨额投资，势必有相当一部分资金要靠外部融资获得。目前在我国主要是通过银行贷款方式筹集资金，由于借款本金金额巨大，利息负担不容忽视。作为资金成本，利率是油气勘探开发项目必须考虑的重要因素。由于受到中央银行的管理、货币政策、经济活动水平以及其他国家或地区的利率水平等多种因素影响，利率会经常发生变动。加之，当今世界上许多国家都已经放松了对利率的管制，实行利率市场化，利率变动更加频繁，因而成为油气勘探开发项目资金管理的重点。

（五）财务风险

财务风险是指由于多种因素的作用，使企业不能实现预期财务收益，从而产生损失的可能性，它存在于企业财务管理工作的各个环节。在财务风险评价中，企业财务的核心表现是资金运动，影响财务风险的指标主要有财务内部收益率、财务净现值、动态投资回收期、投资利润率、投资利税率等。

（六）工程技术风险

工程技术风险是指技术能否顺利地转化为生产力以及伴随着科学技术的发展而给石油项目带来某种损失、使项目实际效益低于其水平的所有可能结果及分布。石油工业的工程技术风险主要包括涉及油气开采工艺技术、地质实验技术、地质调查技术、计算机技术等方面技术难度和技术适应度方面的风险，这些因素直接影响油气工程目标的决策。科学技术和工艺水平的进步为石油工业的发展起到了积极的作用，但同时对项目技术风险必须有足够的认识并保持高度的警惕，这是因为在多数情况下高技术总是伴随着高效益和高风险，技术越先进，一旦出了问题其负面影响往往更大。具体包括：

（1）技术难度：技术掌握的精确度以及实施的难易程度对项目的可操作性起到制约的作用。难度越大，风险往往越高；难度越小，风险往往越低。

（2）技术的适用度：表现了技术与项目中人力、物力、信息等相关资源的配合程度，与项目过程的效率和质量要求的匹配程度。

（3）技术周期性：技术寿命周期应足够长，不至于短期被淘汰，以致失去先进性。

（七）管理风险

管理风险是指在工程项目的经营和管理过程中，由于项目中的管理不善、项目有关各方不协调以及其他不确定性而引起的直接影响到项目的获利能力风险，包括经营管理者素质、组织结构及管理机制等。具体包括：

（1）管理者素质：指管理者的综合素质、管理能力、领导才能、人格魅力等方面的状况对项目造成的影响。

（2）组织结构及管理机制：组织结构和管理机制不合理，人员配置和职责分配的不当都将引起项目风险。另外还包括项目发起组织内部的不同部门由于对项目的理解、态度和行动不一致而产生的风险。例如在我国一些工程项目中的项目管理组织的各部门意见分歧大，长时间扯皮，严重地影响了项目的准备和进展，对项目造成不必要的管理风险。

第二节　项目风险识别

一、项目风险识别的概念

项目风险识别主要包括确定风险因素、风险产生的原因和条件、风险具有的特征和风险事件的构成等。风险识别是风险管理的基础，直接影响风险管理的决策质量和最终结果。正确理解风险识别的内容需要理解以下两个概念：风险事件和风险因素。

（一）风险事件

项目运行过程中未曾预料到或虽预料到其发生，但未预料到后果的事件称为风险事件

（Risk Event）。风险事件与项目目标的关系有正相关和负相关两种，即引起目标的正偏离和负偏离。一般的风险管理更强调对项目目标的负面影响，因此有时将风险事件也称为风险事故，即指造成损失或损害的事件。

风险事件的发生具有不确定性，即风险事件的发生与否是未知的，这是由于工程项目内外部环境的变化性和项目本身的复杂性以及人们认知能力的有限性决定的。风险事件的结果对项目目标的影响也是不确定的，表现为潜在的损失。例如，项目的采购成本不精确是一个风险事件，如果实际采购成本高于计划，将会损失一部分利益。

损失是项目风险管理中偶然的、意外的目标价值减少，通常以货币、时间及其他定性的标准来衡量。它包括直接损失和间接损失两种情况。

（1）直接损失：指财产损毁和人员伤亡的价值以及现金流量的减少、工期的延长及质量下降等。

（2）间接损失：指直接损失以外额外物质损失及收入的减少、费用的增加和相关的第三者责任损失等。

（二）风险因素

风险因素（Risk Factor）是风险事件形成的来源，也称作风险源（Risk Resource），即风险的来源，如时间、费用、技术、法律等。如果强调风险事件对项目的损害性，风险因素是指增加、减少损失或损害发生频率和大小的主客观条件，包括转化条件和触发条件。风险因素只有在转化条件成熟时，并且具有触发条件时才有可能发生风险事件。对风险因素有不同的分类。如按照风险性质划分为主观风险和客观风险，按项目环境将风险分为外部环境风险和内部机制风险等。

风险因素可以引起很多风险事件，一个风险事件也可以由一个或多个风险因素引起。例如经济环境是项目的一个风险因素，由于经济环境的变化而引起的事件有通货膨胀率超过预期、原材料价格上涨、劳动用工成本上升、汇率变动频繁、税收政策变化等。而工期延误风险事件则可能由自然、技术、设计等多种风险因素所造成。

在实际风险分析或风险管理中，不必要将风险因素和风险事件区分得太清楚。一般来说，在项目整体风险分析中，如果风险事件太多，而且相互之间关系复杂，应该重点分析风险因素；在单个风险因素分析时，或者在风险应对和风险监控阶段，一般要以具体的风险事件为主。

项目寿命期内常见的风险因素和风险事件见表7–1。

表7–1　项目寿命期内常见的风险因素和风险事件

概念阶段	可行性研究阶段	计划与组织阶段	实施阶段	收尾阶段
目标不清，项目范围界定不准，工作表述不明确，需求不断变化，环境保护	没有进行可行性研究，可行性研究缺乏独立性，缺少相应的专家	项目计划不全面，仓促计划，成本、进度计划不精确，资源计划不合理，缺少管理层支持，缺乏准确参数，招投标风险	劳动力技能不够，材料短缺，罢工，天气异常，项目范围变化，项目成本工期变化，资源风险，金融风险	质量不合格，项目不能按时完工，客户不能接受，现金流量出现问题

二、项目风险识别的程序

项目风险识别的过程主要包括以下几个方面（图7-1）：

（1）从项目立项时确定的项目目标出发，明确项目风险识别的目标和方法等。

（2）确定人员的安排与分工。

（3）收集相关的资料。项目风险识别需要以大量的数据资料为基础，资料的完备程度、准确程度都会影响到风险分析的成果，并影响风险管理工作的质量。资料来源包括项目立项书，项目可行性研究报告，项目范围计划、进度计划、资源计划、成本预算、质量计划、采购计划等。

（4）根据相关资料，运用定性或定量分析的方法评估项目风险形势。

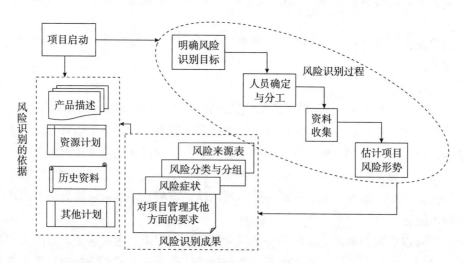

图7-1　项目风险识别程序和成果

三、项目风险识别的方法

（一）核查表法

核查表（Check List），是管理中用于记录和整理数据的常用工具，如表7-2所示。用于风险识别时，就是将以往类似项目中经常出现的风险事件列于一张汇总表上，供识别人员检查和核对，以判别某项目是否存在清单中所列或类似的风险。风险核查表的主要优点是快速而简单，可以充分利用已知项目的风险分析结果；其局限性是对风险的识别仅停留在初级阶段，过分依赖历史经验，并要求项目之间的类似程度或可比性较高。因此有经验的风险管理咨询公司都会定期发布或更新不同类型项目的风险识别清单，以完善和补充其存在的不足。

表7-2　项目风险核查表

风险因素	风险核查结果
项目的环境	
项目组织结构稳定性	□稳定　　□一般　　□不稳定
项目对周边环境的影响	□大　　□中　　□小
政策的透明程度……	□透明　□一般　□不透明

风险因素	风险核查结果
项目管理 同类项目经验 项目经理的能力 项目管理技术 承包商的经验和资质……	□丰富　□一般　□较少 □强　　□中　　□弱 □高　　□中　　□低 □优　　□中　　□差
项目性质 工程的范围 复杂程度 技术水平 工期要求 质量标准……	□确定　□一般　□不确定 □复杂　□一般　□不复杂 □高　　□一般　□低 □高　　□一般　□低 □高　　□一般　□低
项目人员 基本素质 参与程度 管理人员的经验……	□高　　□一般　□低 □高　　□一般　□低 □丰富　□一般　□较少

（二）调查和专家打分法

调查和专家打分法主要适用于项目决策前期，这个时期往往缺乏具体的数据资料，主要依据资深专家的经验和决策者的意向，得出的结论也只是一种大致的程度值，它只能作为进一步分析参考的基础。典型的方法包括头脑风暴法、德尔斐法等。

（三）财务报表分析法

财务报表有助于确定一个特定的工程项目可能遭受的损失，以及哪些情况下会遭受这些损失。通过分析资产负债表、损益表等营业报表及其他有关财务资料，将企业当前资产情况与财务预测、项目预算结合起来，识别工程项目所面临的财务责任及人身损失等风险。财务分析是最常用的，几乎每个项目都必须用到的方法，尤其在项目前期的投资分析阶段及项目施工阶段（资金平衡）财务分析作用更加重要。

（四）图解法

（1）故障树分析法，故障树是由一些节点及它们之间的连线所组成的，每个节点表示某一具体故障，而连线则表示故障之间的关系。故障树是一种演绎的逻辑分析方法，遵循从结果找原因的原则，分析项目风险及其产生原因之间的因果关系，即在前期预测和识别各种潜在风险因素的基础上，运用逻辑推理的方法，沿着风险产生的路径，求出风险发生的概率，并能提供各种控制风险因素的方案。

（2）流程图法，流程图是将一个工程项目的实施过程，或工程项目某一部分的管理过程，或某一部分结构的施工过程，按步骤或阶段顺序以若干模块形式组成一个流程图。每个模块中都标出各种潜在的风险或利弊因素，从而给决策者一个清晰具体的印象。

（五）项目结构分解法

项目结构分解法与流程图法有相似之处，但侧重点不同。项目结构分解法是在分析项目的组成、各组成部分之间的相互关系、项目同环境之间关系等前提下，识别其存在的不确定性，以及这一不确定性是否会对项目造成损失。

项目工作分解结构是完成风险识别的有力工具。其优点是使用简便易行，不增加工作量，由于在工程项目管理的其他方面，例如投资、进度和质量管理，常常使用项目工作结构法分解。因此，风险识别在此基础上，利用这个已有的现成工具，非常方便。

第三节　项目风险的度量与评估

当识别出关键风险源和风险事件之后，就需要选择适当的方法来对风险事件发生的概率大小以及风险事件对项目的影响程度进行度量，并对单一的风险进行叠加和汇集，以便衡量项目总体风险水平。

项目风险的度量与评估是将风险对项目的影响做出正确的分析和进行定量化评价，往往采用定性与定量相结合的方法来进行，相互补充。风险度量主要指的是对单一风险因素的衡量，包括估计其发生的概率、影响的范围以及可能造成损失的大小等。风险评估主要指的是探讨多种风险因素对项目目标的总体影响。项目风险度量与评估既有联系又有区别，风险度量是风险评估的基础；风险评估是风险分析的递进，在单一风险因素量化分析的基础上，考虑多种风险因素对项目目标的综合影响，评估风险的程度并提出可能的措施作为管理决策的依据。

一、项目风险的度量

如何来度量项目的风险？通常来说，人们考虑风险事件给项目带来的影响，通常会从两个角度进行分析，一是风险事件发生的可能概率，二是风险事件发生后会给项目带来的损失或后果。风险事件发生的概率越高，造成的后果越严重，越是需要重点监督和管理的对象。某些风险事件后果很严重，但发生的概率很低，未必是关键风险；某些风险事件发生概率较高，但造成的损失有限，也不能算作是重要风险。因此在对单一风险的度量中，经常使用风险概率——影响矩阵来对风险事件进行评估。

如表7-3所示，某海外石油开发项目各风险事件均按照该风险——影响矩阵进行度量，其中：汇率风险经评估认定为是经常发生的、后果严重的风险事件，则对其度量的结果是8分；技术风险经评估认定为是很可能发生的、关键性后果的风险事件，则对其度量的结果是9分；政治风险评估认定为是极小可能发生的、灾难性后果的风险事件，则对其度量的结果是4分。

表7-3　某海外石油开发项目的风险概率——影响矩阵

风险发生可能	风险后果				
	灾难的（4）	关键的（3）	严重的（2）	次重要的（1）	可忽略的（0）
经常（4）	16	12	8	4	0
很可能（3）	12	9	6	3	0
偶然的（2）	8	6	4	2	0
极小（1）	4	3	2	1	0
不可能（0）	0	0	0	0	0

风险度量的结果可以为风险事件的优先级进行排序，也可以进一步作为风险分析的基础数据。

二、项目风险的评估

项目风险评估是对风险进行定性和定量分析，并依据风险对项目目标的影响程度确定主要风险因素和对风险进行排序。常见的项目风险评估方法分为定性风险评估方法、定量风险评估方法、定性与定量相结合风险评估方法三类。

（一）定性风险评估方法

定性风险评估方法是以文字描述为主要表述形式，利用评价者的知识经验、思辨能力及逻辑分析等主观能力，分析揭示被评价对象特征的风险评价方法。目前应用较多的定性风险评估方法主要是德尔菲法及专家打分法。

（1）德尔菲法。德尔菲法是一类"背对背"式的定性风险评估方法，该方法充分利用专家资源，采用匿名调查方式采集专家意见及观点，在统计记录后向专家反馈调查情况，并进行新一轮的意见收集。通过多轮意见征询及专家反馈，形成高度统一的专家决策意见，整理得出准确率较高的判断结果。该方法充分收集各方专家意见，采用匿名与非接触的运作方式，保证了专家判断的独立性与客观性，评价结论是多人多次评价的意见综合，具有一定的准确性。

（2）专家打分法。专家打分法是各领域专家依据个人经验、专业知识对特定项目风险发生的可能性及潜在损失进行打分的风险评估方法，该方法以分数数值大小表征项目风险程度。该方法主要适用于项目资料严重缺乏的风险评价情形，专家打分法决策速度快，但受到专家主观因素的影响限制，评价结果易发生较大偏差，不具有可重复性。

（二）定量风险评估方法

定量风险评估方法是在把握各风险要素的特征、变化规律及相互关系的基础上，运用现代数学分析方法，建立数学模型以评价项目风险的方法。项目定量风险评估中主要应用的方法包括敏感性分析法及蒙特卡洛模拟法。

（1）敏感性分析法。敏感性分析法是研究项目中风险控制要素变动相应幅度时，主要风险状态指标量的变动率及变动敏感程度的一类风险评估方法，通过变动敏感性分析寻找出对项目影响最显著的风险变动要素，并计算其可变动的临界值以采取措施控制其过度变化。该方法基于各要素变动单位幅度后对项目的影响，并未考虑要素变动的概率或可能性。为保证量化结果的准确性，应用敏感性分析法进行项目风险评价需要大量准确数据作为支撑，因此该方法难以适用于数据缺乏或数据模糊的项目。

（2）蒙特卡洛模拟法。在工程项目经济分析中，由于不能给出随机变量变化的范围而不能反映出未来的变化特性，因此通常只能借助主观估计的数据和信息来分析风险变量的变化特性。为提高精度，需要引用概率分布来描述风险变量的变化规律。蒙特卡洛模拟法基于风险要素非相关假设，通过随机数模型模拟出各种风险事件近似的概率分布。并且推演出各变量之间复杂的动态关系。研究中将需要求解的风险变量作为某一特征随机变量，利用符合特定分布规律的大量随机数值求解具备该数字特征的统计量，并以此作为所求风险变量的近似解。

应用蒙特卡洛模拟时，首先分析研究项目的风险要素，判断其概率分布情况。假定风险事件函数 $Y=f(X_1, X_2, \cdots, X_n)$，其中变量 $X_1, X_2, \cdots, X_n$ 为风险要素，其概率分布已知。然后，利用一个随机数发生器通过直接或间接抽样取出每一组风险要素随机变量 $(X_1, X_2, \cdots, X_n)$ 的值 $(X_{1i}, X_{2i}, \cdots, X_{ni})$，然后按 Y 对于 $X_1, X_2, \cdots, X_n$ 的关系式确定函数 Y 的值 y_i，$y_i=f(x_{1i}, x_{2i}, \cdots, x_{ni})$。反复独立抽样（模拟）多次（$i=1, 2, \cdots$），便可得到函数 Y 的一批抽样数据 $y_1, y_2, \cdots, y_n$，当模拟次数足够多时，便可给出与实际情况相近的函数 Y 的概率分布与其数字特征。操作过程如图 7–2 所示。

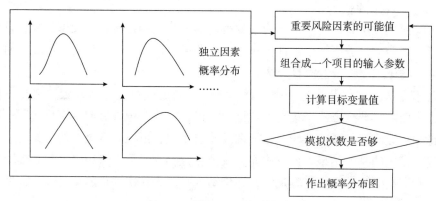

图 7–2 蒙特卡洛模拟过程

由于操作简单，该方法在大型项目风险评价研究中得到广泛应用，但是也具有一定的应用局限性。该方法必须以各风险要素相互独立为应用前提，同时蒙特卡洛模拟要求对风险因素的概率分布特征进行科学的统计从而确定分布形态，同样难以适用于数据缺乏或数据模糊的项目。

案例：某炼油厂生产乙醇汽油 MTBE 转产方案的敏感性分析和风险分析

背景： MTBE 是一种高辛烷值汽油添加剂，是提高汽油辛烷值的常用组分。在全面推广乙醇汽油的背景下，MTBE 被明令禁止使用，炼油企业原有的 MTBE 工艺技术面临着去向问题，所以发展乙醇汽油对 MTBE 工艺的影响主要是 MTBE 如何处理？是否进行改造？如果改造该如何进行改造？经过文献调研与炼油企业实地调研，MTBE 装置目前有以下四种方向可以选择：

（1）关闭装置。汽油中不能再添加 MTBE 后，以汽油、柴油为主要产品的炼油企业可以选择关闭其装置，但是这样意味着资源的浪费和初始固定资产投资的无法回收。炼油企业更关心如何为原有的 MTBE 装置寻找另外的用途，以减小损失。

（2）转产异丁烯。用闲置 MTBE 装置改造异丁烯是 MTBE 装置的主要发展方向之一，目前 MTBE 装置转产异丁烯的应用广泛。异丁烯有比较广泛的应用途径，具有不错的发展前景：异丁烯可以合成橡胶、制造润滑油添加剂，作为化工生产的辅助添加剂等。目前，世界上采用 MTBE 裂解法生产异丁烯的生产能力已占异丁烯总生产能力的 70% 以上。

（3）转产异辛烷。MTBE 转产异辛烷目前也是 MTBE 转产的一个思路，这方面国外已经做了很多研究，已经有许多技术在生产中应用。异辛烷是一种比较清洁的汽油添加剂，烷基化也可以制备异辛烷。异辛烷的辛烷值高、蒸汽压低、无硫、无芳烃等优点都可以使其成为理想组分，所以异辛烷的添加可以使汽油的辛烷值提高，降低硫含量，减少有害气体的排放。在技术上，MTBE 转产异辛烷与转产异丁烯不同，MTBE 转产异辛烷需要对原 MTBE 生产工艺进行改造，进而达到 MTBE 转产异辛烷的目的。

MTBE 转产异辛烷项目敏感性分析：项目的净现值可能会受到设备改造投资、生产原料价格、燃料乙醇价格（含运费）、税费、贷款利息、乙醇汽油出厂价、运营成本和设备开工率影响，针对这 8 个因素进行敏感性分析，结果如图 7-3 所示。

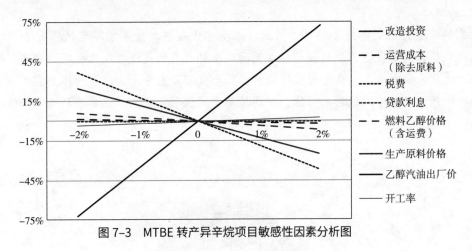

图 7-3　MTBE 转产异辛烷项目敏感性因素分析图

在图 7-3 中，斜率为正代表随着不确定性因素值的增加，MTBE 转产异辛烷项目的净现值增加。斜率为正的直线共有 2 条，分别代表了乙醇汽油的价格和开工率，其中敏感性最高的是乙醇汽油的价格，且开工率基本可以认为不敏感。斜率为负代表随着不确定性因素的增加，MTBE 转产异辛烷项目的净现值减少。斜率为负的直线一共有 6 条，其中贷款利息的斜率最小。税费的价格在变化 2% 时净现值变化超过 36%，生产原料（本技术方案主要为 C4）的价格在变化 2% 时净现值变化超过 24%，燃料乙醇的价格在变化 2% 时净现值变化超过 6%，而其他直线所代表的不确定性因素在变化 2% 时，净现值变化不足 5%。综上所述，可以将乙醇汽油出厂价、税费、生产原料（C4）的价格定为敏感因素。

MTBE 转产异辛烷的产品异辛烷可以作为添加剂添加到乙醇汽油中，所以将乙醇汽油视为最终产品进行盈亏平衡分析。如表 7-4 所示，MTBE 转产异辛烷的盈亏平衡点的乙醇汽油价格为 6374.85 元/t，与目前市场 6659 元/t 的价格差距较小。乙醇汽油的价格波动是存在的，但在无发生重大事件的情况下，乙醇汽油的价格维持在 6500 元/t 上下波动，说明 MTBE 转产异辛烷的风险较小。MTBE 转产异辛烷盈亏平衡点生产能力利用率为 50.61%，即装置开工率大于 50.61% 时才能盈利，这应该引起炼油企业的注意，受市场情况、原油价格等因素的影响，装置的开工率容易有一定的波动，如何保证开工率也是炼油企业需要思考的问题。

表 7-4　MTBE 转产异辛烷盈亏平衡分析

乙醇汽油盈亏平衡价格（元/t）	6374.85
乙醇汽油平衡点生产能力利用率（%）	50.61

对 MTBE 转产异辛烷的净现值进行蒙特卡洛模拟，需要确定各个数据的分布，根据已有文献、行业标准，对模拟中各个数据的分布设定如下：各种原材料、产品的数量由所选择的工艺路线所决定，所以基本是固定值；改造、建设投资和运营成本（不含原材料）分布更符合三角分布的特点；由于税费与收入、成本等因素是比例关系，所以税费也设定服从均匀分布；在一般的计算中，贷款利息多设为正态分布，标准差设置为算术平均值的10%；经过调研，炼化装置的开工率参差不齐，受企业的发展战略、社会环境等影响，最高与最低相差较大，但是在正常开工时开工率较高，所以此处将开工率设为变化区间为0.7~1 的均匀分布。

蒙特卡洛模拟的结果如图 7-4 所示。横坐标代表模拟结果的净现值的大小，右侧的纵坐标代表的是该净现值出现的频数，左侧的纵坐标代表的是该净现值出现的频率。模拟结果上的曲线代表拟合曲线，表示模拟结果可以拟合成的正态分布曲线，两根竖直线分别代表模拟的净现值结果的中间值与平均值，中间值与平均值也能从侧面说明盈利或亏损的可能性的大小。

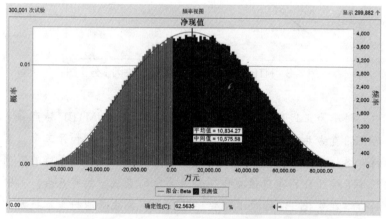

图 7-4　MTBE 转产异辛烷净现值分布频率图

对比频数分布与拟合曲线发现净现值的分布符合正态分布。约为 62.56% 的概率下净现值会大于 0，这说明 MTBE 转产异辛烷存在约 37% 的亏损风险。净现值中位数为 1.06 亿元，净现值平均数为 1.08 亿元，从项目 15 年的寿命期来看比较接近，说明整体的项目的盈利可能性大，且盈利数额可观。结合敏感性分析的结果，炼油企业降低风险还是要从把握产品与原材料的价格上入手，同时着手提高生产效率，来降低 MTBE 转产异辛烷的风险。

在得到净现值的模拟结果后，还要继续观察模拟结果的方差贡献图，以观察净现值对哪个影响因素的变化最敏感，以提出针对性建议。方差贡献率越高，说明该影响因素对净现值的影响越大，即净现值对该影响因素敏感性越高。

根据方差贡献图 7-5，可以看出乙醇汽油的售价贡献了超过 70% 的方差，对净现值的影响程度很大，税费与汽油组分成本所代表的生产原料价格紧随其后，税费贡献了超过 17.4% 的方差，意味着增值税、消费税等税率的降低和控制原料的成本可以明显降低企业的负担。燃料乙醇成本所代表的燃料乙醇的价格和运输费用与开工率合计贡献了不足 1% 的方差，说明炼油企业的开工率和燃料乙醇的价格并不是最为重要的环节。剩余三个因素实际方差贡献和不足 0.01%，对项目净现值的影响几乎可以忽略不计。

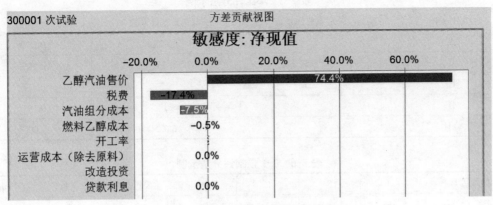

图 7-5　MTBE 转产异辛烷方差贡献图

（三）定性与定量相结合风险评估方法

定性风险评估方法存在过于依赖评价者的主观经验与逻辑判断、评价结果不具有客观性的缺点，定量风险评估方法虽具有结论客观的优点，但需要大量数据支持限制了其适用范围。定性与定量相结合的风险评估方法综合了两类评估方法的优点，弥补了现有方法的不足，在提升结论客观性的同时，降低了其对数据数量及质量的要求，提升了方法的适用性。常用的定性与定量相结合的风险评估方法有调查打分法和层次分析法。

1. 调查打分法

调查打分法是一种典型、易操作的定性与定量相结合的风险评估方法，该方法的具体步骤如下：

（1）通过风险识别方法，确定影响项目的风险事件和风险因素。

（2）对可能的风险因素的重要性进行主观评价，也就是确定各风险因素的权重，确定权重可以采用功能重要性系数法。功能重要性系数又称为功能评价系数或功能指数，是指评价对象的功能在整体功能中所占的比率。确定功能重要性系数的关键是对功能进行打分，常用的打分方法有环比评分法和强制评分法。

①环比评分法（表 7-5），又称 DARE 法。这种方法是先从上至下依次比较相邻两个功能的重要程度，给出功能重要度比值，然后令最后一个被比较的功能的重要度值为 1（作为基数），依次修正重要度比值。求出所有功能的修正重要度比值后，用其去除以总和数，得出各个功能的功能系数。环比评分法适用于各个评价对象之间有明显的可比关系，能直接对比，并能准确地评定功能重要度比值的情况。

②强制评分法（表 7-6），又称 FD 法，包括 0–1 强制评分法和 0–4 强制评分法两种方法。0–1 强制评分法，是将各功能一一对比，重要者得 1 分，不重要的得 0 分；然后，为防止功能指数中出现零的情况，用各加 1 分的方法进行修正；最后用修正得分除以总得分即为功能指数。0–4 强制评分法为多比例评分法。这种方法可以说是强制确定法的延伸，固定的四种比例来评定功能指数。强制确定法适用于被评估对象在功能重要程度上的差异不太大，并且

评估对象子功能数目不太多的情况。如果功能评估指数大，说明功能重要。反之，功能评估指数小，说明功能不太重要。

表7-5　环比评分法示例

风险因素	暂定重要性系数	修正重要性系数	权重
A	1.5	1.875	0.283
B	0.5	1.25	0.189
C	2.5	2.5	0.377
D		1	0.151
合计		6.625	1.000

表7-6　0-1强制评分法示例

风险因素	A	B	C	D	重要性总分	修正总分	权重
A	×	1	1	0	2	3	0.3
B	0	×	1	0	1	2	0.2
C	0	0	×	0	0	1	0.1
D	1	1	1	×	3	4	0.4
合计					6	10	1

（3）确定每个风险因素的等级值，表7-7中分为可能性很大、较大、中等、不大、较小5个等级，分别以1.0、0.8、0.6、0.4、0.2打分。

表7-7　0-1强制评分法示例

风险因素	权重 W	风险发生的可能性 C					$W \cdot C$
		很大 1	较大 0.8	中等 0.6	不大 0.4	较小 0.2	
A	0.283			√			0.1698
B	0.189		√				0.1512
C	0.377			√			0.2262
D	0.151					√	0.0302

注：权重引用自表7-5环比评分法。

（4）风险因素的权数与相应的等级值相乘，求出该项风险因素的得分。

（5）将风险因素的得分逐项相加得出项目风险因素的总分。可以与其他项目风险的分数进行比较，据此判断不同项目风险的大小并进行风险排序。

（6）对专家评估结果做计算分析，确定出主要风险因素，但需要考虑专家评分权威性的权重值。如表7-7所示，该项目的主要风险为风险因素C、B和A。

2. 层次分析法（AHP）

工程项目风险评估实际就是一个多目标的评估系统，总目标很难具体量化，往往需要借助可量化的多个子目标，甚至借助子目标下的次目标。层次分析法将风险评估问题分解为不同的层次结构并构建成判断矩阵，按照特征向量求解方法求解，对各阶要素进行逐阶加权求和归并得到各评估指标对于评估总目标的最终权重，最终权重由大到小表明基于项目评估角度的优先顺序。该方法简洁实用便于理解，将非单一目标、非单一准则且难以全面量化评估的决策问题转化为多层次单目标问题，降低了模型复杂度，同时该方法所需的定量数据较少，提升了方法的适用性。因此，运用层次分析模型，能够将难以定量的总目标进一步分解，利用可精确化和定量化的子目标系统解决问题，并且能有效地综合测度子目标定量判断的一致性，有利于更好地实现对风险的评估。层次方法也是一种定性与定量相结合的多目标决策方法，该方法的一般步骤是：

（1）构造递阶层次结构模型。

应用 AHP 方法进行多目标决策，首先要把问题条理化、层次化，构造出能够反映系统本质属性和内在联系的递阶层次结构模型。在这种层次结构模型中，将具有共同属性的元素归并为一组，作为结构模型的一个层次。同一层次的元素既对下一层的元素起着制约作用，同时又受到上一层次元素的制约。在实际操作中，模型的层次数由系统的复杂程度和决策的实际需要而定，不宜过多。构造一个合理而简洁的层次结构模型，是此方法的关键。如图 7-6 所示，图中 R 表示不同级别的风险。

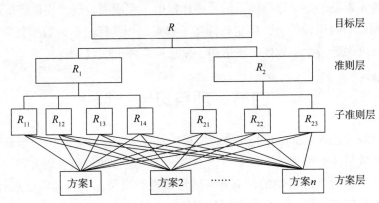

图 7-6　风险分析层次模型

（2）确定每一层次中风险因素的权重，建立判断矩阵。

①构建了递阶层次结构后，决策就转化为层次元素排序的问题。AHP 采用重要性比较值作为元素排序的评判指标，它反映了多目标决策问题中各个指标的重要程度。重要性比较值 w_{ij} 可以采用 1—9 标度法（表 7-8）。

表 7-8　重要性比较值的 1—9 标度

标度	含义
1	i 风险与 j 风险同样重要
3	i 风险比 j 风险略重要
5	i 风险比 j 风险明显重要
7	i 风险比 j 风险强烈重要
9	i 风险比 j 风险极端重要
2, 4, 6, 8	i 风险与 j 风险的比较结果处于以上结果的中间

注：j 风险与 i 风险的比较结果是 i 风险与 j 风险重要性比较结果的倒数。

②由于同一层各风险因素对上层风险因素的影响程度，即重要性比值不一样，因此需要请专家将各层因素两两比较，得到各个因素对目标的重要性权数比（也就是相对重要性）构成的矩阵，见图7-7。

R	R_1	R_2
R_1	W_{11}	W_{12}
R_2	W_{21}	W_{22}

图7-7 风险因素相对重要程度判断矩阵

③在构造判断矩阵的基础上，计算判断矩阵的最大特征值和对应的特征向量，确定各风险因素的相对重要度。为了考察判断矩阵对于各元素重要性的对比标准设定是否一致，需要在各层次单排序中进行一致性检验。当一致性比率 C.I. ≤ 0.1 时，判断矩阵才有满意的一致性，否则需要调整判断矩阵，直到检验通过。

$$C.I. = \frac{\lambda_{max} - n}{n - 1} \quad , \quad C.I. \leq 0.1$$

④将各风险因素的影响进行综合排序，据此评估项目的总体风险水平。以特征向量各分量表示该层次元素的重要性权重，这种排序称为单排序。对递阶层次结构中的每一层都进行单排序，然后，进行组合加权，得到该层次元素相对于相邻上一层次整体的组合重要性权值，这种排序称之为层次总排序。排序计算沿着递阶层次结构，从上到下逐层进行。最后，计算出最低层各元素关于整个目标体系的重要性权值，完成递阶层次权重解析过程。

但该方法利用两两比较的方式确定具体指标权重，当指标过多时数据处理量大，指标权重难以确定，难以保证结论一致性，不适用于复杂风险评价项目。

第四节 项目风险计划

项目风险计划（Risk Planning）就是对项目的可控风险进行管理的一整套计划，主要包括定义项目组及成员风险管理的责任和行动方案，选择适合的风险管理方案，确定风险判断的依据等，用于对风险管理活动的计划和实践形式进行决策。项目风险管理计划一旦形成，将是整个项目生命周期内风险管理的依据和纲领。项目的风险计划中应该包括如下内容：谁在该风险因素方面具有利害关系；谁应该对该风险因素负有责任；谁应该负责控制该风险；如果风险出现，谁应对该风险造成的整体或部分损害承担财物责任。

一、项目风险计划的内容

项目风险计划是在风险识别和风险分析工作完成之后制订的详细风险管理计划，不同的项目其风险管理活动的侧重点可能有所不同，但项目风险计划应该至少包括以下内容。

（一）引言

项目风险计划的引言主要明确以下三个问题：

（1）项目风险管理的目标，简单地说，就是强化有组织、有目的风险管理思路和途径以预防、减轻、遏制或消除不良事件的发生及产生的影响。

（2）项目风险管理组织的构成情况，包括组织的领导人员、团队成员责任和任务、风险管理组织的进度安排、主要里程碑和审查行动、风险管理预算等内容。

（3）风险规避策略的内容说明，即可以采用哪些风险措施。

（二）风险管理的范围

风险管理的范围包括项目成本、进度、质量、健康、安全、环境等。

（三）风险识别

（1）要识别所有的可能的风险来源，并明确风险事件和风险因素。

（2）在所有的风险因素中，识别出关键性的风险因素，对这些因素可能带来的风险结果进行分析和评估，估计风险因素的破坏力和影响力。

（四）风险分析与风险评价

（1）估计风险发生概率；

（2）估计风险事件造成的后果；

（3）选择合理可行的风险评估方法；

（4）确定项目的主要风险和风险控制的主要对象。

（五）风险管理

（1）根据风险评价结果提出风险管理流程；

（2）探索可能的风险规避策略，对每种规避策略制订详细的方案，并准备多个备选方案和应急方案；

（3）对各项风险管理措施的成本—效益情况进行评价，根据评估结果对各风险管理措施分配人员和资源；

（4）制定风险管理成果的评估方法，用于对风险管理活动进行评价。

二、项目风险管理措施

项目风险管理措施的实质是在项目风险识别、分析、评价的基础上，针对项目存在的风险因素，积极采取措施以消除风险因素或减少风险因素的危险性。在事故发生之前，降低事故的发生频率，在事故发生时，将损失减少到最低限度。根据风险后果的性质、风险发生的概率或风险后果大小三个方面，项目风险管理措施主要有风险回避、减轻与缓解、自留、转移和利用 5 种方法，每一种都有其侧重点。

（一）风险回避

风险回避是一种最彻底的消除风险影响的方法，对一些十分重要和敏感的工程项目，回避是一种重要的手段。风险回避是指当项目风险潜在威胁发生的可能性太大，不利后果十分严重，又无其他策略来减轻时，主动放弃项目或变更项目的目标和实施方案。国家重大水利枢纽工程、核电站、商用卫星发射项目，以及一些一旦造成损失项目组织无力承担后果的项目都要考虑这种风险规避措施，避免造成巨大的人员伤亡和财产损失。

风险回避最好在项目尚未开始阶段进行风险的评估，例如，国内某石油公司准备投标某一海外资源国的石油开发项目，该项目投资额巨大、技术要求高、工作界面繁杂。经过了多轮的地质论证和工程技术分析，项目组对项目进行了详细的经济评价和风险模拟，发现以公司现有的对项目投资回报的要求，该项目很难实现盈利，且公司现有的人力资源、技术能力和经验顺利交付项目的风险很高。经过评估和论证后，决定放弃该项目的投标，虽然项目前期的可行性研究已经花费了部分成本，但及时有效地风险回避，避免了项目投资决策的失误。

风险回避措施主要适用于以下情况：

（1）风险事件发生概率很大且可能发生的后果损失也很大的项目。

（2）发生损失的概率并不大，但是灾难性的、无法弥补的。

（3）客观上不需要的项目。

（二）风险减轻

风险缓解，又称减轻风险，是指将项目风险的发生概率或后果降低到某一可以接受的程度。风险缓解的前提是承认风险事件的客观存在，然后考虑适当措施去降低风险出现的概率或者消减风险所造成的损失。在这一点上，风险缓解与风险规避及转移的效果是不一样的，它不能消除风险，而只能减轻风险。

风险缓解采用的形式可能是选择一种减轻风险的新方案，采取更有把握的施工技术，运用熟悉的施工工艺，或者选择更可靠的材料或设备。风险缓解还可能涉及变更环境条件，以使风险发生的概率降低。

例如：某油田基础工程施工项目需要使用一种混凝土的连续浇灌技术，该技术能大量节省资金和时间，但是面临的主要风险是在混凝土连续浇灌过程中不能被打断，任何中断都需要拆毁整个部件来重新浇筑。经过风险识别和定性定量的分析，认为可能的风险主要集中在混凝土的采购和运输环节，特别是运输车量可能会延误或运输的时间可能会无法保证，从而导致浇筑过程中断。这种风险可以通过以下方法降低，即在项目附近不同的高速公路旁准备建立两个额外的可拆卸混凝土站，以备在主要的工厂供给中断时使用，这两个可拆卸的混凝土站能够供应整个项目构件所需的原材料，而且每次进行连续浇灌时都在附近装备有额外的运输车量。通过这些措施可以有效降低风险发生的概率和后果，但是应该注意到，一般的风险减轻活动都会伴随着成本的增加，因此需要进行科学的决策。

分散风险也是有效缓解风险的措施。通过增加风险承担者，减轻每个个体承担的风险压力。例如，国际性银行通过向第三世界国有政府或股票市场投资者提供贷款来分散其风险；总承包商则通过在分包合同中另加入误期损害赔偿条款来降低其所面临的误期损害赔偿风险；联合投标和承包大型复杂工程，在中标后，风险因素也很多，这诸多风险若由一家承包商承担十分不利，而将风险分散，即由多家承包商以联合体的形式共同承担，可以减轻他们的压力，并进一步将风险转化为发展的机会。

（三）风险自留

风险自留是一种建立在风险评估基础上的财务技术，主要依靠项目参与主体自己的财力去弥补财务上的损失。如果采用风险自留的方案，所承担的风险必须和所能获得的收益相平衡。同时，所造成的损失不应超过项目参与主体的承担能力，也就是说，风险自留的前提是决策者应掌握较完备的风险信息。

不论采用了何种的风险管理技术，都无法完全彻底地消除风险，也不是所有的风险都可以转移出去，或者是不符合风险转移的成本效益原则。从项目参与方的角度出发，有时必须承担一定的风险，才有可能获得较好的收益。若从降低成本、节省工程费用出发，将风险自留作为一种主动积极的方式应用时，则可能面临着某种程度的风险及损失后果。甚至在极端情况下，风险自留可能使工程项目承担非常大的风险，以至于可能危及工程项目主体的生存和发展，所以，掌握完备的风险事件的信息是采用风险自留的前提。

有些时候，项目班子可以把风险事件的不利后果自愿接受下来。自愿接受可以是主动的，也可以是被动的。由于在风险管理规划阶段已对一些风险有了准备，所以当风险事件发生时马上执行应急计划，这是主动接受。被动接受风险是指在风险事件造成的损失数额不大、不影响项目大局时，项目班子将损失列为项目的一种费用。

例如：某石油公司在海外油田的基础施工项目在投标文件中计划采用打桩施工结合部分强夯的施工方案，最大限度地节约成本。但是，在项目运行过程中，业主方不同意部分强夯施工的方案，要求全部采用打桩施工，或者出具经过第三方验证的强夯资质，否则就不予颁发施工许可证。石油公司施工方考虑如果与业主进行协商和谈判，可能会给工期造成进一步的压力，而且找第三方出具强夯资质证明，也会同样需要较长的时间。因此，在施工时间和成本的权衡上，石油公司施工方决定全部采用打桩施工，通过风险自留的方式处理这一争端。

风险自留主要适用于以下条件：

（1）许多风险发生的概率很小，且造成的损失也很小；

（2）采用风险回避、降低、分散或者是转移的手段都难以发挥其效果，以至于项目参与方不得不自己承担这样的风险。

（四）风险转移

风险转移又称为合伙分担风险，其目的不是降低风险发生的概率和不利后果的大小，而是借用合同或协议，在风险事故一旦发生时将损失的一部分转移到项目以外的第三方身上。实行这种策略要遵循两个原则：必须让承担风险者得到相应的报酬；对于各具体风险，谁最有能力管理就让谁分担。

采用这种策略所付出的代价大小取决于风险大小。当项目的资源有限，不能实行减轻和预防策略，或风险发生频率不高，但潜在的损失或损害很大时可采用此策略。风险转移并不是纯粹地向他人转嫁风险，是通过某种方式将某些风险的后果连同对风险应对的权力和责任转移给他人；风险转移是合法的、正当的，是一种高水平管理的体现，主要有保险转移和非保险转移两大类别。

工程保险是一种非常有效的风险转移方式，在规范的工程保险活动中，由于引入了由市场利益驱动的风险转移机制，因此它是一种补偿性的转移方式。但是，并不是任何风险都可以通过保险来得到转移，必须是可保风险。

非保险转移主要有以下四种方式：

（1）采用保证担保方式转移风险。这是一种风险量不变的转移方式，只是风险承担的主体发生了变化。

（2）采用适当的分包方式转移风险。这是专业化施工的必然产物，是一种改变风险量的转移方式。

（3）采用适当的合同条件转移风险。例如，在一个工期相对较短的小项目中，往往采用固定总价合同，将工程量不准确和材料价格上涨的风险全部交由承包商承担，业主不承担任何风险。但如果是工期较长的大型工程项目，由于风险难以预测和控制，业主和承包商都难以独立承担工程量和材料物价上涨的风险。因此，采用可调值总价合同，事先约定调值公式和调值条款，由业主承担工程施工期间材料价格变动的风险，而其余风险由承包商承担。这样，承包商不会因为风险太高而提高合同报价，从而降低对业主产生的经济风险，双方的风险得到分担。

（4）采用风险出售通过买卖契约将风险转嫁给他人。

（五）风险利用

风险利用仅针对投机风险而言。原则上投机风险大部分有被利用的可能，但并不是轻而易举就能取得成功，因为投机风险具有两面性，有时利大于弊，有时弊大于利。风险利用就是促进投机风险向有利的方向发展。

当考虑是否利用某投机风险时，首先应分析该风险利用的可能性和利用的价值；其次，必须对利用该风险所需付出的代价进行分析，在此基础上客观地检查和评估自身承受风险的能力。如果得失相当或得不偿失，则没有承担的意义，或者效益虽然很大，但风险损失超过自己的承受能力，也不宜硬性承担。当决定利用该风险后，风险管理人员应制定相应的具体措施和行动方案。

例如，某石油公司计划投标海上管道敷设项目，该项目效益与海上的天气有关，存在很大的不确定性。如果项目生命周期中，不幸遇到了长期恶劣的天气情况，可能会对项目的进度、成本产生非常不利的影响。虽然该项目具有如此重大"不确定性"，但是事物总是具有两面性的，也有可能会遇到异常好的天气，因此项目也可能会有很乐观的盈利前景。显然，在这种情况下可以采取风险减轻措施，保证管材的及时供应从而满足快速敷设管道的进度要求，如果条件允许，最好能够把后续活动向前移，这样整体管线项目就可以提前竣工。如果不能抓住好运气带来的机会，只是对坏运气做了充足的准备，那么这样做的累计效果就显而易见了。总之，风险也是可以利用的，如果具有较高的技术和管理水平，以风险为依据也可以成为与甲方谈判合同金额的重要砝码。

案例：喀麦隆成品油管道 PPP 项目风险识别

背景： 喀麦隆位于非洲中西部，国土面积约 $47.5 \times 10^4 km^2$，人口约 2300 万人，地理位置优越，有"微型非洲"之称。喀麦隆政治保持长期稳定，近年来，经济持续发展，投资环境不断改善，计划于 2035 年进入新兴国家行列。过去 5 年，喀麦隆全国成品油消费以近 8% 的速度增长。目前，成品油主要通过船运、铁路及公路等传统运输方式从炼厂所在的林贝市运往喀麦隆各大城市，运力已趋于饱和。为稳定国内经济，喀麦隆政府每年为成品油消费提供大量补贴，2011 年政府财政补贴高达 6 亿美元，多数补贴在油品运输上。

为应对运力饱和、改善相对落后的运输方式及降低政府财政补贴，喀麦隆政府在 2013 年发起了 A 地—B 地成品油管道工程 PPP 招标。经过激烈竞争喀麦隆 PL 公司胜出，并与喀麦隆水利能源部就该成品油管道设计、融资、建设、运营和维护等签署了 PPP（公私合营 Public-Private-Partnership）协议，被授予 35 年管道特许经营权，其中建设期 3 年，运营期 32 年。

PL 项目公司是中国 C 公司联合其中资合作伙伴北京 E 投资公司与喀麦隆 PL 公司为运作本项目而合资成立的项目建设管理单位。其中，中国 C 公司和北京 E 控股有限公司出资占比均为 27.5%，喀麦隆 PL 公司出资占比为 45%。PL 项目公司将代替政府方建设和管理本项目，并按照协议规定利用本工程提供成品油管输服务，然后通过运营获取投资回报。

在上述背景下，各相关方的合作分工如下：

（1）中资方面（中国 C 公司 / 北京 E 控股有限公司）：协助 PL 项目公司获得中国商业性银行的融资；承担项目 EPC 建设和项目后期运营维护工作；提供专业技术支持等。

（2）PL 项目公司：负责项目整体筹备；与政府谈判及协调；与当地利益相关方协调；

获得本项目所需的各种许可及支持性文件；进行项目融资；负责项目实施，包括本项目的建设和运营管道工作；从管线用户收取管输费并偿还贷款。

（3）喀麦隆政府：提供所有保证项目顺利进行所需的资料、文件、批准及许可等；与管道沿线用户签订使用协议；提供管道所需用地，负责与管道沿线征地相关的工作，满足管道建设所需的用地需求；保证管道使用优先性、管道存在唯一性，提供最低输量担保等；确保项目享受免税优惠政策，并提供相关必要手续和证明等。

风险识别过程： 喀麦隆基础设施项目风险来源将按照风险源的层次结构分为项目一般风险和项目特定风险，其中一般风险包括法律风险、政策风险以及商务风险，特定风险包括合同风险、设计风险、施工风险以及运营风险。

该成品油管道工程相对复杂，涉及管道沿线征地等相关工作，同时合同主体和适用法律具有多国性，建设周期长达 3 年，施工手续繁琐，有些法律风险（环保、劳工等）在国内较难预见。此种情况下，如果按照项目所在国喀麦隆的法律，往往难以取得对中国施工企业有利的诉讼结果。此外，在该成品油管道工程中，承包商同时受中国和项目所在国喀麦隆两国的政策制约，其中一国对外政策的变化可能会产生不利于合同履行的风险。根据中国社会科学院西亚非洲所给出的喀麦隆《风险识别报告》以及第三方出具的对项目的总体风险评估结果来看，喀麦隆成品油管道 PPP 项目风险源主要集中在法律风险和政策风险两方面。

喀麦隆管道 PPP 项目风险因素采用谢菲尔德专家调查法结合相关学者文献的引用来识别。项目筹备组通过采用谢菲尔德专家调查法对公共部门（喀麦隆政府）、私人部门（中国 C 公司、北京 E 控股有限公司、PL 项目公司）、教育机构等 13 位专家进行问卷调查，随后由 13 位专家总结出 PPP 项目 94 种风险目录按照五个点的李克特量表（1= 最不重要，2= 不重要，3= 一般，4= 比较重要，5= 最重要）进行打分，并汇总专家打分情况，统计专家打分平均值在 4 分以上的风险类型和风险因素。该项目的主要风险共涉及政治和政策、法律和合同、商务、设计和采办、施工、运营风险 6 大类风险类型，涵盖 22 个具体风险因素，如表 7-9 所示。

表 7-9 项目风险因素的识别与分类

风险类型	序号	编号	风险因素	评价平均得分
政治和政策	1	P1	特许经营权终止	4.06
	2	P2	政府的批准与许可	4.02
	3	P3	政府换届和腐败	4.16
	4	P5	规划变更	4.43
法律和合同	5	L1	税法变更	4.31
	6	L2	合同变更和履约风险	4.17
	7	L3	合作伙伴破产	4.14
商务	8	C1	利率波动	4.06
	9	C2	外汇风险（外汇波动、外汇管制）	4.01
	10	C3	通货膨胀	4.05
设计和采办	11	D1	用户/市场需求改变	4.11
	12	D2	设计差错	4.09
	13	D3	设计滞后与变更	4.15
施工	14	Co1	质量/工期/费用	4.13
	15	Co2	分包商管理	4.21
	16	Co3	自然风险	4.07
	17	Co4	战争、恐怖袭击	4.12

续表

风险类型	序号	编号	风险因素	评价平均得分
运营风险	18	O1	运营费用超标	4.04
	19	O2	运营中断	4.15
	20	O3	竞争风险	4.06
	21	O4	市场预测风险	4.08
	22	O5	支付风险	4.01

对于该成品油管道 PPP 项目，使用蒙特卡洛模拟来汇总项目的风险成本。具体而言，利用蒙特卡洛模拟方法对项目所涉及的单个风险逐个进行测试，分析单个风险因素发生的可能性 P 以及损失 C，最终确定风险因素的风险成本。喀麦隆成品油管道 PPP 项目风险成本如表 7-10 所示，试讨论如何对该项目的风险管理制定计划和措施？

表 7-10　喀麦隆成品油管道 PPP 项目风险成本

风险类型	风险因素	风险发生的可能性			风险发生损失（C）（万欧元）	风险成本（R）（万欧元）
		P	W	$P(W)$		
政治和政策	特许经营权终止	60%	1	60%	26350	15810
	政府的批准与许可	30%	1	30%	650	195
	政府换届和腐败	45%	1	45%	210	94.5
	规划变更	25%	0	0%	—	0
法律和合同	税法变更	55%	1	55%	1555	855.25
	合同和履约风险	40%	1	40%	878	351.2
	合作伙伴破产	75%	1	75%	1672	1254
商务	利率波动	40%	0	0%	—	0
	外汇风险	30%	1	30%	562	168.6
	通货膨胀	45%	1	45%	423	190.35
设计和采办	用户 / 市场需求改变	56%	1	56%	1489	833.94
	设计差错	20%	1	20%	986	197.2
	设计滞后与变更	15%	1	15%	562	84.2
施工	质量 / 工期 / 费用	45%	1	45%	1356	610.2
	分包商管理	30%	1	30%	562	168.6
	自然风险	45%	1	45%	865	389.25
	战争、恐怖袭击	55%	1	55%	1236	679.8
运营风险	运营费用超标	65%	1	65%	1598	1038.7
	运营中断	50%	1	50%	1256	628
	竞争风险	55%	1	55%	1789	983.95
	市场预测风险	32%	1	32%	1256	401.92
	支付风险	55%	0	0%	925	508.72

思考与练习

一、判断题

1. 项目风险无法预测、无法管理。（　　　）

2. 风险事件就是那些给项目带来负面影响、给项目带来损失的事件。（　　　）

3. 风险识别是一次性过程。（　　　）

4. 风险评估主要是定性或定量评价风险对项目影响的大小。（　　　）

5. 项目风险管理就是对项目的风险进行识别和分析并对项目风险进行控制的系统过程。（　　）

6. 转移风险可以降低风险的发生概率。（　　　）

7. 德尔菲法可以避免由于个人因素对项目风险识别的结果产生不当的影响。（　　　）

8. 那些一旦发生给项目带来巨大危害的风险是首先处理的风险。（　　　）

二、选择题

1. 下面哪种说法是不正确的？（　　　）

A. 有些风险是可以回避的　　　　　　　　B. 风险只有负面的影响

C. 风险对于不同的人或组织大小是不一样的　　D. 项目中总存在风险

2. 检查情况、辨别并区分潜在风险领域的过程是（　　　）。

A. 风险识别　　　B. 风险应对　　　C. 风险量化　　　D. 风险控制

3. 风险事件发生的可能性是很高的，而且一旦发生，其结果常常会是灾难性的。如果其他方法都可用，大多数项目经理一般不会采取（　　　）的方法。

A. 转移　　　B. 规避　　　C. 降低　　　D. 自留

4. 项目风险通常有（　　　）三个要素。

A. 质量、时间和范围　　　B. 风险事件、风险概率和风险结果

C. 质量、频率和成本　　　D. 影响严重性、影响持续时间和影响造成的成本

5. 如果一个项目经理对风险的容忍度很低，通常说他是（　　　）。

A. 风险偏好的　　　B. 风险中性的　　　C. 风险厌恶的　　　D. 机会主义的

6. 项目风险应对的办法包括（　　　）。

A. 风险识别、风险评估、风险应对、风险监控

B. 风险事件、风险征兆

C. 头脑风暴法、专家判断法、系统模拟法

D. 风险转移、风险回避、风险减轻、风险自留

7. 风险措施应该最先解决的是（　　　）。

A. 影响程度高，发生概率较小的风险　　　B. 影响程度低，发生概率较小的风险

C. 影响程度高，发生概率较大的风险　　　D. 影响程度低，发生概率较大的风险

8. 项目阶段风险最大的是（　　　）。

A. 启动　　　B. 计划　　　C. 实施　　　D. 收尾

9. 风险转移包括通过（　　　）来转移风险。

A. 将项目整体或部分承包给其他方　　　B. 制订备用的进度计划

C. 在项目经理之下设立职能经理处理风险事件　　D. 制订灾难恢复计划

三、思考题

1. 什么是项目风险？石油工业主要有哪些常见风险？

2. 项目风险评估和分析的方法有哪些？适用条件是什么？

参考文献

[1] 美国项目管理协会.项目管理知识体系指南（PMBOK 指南）[M].6 版.北京：电子工业出版社，2016.

[2] 哈罗德·科兹纳.项目管理：计划、进度和控制的系统方法 [M].12 版.北京：电子工业出版社，2018.

[3] 罗东坤.中国油气勘探项目管理 [M].东营：石油大学出版社，1995.

[4] 吴之明，卢有杰.项目管理引论 [M].北京：清华大学出版社，2000.

[5] 杰弗里 K 宾图.项目管理 [M].4 版.北京：机械工业出版社，2018.

[6] 克利福德·格雷，埃里克·拉森.项目管理 [M].5 版.北京：人民邮电出版社，2013.

[7] 汪应洛.系统工程理论、方法与应用 [M].北京：高等教育出版社，1998.

[8] 邱菀华，等.现代项目管理学 [M].4 版.北京：科学出版社，2017.

[9] 郑明贵，赖亮光.矿业投资决策理论与方法 [M].北京：冶金工业出版社，2011.

[10] 卢有杰.项目风险管理 [M].北京：清华大学出版社，1998.

[11] 郭波.项目风险管理 [M].2 版.北京：电子工业出版社，2018.

[12] 沈建明.项目风险管理 [M].3 版.北京：机械工业出版社，2018.

[13] 陈伟珂.工程项目风险管理 [M].2 版.北京：人民交通出版社，2015.

[14] 王长峰.现代项目风险管理 [M].北京：机械工业出版社，2008.

[15] 邱菀华.现代项目风险管理方法与实践 [M].北京：科学出版社，2003.

[16] Atkinson R，Crawford L，Ward S. Fundamental uncertainties in projects and the scope of project management[J]. Int. J. Proj. Manag.，2006，24（8）：687–698.

[17] Bordley RF，Keisler JM，Logan TM. Managing projects with uncertain deadlines[J]. Eur. J. Oper. Res.，2019，274（1）：291–302.

[18] Borgonovo E，Plischke E. Sensitivity analysis：a review of recent advances[J]. Eur.J. Oper. Res.，2016，248，869–887.

[19] Maravas A，Pantouvakis JP. Project cash flow analysis in the presence of uncertainty in activity duration and cost[J]. Int. J. Proj. Manag.，2012，30（3），374–384.

[20] Miller R，Lessard D. Understanding and managing risks in large engineering projects[J]. Int. J. Proj. Manag，2001,19（8），437–443.

[21] 吴春林.采用专家打分法对债权价值进行分析的探讨 [J]. 中国资产评估，2007，（11）：18–20.

[22] 姜鹏飞.净现值准则下建设项目蒙特卡洛风险概率分析的简化模拟研究 [J]. 技术经济，2007，26（7）：24–29.

[23] 徐月霞.油气勘探风险的粗集证据评价模型研究 [D].成都：成都理工大学，2007.

第八章 项目审计

从项目概念到竣工验收，经常需要多部门、多专业、多工种的协调配合，如果决策失误、计划不周、管理不善，甚至在招标承包中违法违纪、内外勾结、营私舞弊，就会给企业造成重大经济损失，影响投资目标的实现。所以，在项目经理部拥有项目运行管理决策权力的同时，必须加强油田项目运行过程的审计监督，保证项目的运行合理、合法、合规和有效。

项目建设的决策和管理工作具有分级、分层和分权的特征，项目审计作为投资者和高层管理者监控项目运行的必要手段，也必然成为项目管理的重要组成部分。

第一节 项目审计概述

一、项目审计的概念

项目审计是指国家、企业的审计机构或外聘的专业咨询机构依据国家的法令和财务制度以及企业的经营方针、管理标准和规章制度，以项目运行过程中的全部或部分技术经济活动为对象，用科学的方法和程序进行审核检查，确定其真实情况，判定其是否合规、合法、合理和有效，借以改善管理、发现错误、纠正偏差、防止舞弊，从而维护投资者权益，保证投资目标顺利实现的一种活动。

项目审计具有独立性，审计组织和业务的实施不受被审计领域管理人员的制约，参与审计的人员与被审项目无直接行政隶属或经济关系。项目审计的独立性是保证审计结果客观公正、审计监督及时有效的基础，审计人员的审计活动代表了国家、企业或投资者，其权力由国家、企业或投资者授予，其职责是客观地向国家、企业或投资者报告审计结果。

项目审计具有高度的权威性，审计的依据是法规和标准。法规是指法律、法令、条例、规章制度以及方针政策，标准则是各种技术标准、管理标准和工作标准。因此，项目审计不是个别决策者权力和意志的体现，而是代表了原则和权威。

项目审计具有科学性，审计的实施既有科学的程序也有科学的方法。科学地开展项目的审计，是履行审计职能和项目审计具有独立性与权威性的保证。

项目审计具有明确的目的性，其目的就是对拟投资、在运行和已竣工的工程项目或单体工程实施监控、评估，借以改善管理状况、纠错查弊、督促和激励项目管理人员努力工作、保证项目工期和作业质量、降低项目成本，并为其他项目的投资和运行提供依据与经验。

二、项目审计的职能

项目审计具有如下四方面主要职能。

（一）技术经济监督

技术经济监督就是指对项目运行过程中的全部或部分活动进行监察和督促。具体来讲，就是把项目的运行情况与投资目的、任务目标、实施计划、项目合同、项目设计、规章制度、标准和规范、经营方针以及国家法律、法令、条例、投资政策等进行对比，把不合法、不合规、不合理的经济行为找出来，并明确项目运行中哪些需要支持，哪些需要改进，哪些应予以禁止，从而保证项目建设循着科学、高效的轨道运行。

项目审计的监督职能是由项目的复杂性、相对独立性以及项目管理组织享有充分的自主权决定的。项目的运行主要由项目经理及其领导的项目管理组织负责，项目经理拥有一定的权力并承担一定的责任，这在客观上也要求对项目经理经管的财务收支、管理状况、工作绩效和技术效果进行监察和督促。

项目审计的监督主要包括两个方面，一是对开发投资的决策人员和项目的管理人员进行监督，二是对项目运行的各种活动进行监督。做到这一点必须具备两个条件：其一，项目的审计要由企业的各级审计部门、国家的审计机关或外聘的专业咨询机构承担，这是履行监督职能、保证有效制约的先决条件；其二，项目的审计要有客观标准和明确的是非界限，不允许审计人员根据主观判断进行演绎、推理，这是保证审计结果严肃、公平和客观的基础。

（二）技术经济评价

这里的技术经济评价不是指对投资的可行性进行技术经济评价，而是指从技术经济角度对项目运行中的各种活动进行评价。技术经济评价过程就是查明投资使用情况、项目运行情况，并对照相关标准进行分析研究，从而发现问题、肯定成绩、推广经验的过程。因此，评价的实质既包括为决策层了解投资的使用效果和项目运行状况提供简短可靠的资料，也作为对各级管理人员的鞭策。同监督职能一样，评价包括对管理人员的业绩评价和对项目运行各项活动评价两个方面。

（三）技术经济鉴证

技术经济鉴证就是通过核查和评审项目的资金使用、项目运行、管理绩效、技术效果等方面的实际情况，判断项目经理反映和说明上述情况的资料是否符合实际，并在认真鉴定的基础上做出书面证明。

项目需要鉴证的资料很多，但最主要的鉴证内容包括进度报告、成本报告、质量报告以及会计记录和财务报表等。审计的鉴证只能依赖于审计工作的权威性。就项目的审计而言，这种权威来源于两个方面：其一，审计机构拥有国家或企业授予的足够权力；其二，参与审计的人员必须是鉴证领域的业务专家。

（四）支持

支持就是通过审计对工程投资的使用和项目的运行，提出改进组织、提高效率、改善管理的途径和方法，帮助项目经理在合法合规的前提下更合理地使用资金，更合理地利用项目资源，顺利实现投资目的和项目运行的任务目标。

三、项目审计的作用

项目审计是项目运行和管理的重要组成部分，是项目决策层和主管部门的管理人员了解项目、支持项目和进行监控的重要手段。在项目各种经济活动中，充分发挥审计的作用，对项目顺利运行和避免损失、提高效益是必不可少的。具体来讲，项目审计的作用如下：

（1）通过审计，提高投资项目的效益。投资项目的效益，受到项目投资和质量的制约和影响。在项目运行期间，通过审计可以及时发现不合理的经济活动，并提出相应的建议，促使项目管理人员及时调整方案，最大限度地实现人、财、物的综合优化，最终保证项目系统的质量。因此，项目审计有助于投资项目效益的提高。

（2）项目审计可以确保投资决策和项目运行期间重大决策正确可行。项目的风险和复杂性更突出了决策的关键作用。通过审计，可以对重大决策是否遵循了科学程序，决策的依据是否科学、充分、可靠，决策在工程、经济诸方面是否可行等问题做出正确的评价，从而避免或中止错误决策，防止发生各类损失。

（3）通过审计，揭露错误和弊端，制止违法违纪行为，维护国家、企业和投资者的权益。由于项目建设的复杂性和项目管理作为一种新的管理方式的探索性，不可避免地会发生各种错弊，甚至会给犯罪分子造成可乘之机。通过审计，就可及时发现问题，及早解决问题，维护国家、企业和投资者的利益不受损失。

（4）通过审计，交流经验，吸取教训，提高投资的使用效率和项目的管理水平。项目的审计效果经常体现在审计之后的工作或下一个项目中，任何时期的审计都会暴露出某些问题和具有借鉴意义的经验教训，这些问题和经验教训可帮助各级管理人员改善管理，避免失误。如此周而复始，就会促进工程投资的使用效率和项目管理水平的提高。

（5）通过审计，激发项目管理人员的积极性和创造性。在审计过程中，通过对投资使用状况和项目运行状况的评价与鉴证，使渎职舞弊的人员受到处理或批评，使做出优异成绩的单位和个人得到承认和荣誉，从而激励项目管理人员尽职尽责，创造性地拓展工作。

四、项目审计的任务

项目审计的任务就是要在维护国家、企业和投资者的利益、保证项目顺利运行和投资目标顺利实现的前提下，履行审计的职能。具体来讲，项目审计的主要任务如下：

（1）检查审核项目运行中各项活动是否符合有关规章制度的要求。如投资决策是否符合规定的程序，项目运行过程中的收支事项是否符合财务制度等。

（2）检查审核项目运行中各项活动是否符合国家的政策、法律、法令和条例，有无违法乱纪、营私舞弊现象。

（3）审查项目运行的各项活动是否合理。如审查组织机构对项目问题的反应能力，与职能部门和各作业公司的协调状况；控制系统的有效性；项目计划的科学性、全面性、应变性；作业目标与投资目的的契合程度等。

（4）评审投资和项目运行的效益。在投资决策阶段，要审查拟上项目是否经过优选，投资方向是否得到优化；在运行期间，则要对投资决策的正确性进行评估，同时对运行期间人、财、物等各种资源是否得到了有效利用进行审计。

（5）检查和审核项目的进度报告、成本报告、作业质量报告、会计记录、财务报表等反映项目运行状况、管理状况和经营状况的资料的真实和客观程度，揭露和避免弄虚作假、文过饰非、欺上瞒下等错弊。

（6）在检查审核项目运行状况、管理状况、经营状况以及投资目的与作业目标契合程度的基础上，经过综合分析，提出改进建议，为企业高层管理部门和项目经理部提供决策依据，促进资金的有效使用，改善项目的运行状况。

五、项目审计的过程

项目审计的过程实质上是发现问题、分析问题、报告问题、促进问题解决的过程。这一过程涉及若干复杂细致而又专业性很强的工作，需要按照科学的程序进行。这一程序就是项目审计时所采取的步骤及每一步骤的工作内容和方法。

（一）项目审计程序

项目审计从开始到结束经过准备、实施、报告和后续工作四个阶段，每个阶段的具体内容和要求如下：

1. 项目审计准备

项目审计的准备主要包括如下工作：

（1）选择审计项目，明确审计目的，确定审计范围，得到高层领导的批准和支持。石油企业可能有许多在运行和拟投资的项目，每个项目需要进行审计的范围很广，需要在实施审计前对审计的对象、内容进行选择，同时明确审计的目的。除项目运行程序规定必须进行审计的内容之外，审计对象和内容的选择必须有明确的理由，并应得到高层领导的批准和支持，除违法违纪的查处外其他方面的审计应得到油田公司领导和项目经理的支持。这样做，可以提高审计效率，保证审计成果质量。

（2）建立审计班子。油田项目的审计仅靠审计机构往往难以承担，尤其是涉及技术问题和绩效方面的审计更需要相关的专家。项目审计的班子可以由审计部门组织并委派负责人，业务人员则可从相关部门或企业外部聘请，所聘人员既有相关专业的技术能力和综合分析能力，也要有一定的写作能力和表达能力，同时，还要热心审计、为人公正，并与项目无利害关系。

（3）了解被审对象，准备相关资料。实施审计前要了解项目的基本情况，并做好与审计对象相关的法规、政策、标准以及被审项目各种文件资料的准备工作。

（4）制订审计计划。主要是根据审计的目的和范围，确定审计实施的日程安排、工作步骤以及包括审计重点在内的详细提纲。

2. 审计实施

审计实施是审计过程的核心阶段，也是工作最重要、工作量最大的阶段，它主要包括如下工作：

（1）针对确定的审计范围实施常规审查，从中发现常规的失误、缺陷、错误和弊端。这项工作内容繁杂细致，既包括定性审查，也包括定量审查，有时需要进行大量的技术经济分析和计算。

（2）对特殊领域、可疑的环节以及存在问题隐患迹象的方面进行详细审核和检查。这一工作有时涉及贪污受贿、营私舞弊、严重渎职、违法乱纪等问题的查处，问题严重时还要组织内查外调、查账对证、发动群众检举揭发，因此，一定要掌握政策界限。这项工作有时仅涉及技术问题，如作业方案的缺陷等，存在重大技术问题的环节必要时报请主管部门组织论证，审计部门不宜参与太多。

（3）协同项目管理人员纠正错弊事项。在审计中如发现重大的违法违纪问题要移交纪检、监察乃至司法部门处理，但项目审计通常发现的问题多属工作错误，因而要协助并支持管理人员及时纠正错弊，避免对项目的运行造成影响。

3. 审计报告

审计报告是项目审计的最终成果，是审计班子集体劳动的结晶，是相关单位处理问题的依据。项目审计的效果在相当程度上取决于细致的工作和报告编写与提出的方式。审计报告的编写不仅是审计班子的工作，除违法违纪问题的当事人做适当回避外，重大问题要在项目管理人员的参与下对获得的资料进行综合归纳、分析研究，在取得意见一致的情况下对审计事项做出客观、公正和准确的评价。最后，项目经理签字后以书面报告的形式将审计结果和结论呈送有关部门。

4. 后续工作

项目审计的后续工作之一，是促使有关部门根据审计的结果和建议采取纠偏改错措施，解决项目运行中存在的问题；后续工作之二，是吸取被审项目产生错弊的教训，推广通过审计发现和鉴证的先进经验，避免日后再次发生同类问题并促进其他项目的顺利运行；后续工作之三，是将审计过程中的全部文件、审计记录以及各种原始材料整理归档，建立审计档案，以备日后查考和研究。

（二）审计计划的编制

制订项目的审计计划不仅可以提高审计班子的工作效率，还能帮助项目管理人员了解审计的目的和重点，以便为开展审计提供支持。审计计划不应该是如何审计的概括，而应该是一个包括审计主题领域的详细提纲。审计计划的编制可以借鉴其他项目发生过的问题和缺憾，但审计计划不一定将工作集中于存在问题的领域。如果过分强调查找问题，可能造成对项目运行状态产生偏见，也可能引起项目管理人员的反感而不予配合。

项目易于发生管理问题的领域主要有成本的估算方法落后，未能给成本控制提供依据；缺乏有效的控制系统，不能及时将项目运行中的重要信息收集、处理和反馈，以致延误重大决策的时机；片面强调项目或单项工程的工期，以至于工期提前的效益远不能补偿因而增加投入；凭经验安排项目运行进度，缺乏科学运筹；组织机构的设置不合理、项目运行得不到职能部门的有效支持等。项目易于发生经济问题的领域包括项目招标过程中的内外勾结、营私舞弊、行贿受贿、吃拿回扣问题；合同结算中的虚报冒领、放宽标准、坑害企业、中饱私囊问题；项目建设期间擅自处理合同变更未将减少的材料用量或作业量扣除，与作业方勾结牟利；违反财经纪律擅自购买非项目运行所需物资问题；因不熟悉相关业务而被对方蒙骗问题等。项目易于发生的技术问题有超越作业程序运行；凭经验和臆测进行投资和作业决策；技术手段与地区条件不相适应；施工部署缺乏应变能力；降低作业标准等。这些易于发生的问题可以作为进行项目审计时制订计划参考，也可作为项目管理人员改善管理的借鉴。

项目审计计划的编制还要依据审计的原因或目的，以及因之而确定的领域，同时还要依据高层领导的指示和近期内企业的政策和经营走向。项目审计计划应有规范化的格式，这一格式有助于计划的快速制订和计划内容的交流，也有利于审计计划的全面性。下面就是一项目审计计划的格式：

××项目审计计划

一、审计的目的

二、审计的范围

三、实施审计的方式

1. 审计班子的构成

2. 审计进度安排

3. 完成审计的途径

四、审计领域

五、各审计领域需评审的问题

项目的审计计划是审计的基础资料，审计结束后应连同审计报告及其他资料一起整理归档。

（三）审计结果的分类整理

项目的审计可能会涉及较多的专业领域，需要分别进行调查和结果整理。对审计对象的调查在经过专家组评议和数据综合分析后，可以得出作为审计结果的结论。此时首先要与审计涉及的人员见面，使他们接受审计结果。这样做可以避免审计结果的片面性，也有利于问题的迅速解决。对公正的审计结果，项目管理人员通常大都乐于接受，并作为发现问题的一员积极参与问题的解决。在审计结果得到确认的基础上，要对审计结果整理编写。

审计结果采用统一的格式编写有助于交流和审计报告的编制，下面这种格式曾为国外许多项目审计人员所采用：

××××审计结果

题目（说明性简要标题）；

编号（按题目领域编号）；

结果（调查结果要简明扼要，但问题的陈述、原因及情况要写清楚）；

讨论（对调查结果进行论证，提出对审计领域全面、综合的分析）；

建议（说明必须采取哪些措施以及哪些部门的哪些岗位负责问题的解决）。

（四）审计报告编写

项目审计结束时要将审计结果写成正式的书面报告。审计报告是在综合各领域调查结果的基础上写成，报告应简明扼要、用词准确、层次清楚。采用统一的格式编写审计报告有助于项目审计的规范化，也有助于高层管理人员阅读报告。项目的审计报告，建议采用如下格式：

××××项目审计报告

第一部分 综述

一、目的（简要说明进行审计的原因）

二、范围（简要描述进行审计的范围）

三、审计组织（按姓名、职务列出审计班子成员）

四、调查方式（列出会晤的主要人员和检查分析的主要材料）

第二部分 审计结果

一、提要（提要是主要调查结果和建议的摘要，每项建议后要提出该建议的执行部门）

二、结果、分析和建议（该部分包括详细调查结果、问题分析及具体建议）

1. 审计领域（采用简短的描述性标题）

2.调查结果（包括情况或问题陈述、情况或问题的原因、情况或问题产生的结果或影响）

3.分析（对审计领域的情况进行全面的、综合的分析）

4.建议（根据调查结果和问题分析提出建议）

第三部分　附录（主要包括证明调查结果的数据分析和各种原始材料）

（五）项目审计中应注意的问题

实施项目审计时，一般应注意如下问题：

（1）实施项目审计要取得主管公司领导的支持，这是保证审计具有权威性和审计顺利实施的前提，也是保证审计不影响项目运行的必要条件。

（2）项目运行全过程的技术经济活动都是审计的对象，但对项目应有重点、有选择地审计。审计部门必须清楚，过多的审计可能会影响项目的正常运行。

（3）审计是促进项目有效运行的手段之一，审计和被审计者具有共同的利益和目标。这一点，审计人员要通过具体的行动让项目管理人员体会到。

（4）除违法违纪的查处外，项目审计要争取项目经理或主要项目管理人员的参与，这将有利于针对存在的错弊采取措施。

项目审计涉及审计和被审计两个方面，公司或项目经理部在接受审计时也应注意如下几点：

（1）自觉地将项目运行的技术经济活动置于审计监督之下，接受审计部门的检查和评审；

（2）接到审计通知时，项目经理应主动调整事务性工作的安排，把审计列入工作日程，并主动介绍情况，配合审计部门开展工作；

（3）审计不仅是对项目运行状况的监督和支持，同时也是对项目经理部工作业绩的肯定，成绩卓著而又未被外界理解或了解的项目，审计也许是工作走向主动的转机。

第二节　石油工业项目的过程审计

项目审计主要可以分为项目前期审计、项目运行期间审计和项目结束审计三大类。

一、项目前期审计

项目前期审计是指在开展大规模建设之前所做的审计，它是保证项目成功的重要手段，是项目审计最重要的组成部分。搞好前期审计，对于防止错误的投资决策和保证投资目的与项目目标的顺利实现具有非常重要的意义。

（一）项目可行性研究审计

项目可行性研究审计就是对可行性研究的组织、程序、内容、方法和研究结果进行调查和审核，确保研究结果正确无误，避免低效、无效甚至负效的投资。这项工作主要包括如下内容：

（1）审查承担可行性研究的单位和人员是否具备相应的资质以及研究人员的专业构成能否满足科学投资决策的要求。项目进行可行性研究是在不断完善的一项工作，目前还没有足够的专业化研究机构，虽然大型项目都要经过可行性研究，但未经全面可行性研究而草率投资的项目还没完全杜绝。所以，要保证正确进行投资决策，必须对可行性研究承担单位的资质和专业构成进行审查把关。

（2）审查项目的技术研究情况。技术研究在项目中也称工程论证，其研究对象就是实现项目目标的技术条件。具体来说，包括作业区的自然地理条件、社会经济状况、交通运输状况以及作业手段。审计中，对是否针对上述内容做了全面研究，研究结果是否合理要进行审查把关。

（3）审查项目的运行方案。这一审计主要从合理、合规和有效等方面审查地面工程总体设计方案、施工作业方案，并按照决策的要求对方案的产生过程进行审查，防止未经优选而确定方案的问题。

（4）审查经济评价结果。

（二）投资决策的审计

项目投资巨大、决策失误易于造成重大的经济损失，因而，对项目投资决策应组织专业人员进行审核把关。

（1）审查项目投资决策是否符合决策程序，有无凭经验、凭臆测进行决策的问题。若在审查中发现上述问题，应报请有关部门及时纠正。

（2）审查项目投资决策是否有可靠的技术经济依据，决策是否采用了科学方法，决策与法律、条例、规章制度有无抵触之处。

（3）审查项目投资决策是否经过了优化。各开发方案中在技术和经济上可行的地面工程方案可能存在多个，而可行的方案之间投资成本又有较大差别，在这种的情况下，应选择投资成本最低的地面工程方案。如果投资决策未经过优化筛选，要督促重新决策，同时也应提出完善决策的建议。

（三）项目计划的审计

项目计划的审计主要审查计划是否衔接、计划体系是否完整、计划是否能够落实、计划是否可行以及编制计划的依据是否可靠等。除此之外，还应对如下专业计划进行审计。

1. 初步设计评审

项目设计包括初步设计和施工图设计两个方面。初步设计评审主要考虑基础资料的完备程度、地面建设设计方案的编制依据、工程的设计规模和重要的设计技术指标、设计单位的资质审查情况和设计合同的签订情况、设计分工与进度情况、设计规模及主要工程内容、设计的深度评价、工艺技术水平和主要设备选型、设计投资控制等。

2. 进度安排审计

进度安排包括每一作业环节的起止时间和整个项目的工期，它是防止窝工并保证项目按合理工期完成的基础。进度安排审计要审查所作安排是否采用了网络技术、条线图、里程碑系统等方法，是否考虑了项目资源的有效配置和资源条件的限制，是否进行了工期和成本的分析，关键环节有无应急方案，工期是否留有合理裕量等。

3. 项目预算审计

项目预算包括成本估算和成本计划两个方面，前者是对整个项目投资的估计，后者则是每项作业和每个时间区间（月或季）所需资金的安排。成本估算要审查所用的方法，如果采用了工料清单则估算数据较准，若采用类比则误差较大；成本计划的审查也要从所用方法、计划的区间以及能否满足控制成本的要求等方面入手。此外，还要审查不可预见费的数据和比例，看其有无超过规定的数额。

4. 质量计划审计

要审查作业质量标准的完整性、先进性和适应性，要评估质量保证体系、质量控制方法、质量控制程序以及工程监督、阶段评审与验收等措施是否能够满足项目管理的需要。

5. 招标计划审计

招标计划审计主要审查招标策略、招标方式、招标程序、拟邀请投标单位及数量、拟采用主合同及主要分合同的类型、招标时间安排等。

（四）项目管理的组织审计

项目管理的组织审计主要集中在组织建设程序、组织形式、组织机构设置以及主要管理人员等方面。

1. 审查组织的建设程序

项目管理组织的建设程序依次是选择组织形式、选聘项目经理、选定主要管理人员、配备一般工作人员、确定项目研究组（或咨询人员）。如果超越程序或项目经理参与不足易于造成组织运行障碍。

2. 审查项目组织形式

项目管理组织主要有项目组经理部（也称项目经理部）和矩阵组织两种形式，其核心是项目组织自主权的大小，前者适应大型项目，远离基地的项目和特别复杂的项目，后者则适应中小型和比较简单的项目。该项审计要从所选组织形式对项目的适应性以及项目运行所处的组织环境等方面进行分析评价。

3. 审查组织机构设置

大型项目的管理组织机构庞大而又复杂，中小型项目的管理组织则可能只有为数不多的管理人员。该项审计要根据项目运行所需主要专业对项目组织内部的机构（或岗位）进行评审。

4. 项目经理审计

由于项目经理的责任重大，审计时要对其业务水平、组织运筹能力、经历和学历、性格与协调能力、思路以及责任和权力等进行综合评价，被审对象担任项目经理应有明确的理由，任何关系因素都可能导致项目的重大损失。

5. 项目人员审计

项目人员审计除审查素质及责权的落实外，还要以组织所承担的管理任务为依据，从项目人员的知识结构、专业结构、年龄结构和性格结构等方面进行评审。

（五）项目招标审计

项目招标易于发生问题，需要加强以下方面的审计监督：

（1）审核招标程序是否完备。不同的招标方式具有不同的招标程序，也对应着不同的工作内容。完备的招标程序是招标工作顺利进行的基础，审计部门要对招标是否按科学的程序运行进行审计把关。

（2）审查招标文件是否齐备、文件的编制是否合理、合法、合规或邀请投标书是否规范，内容是否全面。

（3）对所邀请的投标单位或提出投标意向的作业公司进行审查。具体包括审查投标单位是否持有营业执照和承包许可证；审查投标单位的简历，尤其是近几年承包同类工程的业绩；审查投标单位的技术力量，从人才、设备、工艺、无形资产等几个方面审查；审查投标单位的管理状况，尤其要审查其项目管理的水平；审查投标单位的财务状况，主要评价其财务实力。

（4）审计部门要参与招标的有关会议，审查招标过程有无违法违章行为。若发现内外勾结、营私舞弊以及严重差错，要及时揭露、制止或报请有关部门处理，保证招标工作公正合理地进行。

（六）项目合同审计

项目合同审计是对项目合同的合法性、合规性所作的审计，审计的主要事项包括：

（1）审查合同双方当事人的法律地位，审查合同内容是否符合法律、法令、方针政策及有关的财经制度；

（2）审查合同双方是否具有履行合同的能力，能否在资金、技术和管理诸方面保证项目正常建设；

（3）审查合同内容是否与审定的中标要求内容相符，有没有降低要求、索取回扣、工作人员相互串通坑害投资者的问题；

（4）审查合同条款是否全面，有无遗漏的关键内容和不合理的限制性条件，还要审查关键字词是否确切、法律手续是否完备等问题；

（5）审查合同当事人双方的权利和义务是否合理与对等，当事双方是否以平等的地位经协商谈判签订合同，是否有将一方的意志强加于另一方的问题。

二、项目运行期间审计

在项目运行期间，审计部门必须根据国家的方针政策和有关法规，根据企业的投资目的、任务目标和规章制度，对项目运行中的管理状况、财务收支活动以及遵守财经纪律的状况进行审查，甚至进行强制性审查，做出客观公正的评价，以促进管理工作的改善，提高项目投资效益。

（一）项目管理组织审计

项目运行期间的许多管理问题都来源于组织，没有良好的组织环境和合理的运行机制，各种问题的发生是难以避免的，因而，组织审计是建设规模大、建设周期长的项目运行期间审计的首要内容。

1. 调查和评审项目组织机构

在项目的可行性研究后期或项目的计划与组织阶段初期，根据承担的管理任务和预测的项目运行状况建立起项目管理组织。但是，前期建立的项目组织不一定适应项目运行全过程管理的需要，所以有必要进行评审。其一，要审查信息传递网络是否通畅合理，即各部门和岗位之间的汇报、通报、接受指令的关系是否明确无误，这是项目控制和正确决策的基础；其二，审核机构设置对项目管理工作的适应情况及机构运行的效率、活力和灵活性，这是管理绩效的保证；其三，审查各部门或岗位及主要管理人员的职责及其确定依据，这是项目管理人员独立开展工作的大纲和细则；其四，审查从事实际管理工作的人数、权力、责任，这一点与项目管理组织积极性的发挥和潜能的释放至关重要；其五，审查项目组织自己制订的管理标准、工作程序和各种政策；最后，评价项目组织的效能、问题，并提出相应的建议。

2. 审查项目组织与各职能部门的关系

项目的顺利运行及最终成功需要得到各职能部门的积极响应和支持，而项目管理的分权方式又易于造成职能部门与项目经理部的冲突。这种冲突可能是组织形式本身的，如不合适地选择了矩阵组织；也可能是由于协调或信息交流的障碍造成的，如项目经理与各职能部门负责人关系紧张。所以，在对项目经理部进行审计时，不但要审查内部运行机制，也要审查外部的组织环境，以便高层领导及时进行协调。

（二）报表、报告审计

报表、报告审计是检查项目组提供报表、报告等资料的可靠性、真实性、全面性和规范性的手段之一，是防止弄虚作假、报喜不报忧等问题和提高投资效益、避免浪费的有力措施。其审计内容主要有如下几个方面。

1. 进度报告审计

进度报告的审计包括进度报告与实际进度的吻合情况，尤其是审核关键工序或重要里程碑的实施状况与进度报告的偏差，审核进度报告的内容是否全面，还要审核进度报告是否符合统一规定的格式和要求。

2. 成本报告审计

成本报告分月报、季报、年报、完工报告等，其审计主要审核报告成本的内容和分析是否全面、正确；审核报告的格式是否符合统一的规范；审核报告与实际成本的吻合情况；结合进度和质量报告判断成本报告的真实性，若发现成本和质量与进度的关系存在不平衡再展开全面调查。

3. 质量报告审计

质量报告审计主要审查报告的规范性与内容的全面性；审查报告内容及相关数据的真实性与客观性；审查报告中的建议和措施部分对预防未完成工程发生质量问题的有效性。

4. 财务报表审计

根据财务会计制度规定，审查项目的财务报表，如项目支出表。通过审计，确定报表的数字是否真实、支出是否合理、投资的使用效果如何等。

（三）管理绩效审计

项目运行的管理绩效主要体现在进度、成本和质量三个方面，绩效审计也主要集中于此。

1. 作业进度审计

影响项目进展的因素很多，这里主要审查与管理工作相关的内容。作业进度审计包括调查作业进度与计划安排的偏差及对整个项目工期的影响，查明是否存在严重影响进度甚至可能造成工期拖延的关键环节；调查项目人员的工作效率及作业单位之间的协调情况，查明是否存在效率低下、协调不力、严重窝工、相互扯皮等问题；审查项目进度计划与控制技术的应用情况，评价控制系统的有效程度，查明是否存在凭主观臆测安排进度的问题；对产生进度问题的各种影响因素进行综合分析，找出主要原因，提出解决建议。

2. 项目成本审计

项目成本审计工作主要有：审查成本出超或支出偏低的情况，查明实际发生成本与计划成本之间偏差的幅度及其原因；审查发生的成本是否合理、合规，查明有无因管理不善造成成本上升和乱摊成本的问题；审查成本控制的方法、程序是否有效，是否有严格和严密的规章制度；审查有无擅自改变作业范围、挪用地面工程建设资金的问题；若存在成本失控问题，要查明原因，提出整改建议。

3. 作业质量审计

作业质量审计包括对已完成的作业进行质量评估；对各专业监督的数量、素质、监督方式以及质量保证体系的有效程度进行评审；对作业质量的检测手段和质量标准进行评审；对审计中发现的作业质量问题和质量隐患，帮助项目管理组查找原因，并制订整改措施。

除此之外，对项目建设中的风险状况、HSE体系的建立和落实情况也可进行专项审计。

（四）合同管理审计

项目合同规定了甲乙双方的权利和义务，要确保作业公司在费用、工期、作业质量和技术效果诸方面满足投资目的的需要，就应将合同的执行和管理状况置于监督之下。

1. 审查项目运行是否具备合格的合同管理人员

如果有素质较高的专业合同管理人员，合同管理工作就可能做得更好。规模较大的油田项目通常涉及若干专业合同，合同之间往往同时或交叉履行，合同间的接口关系较为复杂，且在合同履行中还易于发生变更，没有专职或兼职的合同管理人员是不行的。这方面的工作目前还比较薄弱，需要在项目管理的实践中逐步加强。

2. 合同变更审计

合同变更审计主要审查合同的变更事项和变更程序是否合理、合规、合法；审查因合同变更对付款、工期及其他条款的影响是否做了处理，有无签署正式的合同变更书，有无因之可能造成纠纷或索赔问题；审查导致合同变更的理由是否充分，查明有无控制合同变更的制度和方法；审查合同变更后的文件处理工作，查明有无导致废止合同继续履行的漏洞。

3. 合同终止审计

合同终止审计主要审查合同终止是否正常、资料的处理和归档是否合乎规定、合同终止是否有科学的程序以及合同终止是否及时等。

4. 合同结算审计

合同结算审计主要审核终止合同的报收和验收情况；审核最终的合同费用和支付情况；审核合同双方权利和义务的履行情况；审查合同结算是否合理、合法，有无多报冒领、内外勾结、营私舞弊和吃回扣的问题。

三、项目结束审计

项目经过系统作业完成既定的施工作业任务之后，要组织全面验收，之后项目便告结束。这时，可以进行项目的结束审计。

（一）项目竣工验收审计

项目竣工验收审计包括以下内容：

1. 项目验收审计

项目验收审计主要审查项目验收的程序和内容是否符合规范，验收工作是否认真、严格，对特殊环节的验收是否按规定做了检验和计算，验收的资料和手续是否齐全等。同时，还要审查验收过程中有没有行贿受贿、敷衍应付、弄虚作假等问题。

2. 人员复员情况审计

随着石油工业工程市场的建立，项目结束后的人员复员问题就会提上议事日程，这一领域的审计也随之产生。这项审计将主要审查实际发生的复员费与计划数额的偏差，查明有无擅自提高或降低复员费用的问题；评价复员工作的经验和不足，提出相应的建议。

3. 审查项目资料的整理、归档和移交

具体来说，主要审查项目组或项目经理部是否对各种资料做了系统整理，诸如原始图件、原始记录、文件、合同及其他资料是否分类归档，资料的处理是否符合保密要求，资料是否齐全。

（二）项目竣工决算审计

项目竣工决算是项目组或项目经理部编制的综合反映项目成果和财务情况的总结性报告文件，对其审计应集中于如下几个领域。

1. 审查项目预算的执行情况

审计人员要审查项目的作业或建设内容是否与批准的预算和计划相符，如果决算远远超过预算，要核查有无擅自改变作业或建设内容的情况，有无以前期工程或配套工程为名挪用投资的问题，一经发现乱摊成本和搞计划外工程，要及时上报，严肃处理。

2. 审查项目的全部资金来源和资金运用是否正常

审计人员要认真审核竣工财务决算表或竣工决算总表是否正确，其反映的全部资金来源和资金占用情况是否正常，有没有与历年累计数额不相符的问题。

3. 审查所转固定资产是否正确

项目所发生的成本要接转固定资产。审查中要对所转固定资产价值的计算进行审查，看其是否真实可靠，有无虚报、重报的情况；若发现问题要查明原因，及时监督更正。

4. 审查竣工情况说明书的编制是否真实

项目竣工情况说明书是对竣工决算报表作进一步分析和补充说明的文件，主要应审查其内容与编制的竣工决算表是否相符，与实际情况是否相符，如发现内容不全、说明不充分、虚报成绩、掩盖问题等情况，审计人员要督促做出修改补充。

5. 审查竣工决算的编报是否及时

项目竣工后，要按规定时间编制好竣工决算，并按规定上报。审计人员要检查有无拖延编报期或未将编好的竣工决算及时送交相关部门等问题，检查经审查批复的竣工决算是否及时完成。

（三）项目经济效益审计

项目的经济效益取决于投资决策，体现于工期缩短、成本降低、作业质量的提高，项目经济效益的审计也围绕这几个方面进行。

1. 项目工期审计

对照项目计划审查项目和各单项工程的开工和竣工日期，查明拖延开工和拖延工期的问题并找出原因，查明工期提前情况并总结经验，对因管理不善造成拖延开工、拖延工期的问题提出综合分析结果供其他项目借鉴。

2. 项目成本审计

对照预算逐项审查实际成本的发生情况，看其超支还是节约。如果超支，要查明是成本控制不力、擅自扩大支出事项还是项目部署调整所致；如果节约，也要查明是减少工作量、降低标准还是有效管理的结果。

3. 项目质量审计

审查项目各项作业是否达到规定的质量标准；审查项目质量保证体系和质量控制措施的有效性；对于项目期间发生的各种重大质量事故，要总结经验教训。

4. 投资决策审计

项目完工之后，要对本项目的投资决策进行评审。这是防止主观决策、落实决策责任的重要手段。

（四）项目人员业绩评价

项目竣工后，要对项目管理人员做出全面真实的评价，以确定他们在管理项目期间的工作业绩和职责履行情况。做好这项工作，对于激发管理人员的积极性、督促在运行项目的管理工作和对项目管理人员落实奖惩都十分重要。

1. 项目经理离职审计

项目经理离职审计就是要根据项目经理任命书（也称授权书）的要求评价项目经理的业绩，查明项目经理是否履行了规定的责任，在管理项目中是否调动了工作人员的积极性，是否有效利用了各种资源，对意外问题的处理是否果断，是否创造性地开展了工作，对工程技术问题的判断能力如何等。在此基础上，按照优秀、较好、一般、较差来评定项目经理的业绩。

2. 评价主要项目管理人员

主要项目管理人员是指大型项目组织中的部门负责人及小型项目组织中主要管理岗位的项目人员。这些人员是协助项目经理开展工作的，对他们的评价就是评价其业务能力、工作主动性和适应性、与他人合作的能力以及对项目做出的贡献等。

3. 评价一般工作人员

对项目经理和主要项目管理人员以外的工作人员，主要评价其工作态度、工作质量、工作的积极性和主动性。当然，如果他们对项目的成功做出了突出贡献，更要给予充分肯定。

在对项目管理人员的业绩评价中，一是要注意广泛征求相关部门负责人的意见，避免所作评价带有片面性；二是要注意将评价结果与精神和物质的鼓励结合起来。

在本章将项目方方面面需要审计的内容都涉及了，但不能一次进行很多项审计，也不是每个项目都进行如此审计，而是要根据项目进行的阶段和管理层的要求选择审计对象和审计内容。

思考与练习

1. 项目审计的作用是什么？
2. 石油工业项目审计的主要工作内容有哪些？

参考文献

[1]　李凤鸣.审计学原理 [M].上海：复旦大学出版社，2011.

[2]　陈思维.环境审计 [M].北京：经济管理出版社，1998.

[3]　周勤业，尤家荣，达世华.审计 [M].上海：上海三联书店，1996

[4]　张位平.中国海油如何决策重大项目投资 [J].石油企业管理，2002，4：24–25.

[5]　《中国石油审计管理系统操作手册》编委会.中国石油审计管理系统操作手册 [M].北京：石油工业出版社，2012.

[6]　中国内部审计协会.建设项目审计 [M].北京：中国时代经济出版社，2008.

[7]　朱红章，崔永辉.工程项目审计 [M].武汉：武汉大学出版社，2010.

第九章　项目验收与后评价

项目完成以后，要进行竣工验收，这是项目生命周期程序中的最后工序，是全面考核项目成果，检验项目规划设计、施工质量的重要环节。做好项目的竣工验收，对于总结项目建设的经验，控制项目质量水平和提高投资效益有着非常重要的意义。同时，为了总结经验，提高决策和管理水平，落实项目建设责任，促进同类项目的科学运行，在项目投产并进入稳定状态后，应视情况对项目进行后评价。

第一节　项目验收

一、项目验收的含义

项目验收是指在项目的收尾阶段，项目团队将项目的成果移交给投资者或甲方的过程中，项目接受项目组、项目投资者、项目监理、政府部门等对项目成果的检查。检查的内容主要是审查项目的目标是否实现，项目范围内的全部工作是否完成，项目交付成果的质量情况等。

项目验收对于项目投资方和项目组来说都是十分重要的工作环节。项目验收标志着项目的正式结束，只有通过验收，项目的成果才能够投入生产使用，实现其预期的效益，如果延误验收工作，很可能使某些具有时效性的项目丧失使用价值；项目验收也是保障项目质量的关键工作，在这一环节中，项目组和项目验收组织将对项目的技术标准、质量水平进行严格的把关，这也是项目成果交付使用前的最后质量保证；项目验收的结果，可以作为对项目组进行绩效考核和奖惩的依据，只有通过正式的完工验收，项目组的工作才能够得到最终的认可；项目的验收阶段，将产生大量的档案资料，包括项目的设计方案和图纸、项目的技术标准、项目的施工过程、项目的质量控制标准和项目成果的使用说明等，这些资料的形成，对于项目成果的应用具有重要的指导意义。

二、项目验收的条件

项目具备下列各项条件，均应及时组织项目的竣工验收：

（1）项目主体工程或辅助设施已按设计要求完工，形成生产能力，能正常、连续地生产合格产品；

（2）主要工艺设备及配套设施，经连续 72h 满负荷生产考核，各项指标达到设计要求；

（3）操作人员配备、生产物资准备、检测能力、规章制度等满足生产的需要；

（4）环境保护、劳动安全卫生、消防和节能降耗设施已按设计要求与主体工程同时建设投产，各项指标达到国家规范或设计规定的要求；

（5）竣工资料（含竣工决算）和竣工验收文件按规定汇编完毕；

（6）竣工决算审计按有关规定已经完成。

有些建设项目，基本符合竣工验收标准，只是零星土建工程和少量非主要设备未按规定的内容全部建成，但不影响正常生产，也可以办理竣工验收手续。对剩余工程应按设计留足投资，限期完成。

三、项目验收的程序

（一）项目验收前期准备

（1）组织项目工程中的单项工程、单位工程的中间验收交接，办理有关签署手续，只有项目全部单项工程完成验收后，才能够组织整体验收；

（2）清理未完工工程和遗留问题，并会同有关单位安排和落实；

（3）组织、检查、督促设计、施工单位及有关单位编制竣工资料（图）、项目说明书、项目测试或试运行材料等，并在检查后组织档案，建立材料清单；

（4）编制前期工作和建设管理的竣工资料，编辑《工程竣工验收报告书》，并报上级主管部门审查后，以初稿形式打印；

（5）建设工程项目须办理《建设项目环境保护设施验收合格证》、《建设项目职业安全卫生劳动"三同时"验收审批表》、《建筑工程消防设施设备检查验收表》和《工业卫生劳动保护检查评定表》；

（6）组织、汇编竣工决算，报经审计部门审计；

（7）编写竣工验收申请；

（8）如建设单位即为生产单位，还应编辑《生产准备及试运考核总结》。

（二）项目组自检

项目验收的前期准备工作完成后，项目经理应该组织项目组成员对项目进行自检。项目组自检的主要目的是找出前期准备工作中的不足和疏漏，采取更正或补救措施，尽快解决问题，保证项目验收工作的效率和质量。

（三）提交验收申请和项目材料

项目组完成自检后就可以向项目投资者提交编制好的项目验收申请和项目档案材料，然后等待项目投资者或验收方对上述材料进行审查，并告知项目的正式验收时间和验收方式。

（四）项目验收

根据工程项目的规模大小和复杂程度，工程验收可分为初步验收和正式验收两个阶段（图9-1），也可一次进行工程验收。项目的初步验收主要是检查项目的具体成果与验收申请报告的内容是否一致，并对项目的满意程度形成大致把握，如果项目的成果不符合项目立项目标的要求，应该及时通知项目组进行整改。项目正式验收阶段的主要工作如下：

（1）召开预备会议，协商组成竣工验收委员会（或验收组），确定会议日程。

（2）听取和审议关于工程初步验收情况的报告。

（3）听取和审议关于工程竣工验收报告书；设计、施工单位关于工程设计、施工情况的总结；生产单位关于生产准备和试运考核情况的总结；引进成套项目还应有外事工作和对引进设备、材料的接、保、检、运工作的总结。

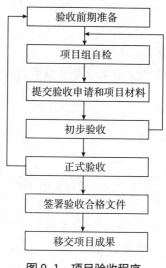

图 9-1　项目验收程序

（4）审议、审查竣工资料。

（5）现场查验工程建设情况。

（6）对审议、审查和查验中发现的问题提出要求，由主管局组织建设、生产、设计和施工单位落实整改措施和限期完成的安排。

（7）签署和颁发竣工验收鉴定书。

四、项目文件资料验收

项目验收的主要内容可以分为两个部分：项目质量验收和项目文件验收。项目质量验收主要是根据项目的设计目标和质量计划以及国家或行业颁布的质量规范，对项目成果采取文件审阅、实物观察和性能测试等方法进行检查，考核项目成果是否达到预计的质量标准，最后形成质量评定报告和项目技术资料。项目文件验收主要是审核项目组提交的文卷档案是否真实、完整，项目组提交的项目文件是对整个项目寿命期的详细记录，这些文件不仅反映了项目成果的形成过程，还记录了项目的技术特征、施工方法、性能指标、操作规程等，是项目成果不可缺少的组成部分。项目组需要提供的文件资料主要包括以下内容。

（一）竣工资料

竣工资料是项目的重要技术档案，是工程投产后进行正常生产操作、维护、检修和改造、扩建的依据，竣工资料必须齐全、准确、系统。项目竣工资料主要包括竣工图和其他工程管理资料。

1. 竣工图

竣工图是竣工资料的重要组成部分，必须齐全、准确，竣工图应包括所有的施工图。通用图和标准图可不包括，但需在目录中说明。竣工图必须与设计变更资料、隐蔽工程记录、工程实际状况相符。

竣工图一般应由施工单位编制，施工中没有变更的，可用原图作为竣工图，施工中有部分变更的，可在原图上修改后在修改部位加盖"竣工核定章"作为施工图。在施工中图纸有重大修改需要重新绘制竣工图时，其中由于设计原因造成的修改，应由设计单位负责绘制；由于施工原因造成的，则由施工单位负责绘制；另外由其他原因造成的则由建设单位绘制或由建设单位委托设计单位绘制。不管采用什么图纸作竣工图都应经过详细校核和审定后，再由施工单位加盖"竣工图专用章"。为了保证竣工图的质量，编制的竣工图应由核定人、校核人、核审人和审定人签章，其中有重大变更需重新绘制的竣工图，应增加设计项目负责人的签署。竣工图编制完应交建设单位验收并及时存档。

编制竣工图中，对施工图的变异应坚持"十改""七不改"，内容如下：

"十改"是凡隐蔽工程、重要设备、管道、钢筋混凝土工程等，施工与原施工图的差异超过规范许可限度的，必须一律改在竣工图上，包括：竖向布置和地面、道路标高；工厂、装置、建筑物、管道、道路的平面布置和坐标；工艺、热力、电气、暖通等机械设备；管道直径、厚度、材质及管道连接方式（改变流程的）；电力、电信设备接线方式、走向、界面；自动控制系统和设备；设备基础、框架、主要钢筋混凝土标号和配筋；地下自流管道、排水管道的坐标、标高；阀门的增减、位移和型号；保温结构材料。

"七不改"主要是指为减少竣工图工作量，凡地面上易于辨认的非原则性的变异，一律不在原施工图上修改。

2. 其他工程管理资料

（1）前期工作资料，包括项目建议书及批准文件、可行性研究报告及批准文件、设计（计划）任务书及批准文件、油气田开发方案及批准文件。

（2）勘察设计资料，包括工程地质勘察资料、初步设计及概算批准文件。

（3）工程管理资料，包括征用土地资料；与外单位签订的协议和有关文件资料；工程招、投标资料和承包合同、协议等；施工组织设计；施工执照和计划有关文件资料。

（4）施工资料，包括开工报告；设计变更资料；隐蔽工程记录及验收资料；材料、构件的出厂和检查资料；设备检验资料；设备、管道安装资料；电力、通讯、仪表和自控系统安装资料；测量成果资料；试运资料；工程质量评定资料；施工说明；施工大事记或施工日志；项目工程中的单项工程，独立单项工程中的单位工程的中间交接验收证书；竣工报告及其他。

（5）竣工决算和建设消耗资料，包括概、预算执行情况；竣工决算；固定资产清册；主要建设核销材料。

（6）生产准备及考核，包括投料试车及生产考核成果资料；环境保护设施考核成果及检测资料；劳动安全卫生设施和消防设施及评价资料；生产组织准备、人员培训、生产规章制度等资料；生产总消耗考核资料。

（二）竣工验收文件

竣工验收文件是项目的全面总结和工程竣工验收的重要法定文件。包括：

（1）竣工验收签定书：工程验收的重要法定文件，是由工程验收委员会（或验收小组）对工程项目进行验收审定后签署的意见书。其内容主要包括项目名称、建设地点、工程规模、项目划分、建设性质以及工程验收委员会（或验收小组）的组成人员名单、验收审定意见，对今后工作的要求。最后由验收委员会主任、副主任及各委员的签字（或验收小组的组长、副组长及组员签字），有时也可只由主任和副主任（或组长、副组长）签字。

（2）竣工验收报告书及附件：工程竣工验收文件的主要组成部分，一般是由建设单位收集起草。其主要内容应包括工程建设的概况；设计情况；施工情况；生产准备和试运考核情况；工程概算；竣工决算和经济效益分析情况；安全生产、劳动条件、工业卫生、三废治理、环境保护情况；竣工资料编制情况、工程的总评价和善后工作的意见等。

（3）预验收报告：主要是综合叙述工程建设的概况及工程预验收的经过和验收意见，然后申请正式验收。最后预验收报告应附预验收委员会（或领导小组）全体成员名单和签字。有时也可只由预验收委员会正、副主任（或正、副组长）签字。

（4）设计总结：主要应由设计单位编写，其内容主要包括设计依据；现场自然条件；设计分工及进度，工程的概况，设计特点及在设计中采用的新技术、新工艺、新材料、新产品情况，安全生产、环境保护，工业卫生，"三废"治理情况以及今后改进的意见。

（5）施工总结：一般由施工单位编写，其内容主要包括工程建设的概况、施工组织、分工、进度、工程质量、技术经济指标、材料供应及消耗、施工中采用的新技术、先进施工方法、施工中的体会、遗留工程情况等。

（6）生产准备，试运考核总结：一般由生产单位编写，其内容主要包括工程完成的概况、生产组织和人员培训情况、生产和技术措施准备情况、试运考核情况、对工程的设计和施工评价以及今后改进意见等。

（7）其他总结：如对有外协和外面引进的设备和材料等，还应编写外事总结和引进设备及材料的检验总结等。当工程的竣工验收文件编制完后，要及时和工程的竣工资料一起存入档案，交有关档案管理部门保管，以便于以后查用。

第二节　项目后评价

项目后评价（Post Evaluation）就是在项目完成后或投产并达到设计生产能力后，对项目的目的、决策过程、建设过程、最终效益和影响等各个部分进行全面而系统的分析与评价。通过后评价，分析项目的实际情况及与计划情况的差距，确定有关项目预测判断是否正确并分析其原因，从项目完成过程中吸取经验教训，为今后改进项目决策、管理、监督等工作创造条件，并为提高项目投资效益提出切实可行的对策措施。

一、项目后评价的特点

（一）项目后评价与前期评价的区别

项目可行性研究和项目前评价是指在项目决策之前，在深入细致的调查研究、科学预测和技术经济论证的基础上，分析评价建设项目的技术先进性、适用性、经济合理性和建设可能性的过程，其目的是为建设项目投资决策提供依据。与前评价相比，项目后评价的特点是：

（1）现实性。项目可行性研究和后评价分析研究的是项目实际情况，是在项目投产的一定时期内，根据企业的实际经营结果，或根据实际情况重新预测的数据；而项目可行性研究和前评价分析研究的是项目预测情况，依据历史和经验性资料，具有一定的预测性。

（2）全面性。在进行项目后评价时，既要分析其投资过程，又要分析经营实施过程。不仅要分析项目投资经济效益，而且要分析其经营管理，发掘项目的潜力。

（3）探索性。项目后评价要分析企业现状，发现问题并探索未来的发展方向，因而要求项目后评价人员具有较高的素质和创造性，把握影响项目效益的主要因素，并提出切实可行的改进措施。

（4）反馈性。项目前评价目的在于为计划部门投资决策提供依据，而项目后评价主要目的在于为有关部门反馈信息，为今后项目管理、投资计划和投资政策的制定积累经验，并用来检测投资决策正确与否。

（5）合作性。项目可行性研究和前评价一般只通过评价单位与投资主体间的合作，由专职的评价人员就可以提出评价报告。而后评价需要更多方面的合作，如专职技术经济人员、项目经理、企业经营管理人员、投资项目主管部门等，各方融洽合作，项目后评价工作才能顺利进行。

由此也决定了项目后评价与项目可行性研究、项目前评价有较大的差别。主要表现在：

（1）在项目建设过程中所处阶段不同。项目前评价属于项目前期工作，它决定项目是否可以立项；项目后评价是项目竣工投产并达到设计生产能力后对项目进行的再评价，是项目管理的延伸。

（2）比较的标准不同。项目可行性研究和项目前评价依靠国家、部门颁布的定额标准、国家参数来衡量建设项目的必要性、合理性和可行性。后评价虽然也参照有关定额标准和国家参数，但它主要是直接与项目前评价的预测情况或国内外其他同类项目的有关情况进行对比。检测项目的实际情况与预测情况的差距，并分析其产生的原因，提出改进措施。

（3）在投资决策中的作用不同。项目可行性研究和前评价通过分析、评价、预测为项目投资决策提供依据。直接作用于项目投资决策，前评价的结论是项目取舍的依据，后评价则是间接作用于项目投资决策，是投资决策的信息反馈。通过分析项目指标实际完成情况来评判投资决策是否正确，用以总结过去、指导未来。通过项目后评价反映出项目建设过程和投产阶段（乃至正常生产时期）出现的一系列问题，将各类信息反馈到投资决策部门，从而提高未来项目决策科学化水平。

（4）评价的内容不同。项目可行性研究和前评价分析和研究的主要内容是项目建设条件、工程设计方案、项目的实施计划以及项目的经济效益和社会效益。主要是通过对项目的必要性和可能性等进行评估、对未来经济效益进行预测的活动。后评价的主要内容除了针对前评价上述内容进行再评价外，还包括对项目决策、项目实施效率进行评价，以及对项目实际运营状况进行深入的分析。

（5）组织实施上不同。项目可行性研究和前评价主要由投资主体（设计单位、建设单位或银行）或投资计划部门组织实施，后评价则以投资运行的监督管理机关为主，组织主管部门会同计划、财政、审计、银行、设计、质量、司法等有关部门进行或者单设的后评价机构进行，以确保项目后评价的公正性和客观性。

（6）评价的性质不同。项目前评价是以数量指标和质量指标为主要依据，定量评价为主的纯经济评价行为。而项目后评价是集行政、经济和法律为一身的综合性的评估，是一种以事实为依据，以提高经济效益为目的，以法律为准绳对建设项目实施结果的鉴定行为。

（二）项目后评价与项目中评价的区别

项目后评价也不同于项目中评价，中评价也称中期评价，指在项目实施过程中，通过项目实施的实际状况与预测（计划）目标的比较分析，揭示问题，分析原因，提出改进措施的过程，其目的是改进项目管理。项目后评价与项目中评价的主要区别是：

（1）在项目管理中所处的阶段不同。项目中评价是在项目实施过程中的评价，也就是在项目开工后至项目竣工投产之前对项目进行的再评价；而进行项目后评价的时机选择在项目实施过程完毕后，即在项目运营阶段。

（2）目的和作用不同。项目中评价目的在于检测项目实施状况与预测目标的偏离程度，并分析其原因，将信息反馈到项目管理机构，以改进项目管理；后评价的目的在于检测项目前期工作、项目实施、项目运营全过程中项目实际情况与预测目标的偏差程度，并分析其原因，提出改进措施，将信息反馈到计划、银行等投资决策部门，为投资计划、政策的制定和改进项目管理提供依据。

（3）组织实施不同。项目中评价不必像项目后评价那样需要一个相对独立的机构来组织实施，其组织管理机构可以设在项目管理机构内，人员也可以由项目管理人员承担。而后评价则不然，因为它涉及对项目实施过程的评价，由项目管理人员进行后评价显然不合适。

（4）评价的内容不同。项目中评价的内容范围限定在项目实施阶段，如回答项目实施进展与目标进度有何程度的偏差，原因何在？而且实际建设成本突破了计划成本，为什么？承包商表现如何等问题。而后评价内容范围较广泛，且重点放在项目运营阶段的再评价上。

项目中评价重点在于诊断和解决项目进行中发生的问题或争端，推动和保证项目的有效进行，中评价为搞好后评价工作提供有利的条件或资料。

（三）项目后评价与竣工验收和审计的区别

竣工验收以设计文件为龙头，注重移交工程是否依据其要求按质、按量、按标准完成，在功能上是否形成生产能力，产出合格产品，它仅是后评价内容中对建设实施阶段进行评价的环节之一。项目经过竣工验收，对固定资产投资效果进行了考核和评价，完成了后评价的前期工作。

对基本建设项目进行审计检查是以项目投资活动为主线，注重于违法违纪、损失浪费和经济财务方面的审查工作，经过审计检验的项目，其财务数据更为真实可靠。重大损失浪费的暴露，将为评价工作提供重要的分析线索，如果对基本建设项目的事后审计能扩展到项目决策审计，设计、采购和竣工管理审计，以及项目效益审计的领域，那么后评价工作和审计工作将可能合作进行，世界银行业务评价局对完成项目的后评价即是以项目审计评议方式进行的。

项目后评价具有事后进行广泛观察的优越条件，应充分利用竣工验收、审计检查和中评价的成果，把后评价工作搞好。

二、项目后评价的原则

后评价工作应遵循的原则可概括为对事不对人，着重在于总结经验教训，客观、公正、民主和科学。

（1）现实性原则。项目后评价工作所研究的对象是项目投产后实际运营结果，其中包含的也是项目投产后一定时期以内根据实际情况得出的真实数据，因此相对于项目前期的可行性研究评价而言，项目后评价是具有现实性的。

（2）独立性原则。独立性是指项目的后评价工作不应该受项目决策者、建设者或前评价等相关人员的干扰，应由投资方和建设方以外的第三方独立进行。独立性是保证后评价公正和客观的前提。如果项目后评价失去了独立性，那后评价工作就很可能流于形式，难以保证评价结果的客观真实性。独立性应该始终贯穿于后评价的整个过程中。

（3）可信性原则。具有可信性的一个重要标志就是后评价能否同时反映项目的成功经验和失败的教训。同时，后评价的可信性还取决于项目管理人员、项目投资者和建设者等相关人员和单位是否能对该项目后评价工作提供可靠的信息和帮助。

（4）实用性原则。后评价的目的就是要通过总结经验教训和信息反馈，编写出后评价报告，让未来新项目的决策者和管理建设者借鉴。因此，后评价报告就应该力求实用，这就要求报告要满足多方面的要求，并且能够提出具有针对性的建议和措施。

（5）透明性原则。后评价过程的透明度越高，后评价结果的公开程度越大，越能引起人们的关注和了解，这样能加强相关部门以及整个社会的监督，也能让更多的人借鉴该项目后评价的经验和教训。

（6）反馈性原则。后评价的一个显著特点就是具有反馈性。后评价的目的就是要将评价结果及时地反馈到投资决策和管理建设部门，作为项目后续运营或未来新项目决策和管理实施的依据，以调整投资规划和政策，提高管理水平和投资收益。因此，后评价反馈系统的建立、反馈机制的选择、反馈方法的应用等就成了后评价结果能否真正得以使用的关键。

三、项目后评价的作用

从以上所谈及的项目后评价定义、特点、原则及其在项目管理中的地位可以看出，项目后评价对于提高决策科学化水平，促进投资活动规范化，弥补拟建项目从决策到实施完成整个过程缺陷、改进项目管理和提高投资效益等方面发挥着极其重要的作用。具体地说，项目后评价的作用主要表现在以下几个方面：

（1）总结项目管理的经验教训，提高项目管理水平。投资项目管理是一项十分复杂的活动，它涉及银行、计划、主管部门、企业、物资供应、施工等许多部门，只有这些部门密切合作，项目才能顺利完成，如协调各部门间的关系、各方面应采取什么样的具体协作形式等都尚在不断摸索的过程中。项目后评价通过对已经建成项目实际情况的分析研究，总结项目管理经验，指导未来项目管理活动，从而可以提高项目管理水平。

（2）提高项目决策科学化水平。项目前评价是项目投资决策的依据，但前评价中所做的预测是否准确，需要后评价来检验。通过建立完善的项目后评价制度和科学的方法体系，一方面可以增强前评价人员的责任感，促使评价人员努力做好前评价工作，提高项目预测的准确性；另一方面可以通过项目后评价的反馈信息，及时纠正项目决策中存在的问题，从而提高未来项目决策的科学化水平。

（3）为国家投资计划、政策的制订提供依据。通过项目后评价能够发现宏观投资管理中的不足，从而国家可以及时地修正某些不适合经济发展的技术经济政策，修订某些已经过时的指标参数。同时，国家还可以根据后评价反馈的信息，合理确定投资规模和投资流向，协

项目管理——面向石油工业的实践

调各产业、各部门之间及其内部的各种比例关系。此外，国家还可以充分地运用法律的、经济的、行政的手段，建立必要的法令、法规、各项制度和机构，促进投资管理的良性循环。后评价项目的经验和教训可以为今后类似项目的投资决策或改进方案提供借鉴的模式，具有对共性或重复性的决策起示范和参考的作用，并可为项目评价所涉及的评价方法、参数以及有关的政策和法规的不断完善和补充提供修正依据和建议。

（4）为银行部门及时调整信贷政策提供依据。我国的银行部门除自身作为投资主体外，还是国家投资资金的供应部门和投资的监督管理部门，担负着回收国家投资资金的职责。通过开展项目后评价，及时发现项目建设资金使用过程中存在的问题，分析研究贷款项目成功或失败的原因，从而为银行部门调整信贷政策提供依据，并确保投资资金的按期回收。

（5）对项目本身监督和改进具重要意义，促使项目运营状态的正常化。项目后评价是在项目运营阶段进行的，因而可以分析和研究项目投产初期和达产时期的实际情况，比较实际状况与预测状况的偏离程序，探索产生偏差的原因，提出切实可行的措施，从而促使项目运营状态的正常化，提高项目的经济效益和社会效益。

建设项目竣工投产、交付使用后，通过项目后评价，针对项目实际效果所反映出来的项目决策、设计、实施到生产经营各阶段存在的问题，提出相应的改进措施的意见，使项目尽快实现预期目标，更好地发挥效益。对于因决策失误或环境改变致使生产、技术或经济等方面处于严重困境的项目，通过后评价可以为其找到生存和发展的途径，并为主管部门重新制定或优选方案，提供再决策的依据。

此外，把项目后评价纳入基本建设程序，决策者和执行者预先知道自己行为和后果要受到事后的评价和审查，就会感到压力和责任的重大，将促使决策者和执行者在主观上认真努力地做好工作，从这一点说，后评价对项目建设也有监督和检查的作用。

四、项目后评价的内容

（一）项目前期工作后评价

（1）项目目标、目的和必要性后评价。项目的必要性分析在项目立项和可行性研究时就已完成，在项目完工运营一段时间后，对项目建设必要性进行分析后评价，可以检验当初立项时决策是否正确。

（2）决策依据、方法、程序后评价。决策是项目建设的灵魂，对项目决策的后评价可以帮助决策者减少决策失误，提高决策水平，保证投资收益。项目决策后评价就是根据实际的产出、效果和影响，分析评价决策内容，检查决策程序，探讨决策的方法和模式，由此来分析决策成败的原因，总结经验教训。决策后评价的内容包括决策的依据评价、决策程序的评价和决策方法分析等几个方面。

（3）重要决策的后评价。评价内容包括检查项目的立项过程是否符合国家和行业的相关规定，是否符合公司的战略和实际的情况；根据可行性研究报告的内容，结合项目的实施情况和运营效果，从总体上评价可行性研究报告的水平；初步设计的后评价。

（二）项目实施过程后评价

（1）实施准备阶段后评价。评价内容包括：资金的筹措是否合理和及时；工程建设所需物资的采购工作是否公开公正，是否进行了严格的招投标工作；材料、设备是否按时落实到

288

位；工程建设和管理人员是否配备完好；施工组织是否就绪；施工技术是否都准备得当。同时评价项目准备阶段中出现的问题，分析问题产生的原因，为今后新项目的准备工作总结经验和教训。

（2）工程建设实施的后评价。评价内容包括：管理工作后评价，如工程造价控制、质量控制、进度控制的评价；分析项目实施和经营过程中各种合同的签订、执行和管理情况，分析在项目的执行中是否实施了合同的管理，评价各种合同的执行情况等；分析投资者投资金额变动原因，为今后的资金筹措和管理提供参考；分析各项工程超支和节支的原因，是否充分考虑资金的使用效率，为今后项目工程建设中的资金管理提供参考；评价监理单位、建设单位、管理单位三者之间的关系，以及监理单位的资质情况，同时分析监理单位的监理工作是否有效，评价监理工作是对项目的成功实施产生的影响。

（3）项目竣工验收后评价。通过分析单项工程的竣工验收准备工作、竣工验收的组织和实施情况，评价竣工验收工作的好坏，同时评价竣工报告、竣工决算报告的完成情况和质量。

（三）生产运行后评价

（1）生产准备后评价，包括总体生产方案的评价，生产人员培训评价，管理组织机构及岗位人员的配备评价，生产阶段所需物资的供给评价，岗位操作规程和规章制度评价，安全、环保、消防、职业卫生评价等。

（2）试生产后评价，包括工艺技术后评价和试运行情况后评价两个主要部分。

（3）生产运行后评价，包括工程的投产效果评价、系统生产运行评价、地面生产装置运行评价等。

（四）经济效益后评价

（1）投资和执行后评价。一是投资变动情况分析评价，主要是对照预期的投资概算和实际的投资情况，分析项目投资的变动情况，找出变动的主客观、内外部原因，如若出现超支等投资增加的情况，提出今后改进的建议；二是资金的到位情况和使用的评价，主要分析项目中各项资金是否按照预期落实到位、是否满足各工程和开发项目生产运营的需要、实际资金的来源与决策时预期是否存在出入、资金到位是否适时、资金的使用是否高效、是否有不必要资金成本的情况出现。

（2）项目财务后评价。一是生产效益后评价，主要分析项目的产出量或功能状况，找出与可行性研究时的预期数值产生偏差的原因；二是项目财务后评价，通过计算净现值等指标，反映项目的获利能力。

（五）项目影响后评价

（1）环境影响后评价。对于工程项目来说，环境影响后评价是评价项目运行之后或项目建成投入正常运营一定的时间后，对该区域环境质量的实际影响，分析评价可行性研究时环境影响评估的准确性、可靠性以及环境保护措施的有效性。

（2）社会影响后评价。社会影响后评价主要是分析说明项目建成并运行一段时间以后，对国家或项目所在地区产生的影响，包括社会文化、教育、卫生、就业、扶贫、社会组织机构发展等方面的影响。

（六）可持续性评价和风险分析

（1）可持续性后评价。项目的可持续性评价是指在项目建设完成投入运行之后，按照可持续发展理论的要求，对项目的最终目标能否实现、项目是否可以持续获得较好的效益等方面做出评价。

（2）项目风险后评价。项目风险后评价，一是为了考察项目前期工作中风险分析的可信度；二是检查前期工作是否对预期的风险有所防范；三是对今后的风险进行预测，并提出规避和控制风险的对策。

（七）综合后评价

通过近年来的发展，项目后评价的评价范围逐步发展成为包括财务、经济、技术、环境、社会和机构发展等多方面的综合评价体系。

五、工程项目后评价的方法

（一）前后对比法

前后对比法（Before and After Comparison）应用到项目后评价中，就是将项目的实际效果与可行性研究中的技术经济指标相比，发现存在的偏差，进而分析产生偏差的原因。前后对比法可以广泛应用于项目各个阶段的后评价。

表 9-1 表示某项目可行性研究指标值和实际建成时的指标值，通过对比分析可以发现该油田新建开发项目的设计能力和实际建成能力之间产生了一定差异，这就为下一步对这些差异产生原因的分析打下基础。

表 9-1 某项目可行性研究指标值和实际建成值对比

名称	可行性研究值	实际建成值
建设产能	$226 \times 10^4 t/a$	$170 \times 10^4 t/a$
联合站原油处理能力	$300 \times 10^4 t/a$	$250 \times 10^4 t/a$
天然气处理能力	$120 \times 10^4 m^3/d$	$120 \times 10^4 m^3/d$
原油稳定装置	$400 \times 10^4 t/a$	$400 \times 10^4 t/a$
原油外输能力	$300 \times 10^4 t/a$	$300 \times 10^4 t/a$
天然气外输能力	$3 \times 10^8 m^3/a$	$3 \times 10^8 m^3/a$

（二）有无对比法

有无对比法（With and Without Comparison）就是将项目实际产生的效果与假设没有此项目时可能的情况进行对比，以此来衡量实施项目本身的真实效益、作用和影响。有无对比法的重点就是要将项目本身的效果与项目外其他因素的效果相分离。在假设该项目不发生时的情况无法准确推断时，可以使用"对照项目"（Control Project）近似代替。

（三）逻辑框架法

逻辑框架结构矩阵，简称逻辑框架法（Logical Framework Approach，LFA），是由美国国际发展署于 1970 年提出的一种开发项目的工具，用于项目的规划、实施、监督和评价。它可以帮助对关键因素的系统和选择进行分析，逻辑框架法可以用来总结一个项目的诸多因素（包括投入、产出、目的和宏观目标）之间的因果关系（如资源、活动、产出），评价发展方向（如目的、宏观目标）。逻辑框架法核心是分析事物层次间的逻辑关系。

　　LFA 的核心概念是事物之间的因果关系，即"如果"提供了某种条件，"那么"就会产生某种结果。这些条件包括目标内在的影响因素和实现目标的所需。

　　对目标的层次体系一般包括宏观目标、项目目标、项目产出、项目投入四个层次，从而形成一个 LFA 的基本模式，如表 9–2 所示的 4×4 的矩阵。

表 9–2　项目后评价逻辑框架表

目标层次	验证指标	验证方法	重要外部条件
宏观目标（影响）			
项目目标（作用）			
项目产出			
项目投入（活动）			

　　从表 9–2 中看出，LFA 包含四个层次的垂直逻辑关系和水平逻辑关系。

1. 垂直逻辑关系

　　（1）宏观目标：即宏观计划、规划、政策和方针等所指向的目标，该目标可通过几个方面的因素来实现。宏观目标一般超越该项目的范畴，是指国家、地区、部门或投资组织的整体目标。这个层次目标的确定和指标的选择一般由国家或行业部门选定，一般要与国家发展目标相联系，并符合国家产业政策、行业规划等的要求。

　　（2）项目目的：也称作直接目的，指项目的直接效果，是项目立项的重要依据，一般应考虑项目为受益目标群体带来的效果，主要是社会和经济方面的成果和作用。这个层次的目标由项目实施机构和独立的评价机构来确定，目标的实现由项目本身的因素来确定。

　　（3）产出：这里的"产出"是指项目的建设内容。一般要提供可计量的直接结果，要直截了当地指出项目所完成的实际工程。在分析中应注意，项目可能提供的一些服务和就业机会，往往不是产出而是项目的目的或目标。

　　（4）投入和活动：指项目的实施过程及内容，主要包括资源和时间等的投入。

　　上述各层次的主要区别是，项目宏观目标的实现往往由多个项目的具体目标所构成，而一个具体目标的取得往往需要该项目完成多项具体的投入和产出活动。这样，四个层次的要素就自下而上构成了三个相互连接的逻辑关系。因此，要应用 LFA 进行项目目标评价，目标体系必须满足以下要求：

　　第一级是如果保证一定的资源投入，并加以很好地管理，则预计有怎样的产出；

　　第二级是如果项目的产出活动能够顺利进行，并确保外部条件能够落实，则预计能取得怎样的具体目标；

　　第三级是项目的具体目标对周边地区乃至整个国家更高层次宏观目标的贡献关联性。

　　这种逻辑关系在 LFA 中称为"垂直逻辑"，可用来阐述各层次的目标内容及其上下层次间的因果关系，这样，一个项目目标的各种内在逻辑关系可以利用 LFA 来体现。通过分析目标管理诸多因素之间的逻辑关系，可以实现从设计、实施到最终效果的项目目标的系统评价。如图 9–2 所示为某油田开发项目后评价的垂直逻辑关系。

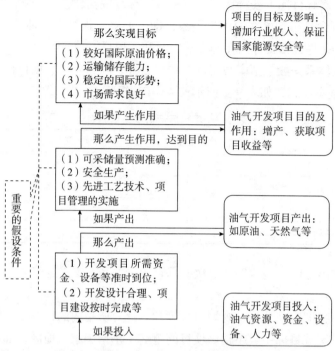

图 9-2　某油田开发项目的垂直逻辑关系图

2. 水平逻辑关系

水平逻辑分析的目的是通过主要验证指标和验证方法来衡量一个项目的资源和成果。与垂直逻辑中的每个层次目标对应，水平逻辑对各层次的结果加以具体说明，由验证对比指标、验证方法和重要的假设条件所构成，形成了 LFA 的 4×4 的逻辑框架（表 9-3）。

表 9-3　某油气开发项目后评价中逻辑框架指标对比表

某油田开发项目的目标层次	验证对比指标				验证方法	重要的假设条件	可持续性
	原定指标（可研报告）	实际实现指标	差别和变化	主要内外原因			
目标：增加行业收入、保证国家能源安全	预期对行业的贡献和国家能源安全的影响	实际对国家油气安全、对行业和社会的影响	实际和预期的变化	国际原油价格波动、市场需求变化等	公司和行业调查、官方资料分析	较高国际原油价格和运输储存能力；稳定的国际市场；市场需求量大	目标的持续性
目的：增产、获取项目收益	预期的财务收益和经济效益	实际财务收益和经济效益	实际和预期的变化	储量预测不准确；油气价格波动；工艺技术变动	投资者和项目财务数据分析	可采储量预测准确；安全生产；良好的原油价格；先进的工艺技术；实施项目管理	项目作用的保持和风险
产出：原油、天然气等	预期投产和达产时间；油气产量和品种	实际投产和达产时间；油气产量和品种	实际和预期的变化	项目建设滞后；开发设计变动等	项目记录、报告调查	开发项目所需设备等准时到位；开发设计合理；项目建设按时完成等	产量的持续性和风险
投入：油气资源、资金、设备、人力等	预期的各项投资；详细投资计划	实际开发项目的各项投资	实际和预期的变化等	成本和费用变化等	开发项目评估报告、计划、协议	国家、行业重视；股份公司投资等	后期追加投资情况

对于一个项目，以因果关系为核心，很容易推导出项目实施的必要条件和充分条件。项目不同目标层次间的因果关系可以推导出实现目标所需要的必要条件，这就是项目的内部逻辑关系。而充分条件则是各目标层次的外部条件，这是项目的外部逻辑。把项目的层次目标（必要条件）和项目的外部制约（充分条件）结合起来，就可以得出清晰的项目概念和设计思路。

（四）因果分析法

后评价的目标是通过发现项目实际实施效果与预期效果的偏差，分析产生的差异并找出原因，为今后改进或是完善项目总结经验教训，这项工作可以利用因果分析法来完成。因果分析法是根据结果倒推原因的方法，根据结果和原因的逻辑关系可以快速找到产生问题的原因。其原理如图 9-3 所示。

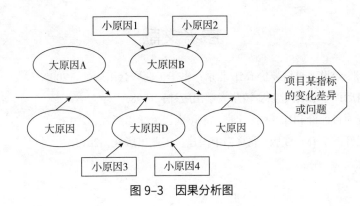

图 9-3　因果分析图

除上述方法外，单项后评价还经常采用专家调查法，综合后评价则采用成功度评价法、模糊评价法、灰色系统决策评价法等。

六、工程项目后评价的实施

（1）后评价的执行机构。后评价的执行机构是由规划设计单位、工程咨询公司、企业或商业银行建立的后评价机构，以及以其他形式组建的后评价组织机构。这些机构的一个重要特点就是独立性。后评价的执行机构只有获得了从事后评价工作的资质认证后，才能开展后评价工作。后评价机构的主要职责是：接受并执行各部门的后评价委托任务；组织和培训后评价人员，成立项目后评价团队，聘请相关的专家。

（2）后评价的资料准备。项目的后评价所需要准备的资料包括可行性研究报告、立项报告、各种批复文件、项目初步设计和施工图设计资料、工程建设技术资料、项目验收报告、开发项目投产运营资料、财务数据等。同时，为了保证后评价工作的客观性，后评价单位必须通过调查，收集后评价所需要的其他相关资料。

（3）项目后评价的程序。项目后评价的程序依次为：接受委托；成立后评价小组；成立后评价的专家组；制定调查方案，收集相关资料和进行现场调查；分析调查资料，形成专家组的意见；编写后评价报告；后评价报告审议。

（4）后评价信息反馈。在项目后评价结果反馈过程中，反馈系统包括两部分：后评价信息扩散和后评价成果应用。后评价信息扩散是后评价单位在完成后评价任务之后，根据后评价委托合同或协议要求，将结果上报委托单位，然后由委托方负责，按照不同对象要求，发送正式后评价报告或摘要。后评价成果应用是根据后评价的结果，在总结经验的基础上提高项目决策水平，改善项目准备和实施阶段的项目管理水平，并对该项目日后运营提供建设性意见。

思考与练习

1. 项目竣工验收的主要内容包括哪些方面？
2. 简述项目验收的程序。
3. 工程项目后评价与可行性研究的联系和区别有哪些？

参考文献

[1] 许晓峰，肖翔. 建设项目后评价 [M]. 北京：中华工商联合出版社，2000.

[2] 张三力. 项目后评价 [M]. 北京：清华大学出版社，1998.

[3] 成其谦. 投资项目评价 [M]. 5 版. 北京：中国人民大学出版社，2017.

[4] 刘晓君. 工程经济学 [M]. 3 版. 北京：中国建筑工业出版社，2015.